Green Building Konzepte für nachhaltige Architektur

Streitfeldstraße 35
81673 München
www.callwey.de
E-Mail: buch@callwey.de

Die Deutsche Bibliothek verzeichnet diese Publikation in der Deutschen Nationalbibliografie; detaillierte bibliografische Daten sind im Internet über http://dnb.ddb.de abrufbar.

ISBN 978-3-7667-1703-0

Lektorat: Dipl.-Ing. Bettina Rühm
Umschlaggestaltung: independent Medien-Design
Layoutkonzept: Farnschläder & Mahlstedt Typografie, Hamburg
Druck und Bindung: freiburger graphische betriebe, Freiburg

Printed in Germany 2007

Michael Bauer, Peter Mösle, Michael Schwarz

Green Building Konzepte für nachhaltige Architektur

Callwey

Inhalt

A

Motivation für Green Buildings

B

Anforderungen an Green Buildings

C

Konzeption, Bau und Betriebsoptimierung von Green Buildings

D

Nachgefragt – Green Buildings im Detail

Vorwort

Die wesentlichen Herausforderungen der Zukunft sind ein verantwortlicher Umgang mit der Natur, eine umweltfreundliche, ressourcen- und klimaschonende Energieversorgung und ein ausreichender Zugang zu sauberem Trinkwasser. Neben neuen und effizienteren Technologien wird daher der Schwerpunkt auf der Minimierung des Energie- und Trinkwasserbedarfs liegen, ohne dabei den Komfort und den Lebensstandard zu verringern. In Deutschland werden im Gebäudebereich immerhin bis zu 40 % des Primärenergiebedarfs und ein wesentlicher Teil des Trinkwasserbedarfs verursacht. Die Nutzungsdauer von Neubauten und sanierten Gebäuden reicht weit in die Zukunft. Daher beeinflussen diese Gebäude den Energie- und Wasserbedarf in den nächsten 50 bis 80 Jahren maßgeblich. Sie müssen bereits heute zielgerichtet unter energieeffizienten, klimaschonenden und trinkwassersparenden Prämissen geplant, gebaut und betrieben werden, auch wenn die global formulierten Klimaschutzziele scheinbar weit in der Zukunft liegen. Gebäude, die diese Attribute aufweisen, werden Green Buildings genannt. Sie vereinen einen hohen Komfort und eine optimale Nutzungsqualität, einen minimierten Energie- und Wasserbedarf und eine möglichst klima- und ressourcenschonende Energieerzeugung unter wirtschaftlichen Gesichtspunkten mit einer Pay-Back-Zeit von 5 bis 15 Jahren. Dass diese Gebäude zudem höchsten ästhetischen und architektonischen Ansprüchen genügen können, zeigen die Beispiele, die in diesem Buch vorgestellt werden. Solche Gebäude in einem integrativen Prozess zu planen erfordert die Bereitschaft aller Beteiligten, die zahlreichen Schnittstellen eher als Nahtstellen der Gewerke zu verstehen, deren Synergien noch lange nicht ausgeschöpft sind. Hierzu wird ein spezielles ganzheitliches Know-how zu den wesentlichen klimatologischen, energetischen, thermischen, aero- und bauphysikalischen Vorgängen und Produkteigenschaften benötigt. Zudem werden moderne Berechnungs- und Simulationswerkzeuge eingesetzt, die die Auswirkungen auf den gesamten Lebenszyklus des Gebäudes detailliert aufzeigen. Die Beispiele in diesem Buch verdeutlichen, dass ein Gebäude nur dann erfolgreich energie- und ressourcensparend betrieben werden kann, wenn – aufbauend auf einem ganzheitlichen Energiekonzept – der Verbrauch im Betrieb konsequent gemessen und optimiert wird. Die hierfür neu entstandenen Tätigkeitsfelder werden Energiedesign, Energiemanagement und Life-Cycle-Engineering genannt.

Das Buch basiert auf weitreichenden Praxiserfahrungen der Autoren und deren Kollegen aus der Planung, dem Bau und dem Betrieb von Gebäuden. Es dokumentiert beispielhafte innovative Lösungen aus Architektur und Technik und den zielgerichteten Einsatz von modernen Werkzeugen für die Planung und Betriebsführung. Es richtet sich an alle Bauherren, Architekten, Planer und Gebäudebetreiber, die einen ressourcenschonenden Umgang mit Energie anstreben, und dient als Leitfaden für das Planen, Bauen und Betreiben nachhaltiger und energieeffizienter Gebäude.

An dieser Stelle sei den zahlreichen namhaften Bauherren und Architekten herzlich gedankt, für die und mit denen wir in den vergangenen Jahren die innovativen und attraktiven Gebäude planen, realisieren und betreiben durften. Das entgegengebrachte Vertrauen und die gute Zusammenarbeit werden unterstrichen durch die Dokumentation der prominenten Bauten mit den Statements der Bauherren und der Architekten. Für die freundliche Geste, einen Beitrag für dieses Buch zu leisten, sei an dieser Stelle besonders gedankt.

Wir würden uns freuen, wenn wir mit diesem Buch mithelfen könnten, die Motivation zum Errichten von Green Buildings, als Neubauimmobilie oder saniertes Objekt, zu steigern. Die technischen Lösungen hierfür sind verfügbar und wirtschaftlich umsetzbar. Unser Nachhaltigkeitsansatz geht sogar so weit, dass wir die CO_2-Belastung, die bei der Produktion und dem Versand des Buches entstanden ist, durch den Erwerb von CO_2-Zertifikaten für CO_2-reduzierende Maßnahmen kompensieren. Sie können somit Ihre ganze Energie uneingeschränkt dem Lesen widmen. Tauchen Sie ein in die Welt der Green Buildings, haben Sie Spaß beim Lesen und entdecken Sie Neues, was Sie für Ihre Gebäude nutzen können.

Heubach, Gerlingen, Nürtingen

Michael Bauer
Peter Mösle
Michael Schwarz

Motivation für Green Buildings

Abb. A3 Landesvertretung in Berlin. Architekten: Petzinka Pink Technologische Architektur®, Düsseldorf

Nachhaltigkeit und Energieeffizienz im Blickpunkt der Öffentlichkeit

Das menschliche Streben nach mehr Komfort und finanzieller Unabhängigkeit, die Verdichtung der Ballungsräume, die starke Zunahme des Verkehrs und der wachsende Elektrosmog durch neue Kommunikationstechniken führen zu immer größer werdenden Belastungen im unmittelbaren Umfeld jedes Einzelnen. Die Lebensqualität wird eingeschränkt und die Gesundheit belastet. Dies führt, verstärkt durch die häufigen Nachrichten über globale Klimaveränderungen, allmählich zu einem Umdenken in der Gesellschaft.

Letztendlich müssen auch die volkswirtschaftlichen Schäden durch Klimaveränderungen von der Gesellschaft getragen werden. Sie lagen aufgrund der steigenden Anzahl von Umweltkatastrophen in den Jahren 1990 bis 2000 um 40 % über der Summe der Schäden in den Jahren 1950 bis 1990. Ohne wirkungsvolle Maßnahmen lassen sich diese zu erwartenden Schäden kaum begrenzen. Unternehmen quer durch alle Wirtschaftszweige erkennen mittlerweile, dass nur ein verantwortungsbewusster Umgang mit Ressourcen langfristig zum Erfolg führt. Nachhaltige, ressourcen- und umweltschonende Gebäude genießen damit mehr und mehr Wertschätzung vor nur vordergründig wirtschaftlich ausgerichteten Lösungen.

Neben den gesellschaftlichen und volkswirtschaftlichen Rahmenbedingungen begünstigen die in den letzten Jahren stark gestiegenen Energiepreise die Tendenz zur Nachhaltigkeit. Der Ölpreis hat sich in den vergangenen 10 Jahren mehr als verdoppelt, die Steigerung in den Jahren 2004 bis 2006 betrug 25 % jährlich. Unter Berücksichtigung des heutigen Energiepreises und der Preissteigerungen sind daher energiesparende Maßnahmen heute unabdingbar. Ein weiterer Grund für einen bewussten Umgang mit Energie ist die starke Abhängigkeit vom Energie-Import. So müssen in der Europäischen Union über 60 % der erforderlichen Primärenergie importiert werden, Tendenz steigend. Die Abhängigkeit verunsichert die Verbraucher und die Energiepolitik der Länder wird hinterfragt. Da ohne Energie nichts geht, setzen viele Investoren und Betreiber auf neuen Techniken und Ressourcen, um unabhängiger von den globalen Entwicklungen zu werden.

Auch in der Immobilienbranche ist ein Umdenken erkennbar. Eigennutzer orientieren sich an nachhaltigen Gebäudekonzepten mit niedrigen Energie- und Betriebskosten bei hohem Komfort, an sozial verträglichen, kommunikationsfördernden, offenen Strukturen und an bauökologisch unbedenklichen, möglichst naturbelassenen Baustoffen.
Sie analysieren ihre zu erwartenden Betriebskosten bis zum Rückbau der Gebäude und wirtschaften nachhaltig. Neben den Energie- und Betriebskosten wird mit steigendem Interesse die Leistungsfähigkeit am Arbeitsplatz bewertet, da der Leistungsumfang für die Arbeitenden in Europa wächst. Nur

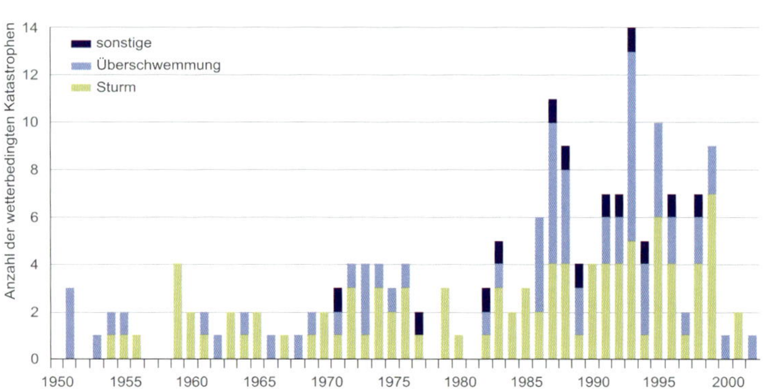

Abb. A1 Große wetterbedingte Naturkatastrophen von 1950 bis 2000

Abb. A2 Nominelle Entwicklung des Rohölpreises seit 1960

wer sich wohlfühlt und gesund ist, kann Leistung in vollem Umfang erbringen. Zwangsläufig steigen so die Ansprüche an den Komfort und an ein gesundheitszuträgliches Umfeld. Aber auch Investoren wissen nachhaltige Konzepte als Vermiet- und Verkaufsargument zu nutzen, da Mieter mittlerweile niedrige Energie- und Betriebskosten und bauökologisch verträgliche Materialien als Entscheidungskriterium heranziehen.

Green Buildings bieten stets einen hohen Komfort, ein gesundes Raumklima und setzen auf regenerative Energien und Ressourcen mit möglichst geringen Energie- und Betriebskosten. Sie werden unter betriebswirtschaftlichen Gesichtspunkten entwickelt, wobei der gesamte Lebenszyklus des Gebäudes von der Konzeption und Planung über den Bau und Betrieb bis zum Rückbau berücksichtigt wird. Green Buildings basieren daher auf einem ganzheitlichen, zukunftsorientierten Gebäudekonzept.

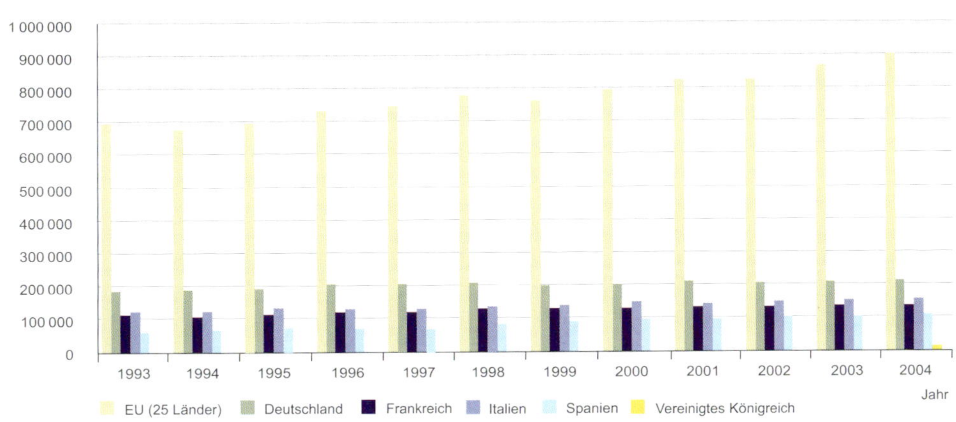

Abb. A4 Abhängigkeit der Europäischen Union vom Energie-Import

Unterstützende Rahmenbedingungen

Durch das steigende Interesse der Öffentlichkeit an ökologischen, nachhaltigen Lösungen sind in den letzten Jahren viele Rahmenbedingungen geschaffen worden, die den Einsatz von energiesparenden Techniken, ressourcenschonenden Energiequellen und nachhaltigen Produkten im Immobilienbereich unterstützen.

Grundlage einer nachhaltigen Energiepolitik sind hierbei nationale, europaweite und internationale Gesetze, Verordnungen, Normen und Richtlinien, die messbare Standards für die Energieeffizienz von Gebäuden und Anlagen vorgeben. Des Weiteren beschreiben Normen den Mindeststandard für den thermischen Komfort, die Luftqualität und den visuellen Komfort. Europaweit wird derzeit versucht, diese Standards zu vereinheitlichen. Auf internationaler Ebene gibt es jedoch in fast jedem Land eigene Ansätze und Standards, die nicht unmittelbar miteinander vergleichbar sind. Diese Standards werden unterstützt durch gezielte Fördermaßnahmen für aussichtsreiche, aber aktuell noch nicht wirtschaftliche regenerative Techniken. Beispiele in Deutschland sind die Förderung der Photovoltaik, der oberflächennahen Geothermie, der Solarthermie, der Biogasanlagen und der Energiesparmaßnahmen bei der Sanierung von Altbauten.

In den aktuellen Gesetzen, Normen und Richtlinien werden bisher jedoch noch nicht alle wesentlichen Gebäude- und Anlagenbereiche behandelt. Damit bleiben viele Bereiche hinter den Möglichkeiten einer energetischen Optimierung zurück. Zudem liegen die gesetzlichen Grenzwerte für den Energieverbrauch in der Regel unter den Anforderungen für Green Buildings. Die Grenzwerte werden in der Regel so gewählt, dass marktfähige Produkte eingesetzt werden können. Gesetze und Verordnungen werden daher immer hinter den Möglichkeiten des Marktes für maximale Energieeffizienz zurückbleiben. Diese Lücke kann durch vorhandene Ökolabels, Leitfäden und Gütesiegel geschlossen werden, da diese höhere Anforderungen empfehlen können.

Die höheren Anforderungen an die Energieeffizienz sind auch dadurch begründet, dass die Gebäude- und Anlagentechnik eine hohe Lebensdauer hat. Somit wirkt sich die heute vorgegebene maximale Höhe der CO_2-Emissionen langfristig aus. Die Entscheidungen von heute sind daher für die zukünftigen Emissionen maßgeblich.

CO_2-Emissionshandel

Seit Februar 2005 ist das Kyoto-Protokoll in Kraft, das die globale Menge an emittierten Treibhausgasen einschränken soll. Der Ursprung des Protokolls geht auf das Jahr 1997 zurück. Es bezeichnet ein internationales Klimaschutzabkommen, in dem sich die beteiligten 39 Industriestaaten verpflichten, den Ausstoß klimaschädlicher Gase, wie zum Beispiel Kohlendioxid (CO_2), bis 2012 um insgesamt 5% gegenüber dem Niveau von 1990 zu senken. Innerhalb der EU beträgt das Reduktionsziel 8 %, in Deutschland 21 %. Wie die *Abbildungen A6* und *A7* zeigen, sind die meisten Weltstaaten noch weit von ihren Zielen entfernt.

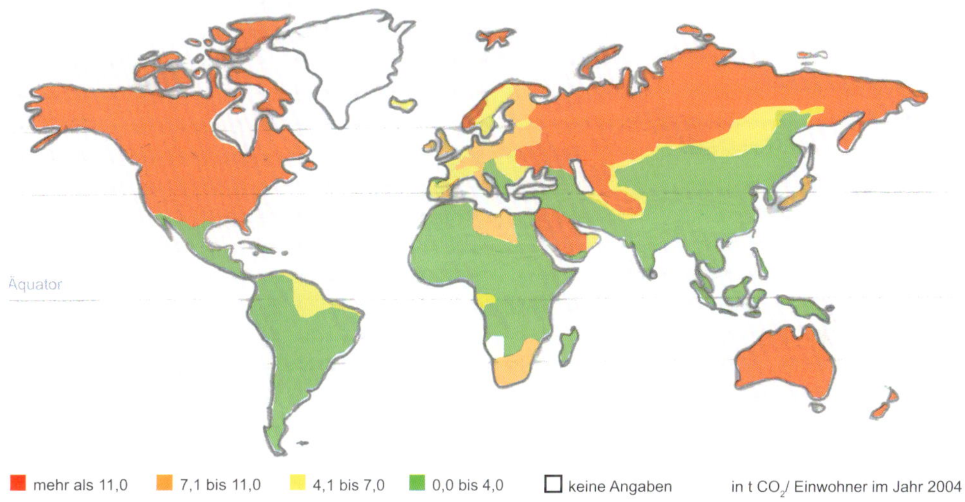

Abb. A5 Verteilung der CO_2-Emissionen pro Kopf auf die Weltbevölkerung im Jahr 2004

Mit dem CO_2-Handel soll eine langfristige Korrektur des menschlich erzeugten Treibhauseffekts erreicht werden. Die Umwelt wird dabei als Gut angesehen, dessen Erhaltung durch finanzielle Anreize gesichert werden kann. Die Politik hat erkannt, dass Umweltzerstörung, resultierend aus der Klimaerwärmung, zum einen nur mit volkswirtschaftlichen Methoden vermieden werden kann und zum anderen als globales Problem angenommen werden muss. Die Methode des CO_2-Handels verbindet zum ersten Mal nachweisbar Ökologie mit Ökonomie.

Wie funktioniert der CO_2-Emissionshandel? Jedem Staat, der das Kyoto-Protokoll ratifiziert hat, wird eine maximale Menge an klimaschädlichen Treibhausgasen zugewiesen. Die zugewiesene Menge entspricht dem maximalen, erlaubten Verbrauch. Bei dem Treibhausgasbudget, das auf dem Jahr 1990 basiert, wird die zukünftige Entwicklung jedes Staats berücksichtigt. Volkswirtschaften, die sich gerade erst im Aufschwung befinden, wie in Osteuropa, wird ein steigender CO_2-Ausstoß erlaubt. Industriestaaten müssen hingegen jedes Jahr mit einem reduzierten Treibhausgasbudget auskommen.

In jedem Land werden die so genannten Emissionszertifikate auf der Basis des Zuteilungsgesetzes auf die teilnehmenden Firmen entsprechend ihres CO_2-Ausstoßes verteilt. Sind die CO_2-Emissionen eines Unternehmens geringer als die zugeteilten Emissionszertifikate, zum Beispiel in Folge von CO_2-Emissionsminderungen durch Energiesparmaßnahmen, können nicht benötigte Zertifikate am Markt verkauft werden. Alternativ kann das Unternehmen Zertifikate am Markt zukaufen, falls eigene Minderungsmaßnahmen teurer ausfallen würden. Ebenso können Berechtigungen für Emissionszertifikate erworben werden, wenn Unternehmen in anderen Industrie- oder Entwicklungsländern in nachhaltige Energieversorgungsanlagen investieren. Damit findet Klimaschutz dort statt, wo er zu den geringsten Kosten verwirklicht werden kann.

In Deutschland besteht in der ersten Phase bis 2012 ausschließlich für Betreiber von großen Energieanlagen, mit einer Feuerungswärmeleistung über 20 Megawatt, sowie von energieintensiven Industrieanlagen eine Verpflichtung zur Teilnahme am Emissionshandel. Damit sind ca. 55 % des CO_2-Emissionspotenzials direkt am Handel

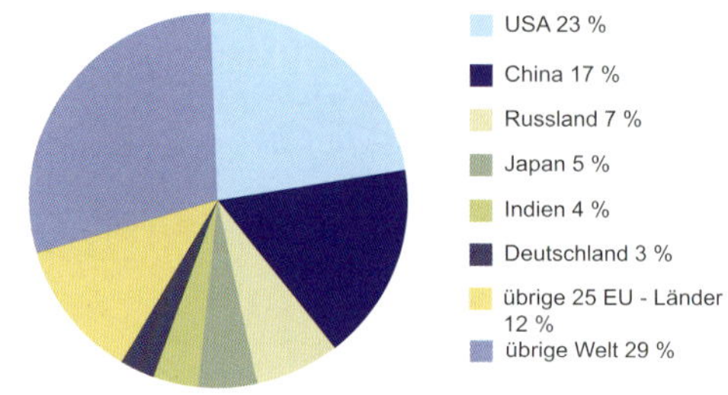

Abb. A8 Verteilung der CO_2-Emissionen auf die Weltstaaten im Jahr 2004

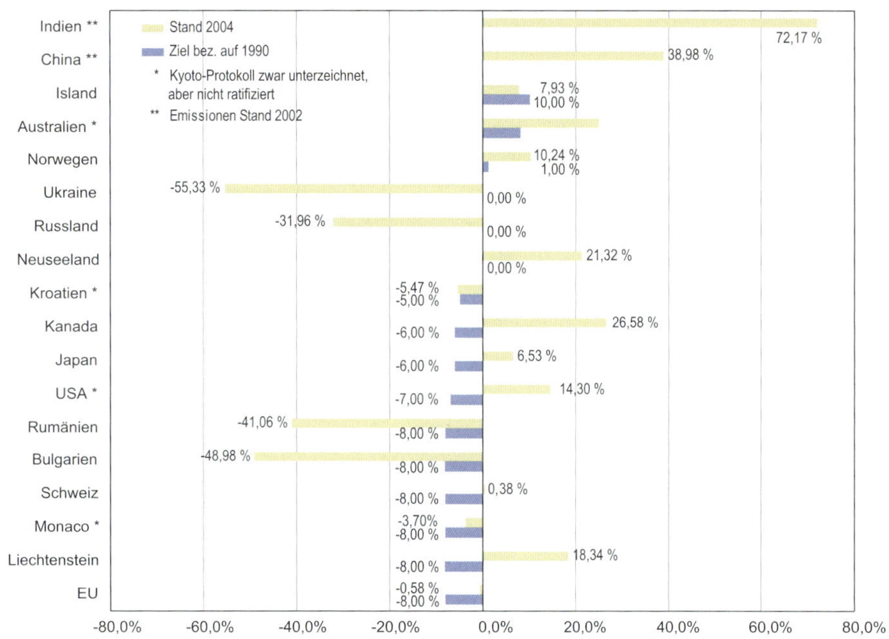

Abb. A6 Reduktionsziele, vereinbart im Kyoto-Protokoll und Ist-Stand der CO_2-Emissionen für die größten globalen Verbraucher

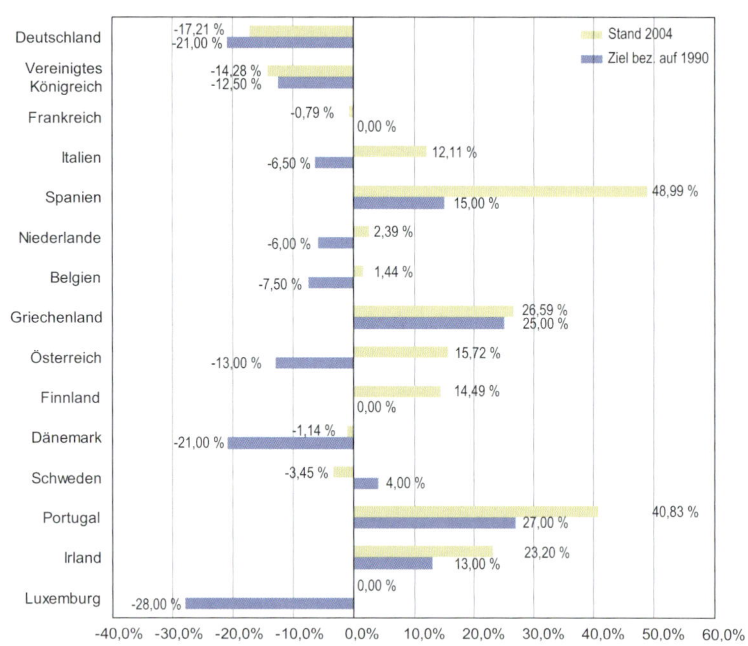

Abb. A7 Reduktionsziele, vereinbart im Kyoto-Protokoll, und Ist-Stand der CO_2-Emissionen für die europäischen Staaten

beteiligt. Der Verkehrssektor und der Gebäudesektor sind zurzeit weder privat noch gewerblich in den Handel miteinbezogen. In Europa laufen jedoch bereits erste Anstrengungen, langfristig den Emissionshandel auf alle Bereiche auszuweiten. In anderen, kleineren europäische Ländern wie Lettland und Slowenien nehmen bereits jetzt Anlagen mit kleineren Wärmeleistungen am Emissionshandel teil. Dies ist ausdrücklich in der Emissionshandelsrichtlinie als »Opt-in«-Regelung erlaubt. Die Beurteilung und Finanzierung von Gebäuden auf der Basis ihres CO_2-Marktwerts wird damit in naher Zukunft auch die Immobilienbranche erreichen. Eine mögliche Plattform für den gebäudebezogenen Emissionshandel steht mit der EU-Richtlinie zur Gesamtenergieeffizienz und mit der Ausstellungspflicht des Energieausweises bereits zur Verfügung.

Richtlinien und Leitfäden

EU-Richtline zur Gesamtenergieeffizienz von Gebäuden

Im Februar 2002 wurde die EU-Richtlinie zur Gesamtenergieeffizienz von Gebäuden erlassen. Sie beinhaltet die Verpflichtung für alle EU-Staaten, zukünftig für alle Bestandsgebäude, Neubauten und Sanierungen die Gesamtenergieeffizienz auszuweisen. Hierzu müssen alle Energieströme für Heizung, Kühlung, Lüftung und Beleuchtung in Gebäuden bilanziert werden. Die Umsetzung der EU-Richtlinie durch Einführung geeigneter Nachweis- und Rechenverfahren liegt im Verantwortungsbereich der einzelnen Länder.

In Deutschland ist geplant, die EU-Richtlinie zum 1.1.2008 einzuführen. Die dabei zugrunde liegenden Grenzwerte der Energieeffizienz sind jedoch für Green Buildings nicht ausreichend. Eine Fortschreibung mit höheren energetischen Anforderungen ist daher wünschenswert und für die nächsten Jahre geplant.

Neben der ganzheitlichen Betrachtung aller Energieströme erhofft man sich vor allem mit dem Energieausweis mehr Transparenz bei der Energieeffizienz von Gebäuden. Der Energiebedarf wird somit als Entscheidungskriterium beim Kauf, beim Vermieten und beim Mieten mehr Bedeutung erlangen. Ein europaweiter Vergleich lässt sich jedoch nur bedingt herstellen, da zum einen das Klima und zum anderen die Bilanzierungsverfahren unterschiedlich sind. Trotzdem wird die Einführung des Energieausweises einen positiven Einfluss auf die Energieeffizienz von Gebäuden und damit auf die Immobilienbranche haben, da der Energiebedarf der Gebäude der Öffentlichkeit zugänglich gemacht wird. Im Licht der Öffentlichkeit sind dann sicherlich mehr Unternehmen bereit, in nachhaltige Lösungen zu investieren.

LEED (Leadership in Energy & Environmental Design) und BREEAM (BRE's Environmental Assessment Method)

Das Gütezeichen LEED stammt vom U.S. Green Building Council in Washington, D.C. Es besitzt ein Punktesystem zur übergreifenden Betrachtungsweise und Bewertung von Konzeption und Planung nachhaltiger Gebäude. Ziel der Bewertung ist ein möglichst natur- und umweltschonender Umgang mit natürlichen Ressourcen beim Bau von neuen Gebäuden und bei Sanierungen. Mit den Kriterien wird u.a. eine landschaftschonende Standortauswahl, ein nachhaltiger Umgang mit Wasser, ein ressourcenschonender Umgang mit Materialien, der thermische und visuelle Komfort und energiesparende Energiekonzepte bis hin zu innovativen Planungs- und Umsetzungsprozessen bewertet. Die Anforderungen werden an die Gebäudenutzung und bei Bedarf an das jeweilige Land angepasst. In Großbritannien gibt es einen vergleichbaren Ansatz, das Gütesiegel BREEAM, das seit 1988 auf dem Markt verfügbar ist. Die Gütezeichen bieten beide sehr weitreichende Anhaltspunkte für das ressourcenschonende Bauen, teilweise in Abhängigkeit vom Gebäudetyp und seinem Standort.

Gütesiegel Energie für Stuttgart 21

Das Gütesiegel Energie wurde anlässlich der städtebaulichen Entwicklung für Stuttgart 21 zur Sicherstellung nachhaltiger Gebäudekonzepte im Jahr 2000 entwickelt. Es beinhaltet Anforderungen an den winterlichen und sommerlichen Wärmeschutz sowie an die energetische Güte der technischen Anlagen. Ziel der Stadt Stuttgart war es, weitreichende energetische Qualitäten vorzugeben, die über den gesetzlichen Standards liegen. Neben einem Gütesiegel für die Planung gibt es auch ein Gütesiegel für den Betrieb. Hierbei wird die in der Planung entwickelte Energieeffizienz im späteren Betrieb durch Messungen überprüft. Dieser Umsetzungsprozess ist im Vergleich zu den anderen, nur theoretischen Ansätzen nachhaltiger und sollte daher richtungweisend sein.

Ganzheitliche Betrachtungsweise bei Green Buildings – Life-Cycle-Engineering

Green Buildings sind Gebäude jeder Nutzungskategorie, bei denen bewusst mit den natürlichen Ressourcen umgegangen wird. Dies betrifft einen möglichst geringen Eingriff in die Natur, umweltfreundliche und gesundheitlich unbedenkliche Materialien, den Komfort, kommunikationsfördernde Raumlösungen, einen geringen Energiebedarf, den Einsatz von regenerativen Energien, die Qualität und Langlebigkeit der Konstruktion sowie den wirtschaftlichen Betrieb. Um dies zu erreichen ist ein ganzheitlicher, gewerkeübergreifender Ansatz erforderlich, der eine möglichst schnittstellenfreie Bearbeitung von Architektur, Tragwerk, Fassade, Bauphysik, Gebäudetechnik und Energie unter Berücksichtigung von Nutzung und Klima erfordert. Hierfür werden bei der Konzeption und integralen Planung von Green Buildings moderne Planungs- und Simulationswerkzeuge standardmäßig eingesetzt. Sie erlauben neue Konzeptionen, da mittels Simulationen zu Thermik, Strömung und energetischem Verhalten bereits während der Planungsphase detaillierte Berechnungen erstellt werden können. Der erreichbare Komfort und die Energieeffizienz können somit im Voraus berechnet werden, wodurch bereits in der Planungsphase eine größtmögliche Sicherheit bezüglich Kosten und Wirtschaftlichkeit erreicht wird. Mit diesen Werkzeugen können Planer von Green Buildings ausgetretene Pfade verlassen und neue Konzeptionen oder neue Produkte entwickeln und einsetzen.

Neben den ganzheitlichen Planungs- und Bearbeitungsansätzen und der Weiterentwicklung von Produkten und Werkzeugen muss die Nachhaltigkeit so erweitert werden, dass die Planer auch beim Betrieb von Gebäuden Erfahrungen sammeln können. Nur so wird ein konstruktiver Rückfluss in die Gebäudeplanung erreicht, was bis heute bei der klassischen Aufgabenverteilung nicht erfolgt. Dieser Ansatz ist über den Betrieb hinaus bis zum Rückbau zu erweitern, um auch die Recyclingfähigkeit der eingesetzten Baumaterialien im Planungsprozess berücksichtigen zu können. In anderen Industriezweigen wird dies heute bereits gesetzlich eingefordert, in der Baubranche hängt man dieser Entwicklung deutlich hinterher. Aufgrund der steigenden Umweltbelastungen ist jedoch davon auszugehen, dass Nachhaltigkeit mittelfristig auch bei Gebäuden eingefordert werden wird.

Der Weg von der sequenziellen zur integralen Planung ist daher konsequenterweise auf der Basis einer ganzheitlichen Betrachtungsweise für Gebäude weiterzuführen und in Richtung eines **Life-Cycle-Engineering** zu entwickeln. Dieser Begriff steht für ein ganzheitliches Planungs- und Beratungs-Knowhow, mit dem Konzepte und Planungsentscheidungen stets mit ihren Auswirkungen auf den gesamten Lebenszyklus eines Gebäudes bewertet werden. Durch die langfristige Betrachtungsweise ist dann ein nachhaltiger Umgang mit allen Ressourcen obligatorisch.

Das Life-Cycle-Engineering ist nach Einschätzung der Autoren der ganzheitliche Ansatz, aus dem sich eine höchstmögliche Nachhaltigkeit beim Bauen ergibt. Er vereint die positiven Erfahrungen aus der integralen Planung, die vielfältigen Möglichkeiten der modernen Planungs- und Berechnungswerkzeuge, die fortlaufende Optimierung im Betrieb und den verantwortungsbewussten Umgang beim Rückbau der Materialien. So entsteht ein Green Building, das trotz möglichst geringen Eingriffs in die Natur die Wünsche der Nutzer erfüllt.

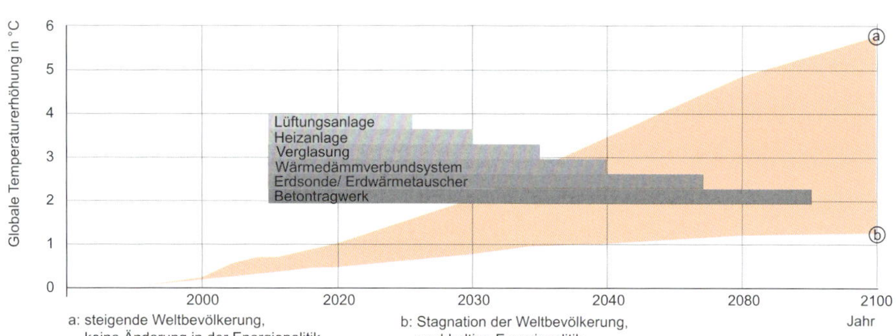

Abb. A9 Lebenserwartung heutiger Bauelemente im zeitlichen Rahmen der möglichen Erhöhungen der globalen Temperaturen

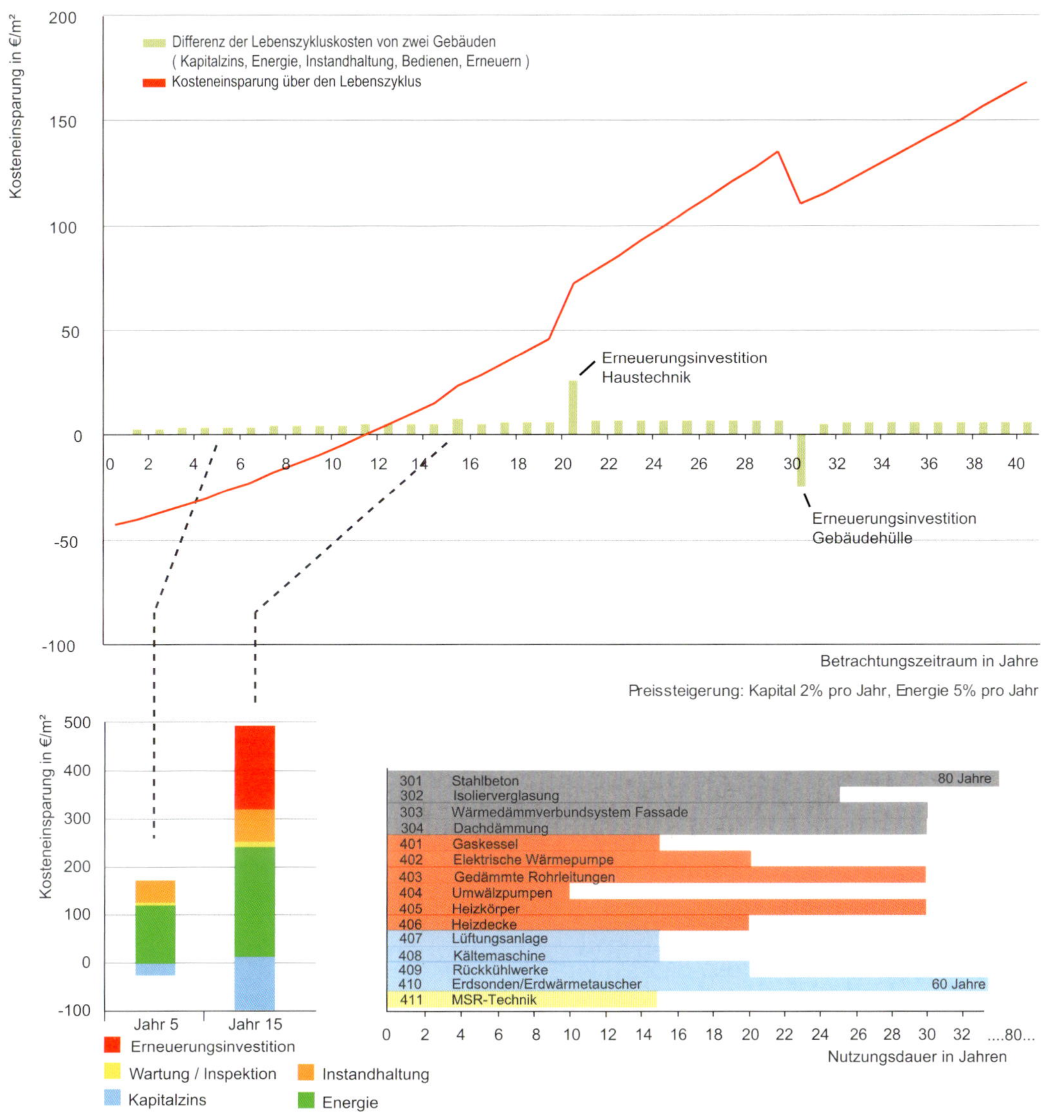

Abb. A10 Kosteneinsparung Green Building contra Standardgebäude – detaillierte Betrachtung über den gesamten Lebenszyklus

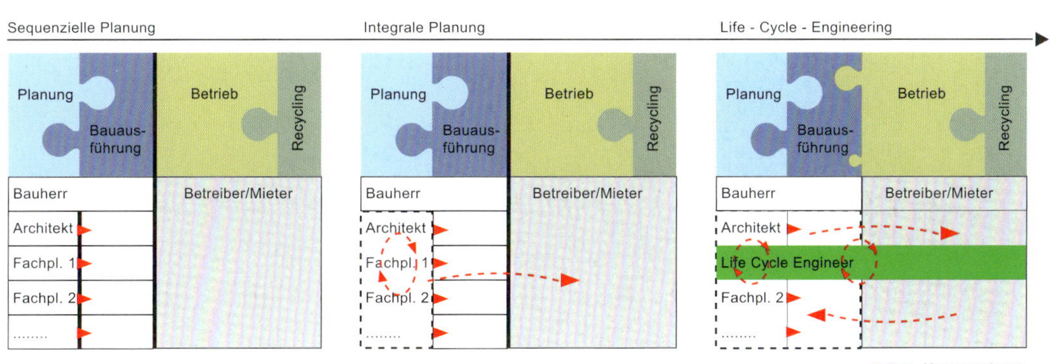

Abb. A11 Entwicklung der Planungsmethoden von sequenzieller Methodik hin zu Life-Cycle-Engineering

Anforderungen an Green Buildings

B 1

Bedarfsgerechtes Design

Die Nutzung bestimmt die Konzeption

Ob Wohngebäude, Büro-, Schul-, Freizeit- oder Industriegebäude – die Art der Nutzung spielt neben dem standortabhängigen Klima eine maßgebliche Rolle bei der Konzeption von energieeffizienten Gebäuden. Die Nutzungsanforderungen beziehen sich in der Regel auf den gewünschten Komfort und lassen sich in minimalen und maximalen Raumtemperaturen, Raumluftfeuchten oder Beleuchtungsstärken ausdrücken. Darüber hinaus gibt es auch zeitliche Vorgaben für das Einhalten der gewünschten Raumkonditionen. Man denke hierbei z. B. an das Absenken der Raumtemperaturen in der Nacht. In Bürogebäuden beruht diese Anforderung in der Regel nur auf Energiespargründen, da nachts keine Nutzer anwesend sind. In Wohngebäuden kann diese Anforderung jedoch durchaus Gründe des Komforts haben. Beispielsweise sollten Kinderzimmer, die als Spielzimmer genutzt werden, tagsüber ausreichend warm sein, während nachts eher kühlere Temperaturen für die Schlafenszeit gewünscht werden. Die Gebäude- und Anlagenkonzeption sollte dies ohne unnötigen Energieaufwand ermöglichen.

In *Tabelle B1.1* werden verschiedene Nutzungsarten hinsichtlich ihrer Merkmale und Anforderungen unterschieden.

Nutzungstyp	Nutzungsart und Merkmale	Anforderungen	Bedarf	Gebäude- und Anlagenfunktionen
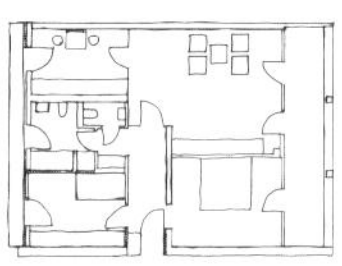 Wohnen	geringe Personendichte, Spielen, Essen, Wohnen Putzen, Fernsehen, Hobbies, Feste	hoher thermischer Komfort, teilweise auch lokal ausreichend (Leseecke), unterschiedliche Raumtemperaturen (Tag/Nacht), gute Luftqualität	ausgeglichene Wärmebilanz für Strahlung und Konvektion, flexibles System	Heizflächen, bedarfsgrechte Außenluftzufuhr, bedarfsgrechte Beleuchtung
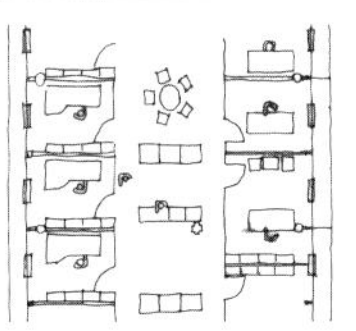 Büro	normale Personendichte, konzentriertes Arbeiten	hohe thermische Behaglichkeit, möglichst konstante Raumtemperatur und -feuchte, Nachtabsenkung zur Energieeinsparung, schnelle Aufheizung zu Nutzungsbeginn, sehr gute Luftqualität	ausgeglichene Wärmebilanz für Strahlung und Konvektion, flexibles System, ausreichende Außenluftzufuhr, ohne Zugerscheinungen	Heiz- und Kühlflächen, bedarfsgerechte Außenluftzufuhr, effiziente Wärmerückgewinnung, aufgrund langer Betriebszeiten bedarfsgerechte Beleuchtung
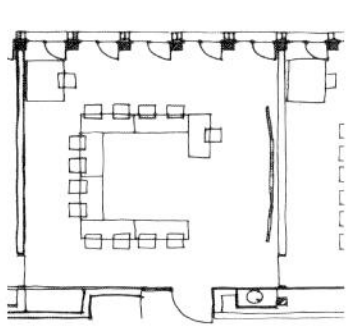 Schule	hohe Personendichte, aufmerksames Lernen Pause, Schulbetrieb	sehr gute Luftqualität, hoher thermischer Komfort flächendeckend, kurzfristiges Abschalten während der Pausen	hoher Außenluftstrom, kurze Abschaltzeiten, hohe Leistungsreserven für Aufheizbetrieb	effiziente Lüftungskonzeption, optimale Wärmezufuhr flächendeckend, bedarfsgerechte Beleuchtung, energiesparende Abfuhr der Wärmequellen
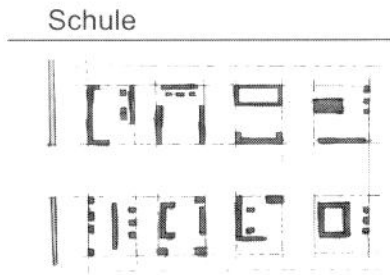 Messen	hohe Personendichte, hohe Dichte an Wärmequellen, geringe Betriebszeiten, flexible Nutzung	gute Luftqualität, keine Zugerscheinungen, gute thermische Behaglichkeit, hohe flächenbezogene Kühllasten, schnelle Aufheizung	hohe flächenbezogene Luftströme, hohe flächenbezogene Kühlleistungen	Schichtlüftung lokal angeordnet, damit nur die Nutzzone konditioniert wird, Schnellaufheizung
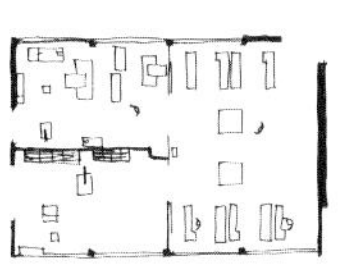 Industrie	unterschiedliche Dichte von Wärme- und Stoffquellen, unterschiedliche Aktivitätsgrade	gute Luftqualität am Arbeitsplatz, abhängig vom Aktivitätsgrad hohe thermische Behaglichkeit, lokal anpassbar	bedarfsgerechter Außenluftstrom möglichst ohne Zugerscheinungen, lokal einstellbar, Ausgleich der Wärmebilanzen	Schichtlüftung lokal angeordnet, damit der Arbeitsplatz ausreichend belüftet wird Schichtlüftung um Stoffquellen effizient aus der Aufenthaltszone zu befördern ggf. lokale Absaugungen der Stoffquellen Heiz- und Kühlflächen für die Wärmebilanz

Tab. B1.1 Nutzungsarten von Gebäuden und die jeweiligen Merkmale und Anforderungen

Wohlbefinden und gesundes Raumklima

Gebäude sind als dritte Haut des Menschen ein wesentlicher Faktor für Lebensqualität und Gesundheit. Nur durch ein hohes Maß an Wohlbefinden kann eine hohe Arbeitsqualität erzielt werden, können kreative Ideen und Prozesse entstehen oder kann der Körper regenerieren und heilen. Die damit verbundene mögliche hohe Leistungsfähigkeit des Menschen bezieht sich auf den Berufsalltag und auf den zwischenmenschlichen Umgang. Natürlich sind die Einflussgrößen auf das menschliche Wohlbefinden und seinen Biorhythmus sehr vielfältig. Einige Kriterien sind physikalisch messbare Größen, wie die Lufttemperatur und der Innenlärmpegel. Andere Kriterien sind biologischer Natur, wie Gesundheit und Alter, oder die ethnisch unterschiedliche Erziehung. Für die thermische Behaglichkeit spielt unter anderem eine Rolle, welche Kleidung bei welcher Tätigkeit getragen wird. Zu den intermediären Wohlfühlkriterien gehört z. B., ob der Kollege im 2-Personen-Büro sympathisch ist. Zudem existieren Einflüsse, deren Auswirkungen auf den Menschen erst dann spürbar werden können, wenn der Mensch ihnen eine längere Zeit ausgesetzt ist. Dazu zählen hoch emittierende Materialien (z. B. Klebstoffe) und elektromagnetische Strahlen, die zunehmend an Bedeutung gewinnen *(Tab. B1.2)*.

Faktoren	Bedingungen	
umschließende Flächentemperatur	Kleidung	Nahrungsaufnahme
Lufttemperatur	Tätigkeitsgrad	ethnische Einflüsse
relative Feuchte	individuelle Eingriffsmöglichkeit	Alter
Luftbewegung	Adaption und Aklimatisation	Geschlecht
Luftdruck	Tages- und Jahresrhythmus	körperliche Verfassung
Luftzusammensetzung	Raumbesetzung	Konstruktion des Gebäudes
elektromagnetische Verträglichkeit	psychosoziale Faktoren	
akustische Einflüsse		
optische Einflüsse		

Tab. B1.2 Einflusskriterien für das Behaglichkeitsempfinden in Räumen

Das thermische Behaglichkeitsempfinden des Menschen wird durch die Wärmeflüsse seines Körpers bestimmt. Die im Organismus gebildete Wärme muss vollständig an die Umgebung abgegeben werden, um das thermische Gleichgewicht zu erhalten. Der menschliche Organismus besitzt die Fähigkeit, seine innere Kerntemperatur unabhängig von den Umgebungsbedingungen und bei unterschiedlichen körperlichen Aktivitäten innerhalb einer geringen Schwankungsbreite relativ konstant zu halten. Unter extremen Klimabedingungen kann der menschliche Regelkreis bei der Anpassung der Körpertemperatur überfordert werden, sodass diese sinkt oder ansteigt. Die Infrarot-Bilder *B1.1* und *B1.2* einer Person bei

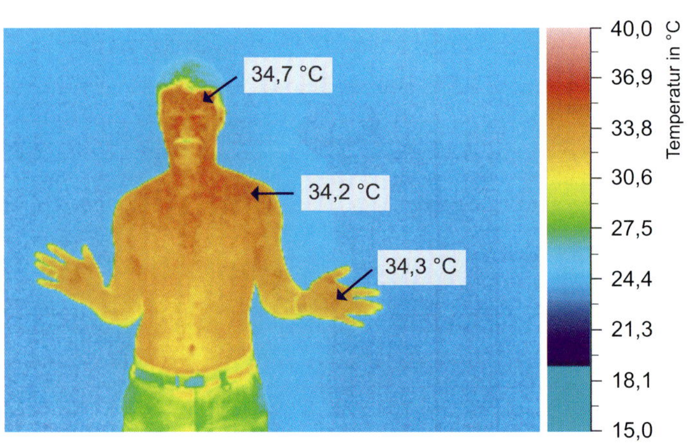

Abb. B1.1 Oberflächentemperatur des Menschen bei geringer Aktivität und einer Umgebungstemperatur von 26 °C

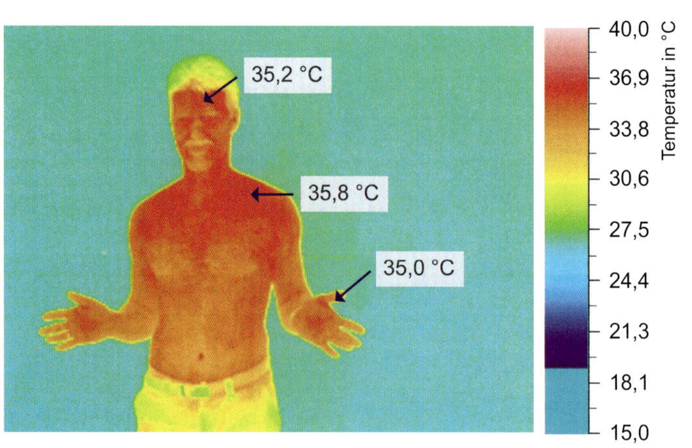

Abb. B1.2 Oberflächentemperatur des Menschen bei hoher Aktivität und einer Umgebungstemperatur von 26 °C

Behaglichkeit und Leistungsfähigkeit

leichter Tätigkeit sowie bei einer erhöhten körperlichen Tätigkeit zeigen die Temperaturverteilung auf der Haut. Die Unterschiede machen klar, dass in beiden Fällen eine thermische Behaglichkeit nur dann gegeben sein kann, wenn entweder die Umgebungstemperatur oder die Kleidung der Situation angepasst gewählt wird. So wird unangenehmes Schwitzen (hohe Verdunstungsrate) dann weitestgehend vermieden, wenn die Oberflächentemperatur der Haut von etwa 34 °C nicht überschritten wird und die Umgebungstemperaturen sich gleichzeitig unterhalb rund 26 °C befinden.

Wie die Infrarot-Bilder ebenfalls sehr deutlich zeigen, befinden sich die höchsten Oberflächentemperaturen des Menschen am Kopfbereich, die geringsten am entferntesten Punkt zum Herz – dem Fußbereich. Daraus lässt sich schließen, dass thermische Behaglichkeit nur dann gegeben sein kann, wenn die Oberflächentemperaturen der Raumhüllfläche den menschlichen Bedürfnissen angepasst werden. Eine zu warme Decke in einem beheizten Raum verhindert die Wärmeabgabe im Kopfbereich und führt schnell zu Kopfschmerzen, kalte Fußböden verstärken den Wärmefluss über die Füße und vergrößern die Oberflächentemperaturunterschiede des menschlichen Körpers *(Abb. B1.3)*.

Die Arbeitsleistung eines Menschen und die notwendige Arbeitseffektivität sind, bedingt durch den globalen Wettbewerb, vor allem in den Industrienationen in den letzten Jahren angestiegen. Bauherren und Mieter haben erkannt, dass angenehme Raumtemperaturen ein wesentliches Kriterium sind, um die Arbeitsproduktivität hoch zu halten. Wenn z. B. in einem Unternehmen an 10 % der Arbeitszeit ein nicht akzeptables Raumklima vorherrscht, führt dies zu einer mehr oder weniger ausgeprägten Minderung der Arbeitsleistung über 200 Stunden oder 25 Tage pro Jahr und Mitarbeiter. Bei Dienstleistungsunternehmen mit Tagessätzen von 500 bis 2 000 € pro Tag wird dadurch ein ökonomischer Verlust von maximal 12 500 bis 50 000 € pro Jahr und Mitarbeiter erreicht. Umgerechnet auf die Bruttogeschossfläche (BGF) eines typischen Bürogebäudes ergibt sich damit ein jährlicher Verlust von 500 bis 2 000 € pro m² BGF. Demgegenüber stehen Ausgaben für die Installation und den Betrieb einer Kühlung von durchschnittlich 15 bis 25 € pro m² BGF und Jahr, ein dazu verhältnismäßig kleiner Anteil. In *Abbildung B1.4* ist die geistige und körperliche Leistungsfähigkeit in Abhängigkeit von der Raumtemperatur aus verschiedenen Studien dargestellt. Es zeigt sich, dass ab Raumtemperaturen von 25 bis 26 °C die Leistungsfähigkeit spürbar sinkt. Ab 28 bis 29 °C vermindert sich die Arbeitseffiktivität deutlich.

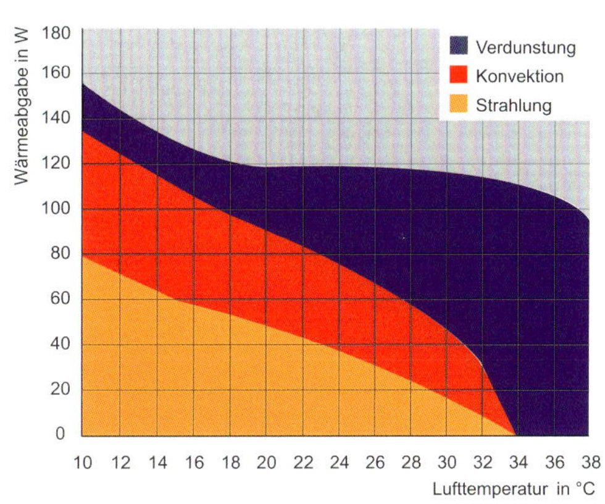

Abb. B1.3 Wärmeabgabe des Menschen in Abhängigkeit von der umgebenden Lufttemperatur. Ab einer Lufttemperatur von 34 °C kann der Körper ausschließlich über Verdunstung (Schwitzen) Wärme abgeben, da die Oberflächentemperatur des Menschen ebenfalls 34 °C beträgt.

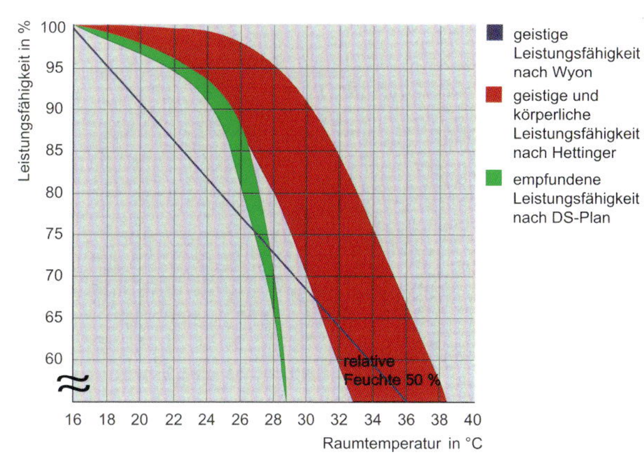

Abb. B1.4 Leistungsfähigkeit des Menschen in Abhängigkeit von der Raumtemperatur

Empfundene Temperatur in Aufenthaltsräumen

Prof. P. O. Fanger hat an der Universität von Dänemark in Kopenhagen untersucht, wie das Wohlbefinden von Personen in Innenräumen bei verschiedenen thermischen Bedingungen bewertet wird. Basis des Verfahrens bilden die wesentlichen Einflussfaktoren des Menschen auf das thermische Gleichgewicht des Körpers: Tätigkeit, Kleidung, Luft- und Strahlungstemperatur, Luftgeschwindigkeit und Luftfeuchte. Die Untersuchungsergebnisse sind statistisch so ausgewertet, dass bei Bekanntsein der oben genannten Größen das voraussichtliche Wärmeempfinden abgeschätzt werden kann. Sie zeigen auch, dass eine Zufriedenstellung aller Personen jedoch aufgrund der Individualität des Menschen nicht möglich ist. Eine Untersuchung an über 1300 menschlichen Probanten hat gezeigt, dass mindestens immer 5 % der Testpersonen das Raumklima als unbehaglich bewerten. Für das Wärmeempfinden werden in der aktuellen internationalen und europäischen Normung drei Kategorien der thermischen Behaglichkeit festgelegt: Die höchste Kategorie A (sehr gut) weist eine Wahrscheinlichkeit von 6 % an Unzufriedenen auf, die mittlere Kategorie B (gut) enthält 10 % Unzufriedene und in der Kategorie C (akzeptabel) werden sich mit hoher Wahrscheinlichkeit etwa 15 % unzufriedene Personen befinden.

Die Temperatur ist die bestimmende Einflussgröße auf die individuelle thermische Behaglichkeit. Je nach Stimmungslage, Aufenthaltsdauer und Örtlichkeit wird die Situation von derselben Person unterschiedlich bewertet. So kann eine direkte Besonnung des Körpers beim Entspannen im eigenen Wohnzimmer als angenehm empfunden werden, in Stresssituationen jedoch führt diese Wärmezufuhr zu Unbehagen. Der Mensch fühlt eine Temperatur, die sich aus der angrenzenden Lufttemperatur, der einzelnen Temperaturen der umgebenden Oberflächen sowie aus einer möglichen direkten Besonnung zusammensetzt. Die so wahrgenommene Temperatur wird als Empfindungstemperatur bezeichnet.

Für Räume mit längerer Aufenthaltsdauer wird als Kriterium die mittlere Empfindungstemperatur ohne direkte Besonnung verwendet. Diese wird vereinfachend als Mittelwert aus den vorhandenen Oberflächentemperaturen der inneren Umfassungsflächen und der Raumlufttemperatur bestimmt. Die Oberflächentemperaturen werden auch als Strahlungstemperaturen bezeichnet. Die Verhältnisse aus Strahlungstemperatur und Lufttemperatur können durch die wärmedämmenden Eigenschaften des Fassadensystems, durch die vorhandene Gebäudemasse sowie durch die eingesetzten technischen Anlagen verändert werden. In *Abbildung B1.5* und *B1.6* sind die Behaglichkeitskriterien für den Winter und den Sommer dargestellt. Die höchste Zufriedenheit wird bei einer empfundenen Raumtemperatur von 22 °C im Winter und von 25 °C im Sommer erzielt. Je nach Außenklima, physikalischen Materialeigenschaften der Bauteile und Art der technischen Anlagen können die einzelnen Oberflächen des Raums unter-

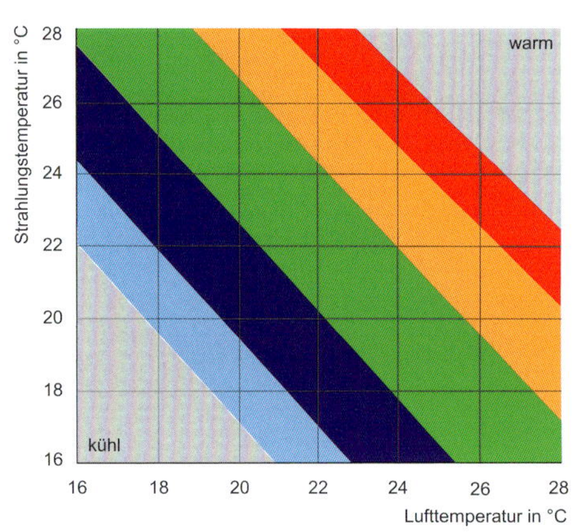

Abb. B1.5 Behagliche Raumtemperaturen bei angepasster Bekleidung im Winter (leichter Pullover). Höhere Oberflächentemperaturen gleichen niedrige Lufttemperaturen aus.

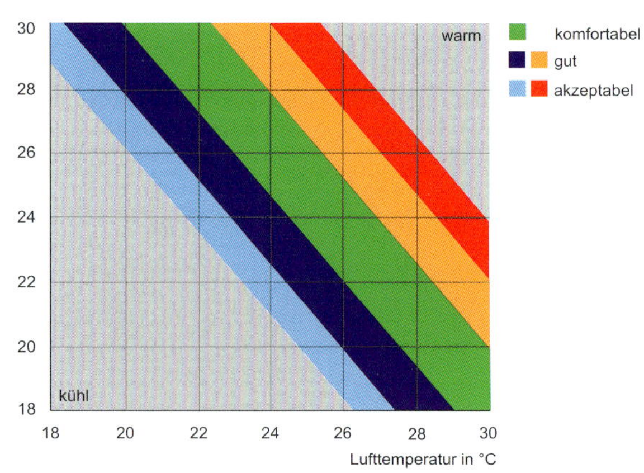

Abb. B1.6 Behagliche Raumtemperaturen bei angepasster Bekleidung im Sommer (kurzes Hemd). Niedrigere Oberflächentemperaturen gleichen höhere Lufttemperaturen aus.

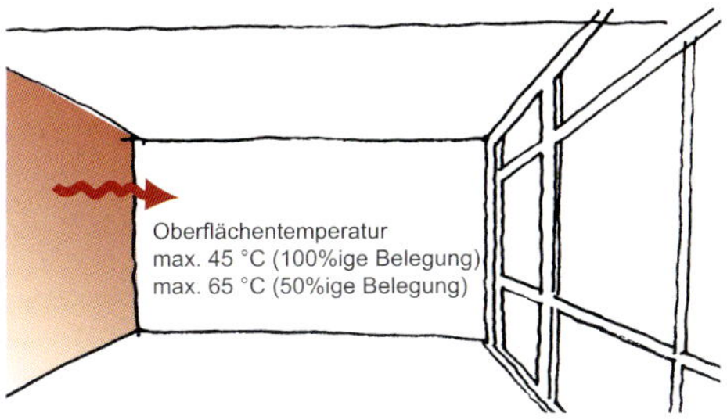

Abb. B1.7 Behagliche Temperaturen für warme Wandflächen

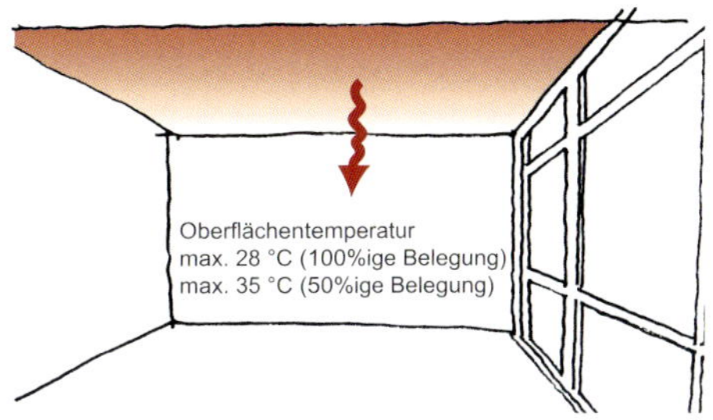

Abb. B1.8 Behagliche Temperaturen für warme Deckenflächen. Um die Temperatur des Kopfbereiche konstant bei 34 °C zu halten, sollte die Deckentemperatur unter 35 °C liegen

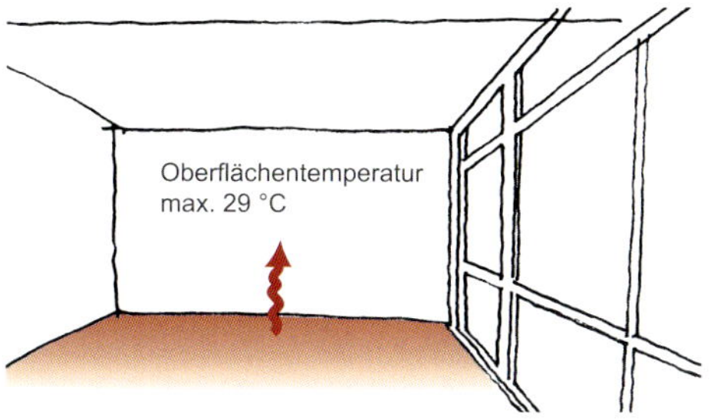

Abb. B1.9 Behagliche Temperaturen für warme Fußbodenflächen mit Schuhwerk

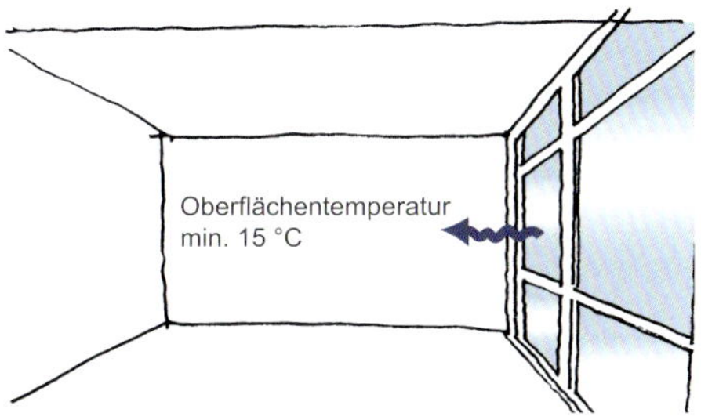

Abb. B1.10 Behagliche Temperaturen für kühle Fensterflächen. Unbehagliche Strahlungsasymmetrien im Raum werden dann erreicht, wenn die Innenoberflächentemperatur der Fassade weniger als 15 °C beträgt. Damit wird Kaltluftabfall vermieden

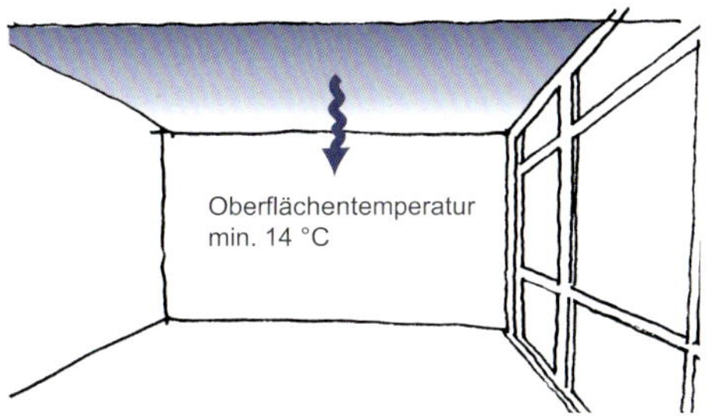

Abb. B1.11 Behagliche Temperaturen für kühle Deckenflächen. Hohe unbehagliche Strahlungsasymmetrien im Raum werden im Sommer vermieden, wenn die Oberflächentemperatur der gekühlten Decken 14 °C nicht überschreitet

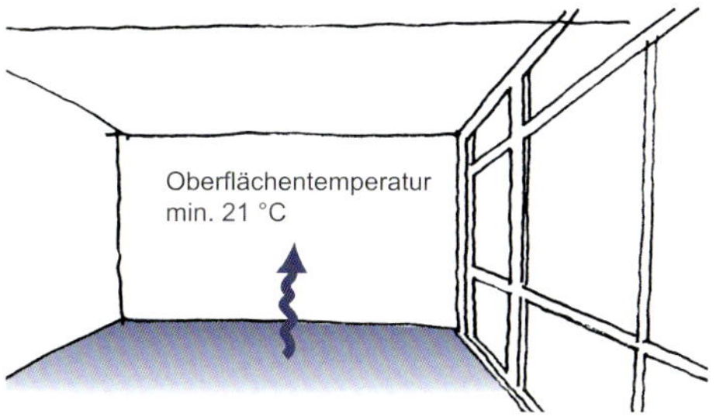

Abb. B1.12 Behagliche Temperaturen für kühle Fußbodenflächen mit Schuhwerk

schiedliche Temperaturen aufweisen. Es sollte darauf geachtet werden, dass diese Temperaturen nicht zu stark von der Raumlufttemperatur abweichen. Zudem sollten sie auch möglichst ähnlich sein, da die thermische Behaglichkeit gerade durch die lokalen Oberflächentemperaturen beeinflusst wird. Ist dies nicht der Fall, spricht man von der so genannten Strahlungsasymmetrie. In den *Abbildungen B1.7* bis *B1.11* sind die bei empirischen Untersuchungen ermittelten empfohlenen maximalen Unterschiede sowohl für den Winter als auch für den Sommer dargestellt. Bei der Planung sollten jedoch diese Grenzwerte nicht ausgereizt werden. Besser ist es, Unterschiede in den Oberflächentemperaturen möglichst von vornherein konzeptionell zu vermeiden, dadurch spart man sich Diskussionen über empirisch ermittelte Behaglichkeitsgrenzen.

Der Fußboden ist ein Bauteil mit direktem Kontakt zum Menschen. Aus diesem Grund ist es sinnvoll, für dieses Bauteil absolute Mindest- und Höchsttemperaturen zu benennen, bei denen sich der Mensch wohl fühlt. Die Werte sind jedoch abhängig vom Wärmeeindringkoeffizienten des Fußbodenbelags und den Wärmedämmeigenschaften der Fußbekleidung bzw. des Schuhwerks sowie der Dauer des Kontakts *(Abb. B1.9* und *B1.12)*. Bei kürzerer Kontaktdauer, wie auf Verkehrsflächen in Gebäuden, ist der akzeptable Temperaturbereich sehr viel größer (ca. 12 bis 32 °C) als in Aufenthaltsbereichen mit längerem Bodenkontakt (ca. 21 bis 29 °C).

Neben den Unterschieden bei den Oberflächentemperaturen ist es für die lokale Behaglichkeit ebenfalls wichtig, dass die Differenz zwischen der Lufttemperatur im Kopfbereich gegenüber derjenigen im Fußbereich klein gehalten wird. Dabei ist ein kühler Kopf bei warmen Füßen kein Problem, eine höhere Temperatur im Kopf- als im Fußbereich ist jedoch unangenehm. Für hochwertige Aufenthaltsräume sollte ein maximaler Temperaturunterschied zwischen Kopf- und Fußbereich von 2 K bestehen.

Empfundene Temperatur in Atrien

Die Bewertungskriterien für ständige Aufenthaltsräume können nur bedingt für Atrien und Hallen herangezogen werden, da diese Bereiche im Wesentlichen als Verkehrsflächen dienen und nur vereinzelt für Veranstaltungen genutzt werden. Als Richtgröße für die Konzeption dient hierbei vielmehr ein Vergleich mit der empfundenen Temperatur im Außenbereich. Diese ist stark von den großen Temperaturdifferenzen zwischen Winter und Sommer, der Windgeschwindigkeit sowie der Besonnung geprägt. In *Abbildung B1.14* sind die Einflussgrößen auf die physiologisch empfundene Temperatur (PET) dargestellt: Neben den bekannten Einflussgrößen Lufttemperatur, Oberflächentemperatur und Luftgeschwindigkeit besteht für ihre Berechnung auch ein Zusammenhang zwischen der direkten Besonnung und dem damit verbundenen Temperaturempfinden. Bei der Konzeption von Atrien und Hallen in Green Buildings ist es daher Ziel, dass ausschließlich mit baulichen Mitteln und mit natürlichen Ressourcen ein Innenraumklima erreicht wird, das über die meiste Zeit des Jahres als besser empfunden wird als das Außenklima. Im Winter kann die empfundene Temperatur im Außenbereich je nach Windstärke und Besonnung durchaus um 5 bis 10 K unter oder über der Au-

Abb. B1.13 Deichtor-Center Hamburg. Architekten: BRT-Architekten Bothe Richter Teherani, Hamburg

ßenlufttemperatur liegen. In *Abbildung B1.15* ist die Bandbreite möglicher empfundener Temperaturen im Aussenbereich für eine Außenlufttemperatur von – 5 °C dargestellt. Dem ist die empfundene Temperatur in einem Atrium bei unterschiedlichem Außenklima gegenübergestellt. Ohne Heizung wird bei einer dichten und wärmedämmenden Gebäudehülle eine empfundene Temperatur im Atrium von 5 °C erreicht. Bei starker Besonnung kann die empfundene Temperatur im Atrium schnell auf 15 bis 20 °C ansteigen. Dies ist für den Aufenthalt im Atrium sehr behaglich.
Auf Nutzer von an das Atrium grenzenden Aufenthaltsräumen kann dies jedoch durchaus auch negativ wirken, da der Kontakt zum Wetter und den damit verbundenen Temperaturschwankungen nur noch eingeschränkt gegeben ist.

Im Sommer herrscht in den meisten Atrien eine Temperaturschichtung mit steigenden Temperaturen zum Dachbereich. Damit die Raumkonditionen im Atrium als angenehm empfunden werden, sollte die empfundene Raumtemperatur im Atrium spürbar unter der empfundenen Temperatur im Außenbereich liegen, sodass dieser Unterschied beim Eintritt in das Atrium von außen bewußt empfunden wird. In *Abbildung B 1.16* sind die empfundenen Temperaturen im Außenbereich und im Atrium für verschiedene Situationen bei einer Außenlufttemperatur von 30 °C dargestellt. Die empfundene Temperatur in praller Sonne bei Windstille beträgt 45 °C. Im unteren Bereich des Atriums reduziert sie sich um 10 K. Wenn zusätzlich noch verschattende Maßnahmen getroffen werden, z. B. mit Pflanzen oder Sonnensegeln, so wird die empfundene Temperatur um weitere 5 K reduziert. Mit dieser Betrachtungsweise wird deutlich, dass Atrien auch dann noch vom Nutzer akzeptiert werden, wenn sie höhere Raumlufttemperaturen aufweisen als die angrenzenden Aufenthaltsräume. Bei der Konzeption ist jedoch darauf zu achten, dass die aufgeführten empfundenen Temperaturen durch bauliche Maßnahmen tatsächlich erreicht werden. Zu kleine Lüftungsöffnungen oder ungünstige Verglasungsqualitäten führen leicht dazu, dass die empfundene Temperatur im Atrium zumindest im Sommer nicht wesentlich unter der Außentemperatur liegt oder diese sogar übersteigt. Ist dies der Fall, kann das Atrium nicht richtig genutzt werden.

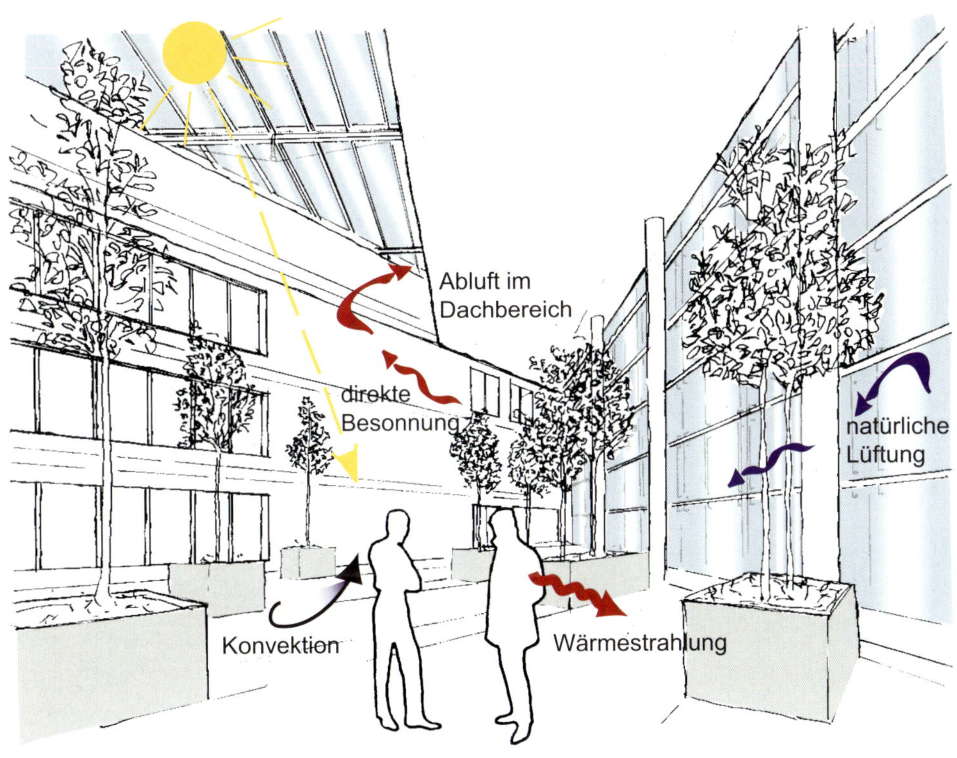

Abb. B1.14 Physikalisch messbare Einflussgrößen auf die thermische Behaglichkeit in Atrien. Neben dem Wärmeaustausch durch Konvektion und langwelliger Infrarotstrahlung muss oftmals auch der Einfluss der direkten Besonnung des Menschen auf die empfundene Temperatur beachtet werden.

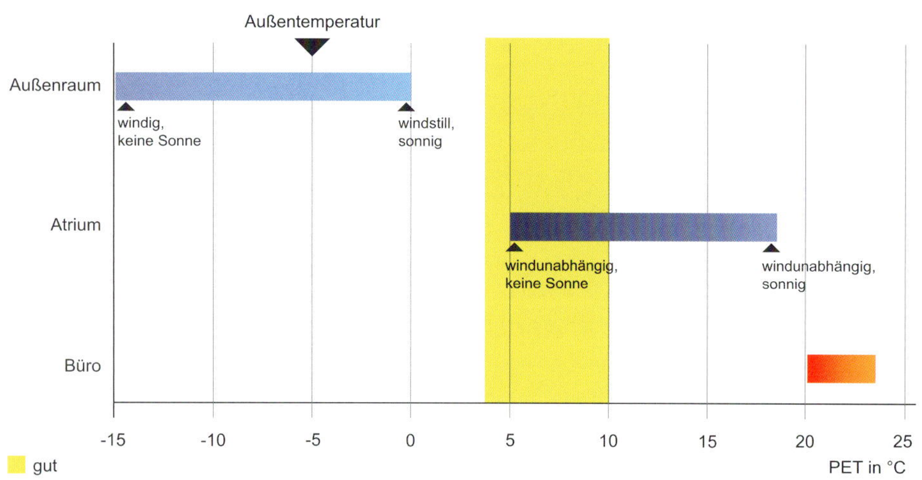

Abb. B1.15 Behagliches Winterklima im Atrium bei einer Außenlufttemperatur von – 5 °C im Vergleich zum Außenraum und zu beheizten Aufenthaltsbereichen (z. B. Büro)

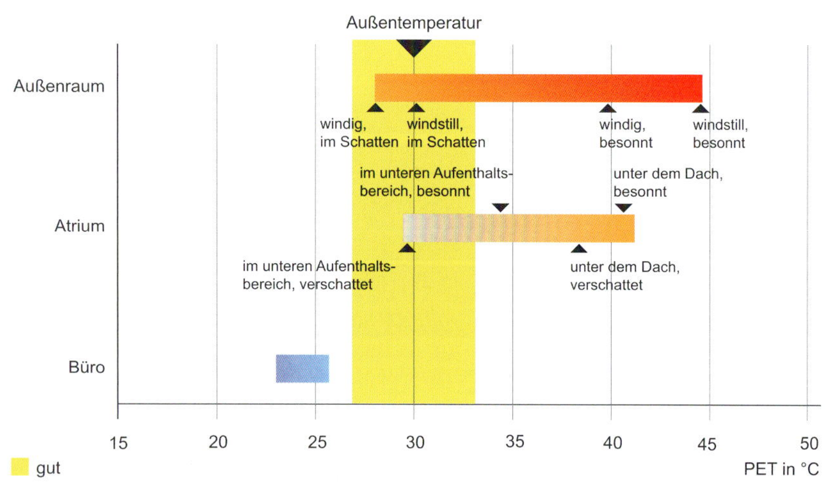

Abb. B1.16 Behagliches Sommerklima im Atrium bei einer Außenlufttemperatur von 30 °C im Vergleich zum Außenraum und zu gekühlten Aufenthaltsbereichen (z. B. Büro)

Wichtig bei der Konzeption von Atrien ist jedoch auch, dass für im Atrium befindliche ständige Arbeitsplätze so genannte Mikroklimas geschaffen werden, in denen die thermischen Anforderungen an einem Arbeitsplatz eingehalten werden. Um dies zu erreichen, muss in den meisten Fällen eine räumlich abgegrenzte Box mit der erforderlichen Raumklimatechnik geschaffen werden.

Raumluftfeuchte

Die Raumluftfeuchte hat nur geringen Einfluss auf das Temperaturempfinden und die thermische Behaglichkeit in Räumen, solange sich die Lufttemperatur im üblichen Bereich befindet, der Aktivitätsgrad der Person gering ist und die Raumluftfeuchte zwischen 30 und 70 % liegt. Demnach wird ein Raum bei einer um 10 % höheren relativen Luftfeuchte als genauso warm empfunden wie bei einer um 0,3 K höheren Temperatur. Bei höheren Raumtemperaturen und Aktivitätsgraden ist der Einfluss der Luftfeuchte größer, da der Mensch dann vor allem durch Verdunstung (Schwitzen) Wärme abgibt. Durch eine hohe Luftfeuchte wird dieser Vorgang jedoch erschwert oder unmöglich gemacht, sodass die empfundene Temperatur ansteigt und Unbehagen verursacht.

Auch bei normalen Raumtemperaturen kann eine lang anhaltende, sehr geringe oder sehr hohe Raumluftfeuchte das Wohlbefinden des Menschen negativ beeinflussen. Raumluftfeuchten unter 30 % führen zum Austrocknen und zu Reizungen der Schleimhäute in den Augen und Luftwegen, Raumluftfeuchten über 70 % können durch Kondensation Schimmelbildung verursachen, die neben gesundheitlichem Unbehagen auch Bauschäden nach sich ziehen kann. Ob für die Regulierung der Raumluftfeuchte zusätzliche technische Maßnahmen getroffen werden müssen, ist abhängig von der Häufigkeit des Auftretens von zu geringen bzw. zu hohen Raumluftfeuchten.

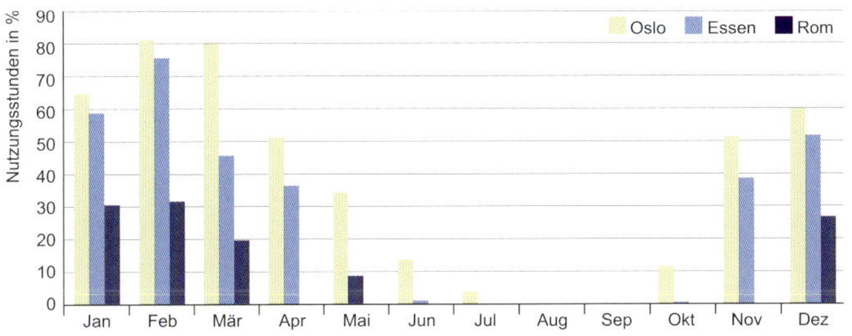

Abb. B1.17 Häufigkeit der Nutzungsstunden (Montag bis Freitag, 8.00 bis 18.00 Uhr), für die eine Befeuchtung der zugeführten Frischluft erforderlich ist, um eine relative Raumluftfeuchte von 35 % zu erzielen

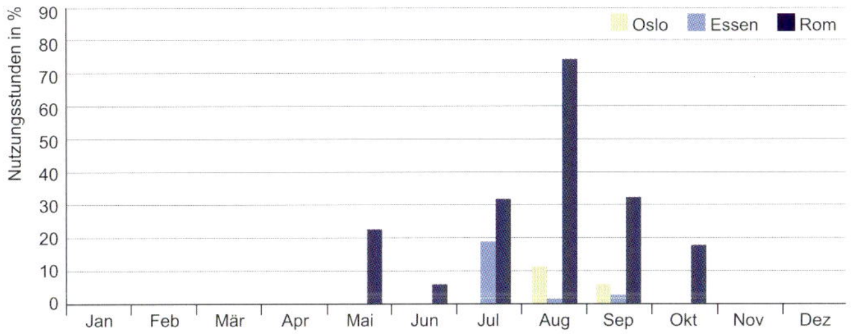

Abb. B1.18 Häufigkeit der Nutzungsstunden (Montag bis Freitag, 8.00 bis 18.00 Uhr), für die eine Entfeuchtung der zugeführten Frischluft erforderlich ist, um eine relative Raumluftfeuchte von 60 % zu erzielen

Die *Abbildungen B1.17* und *B1.18* zeigen die Häufigkeiten der Nutzungsstunden, für die eine Be- und Entfeuchtung der Luft für verschiedene Klimaregionen in Europa erforderlich ist. Wenn keine sehr hohen Ansprüche an den Feuchtehaushalt gestellt werden, z. B. eine relative Mindestraumluftfeuchte von über 35 %, so kann in Mitteleuropa in der Regel auf eine aktive Luftbefeuchtung verzichtet werden. Sehr trockene Außenluft kommt in diesen Regionen im Mittel zu weniger als 15 % der Nutzungszeit vor. Es sollte jedoch vor allem in sehr dichten Gebäuden, in denen der Luftaustausch nur noch über die Lüftungsanlage funktioniert, darauf geachtet werden, dass ausreichend Feuchtequellen vorgesehen werden und passive Maßnahmen, wie die Feuchterückgewinnung durch Rotationsräder in mechanischen Lüftungsgeräten, ergriffen werden. In Nordeuropa hingegen kommt kalte und trockene Außenluft sehr viel häufiger vor, sodass es dort durchaus vorteilhaft sein kann, die Raumluft zu befeuchten.

In Mittel- und Südeuropa ist im Sommer die Außenluft häufig schwül. Kommt dies seltener vor, kann auf eine maschinelle Entfeuchtung der Räume verzichtet werden. Unter Umständen lässt sich die Raumluftfeuchte nämlich in die Materialien einspeichern. Falls die feuchte Außenluft jedoch über einen längeren Zeitraum anhält, ist zumindest eine Teilentfeuchtung der maschinell zugeführten Außenluft empfehlenswert.

Aufgrund des latenten Anteils erfordert die Entfeuchtung einen sehr hohen Energieaufwand. Für Green Buildings sind daher Verfahren empfehlenswert, die nicht durch energieintensives Herunterkühlen der Außenluft entfeuchten, sondern die Luft z. B. durch sorptive Materialien trocknen. Diese Verfahren werden aktuell in Kombination mit der solaren Kühlung entwickelt und bieten speziell für Regionen mit hohen Außenluftfeuchten erhebliche Energie- und CO_2-Einsparpotenziale.

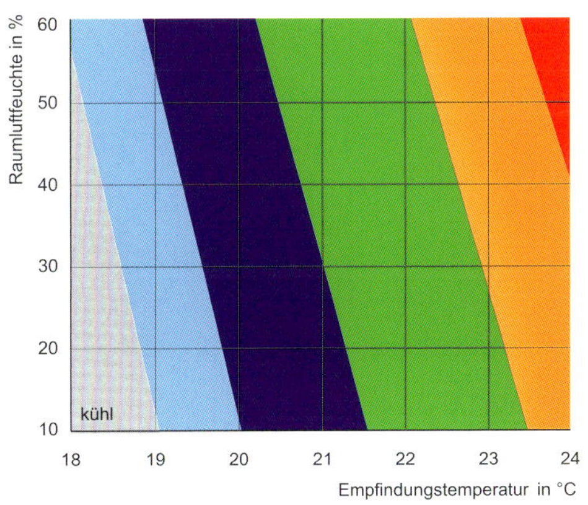

Abb. B1.19 Einfluss der relativen Luftfeuchte auf die empfundene Raumtemperatur im Winter

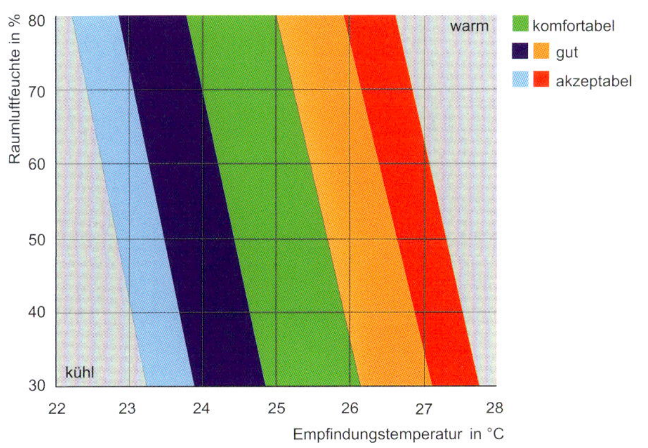

Abb. B1.20 Einfluss der relativen Luftfeuchte auf die empfundene Raumtemperatur im Sommer

Luftgeschwindigkeit und Draft-Risk

Eine lokale thermische Unbehaglichkeit wird vor allem dann empfunden, wenn der Energieumsatz des Körpers sehr gering ist. Dies ist meist bei sitzenden Tätigkeiten der Fall. Bei einem höheren Aktivitätsgrad, wie beim Gehen oder anderen körperlichen Tätigkeiten, ist das lokale Wärmeempfinden nicht so ausgeprägt. In diesem Fall ist die Gefahr von lokalem Unbehagen sehr viel geringer. Bei der Bewertung von Zugerscheinungen auf die thermische Behaglichkeit sind diese Voraussetzungen immer zuerst zu prüfen, bevor bauliche und technische Systeme dafür ausgelegt werden.

Für sitzende Personen in Büro-, Wohn-, Schul- und Konferenzräumen ist die Zugluft die häufigste Ursache für eine lokale Unbehaglichkeit. Übermäßige Wärmeabstrahlung und Zugluft können zum einen passiv durch Kaltluftabfall an kalten Oberflächen (z. B. bei schlecht gedämmten Wänden oder hohen Glasfassaden) oder aktiv durch maschinelle und natürliche Lüftungssysteme hervorgerufen werden. Die Wirkung ist in beiden Fällen gleich: Es findet eine lokale Abkühlung des menschlichen Körpers statt, die durch die höhere Luftgeschwindigkeit und den dadurch höheren Wärmeübergang verursacht wird. Je nach Höhe der Luftgeschwindigkeit, der Fluktuation (Turbulenz) und der Lufttemperatur wird die Luftbewegung mehr oder weniger akzeptiert. So ist eine Luftbewegung im Winter mit einem kalten Luftstrom sehr schnell unbehaglich, während etwas wärmere Außenluft im Sommer über Fensterlüftung durchaus wohltuend sein kann, da dadurch die Wärmeabfuhr des Körpers positiv unterstützt wird. Auch werden Luftbewegungen viel mehr dann akzeptiert, wenn sie durch manuelles Bedienen vom Nutzer (z. B. durch Fensterlüftung) selbst verursacht werden oder wenn der Nutzer keinen Anspruch an einen höheren Komfort erhebt (z. B. im Atrium).

In den *Abbildungen B1.21* und *B1.22* sind die Grenzwerte für drei Behaglichkeitskategorien für eine gleichmäßige und turbulente Lüftung ersichtlich. In Aufenthaltsräumen sollten die Werte der höchsten Kategorie eingehalten werden, während in Eingangs- oder Durchgangsbereichen die unterste Kategorie aufgrund der vorübergehenden Nutzung einen ausreichenden Komfort bietet. Gesondert sind jedoch etwaige ständige Aufenthaltbereiche oder der Empfang in Eingangshallen zu betrachten, in denen meist über lokale Unbehaglichkeit geklagt wird. Für diese Bereiche muss dann ein lokales Mikroklima geschaffen werden.

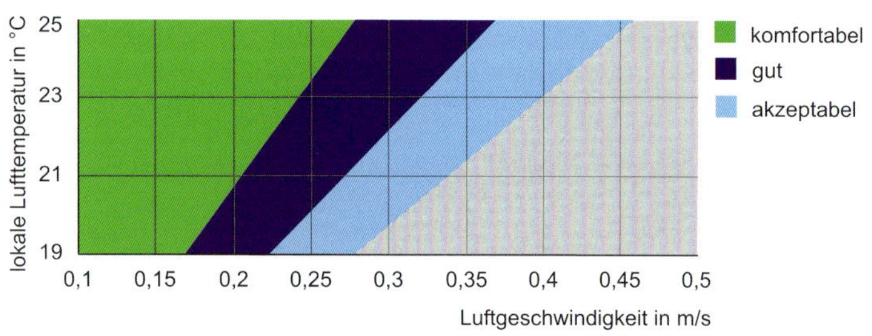

Abb. B1.21 Behagliche Luftgeschwindigkeiten bei gleichmässiger Strömung (Turbulenzgrad von 10 %) in Abhängigkeit von der Lufttemperatur

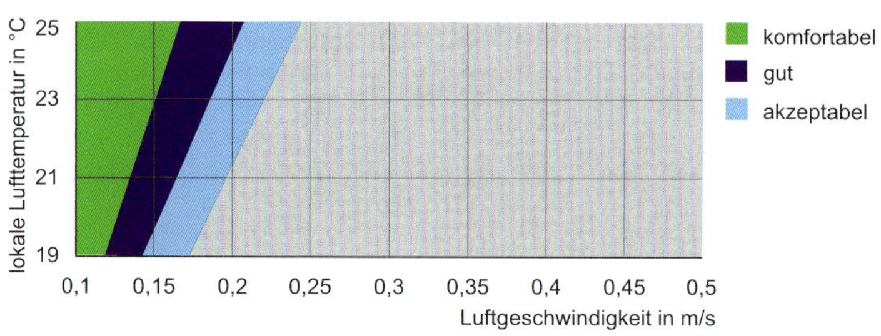

Abb. B1.22 Behagliche Luftgeschwindigkeiten bei turbulenter Strömung (Turbulenzgrad von 50 %) in Abhängigkeit von der Lufttemperatur

Bekleidung und Aktivitätsgrad

Die Bekleidung des Menschen hat großen Einfluss auf sein thermisches Wohlbefinden. Dabei lässt sich eine allgemeine Definition für Behaglichkeit nicht herstellen, ohne auf die jeweilige Situation und Stimmung einzugehen. Empfindet man eine direkte Besonnung zu Hause im Wohnzimmer im warmen Pullover während eines schönen Wintertags als ganz angenehm, so wirkt dieselbe empfundene Temperatur in einer Stresssituation als störend. Dasselbe gilt bei unterschiedlichen Aktivitätsgraden: sitzende Personen reagieren wesentlich empfindlicher auf Luftbewegungen und Temperaturunterschiede als Personen, die sich bewegen. Der Einfluss der Bekleidung sowie des Aktivitätsgrades auf die lokale Behaglichkeit ist somit bei der Gebäudeplanung zu berücksichtigen. Die Anforderungen unterscheiden sich je nach Nutzungsart.

Abbildung B1.23 zeigt den Einfluss der Bekleidung auf die empfundene Raumtemperatur im Sommer. In normalen Aufenthaltsräumen wird für die Auslegung des Gebäudes im Winter davon ausgegangen, dass der Nutzer lange Hosen und lange Ärmel trägt. Damit beträgt die als optimal empfundene Raumtemperatur 22 °C. Im Sommer wird eine Raumtemperatur von 25 bis 26 °C nur dann als optimal empfunden, wenn kurze Hemden getragen werden können. Für Nutzungen, bei denen die Personen ganzjährig mit Anzug und Krawatte bekleidet sind, ist eine um rund 2,5 Grad geringere Raumtemperatur erforderlich, um dieselbe Behaglichkeit zu erreichen.

Für Gebäudebereiche wie Turnhallen oder Atrien, bei denen der Aktivitätsgrad der Nutzer deutlich höher ist als in Aufenthaltsräumen mit sitzender Tätigkeit, liegen die Wohlfühltemperaturen wesentlich niedriger. Je nach Bekleidung sind Raumtemperaturen bei stehenden Tätigkeiten oder leichten sportlichen Aktivitäten schon ab 15 bis 18 °C durchaus komfortabel *(Abb. B1.24* und *B1.25)*.

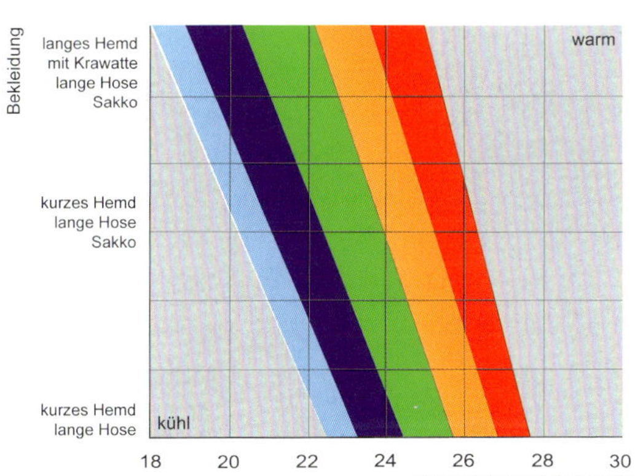

Abb. B1.23 Einfluss der Bekleidung auf die thermische Behaglichkeit im Sommer

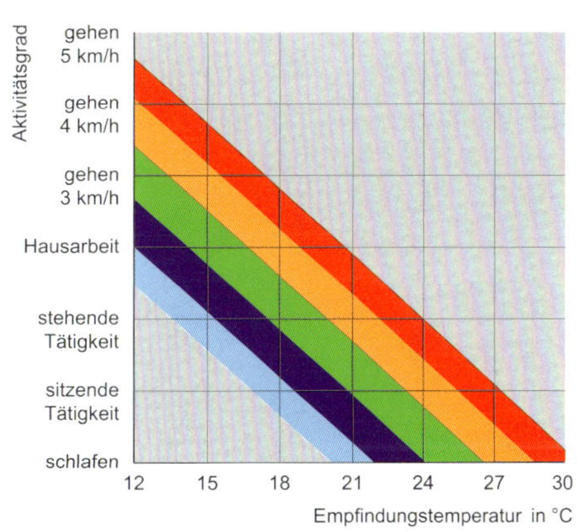

Abb. B1.24 Einfluss des Aktivitätsgrads auf die thermische Behaglichkeit bei Bekleidung mit Anzug

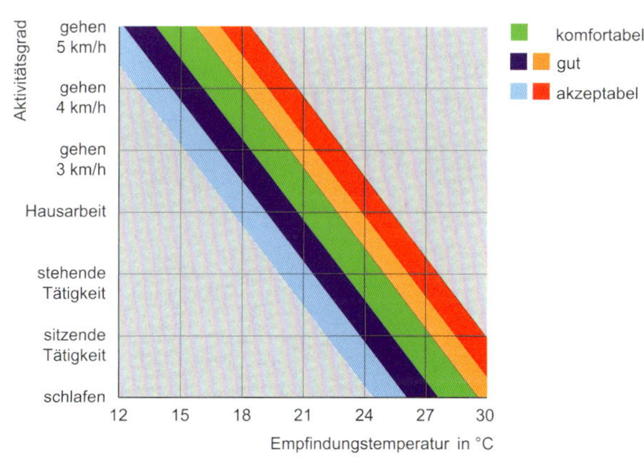

Abb. B1.25 Einfluss des Aktivitätsgrads auf die thermische Behaglichkeit bei sommerlicher Sportbekleidung (kurzes Hemd mit kurzer Hose)

Visueller Komfort

Der visuelle Komfort wird durch das Tageslicht und durch die künstliche Beleuchtung bestimmt. Prinzipiell lassen sich die beiden Beleuchtungsarten trennen, da Kunstlicht für den Fall ausgelegt wird, dass kein oder zu wenig Tageslicht vorhanden ist. In Green Buildings findet jedoch häufig eine Interaktion zwischen den beiden Lichtquellen oder ihrer Steuerung und Regelung statt. Damit entsteht ein sanfter Übergang zwischen der Belichtung am Tag und der Beleuchtung am Abend.

Eine Bewertung des visuellen Komforts bei **Kunstlicht** basiert im Wesentlichen auf vier Faktoren:

- Höhe des Beleuchtungsstärkeniveaus, horizontal und vertikal,
- Gleichmäßigkeit der Beleuchtungsstärkeverteilung im Raum,
- Blendfreiheit im Hinblick auf Direkt- und Reflexblendung,
- Lichtrichtung und Schattigkeit sowie
- Farbwiedergabe und Lichtfarbe.

Der Verlauf der Beleuchtungsstärke wird vor allem durch die Abstrahlrichtung und das Abstrahlvermögen der eingesetzten Leuchten bestimmt. Die Vorteile einer indirekten Beleuchtung sind hohe Gleichmäßigkeit und ein geringes Potenzial an Blendungseffekten. Die Vorteile der direkten Beleuchtung sind geringerer Stromverbrauch, Stärkung der Kontraste und bedarfsgerechte Regulierung. Die *Abbildungen B1.26* und *B1.27* zeigen den Raumeindruck bei direkter und indirekter Beleuchtung. Bei der indirekten Beleuchtung wird nur durch einen nahezu doppelt so hohen Stromeinsatz wie bei der reinen Direktbeleuchtung dasselbe Beleuchtungsstärkeniveau von 500 Lux auf der Arbeitsebene erreicht. Die Gleichmäßigkeit der Raumausleuchtung ist dabei zwar gegeben, es entsteht jedoch ein monotones Licht aufgrund der fehlenden Schatten. Bei ausschließlicher Direktbeleuchtung des Raums ist die vertikale Beleuchtungsstärke so gering, dass die Wahrnehmung des Raums stark eingeschränkt ist. Damit ist eine angenehme Kommunikation zwischen den Nutzern nicht möglich, zudem ist auch auf Arbeitsplatzhöhe die Beleuchtungsstärke im Raum nicht gleichmäßig. Durch die Kombination aus beiden Beleuchtungsarten wird meist das visuelle und wirtschaftliche Optimum erreicht. Jede Aufgabe erfordert ein anderes Niveau der Beleuchtungsstärke. Die

Abb. B1.26 Raumeindruck bei ausschließlich direkter Beleuchtung

Abb. B1.27 Raumeindruck bei ausschließlich indirekter Beleuchtung

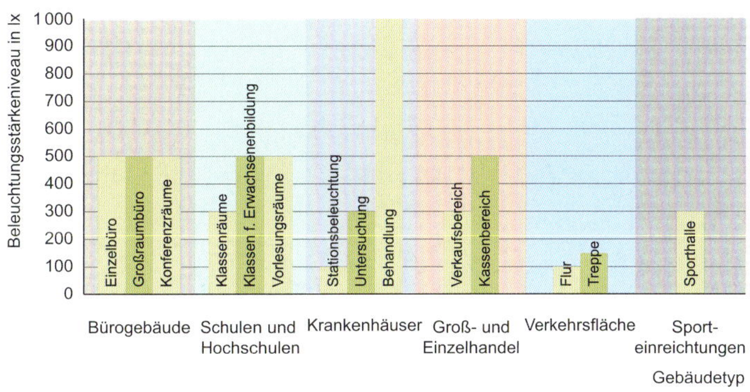

Mindestgrenze für Aufgaben, die eine gewisse Konzentration erfordern, beträgt 300 Lux. In *Abb. B1.28* sind die Anforderungen an die Beleuchtungsstärken aus den europäischen Richtlinien zusammengefasst. Messungen aus dem Bürobetrieb zeigen, dass bei einer Belichtung der Arbeitsplätze mit Tageslicht eine Beleuchtungsstärke von 300 Lux als angenehm empfunden wird. Leider ist diese Anforderung in den Standards für Kunstlichtbeleuchtung nicht mehr enthalten, obwohl sie nachweislich der Praxis entspricht.

Die im Raum vorherrschende Lichtatmosphäre wird durch die Reflexionseigenschaften der Umfassungsflächen sowie durch die Lichtfarbe und die Farbwiedergabe der verwendeten Leuchtmittel bestimmt. Heutige hochwertige Leuchtmittel erzeugen Lichtstimmungen im Raum, die denen bei Tageslicht ähneln. Die vorhandenen Lichtfarben der Leuchten sind Warmweiß, Neutralweiß und Tageslichtweiß. Meist wird warmweißes und neutralweißes Licht von Büronutzern als angenehm empfunden. Tageslichtweißes Licht wird bei 500 Lux eher als kalt und ungemütlich empfunden, erst bei wesentlich höheren Beleuchtungsstärken wird diese Lichtfarbe in Büroräumen akzeptiert. Die Farbwiedergabeeigenschaften der Leuchte beschreiben hingegen deren Fähigkeit, Farben von Gegenständen und Personen möglichst naturgetreu wiederzugeben. Für eine gute Farbwiedergabe sollten die eingesetzten Leuchten mindestens den Farbwiedergabeindex $R_a = 80$ aufweisen, besser jedoch $R_a = 90$ und höher.

Die Bewertung des visuellen Komforts eines Raums bei Tageslicht, unabhängig von der gewählten künstlichen Beleuchtung, ist wesentlich komplexer, da nicht nur eine stationäre Situation betrachtet werden muss, sondern auch die Veränderung der Helligkeiten über den gesamten Jahreszyklus. Die Form des Raums, die Verbauung im unmittelbaren Umfeld und die gewählten lichttechnischen Eigenschaften der Fassade sind die bestimmenden Größen für die Qualität des Tageslichts im Raum. Alle drei Faktoren sind jedoch entscheidend mit den architektonischen und thermischen Ansprüchen verknüpft, sodass nur durch ganzheitliche Betrachtungsweise ein Optimum an Beleuchtung zu erreichen ist. Eine gute Tageslichtqualität ist dann gegeben, wenn

- die Helligkeit im Raum gegenüber der Außenhelligkeit im Winter und im Sommer bestimmte Grenzwerte erreicht (Tageslicht- und Sonnenlichtquotient),
- eine Gleichmäßigkeit der natürlichen Belichtung im Raum gegeben ist,
- sich die Helligkeit im Raum mit der Außenhelligkeit verändert, sodass der Tages- und Nachtrhythmus zu spüren ist (dies ist vor allem bei den nicht nord-orientierten Räumen der Fall, da sie über Teile des Jahres besonnt sind),
- ein Außenbezug bei gleichzeitigem ausreichendem Sonnenschutz hergestellt werden kann,
- Blendung, vor allem bei Bildschirmarbeitsplätzen, vermieden wird (Nah- und Fernfeldkontraste),
- ein hoher Belichtungsanteil ausschließlich durch Tageslicht, ohne die Verwendung von elektrischer Energie für Kunstlicht, während der Nutzung gegeben ist (Tageslichtautonomie).

Die richtige Konzeption der Fassade im Hinblick auf eine hocheffiziente Ausnutzung des vorhandenen natürlichen Tageslichtpotenzials bei gleichzeitiger Einhaltung des Sonnenschutzes und Begrenzung der Blendung ist eine der schwierigsten Aufgaben der Gebäudeplanung. Der Grund hierfür ist die hohe Variabilität der Sonnen- und Himmelszustände über den Tagesverlauf *(Abb. B1.32)*. Die horizontale Beleuchtungsstärke umfasst Werte von 0 bis 120 000 Lux, die Leuchtdichte der Sonne beträgt bis zu 1 Milliarde cd/m². In Räumen mit Bildschirmarbeitsplätzen ist eine Beleuchtungsstärke von 300 Lux ausreichend, die Leuchtdichten des Fensters sollten 1500 cd/m² nicht überschreiten. Dies bedeutet, dass eine ausreichende natürliche Belichtung erzielt wird, falls nur 0,3 % des Tageslichts im Sommer und 6 % im Winter auf die Arbeitsfläche transportiert werden können. Die Schwierigkeit besteht hauptsächlich darin, dass gleichzeitig die Leuchtdichte des Himmels auf 3 bis 13 % und der Sonne auf 0,0002 % reduziert werden müssen.

Der Tageslicht- und Sonnenlichtquotient sind ein Maß für die Qualität des Tageslichts im Raum. Beide Werte sind als Verhältnis von Beleuchtungsstärke auf der Arbeitsebene zu Außenhelligkeit definiert. Der Tageslichtquotient wird für den bewölkten Himmel bestimmt, um unabhängig vom Sonnenschutzsystem den Raum beurteilen zu können. Der Sonnenlichtquotient wird für einen besonnten Raum mit Sonnenschutz berechnet, um die Tageslichtsituation im Raum bei vorgeschaltetem Sonnenschutz bewerten zu können. Diese Unterscheidung ist wichtig, um Fassaden mit und ohne tageslichtlenkende Systeme über alle Himmelszustände vergleichen zu können.

Die Messgröße »Leuchtdichte« kann als Helligkeitsempfinden für das Auge betrachtet werden. Unterschiedliche Leuchtdichten führen zur Kontrastbildung. Kontraste sind wichtig, damit das Auge Gegenstände überhaupt identifizieren kann. Zu hohe Kontraste führen jedoch zu Blendungserscheinungen, die den menschlichen Organismus belasten und stören. Damit ein ausreichendes und komfortables Sehvermögen am Bildschirm gegeben ist, sollen die Kontraste zwischen Arbeitsfeld und Nahfeld nicht größer als 3 : 1, und zwischen Arbeitsfeld und Fernfeld nicht größer als 10 : 1 sein. Das Nahfeld verläuft dabei konzentrisch um die Hauptblickrichtung mit einem Öffnungswinkel von 30°, das ferne Umfeld weist den doppelten Öffnungswinkel auf. Untersuchungen zeigen, dass höhere Kontraste im Nah- und Fernfeld vom Nutzer durchaus akzeptiert werden. Dies liegt vor allem daran, dass durch die psychologisch positive Wirkung des Tageslichts auf den Menschen höhere Leuchtdichten vor dem Fenster nicht als störend empfunden werden. Heutige Bildschirme sind weitestgehend entspiegelt und weisen Eigenleuchtdichten von 100 bis 400 cd/m² auf. Die Abbildungen *B1.33* und *B1.34* zeigen auf dieser Basis eine Bewertung der Leuchtdichteverteilungen und Kontraste im Nah- und Fernfeld.

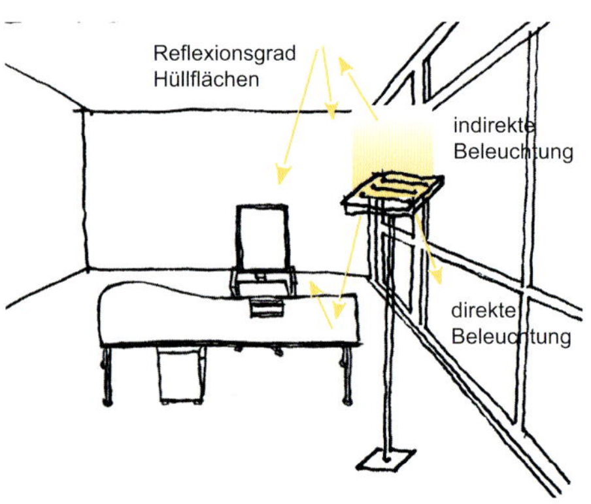

Abb. B1.29 Einflussfaktoren bei der Kunstlichtplanung

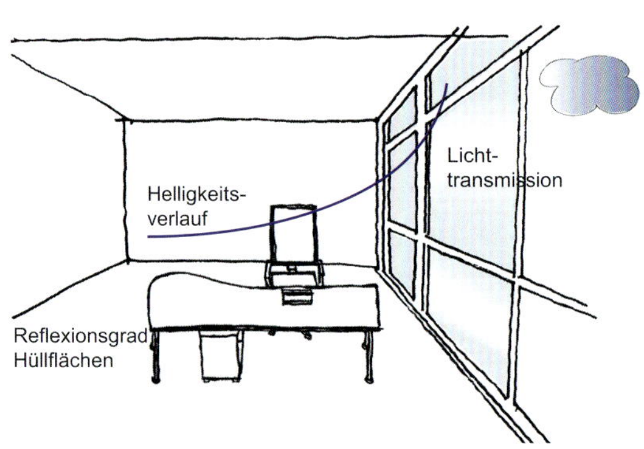

Abb. B1.30 Einflussfaktoren bei der Tageslichtplanung (Winter)

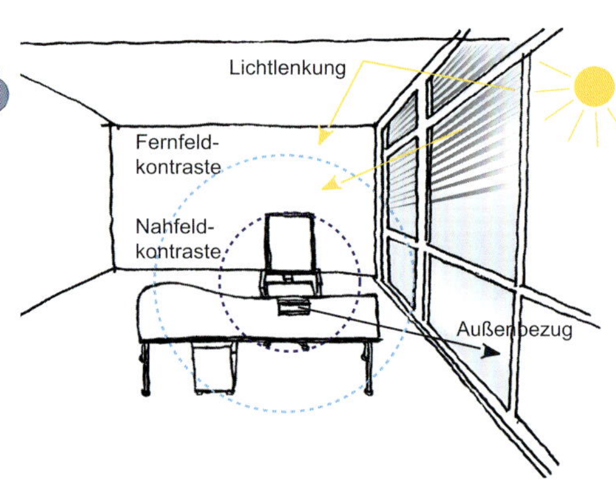

Abb. B1.31 Einflussfaktoren bei der Tageslichtplanung (Sommer)

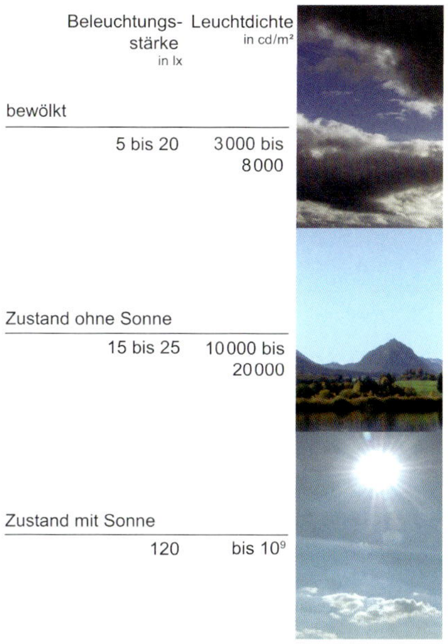

Abb B1.32 Beleuchtungsstärken und Leuchtdichten des Himmels für verschiedene Zustände

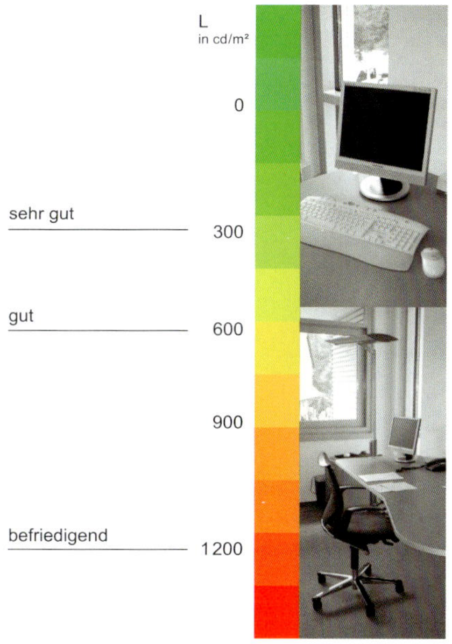

Abb. B1.33 Nahfeldkontraste als Leuchtdichteverteilung für die direkte Arbeitsplatzumgebung (Schreibtisch)

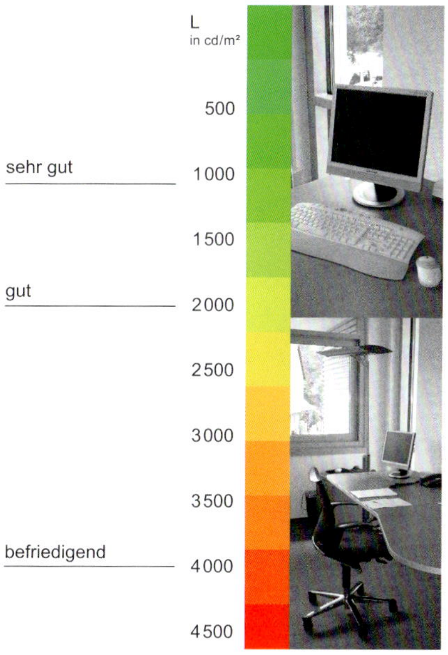

Abb. B1.34 Fernfeldkontraste als Leuchtdichteverteilung für die erweiterte Arbeitsplatzumgebung (Fenster, Innenwand)

Im Gegensatz zur künstlichen Beleuchtung ist eine hohe Gleichmäßigkeit bei einseitiger Belichtung mit Tageslicht sehr viel schwieriger zu erreichen. Die Gleichmäßigkeit der Beleuchtung ist definiert als Verhältnis aus minimaler Beleuchtungsstärke zu mittlerer Beleuchtungsstärke des betrachteten Raumbereichs. Bei der Kunstlichtbeleuchtung sollte das Verhältnis größer als 0,6 sein, bei Tageslichtbeleuchtung lässt sich dieser Wert kaum oder nur durch Minderung des gesamten Beleuchtungsstärkeniveaus erreichen. Aus diesem Grund können für die Bewertung der Gleichmäßigkeit der Tageslichtbeleuchtung nicht die Kriterien für Kunstlicht zugrunde gelegt werden, sondern es müssen praktisch erreichbare Werte herangezogen werden. Ziel ist es, für die Gleichmäßigkeit einen Wert von mehr als 0,125 zu erreichen. Wesentliche Einflussgrößen dabei sind die Sturzhöhe sowie die Reflexionsgrade der für den Innenraum verwendeten Materialien.

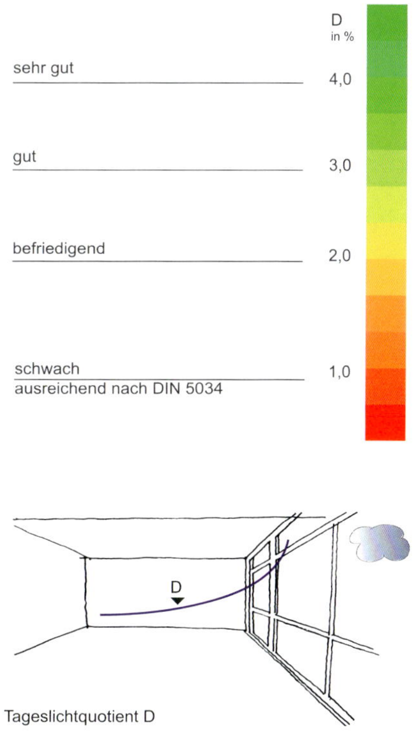

Abb. B1.35 Bewertung eines Raums nach dem Tageslichtquotienten D. Der Tageslichtquotient bildet das Verhältnis aus Beleuchtungsstärke auf 85 cm Höhe zur Außenhelligkeit bei bewölktem Himmel. Meist wird der Wert in halber Raumtiefe, maximal im Abstand von 3 m zur Fassade, als Kennwert zur Bewertung herangezogen.

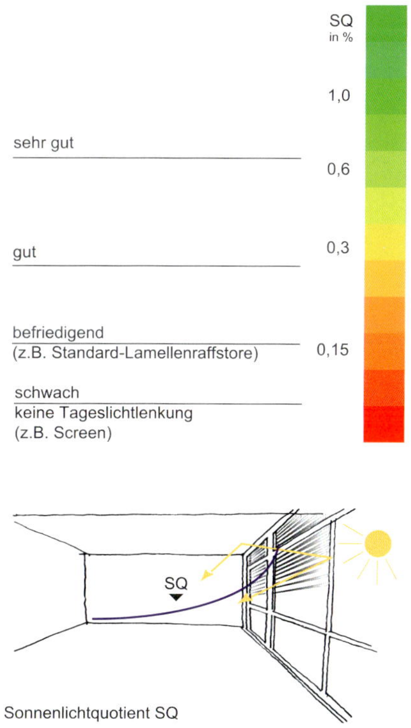

Abb. B1.36 Bewertung eines Raums nach dem Sonnenlichtquotienten SQ. Der Sonnenlichtquotient bildet das Verhältnis aus Beleuchtungsstärke auf 85 cm Höhe zur Außenhelligkeit bei besonnter Fassade. Dabei wird die Fassade vom geplanten Sonnenschutz verschattet, um die restliche natürliche Helligkeit im Raum zu ermitteln. Meist wird der Sonnenlichtquotient in halber Raumtiefe, maximal im Abstand von 3 m zur Fassade, als Kennwert zur Bewertung herangezogen.

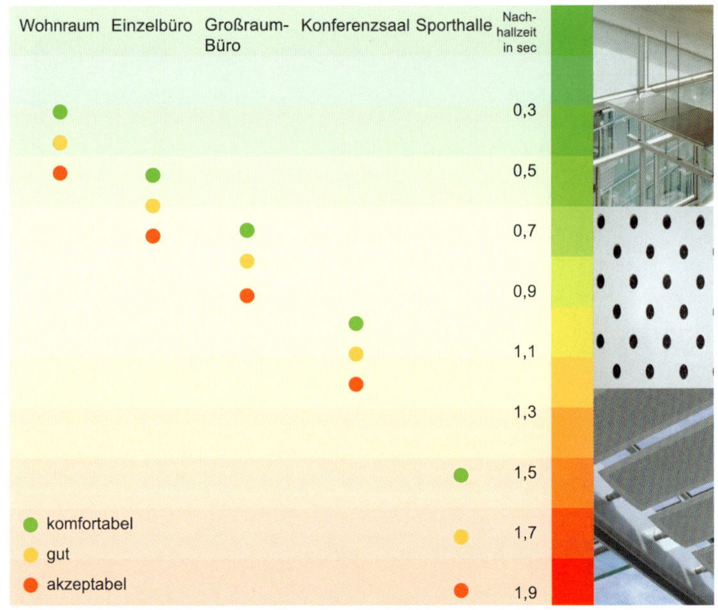

Abb. B1.38 Kennwerte für typische Nachhallzeiten bei unterschiedlichen Nutzungen

Akustik

Akustische Einflüsse werden vom Menschen meist nur unbewusst wahrgenommen. Körperliches und geistiges Wohlbefinden können mitunter ganz erheblich von der Geräuschart und -menge abhängen, der eine Person ausgesetzt ist. Da man seine Ohren gegenüber akustischen Sinnesreizen nicht verschließen kann, wird zumindest das Unterbewusstsein durch Geräusche strapaziert. Es müssen nicht immer besonders laute oder permanent hohe Geräuschpegel sein, die einem Menschen im wahrsten Sinne des Wortes »auf die Nerven« gehen. Auch stark schwankende oder impulshaltige Schallereignisse können sehr belastend sein. Innerhalb eines Gebäudes sind es auch sehr oft Geräusche mit »Informationsgehalt«, also Sprachfetzen, laute Telefonate, Mitarbeitergespräche, Nachbarstreit usw., durch die die Konzentrationsfähigkeit stark beeinträchtigt werden kann. Bei der Planung wird unterschieden zwischen Beeinträchtigung und Gesundheitsgefährdung. Die Grenze, ab wann eine Gesundheitsgefährdung vorliegt, ist neben der Höhe des Außenlärms auch abhängig davon, über welchen Zeitraum die Person dem Lärmpegel ausgesetzt ist. In der Regel werden solche Lärmpegel, die sich im Bereich von 85 dB(A) bewegen, nur bei Sondernutzungen in Industrie- und Freizeitgebäuden erreicht.

Äußere Lärmquellen, die Einfluss auf Konzentration bzw. Arbeitsleistung, Kommunikation oder erforderliche Ruhe haben, sind vor allem durch den Verkehr bedingt. Dabei wird zwischen einem kontinuierlich vorhandenen Lärmpegel (Straße) und einem kurzzeitigen Lärmpegel (Flugzeug, Zug, Autos an einer Ampel) unterschieden. Bei gleichmäßigen Quellen lassen sich zusätzliche bauliche Maßnahmen, wie Schallschutzschilde und Doppelfassaden, in das Gesamtkonzept integrieren. Die Belastung durch kurze Lärmspitzen ist abhängig von deren Häufigkeit, sie ist in der Regel jedoch schwieriger zu beurteilen. Da bei moderaten Außentemperaturen die meisten Menschen am liebsten ihre Räume über die Fenster be- und entlüften, muss der Einfluss des Außenlärms sowohl für geschlossene Fenster als auch für offene Fenster bewertet werden. Auch aus energetischen Gründen ist während der Jahreszeit, die eine Fensterlüftung zulässt, ohne den thermischen Raumkomfort wesentlich zu beeinträchtigen, die natürliche Lüftung zu bevorzugen, da Laufzeiten von technischen Anlagen reduziert und Energieaufwendungen verringert werden können. Je nach Fensterstellung werden immer unterschiedliche Innenlärmqualitäten erreicht, entscheidend jedoch ist, wie hoch die Beeinträchtigung tatsächlich ist und ob sie dauerhaft im Raum akzeptiert wird. Die Praxis zeigt, dass bei Fensterlüftung vom Nutzer häufig stärkere Geräuscheinflüsse durch den Außenlärm in Kauf genommen werden, während vergleichsweise kleinere Pegel aus Lüftungsanlagen nicht akzeptiert werden. *Abbildung B1.39* zeigt eine Bewertung von Innenlärmpegeln für verschiedene Nutzungen.

Innere Lärmquellen entstehen durch Personen, technische Installationen oder sonstige Geräte. Dabei muss unterschieden werden, ob eine nahezu vollständige Unterbindung der Schallübertragung erforderlich wird oder ob nur die Verständlichkeit von Gesprächen verhindert werden soll. So werden

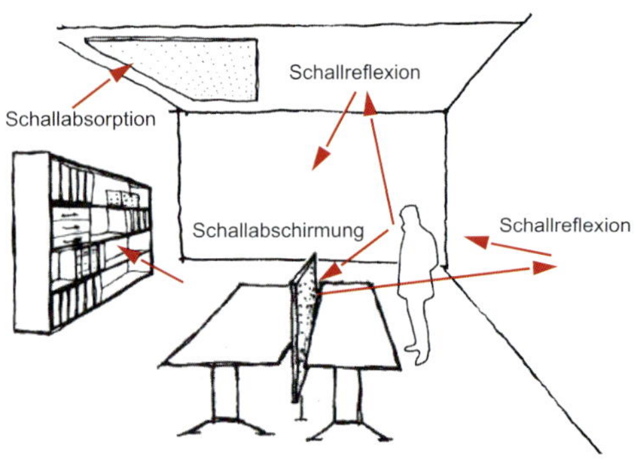

Abb. B1.37 Einflussfaktoren auf die Nachhallzeit und den akustischen Komfort

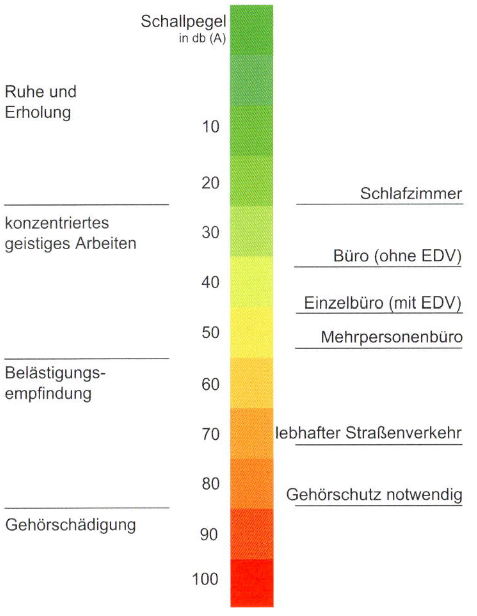

Abb. B1.39 Einteilung der Lärmpegelbereiche im Raum in Abhängigkeit von Tätigkeit und Nutzung

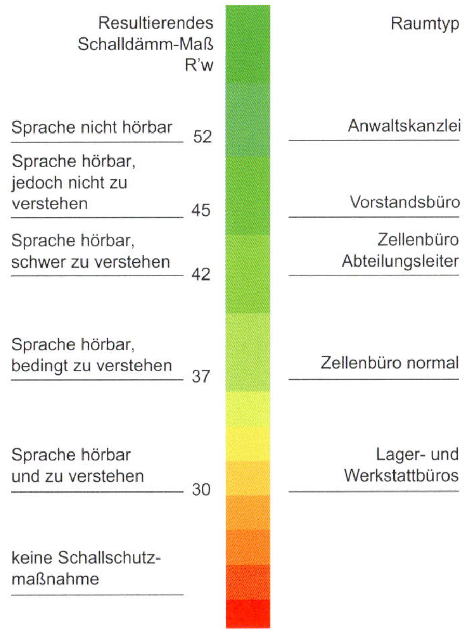

Abb. B1.40 Einteilung der Schalldämmung von Trennwänden im Bürobereich je nach Nutzung

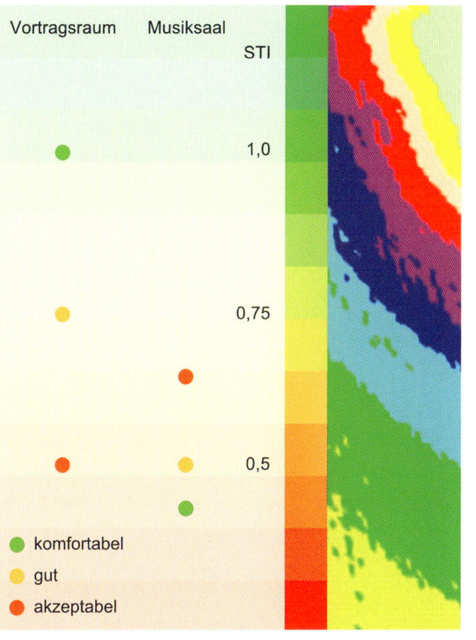

Abb. B1.41 Kennwerte für die Sprachverständlichkeit bei unterschiedlichen Nutzungen

beispielsweise in Räumlichkeiten, in denen man sich üblicherweise nur temporär aufhält (Restaurant, Kaufhaus) ohne Weiteres höhere Anlagen- und Umgebungspegel akzeptiert, als es in Schlaf- oder Besprechungsräumen der Fall wäre. Für getrennte Mietbereiche im Wohn- wie im Bürobau ist jedoch eine sehr hohe Schalldämmung nötig. Innerhalb der Wohnung oder des Mietbereichs gibt es stark unterschiedliche Schalldämmqualitäten, die vom jeweiligen Bedarf abhängen *(Abb. B1.40)*.

Ein hoher akustischer Komfort ist dann gegeben, wenn Schalleinflüsse auf den eigenen Nutzbereich minimiert und die Sprachverständlichkeit innerhalb des Nutzbereichs erhöht werden. Dies betrifft alle Arten von Nutzungen. Die Anforderungen an die Materialien sind jedoch unterschiedlich. Bei der Vielzahl schallharter Ausbaumaterialien wie Glas, Metall und Sichtbeton ist es immer häufiger erforderlich, den Nachhall in den Räumen durch akustisch wirksame Vorsatzschalen, wie abgehängte Decken, zu verringern. Dies schafft dann zwar angenehme akustische Raumbedingungen, jedoch ist die Gebäudemasse der Stahlbetondecke auf diese Weise für thermische Speichereffekte zum großen Teil unwirksam. Die Einzeloptimierung zeigt dabei deutliche Nachteile für das Gesamtziel eines komfortablen und energieeffizienten Gebäudes.

Die Nachhallzeit ist eine physikalische Messgröße, mit der die Art des Schalls in Räumen bewertet werden kann. Sie wird wesentlich von den schallabsorbierenden bzw. -reflektierenden Eigenschaften der Raumoberflächen sowie dem Raumvolumen beeinflusst. Neben der Gleichmäßigkeit der Schallverteilung ist sie die wichtigste Größe zur Bewertung der akustischen Eigenschaften eines Raums. In Bereichen mit großem Kommunikationsbedarf ist für konzentriertes Arbeiten eine geringe Nachhallzeit erforderlich, während für den Musikgenuss meist längere Nachhallzeiten vorteilhaft sind *(Abb. B1.37* und *B1.38)*. Die Berechnungen umfassen für kleine bis mittelgroße Räume zumeist den Frequenzbereich von 125 bis 400 Hz bei Betrachtung der jeweiligen Terzmittenfrequenzen.

Ergänzend zur Berechnung der Nachhallzeit ist es bei komplexen Raumgeometrien oder hohen akustischen Nutzeranforderungen angebracht, detailliertere Bewertungsgrößen der Raumakustik zu ermitteln. Diese sind in der Regel:

- der Sprachübertragungsindex (STI)
- der Konsonantenverlust (AL_{cons})
- die Gleichmäßigkeit der Schallpegel im Aufenthaltsraum.

Sprachübertragungsindex und Konsonantenverlust stellen Größenordnungen für die Verständlichkeit der Sprache, aber auch für die Vollständigkeit des Höreindrucks musikalischer Darbietungen dar *(Abb. B1.41)*. Um den gleichen Komfort für alle Personen in Theatersälen und Auditorien bieten zu können, sollte die Lautstärkeverteilung möglichst gleichmäßig sein. Dies wird vor allem durch die richtige Wahl der Raumform und der Materialeigenschaften der Innenoberflächen erreicht. Mit modernen Simulationsmethoden, die mittels der Strahlenverfolgungsmethode die Schallausbreitung berechnen, lassen sich diese Kriterien bereits in frühen Planungsstadien bewerten. Dabei ist wichtig, dass während der Planungsphase zeitgleich sowohl die Optimierung der Raumakustik als auch der thermischen und visuellen Behaglichkeit stattfindet, um ein Gesamtoptimum für die Nutzung zu erreichen.

Luftqualität

Für den Menschen ist Luft lebensnotwendig. So bestimmt die Luftqualität nicht nur sein Wohlbefinden zu Hause, in der Schule oder bei der Arbeit, im Krankenhaus oder beim Freizeitvergnügen, sondern auch seine Gesundheit. Daher ist das Sicherstellen der erforderlichen Luftqualität ein sehr wichtiger Baustein in der Gebäudekonzeption. Die Anforderungen sind im Wesentlichen von der Nutzung und der Aufenthaltsdauer abhängig. Bei sehr dichten Gebäuden, wie sie als Passivhäuser oder als Green Buildings aufgrund der Vorteile für den verringerten Lüftungs-, Heiz- und Kühlbedarf vorzufinden sind, muss die Planung sorgfältig und ohne Verwendung »alter Erfahrungswerte« erfolgen. Der erforderliche Luftwechsel ist nunmehr nicht nur abhängig von der Personendichte, sondern auch von der vorhandenen Außenluftqualität, des gewählten Lüftungssystems und der verwendeten Ausbaumaterialien im Gebäude.

»Schlechte Luft« wird oft als Kriterium von Nutzern genannt, die über Augen-, Nasen-, Atemwegs- und gelegentliche Hautreizungen sowie über Kopfschmerzen, Müdigkeit, Unwohlsein, Schwindel und Konzentrationsschwierigkeiten klagen. In der Fachwelt werden diese Beschwerden auch als Sick-Building-Syndrom bezeichnet, dessen Ursachen jedoch vielfältig sind und in der Regel durch psychologische Faktoren (Stress, Arbeitsüberlastung), aber auch durch physikalisch messbare Größen bestimmt werden: Neben ungenügender Lüftung und mangelnder Hygiene bei Klimaanlagen werden auch hohe Emissionen von geruchsintensiven und gesundheitsschädlichen Stoffen aus den Baumaterialien sowie ein unbehagliches Raumklima (hohe Raumtemperatur, zu geringe oder zu hohe Raumluftfeuchte, störende Dauergeräusche, Blendung an Bildschirmarbeitsplätzen) dafür verantwortlich gemacht.

Schadstoffquellen außerhalb von Räumen

Die Außenluft in der näheren Umgebung des Gebäudes kann die Raumluft mit Schadstoffen von Verkehr, Heizungen, Industrie und Gewerbebetrieben belasten. Die wesentlichen Schadstoffe sind:

- Schwebstoffe wie Staub oder Feinstaub (PM10, »Dieselruß«),
- gasförmige Verunreinigungen (Kohlenmonoxid CO, Kohlendioxid CO_2, Schwefeldioxid SO_2, Stickstoffoxide NO_x und andere flüchtige organische Verbindungen VOC, z. B. Lösemittel und Benzol) sowie
- Schimmelpilze und Pollen.

	Konzentration					
Beschreibung des Ortes	CO_2 ppm	CO mg/m³	NO_2 µg/m³	SO_2 µg/m³	Gesamt-PM mg/m³	PM_{10} µg/m³
Ländliche Gebiete; keine bedeutenden Emissionsquellen	350	< 1	5 bis 35	< 5	< 0,1	< 20
Kleine Städte	375	1 bis 3	15 bis 40	5 bis 15	0,1 bis 0,3	10 bis 30
Verschmutzte Stadtzentren	400	2 bis 6	30 bis 80	10 bis 50	0,2 bis 1,0	20 bis 50

Tab. B1.3 Beispiele für mittlere Jahreskonzentrationen für Verunreinigungen in der Außenluft

Der Ozongehalt der Außenluft ist für Innenräume in der Regel nicht relevant, da Ozon sehr reaktionsfähig ist und die Konzentration damit im Raum sehr schnell abnimmt. Eine natürliche oder maschinelle Lüftungskonzeption ist damit primär vom Gebäudestandort und der vorherrschenden Luftverunreinigung abhängig. Je nach Qualität der Außenluft müssen die Möglichkeiten und Grenzen der Luftversorgung im Hinblick auf natürliche Fensterlüftung, Filterung und Reinigung der Außenluft bei der Planung bedacht werden *(Tab. B1.3)*.

Lufthygiene des Innenraums

Der erforderliche Außenluftwechsel ist vor allem davon abhängig, wie viele Personen sich im Raum aufhalten, welche Tätigkeiten ausgeführt werden (z. B. Kochen) und welche Emissionen aus Materialien und Geräten vorhanden sind. Auch menschliche Ausdünstungen belasten die Raumluft je nach Bewegungsgrad der Personen unterschiedlich stark. Diese Verunreinigungen lassen sich mittels der Konzentration von Kohlendioxid in der Luft relativ einfach ermitteln *(Abb. B1.42)*. Die CO_2-Konzentration hat sich in der Praxis als ein sehr guter Indikator erwiesen, falls keine wesentlichen staubhaltigen Luftschadstoffe vorliegen. Der Sauerstofftransport im Körper reduziert sich mit ansteigender CO_2-Belastung und führt zu Kopfschmerzen und verringertem Leistungsvermögen bis hin zur Benommenheit.

Emissionen aus Baumaterialien und Einrichtungsgegenständen

Neben den Personen können die vorhandenen Materialien mit ihren Emissionen die Raumluft unterschiedlich stark belasten. Dies gilt vor allem für die im Innenausbau verwendeten Baustoffe. Ausdünstungen aus Baustoffen tragen zur Anreicherung von Schadstoffen in der Raumluft bei. Für die Sicherstellung der Raumluftqualität ist daher vor der Wahl des Lüftungssystems ein Konzept zur Vermeidung von Luftschadstoffen zu erstellen. Materialien, die sich während der Nutzung nachteilig auf die Raumluftqualität auswirken, sollten erst gar nicht verbaut werden.

In Ergänzung zur Verwendung von emissionsarmen oder -freien Ausbaumaterialien und Möbeln ist auf ein abgestimmtes und geprüftes Reinigungskonzept Wert zu legen. Häufig wird die Auswahl und Dosierung der Reinigungsmittel von den Gebäudereinigungsfirmen selbst bestimmt, wobei lufthygienische und ökologische Gesichtspunkte meist keine Rolle spielen. Es sollte jedoch Standard sein, dass die zu verwendenden Reinigungsmittel unter realen Bedingungen schnell biologisch abbaubar sind (gem. OECD-Empfehlung). Hohe Lösemittel- und Säureanteile von mehr als 5 % sind ebenfalls vermeidbar bei sachgerechter Produktauswahl. Ebenso kann im Normalfall auf Biozide, Phosphate und optische Aufheller in Reinigungsmitteln vollständig verzichtet werden. Die Inhaltsstoffe der für die Gebäudereinigung vorgesehenen Mittel sollten vor der ersten Anwendung

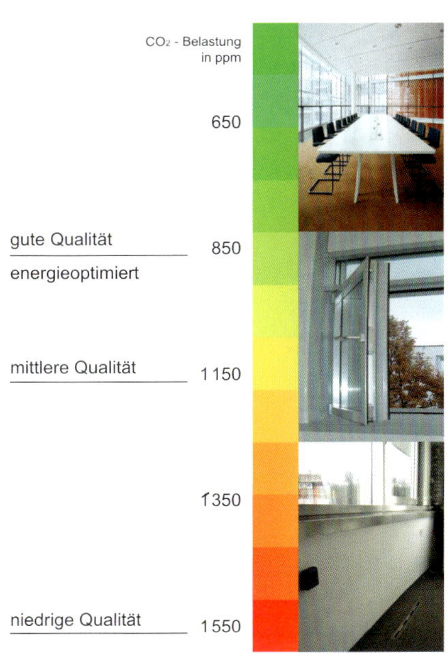

Abb. B1.42 Kennwerte für die CO_2-Belastung in Räumen

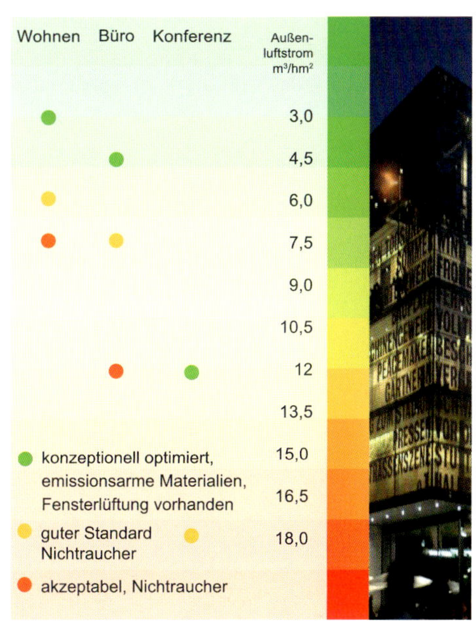

Abb. B1.43 Hygienisch erforderlicher flächenbezogener Außenluftstrom für unterschiedliche Nutzungen

durch einen Baubiologen auf gesundheitlich bedenkliche Komponenten geprüft und Dosierungsvorgaben erstellt werden, um nicht eine baulich emissionsarme Raumumgebung durch regelmäßige Zufuhr unnötiger Schadstoffe zu belasten.

Gesetzlich verbindliche Grenz- und Richtwerte für Emissionen in Innenräumen gibt es nur wenige. Lediglich bei Arbeitsstätten, an denen mit Gefahrenstoffen umgegangen wird, werden maximale Arbeitsplatzkonzentrationen (MAK) in den Technischen Regeln für Gefahrenstoffe geregelt. Deshalb wurden in einer Arbeitsgruppe aus Mitgliedern der Innenraumlufthygiene-Kommission des Umweltbundesamts und der Arbeitsgruppe der Obersten Gesundheitsbehörde der Länder zwei Richtwerte festgelegt: Richtwert II (RWII) ist der Grenzwert einer Stoffkonzentration, der für empfindliche Personen bei Daueraufenthalt in den Räumen zu einer gesundheitlichen Gefährdung führt. Es besteht ein unverzüglicher Handlungsbedarf. RWI ist der Wert für die Konzentration eines Stoffs, bei dem nach gegenwärtigem Erkenntnisstand auch bei lebenslanger Belastung keine gesundheitliche Gefährdung besteht. Dieser Wert dient im Sanierungsfall als Zielwert und sollte wenn möglich unterschritten werden *(Tab. B1.4)*.

Da in der Raumluft eine Vielzahl von organischen Verbindungen auftreten und über gesundheitliche Beschwerden oft auch dann geklagt wird, wenn die Grenzwerte der einzelnen Komponenten noch nicht überschritten sind, werden zudem Richtwerte für die Konzentrationsbereiche der flüchtigen organischen Verbindungen (TVOC) angegeben. In Innenräumen mit einer TVOC-Konzentration zwischen 10 und 25 mg/m³ sollte ein Aufenthalt nur kurzzeitig erfolgen. Für einen längerfristigen Aufenthalt sollte die Konzentration im Bereich zwischen 1 und 3 mg/m³ liegen und nicht überschritten werden. Zielwerte für eine gute Lufthygiene liegen unter einer TVOC-Konzentration von 0,3 mg/m³.

Hygienisch notwendiger Luftwechsel

Um die Schadstoffbelastung im Raum zu reduzieren, muss dem Raum möglichst schadstoffarme Außenluft zugeführt werden. Dies kann zum einen auf natürliche Weise über die Fenster oder maschinell mit Lüftungsanlagen erfolgen. Wird die Belastung allein an der CO_2-Konzentration gemessen, benötigt eine Person pro Stunde mindestens 20 m³ Außenluft für die Einhaltung des hygienisch zulässigen Grenzwerts von 1500 ppm für die CO_2-Konzentration im Raum. Werden zudem die Schadstoffemissionen der Bauteile berücksichtigt, wird bei dieser CO_2-Konzentration die Luft nicht mehr als frisch und hygienisch einwandfrei empfunden. In *Abbildung B1.43* sind die flächenbezogenen Außenluftströme aufgelistet, die bei ausreichender Durchlüftung des Raums, emissionsarmen Ausbaumaterialien und energetisch sinnvollen Kriterien zu empfehlen sind.

Verbindung	(Maximalwert) RW II (mg/m³) 1)	(Zielwert) RW I (mg/m³) 2)
Toluol	3	0,3
Stickstoffoxid	0,35 (1/2 h)	-
	0,06 (1 Woche)	
Kohlenmonoxid	60 (1/2 h)	6 (1/2 h)
	15 (8 h)	1,5 (8 h)
Pentachlorphenol	1 µg/m³	0,1 µg/m³
Dichlormethan	2 (24 h)	0,2
Styrol	0,3	0,03
Quecksilber (metallischer Hg-Dampf)	0,35 µg/m³	0,035 µg/m³

1) bei Überschreiten sofortiger Handlungsbedarf
2) Sanierungszielwert

Tab. B1.4 Richtwerte für die Schadstoffkonzentrationen in der Innenraumluft

Elektromagnetische Verträglichkeit

Der Mensch ist seit jeher der natürlichen elektromagnetischen Strahlung aus dem Weltall ausgesetzt: Licht und Wärme sind elektromagnetische Strahlen mit sehr hoher Frequenz. Außer bei direkter Besonnung ist die in der Natur vorkommende Strahlung jedoch gering. Durch den zunehmenden technischen Fortschritt sind jedoch zusätzliche Strahlungsquellen entstanden, die auf den Menschen einwirken. *Abbildung B1.44* zeigt häufig vorkommende Strahlungsquellen, geordnet nach ihrem Frequenzbereich und ihrer Wirkung auf den Menschen. Hochfrequente Strahlen wie UV-Licht und Röntgenstrahlen haben eine ionisierende Wirkung und schädigen nachweislich die Körper zellen. Die anderen Frequenzbereiche besitzen nachweisbare Wärme- und Reizwirkungen auf den Menschen: Elektromagnetische Felder, erzeugt z.B. von Kommunikationsmedien, können vom menschlichen Körper absorbiert werden. Dies führt zu einer Erwärmung des Gewebes, das je nach Intensität und Dauer Gesundheitsschäden, wie Bluthochdruck, hervorrufen kann. Weitere damit verbundene humanbiologische Auswirkungen von kurzzeitiger und langzeitiger Relevanz sind noch nicht bekannt. Vereinzelt liegen Experimente und Untersuchungen vor, die zeigen, dass hohe elektromagnetische Strahlungen im Frequenzbereich der Kommunikationsmedien durchaus negative Auswirkungen auf das Schlafverhalten, die Leistungen des Gehirns,

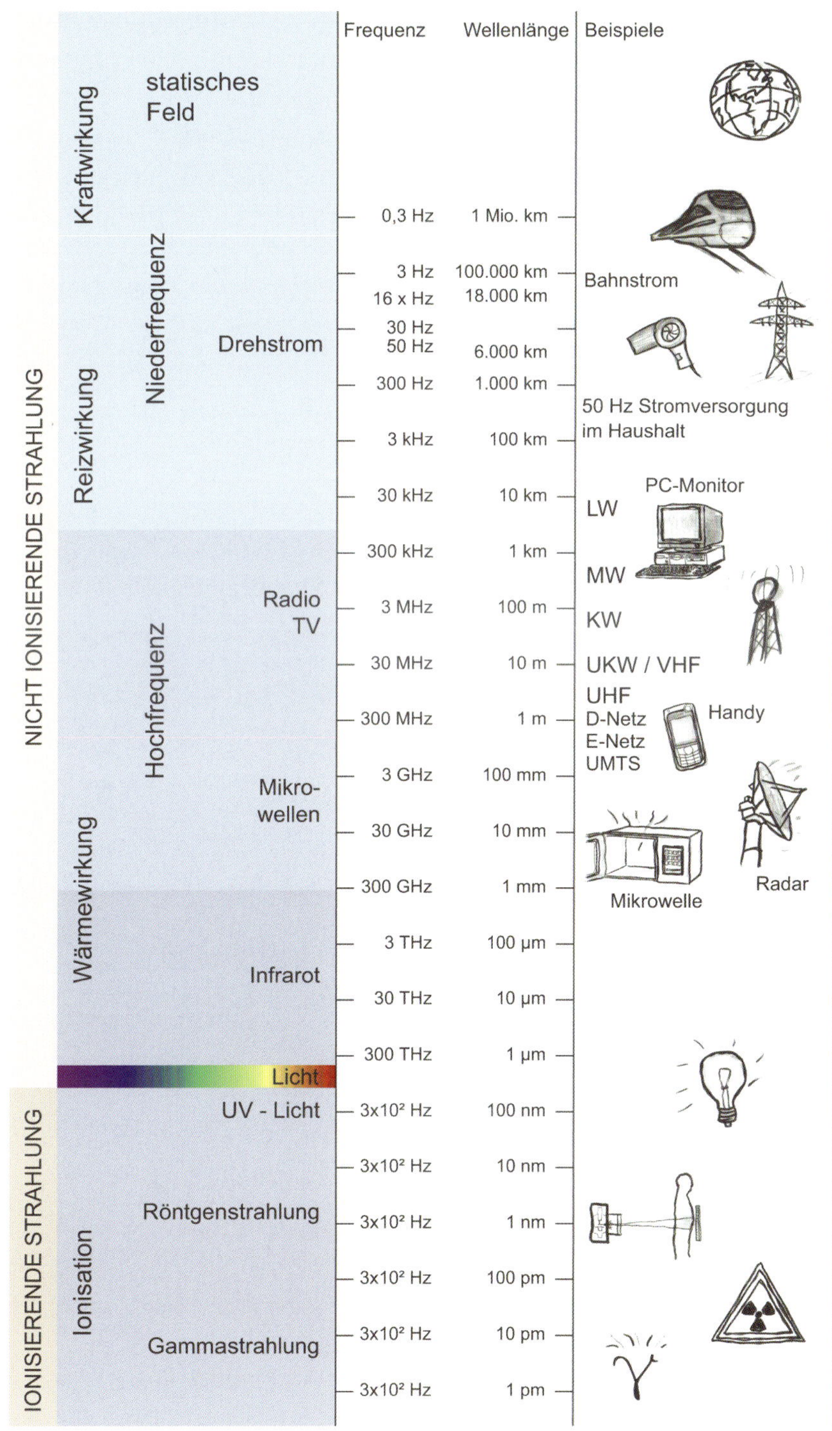

Abb. B1.44 Übersicht der unterschiedlichen Strahlungsquellen mit ihren Frequenzbereichen

Deutschland	10–400 MHz	2 W/m²
	400–2000 MHz	2–10 W/m²
	2000–300000 MHz	bis 9,8 W/m²
	Mobilfunk C-Netz	2,3 W/m²
	Mobilfunk D-Netz	4,4 W/m²
	Mobilfunk E-Netz	9 W/m²
andere Länder (Mobilfunk)	Australien / Neuseeland	2 W/m²
	Italien	0,1 W/m²
	Polen	0,1 W/m²
	Tschechien	0,24 W/m²
	Rußland	0,02 W/m²
	Land Salzburg (Empfehlung)	0,001 W/m²
	Schweiz (Vorsorgewert)	1/10 der ICNIRP-Grenzwerte

Tab. B1.5 Grenzwerte für elektromagnetische Strahlung in unterschiedlichen Ländern (ICNIRP-Empfehlungen)

das Immunsystem sowie das Nerven- und Zellsystem haben. Klar ist, dass mit dem rasanten Zuwachs an Kommunikationsmedien die elektromagnetische Belastung des Menschen weiter angestiegen ist. Bis die zurzeit in der Forschung befindlichen Kurz- und Langzeituntersuchungen wissenschaftlich ausgewertet sind, sollten Aufenthaltsräume und Gebäude nach dem »Vorsorgeprinzip« konzipiert werden: Beachtung vorhandener Grenzwerte und Empfehlungen internationaler Fachgremien und Detailanalyse besonders kritischer Bereiche mit hoher Strahlungsbelastung.

Die wesentlichen Einflussgrößen auf die Erwärmung des menschlichen Gewebes durch elektromagnetische Strahlungen sind der Frequenzbereich, die Intensität der Feldstärke, der Abstand zum Sender sowie die Dauer der Belastung. Die Intensität der Strahlung kann als Wert mit der Einheit Watt pro Quadratmeter (W/m²) angegeben werden, wobei die Leistung mit dem Abstand ungefähr quadratisch abnimmt. Dies bedeutet, dass ein Sender mit einer höheren Leistung (Mobilfunkantenne) bei größerem Abstand unschädlicher sein kann als ein Sender mit kleiner Leistung in direkter Körpernähe (Mobiltelefon). So ist die Strahlungsbelastung eines Mobiltelefons am Ohr um das 100fache höher als im 1-m-Abstand zum Körper. Internationale Empfehlungen für Grenzwerte für Mobilfunk sind in die deutsche Elektrosmogverordnung übernommen worden *(Tab. B1.5)*. Die internationalen Empfehlungen liegen jedoch gegenüber Richtwerten und Vorsorgewerten aus anderen Ländern teilweise um das 10- bis 100fache höher. Die große Variationsbreite der Grenzwerte drückt die Unwissenheit über die biologischen Auswirkungen aus.

Für Green Buildings sollte bereits zu Projektbeginn im Rahmen der Vorsorge ein Konzept zur Verringerung der elektromagnetischen Strahlungsbelastungen entwickelt werden. Dabei sind ebenfalls die Arbeitsgeräte der Nutzer, wie Telefonanlagen und Mobiltelefone, zu berücksichtigen. Die Abstrahlcharakteristik des mobilen Endgeräts wird durch die spezifische Absorptionsrate (SAR) mit der Einheit Watt pro Kilogramm Körpergewicht beschrieben. Der Betrieb eines Geräts mit einem SAR-Wert von 2 W/kg führt beim Menschen bei direkter Einwirkung der Strahlung auf den Körper zu einer Temperaturerhöhung von ca. 0,5 °C. Zurzeit arbeitet die Wissenschaft an Untersuchungsmodellen bezüglich der Eindringtiefen und SAR-Verteilungen im menschlichen Körper für unterschiedliche Altersklassen. Heutige Mobiltelefone müssen einen maximalen SAR-Wert von 2 W/kg unterschreiten, im Rahmen der Vorsorgevereinbarung kann jedoch der vom BMU vorgeschlagene Grenzwert von 0,6 W/kg empfohlen werden.

Individueller Eingriff in die Regulierung des Raumklimas

Menschen sind Individuen, die, abhängig von Typ, Geschlecht, körperlicher und seelischer Verfassung, unterschiedliche Empfindungen und Bedürfnisse haben. Gebäude dienen den Menschen einerseits als Schutzhülle gegen die Witterung, andererseits als Plattform, von der aus sie ihr Leben gestalten. Für Green Buildings muss die richtige Mischung zwischen Eingriffsmöglichkeit der Nutzer in die Regulierung des Raumklimas und automatischer Steuerung gefunden werden, da die Menschen sich einerseits wohlfühlen sollen, andererseits der erforderliche Komfort bei bester Energieeffizienz individuell schwanken kann.

Eine Möglichkeit zur Regulierung der **Raumtemperatur** sollte – abhängig von der Klimazone – durch Heizen oder Kühlen oder durch beides vorhanden sein. Die Temperaturregulierung ist deshalb vom Außenklima abhängig, da es auch eine Rolle spielt, wie häufig sie vorgenommen werden muss. Dies ist für die gesamte Wirtschaftlichkeit des Gebäudes mit entscheidend.

In Green Buildings wird aufgrund des hohen winterlichen und sommerlichen Wärmeschutzes die empfundene Raumtemperatur ähnlich der Lufttemperatur sein. Des Weiteren beträgt der Unterschied der Raumtemperatur zwischen Tagesmaximum und Nachtminimum weder im Winter noch Sommer in der Regel mehr als 6 K. Damit ist es völlig ausreichend, eine zonenweise Temperaturregulierung auf 2 bis 3 °C auszulegen, um individuelle Bedürfnisse zu erfüllen.

In Klimazonen mit mittleren jährlichen Außentemperaturen zwischen 0 und 20 °C bei gleichzeitig moderaten absoluten Außenluftfeuchten dient die **Fensterlüftung** dazu, zumindest zeitweise die Stromenergie für die maschinelle Belüftung oder für die Kälteerzeugung einzusparen sowie den thermischen Komfort zu verbessern. Daneben sprechen psychologische Gründe dafür, dem Nutzer ein Fenster mit Öffnunsflügel zur Verfügung zu stellen. Hinter geschlossenen Fassaden fühlen sich Menschen eingesperrt und in ihrem freien Handeln eingeschränkt. Ein Außenbezug wird nicht nur durch Transparenz erzeugt, sondern vor allem durch das Öffnen eines Fensters und das damit verbundene Hören von Geräuschen und Fühlen von Außenluft. Umfragen auf dem Mietermarkt haben gezeigt, dass die Möglichkeit zur Fensterlüftung eines der wichtigsten Kriterien ist, um sich für ein Gebäude zu entscheiden. Sogar beim Projekt King Fahad National Library in Riad, Saudi-Arabien, hat der Nutzer sehr viel Wert auf Fenster gelegt, die sich öffnen lassen, obwohl die Außentemperaturen nur in den Monaten Dezember bis Januar während des Tages unter 20 °C liegen.

Transparenz und Außenbezug ist ein wichtiges Merkmal von Gebäuden, in denen sich Menschen wohlfühlen. Tageslicht besitzt eine äußerst positive Wirkung auf das Wohlbefinden des Menschen. Damit lässt sich nicht vermeiden, dass je nach nutzerseitiger Anforderung ein **Blendschutz** vorhanden sein muss, der individuell bedient werden kann. Der **Sonnenschutz** sollte immer dann individuell bedienbar sein, wenn er den Raum stark verschattet und den Außenbezug erheblich einschränkt. Eine zusätzliche automatische Steuerung ist dennoch unablässig, um unabhängig vom Nutzerverhalten das Gebäude effizient betreiben zu können.

Die **Beleuchtung** sollte aufgrund der unterschiedlichen menschlichen Bedürfnisse, ähnlich wie bei der Temperaturregulierung, ebenfalls indivdiuell bedient werden können. Es sollte jedoch sichergestellt werden, dass bei ausreichend vorhandenem Tageslicht im Raum sich die künstliche Beleuchtung automatisch abschaltet, um Energie einzusparen. Schließlich führt in solchen Fällen das Kunstlicht nicht zu einer wesentlichen Erhöhung des Beleuchtungsstärkeniveaus.

Unterschiedlich hohe **Innenlärmpegel** lassen sich bis heute meist noch durch das Schließen und Öffnen von Türen und Fenstern herstellen. Zudem gibt es Konzepte, durch die das Niveau des Innenlärmpegels im Gesamten erhöht und so auch in Großräumen die Schallausbreitung vermindert wird. Eine Lösung für eine individuell einstellbaren Innenlärmpegel und die damit verbundene Sprachverständlichkeit ist dies jedoch nicht. In Bürogebäuden wären zukünftig schaltbare Hightech-Absorber erforderlich, um die Vorteile von Open-Space-Bereichen mit den individuellen Bedürfnissen in Einklang zu bringen. Für Nutzungen wie Mehrzweckhallen existieren bereits Absorber, die je nach Drehwinkel schallreflektierend oder schallabsorbierend wirken und sich somit der jeweiligen Anforderung anpassen können.

Die **Luftqualität** sollte je nach Außenklima und Außenluftqualität durch Öffnen der Fenster beeinflussbar sein. Nur bei Verwendung von emissionsarmen Ausbaumaterialien und der Konzeption einer guten Durchströmung lassen sich die mechanischen Luftwechselraten auf ein Minimum reduzieren, eine Stoßlüftung über Fenster ist für besondere Situationen jedoch wichtig. Eine effektive Fensterlüftung ist abhängig von der Art und der Größe des Fensters. Ob eine Fensterlüftung für den Luftwechsel ausreicht, sollte bei komplexen Fassaden ebenfalls bewertet werden, da sie in den meisten Fällen ein Baustein des Gesamtkonzepts ist.

Nutzerakzeptanz

Die meisten Gebäude dienen den Menschen zum Arbeiten, Wohnen, Entspannen und Gesunden. Die Durchschnittsperson in Industriestaaten hält sich über 85 % seiner Lebenszeit in Räumen auf. Gebäude stellen damit die dritte Haut des Menschen dar. Sie können und dürfen je nach Mentalität und Herkunft der Nutzer unterschiedlich gestaltet sein, sollten jedoch eine Gemeinsamkeit besitzen: Einhaltung des Raumkomforts innerhalb eines Toleranzbereichs und Einsatz von gesundheitlich unbedenklichen Baustoffen. Der Toleranzbereich wird dabei vor allem durch die ethnischen und national-geografischen Unterschiede geprägt. Höhere Raumtemperaturen im Sommer werden in nördlichen Ländern eher akzeptiert als in Ländern mit ganzjährig warmem Klima, da die maximalen Raumtemperaturen zeitgleich mit den wenigen heißen Tagen im Jahr auftreten. Umgekehrt gilt dies für die minimalen Raumtemperaturen: Werden in Nordeuropa schon 20 °C im Winter häufig als zu kühl angesehen, so werden Raumtemperaturen von 18 °C in südlichen Ländern aufgrund ihres seltenen Auftretens tatsächlich von den meisten Menschen in der Bevölkerung akzeptiert. Diese Beispiele zeigen, dass ein vom Planer beschriebener Komfort nur als wahrscheinlicher, von der Mehrheit akzeptierter Komfort beschrieben werden kann. Individuelle und ethnisch bedingte Ausnahmen kann und wird es jedoch immer geben.

In Europa steigen die Bedürfnisse an den Raumkomfort immer mehr und damit auch der Energiebedarf. Dies gilt vor allem dann, wenn die Gebäude mit hochwertiger Klimatechnik ausgestattet sind. Umfragen haben ergeben, dass in Gebäuden, die bauphysikalisch optimiert sind und eine geringere technische Ausstattung besitzen, eine hohe Akzeptanz bei den Nutzern vorhanden ist, sofern die Raumtemperaturen sich nicht allzu weit vom Optimum entfernen. Oftmals sind solche Gebäude sehr wirtschaftlich, da bewusst auf die Einhaltung der optimalen Raumkonditionen an 3 bis 5 % der Nutzungszeit verzichtet wird, ohne den Komfort jedoch aus den Augen zu verlieren. Gleichzeitig können bei solchen Gebäuden regenerative Energiequellen besser eingebunden werden, sodass die Energiekosten wesentlich geringer sind als in hochausgestatteten Gebäuden. Mittels moderner Simulationsmethoden lassen sich die winterlichen und sommerlichen

Abb. B1.45 Nutzerbroschüre für das DS-Plan-Gebäude in Stuttgart

Raumkonditionen sehr genau in ihrer Absolutheit und Häufigkeit vorhersagen, sodass heutzutage optimale, gesamtwirtschaftliche Lösungen schon in der frühen Planungsphase gefunden werden können, wenn eine gewisse Toleranz in der Häufigkeit der Raumtemperatur akzeptiert wird. Nach unseren Erfahrungen sollte dabei jedoch Folgendes vorausgesetzt sein:

- die Räume besitzen die zuvor beschriebenen Eingriffsmöglichkeiten und Fensterlüftung,
- die etwas höheren Raumtemperaturen treten nur bei sehr hohen Außentemperaturen auf,
- die Bekleidung kann den klimatischen Bedingungen angepasst werden. So ist es z. B. in den Räumen möglich, Sommerkleidung mit kurzem Hemd zu tragen.

Wenn diese Voraussetzungen zutreffen, sollte zudem stets eine maximale Raumtemperatur von 28 °C in Aufenthaltsräumen eingehalten werden, da sonst die Leistungsfähigkeit zu stark absinkt. Unter diesen Randbedingungen ist es durchaus möglich, eine höhere Nutzerzufriedenheit zu erreichen als in Gebäuden, die konstant geringere Raumtemperaturen im Sommer aufweisen.

B 2

Bewusster Umgang mit Ressourcen

Energiekennzahlen als Zielwerte für die Planung

Eine der wesentlichen Anforderungen an Green Buildings ist der bewusste Umgang mit den vorhandenen Ressourcen. Während mit den Menschen – den Nutzern von Green Buildings – durch das Schaffen eines hohen Raumkomforts und durch die Verwendung von gesundheitlich unbekenklichen Baumaterialien bereits sorgsam umgegangen wird, muss darauf geachtet werden, dass der Bedarf an Energie und Wasser weitestgehend minimiert wird. Steigerung des Raumkomforts und gleichzeitige Senkung des Energiebedarfs scheint im ersten Moment ein Widerspruch zu sein, durch ganzheitliche Gebäudekonzepte kann dies jedoch gelingen.

Der Mensch braucht Ziele, um etwas zu erreichen. Energiekennzahlen können als Zielwerte für den Planungsprozess dienen, sofern sie realistisch und anspruchsvoll zugleich sind. Energiekennzahlen werden auf der Basis eines mittleren Klimas für den Standort, einer mittleren typischen Nutzung sowie der angestrebten Betriebsweise der technischen Anlagen ermittelt, meist als auf die Nettogrundfläche (NGF) bezogener Energiebedarfswert. Mit der Umsetzung der neuen Energieeinsparverordnung in Deutschland und Europa werden erstmals auch Energieausweise für jedes Gebäude vergeben. In den Energieausweisen sind die Energiebedarfswerte der Gebäude genannt, damit lassen sich diese auch vom Laien untereinander vergleichen. Dieses Verfahren der energetischen Bewertung von Gebäuden ist identisch mit dem in der Automobilindustrie, bei der der mittlere Kraftstoffbedarf unter bestimmten Referenzbedingungen der Strecke und des Fahrverhaltens im Prospekt angegeben wird. Beim Vergleich von Gebäuden ist darauf zu achten, nur Gebäude derselben Nutzungsart zu betrachten und innerhalb der Nutzungsart denselben Raumkomfort heranzuziehen. Diese zwei Bedingungen sind auch bei der Zielwertdefinition zu beachten, da – um beim Vergleich mit dem Auto zu bleiben – ein Mittelklassewagen mit geringerer Fahrleistung und ohne Klimaanlage weniger Sprit benötigt als ein Wagen der Oberklasse.

Bedarfsmimimierung, Energieeffizienz und regenerative Energieversorgung

Die drei wesentlichen Kriterien, nach denen energetisch günstige Gebäude bei hohem Komfortanspruch geschaffen werden können, sind die Minimierung des Gebäudeenergiebedarfs durch bauliche Maßnahmen, die Steigerung der Energieeffizienz für technische Anlagen und die Nutzung von regenerativen Energiequellen bei der Erzeugung von Wärme, Kälte und Strom für die Gebäude. Spätestens seit der Demonstration des Freiburger Nullenergiehauses (Nullenergie deshalb, weil keine konventionelle Energie wie Gas und Strom von außen zugeführt wird) ist klar, dass sogar in Deutschland Wohngebäude mit hohem Komfort allein durch die effiziente Nutzung der vorhandenen Umweltenergien möglich sind. Da Immobilien den Besitzern oftmals als Geldanlage dienen, ist es für Green Buildings sinnvoll, die wirtschaftliche Bewertung der Gebäude über ihren Lebenszyklus zu sehen.

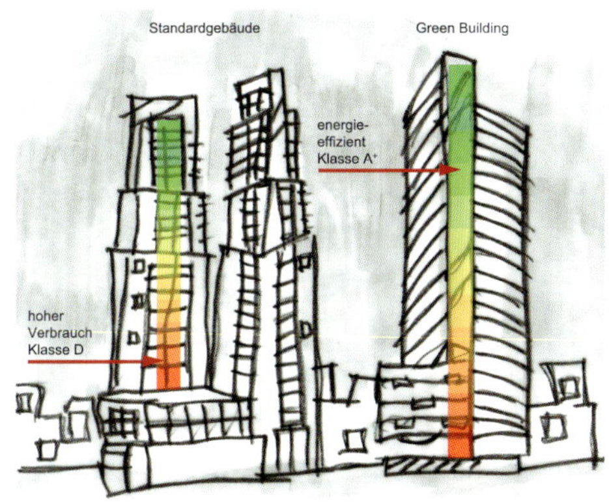

Abb. B2.1 Einstufung von Nichtwohngebäuden nach dem Energieausweis

Den Gebäudeenergiebedarf zu minimieren heißt, die Gebäudeform und die Gebäudehülle auf das Klima und die Nutzung abzustimmen. Dabei bestimmen die Orientierung und die Form, die Baustoffqualitäten sowie der Umfang und die Art von transparenten Bauteilen und Verschattungssystemen den Energiebedarf. Energieeffizienz bedeutet nicht nur, jedes einzelne System zu optimieren, sondern das Gesamtsystem Gebäude zu einer effizienten Einheit zu formen.

Fossile und regenerative Energieressourcen

Kohle, Öl und Gas sind die bestimmenden Rohstoffe – die so genannten Primärenergieträger. Die Turbulenzen auf dem Energiemarkt in den letzten Jahren haben gezeigt, dass eine gewisse Unabhängigkeit von den traditionellen Energieträgern für heutige Neubauten und Sanierungen aus wirtschaftlichen Aspekten vernünftig erscheint.

Regenerative Energieressourcen teilen sich in zwei Bereiche auf: Natürliche Energiequellen und nachwachsende Rohstoffe. Natürliche Energiequellen sind überall vorhanden und unterscheiden sich in ihrer Leistungsfähigkeit und Menge je nach Region: Sonne, Wind, Erdwärme, Wasser, Außenluft. Nachwachsende Rohstoffe sind Biomasse, also pflanzliche und tierische Stoffe, die während ihres Wachstums genauso viel treibhausgefährdendes Kohlendioxid der Atmosphäre entziehen wie sie später bei der Verbrennung und Energieerzeugung emittieren. Die Atmosphäre wird durch diese Form der energetischen Nutzung nicht weiter mit Kohlendioxid angereichert, sodass keine Verstärkung des Treibhauseffekts entsteht. Lediglich die Energie, die zur Herstellung und zum Transport der Stoffe zur Verbrennungsanlage benötigt wird, geht als nicht nachwachsender Primärenergieanteil in die Gesamtenergiebilanz ein. Die nachwachsenden Ressourcen sind meist lokal vorhandene Stoffe wie Holz (Holzhackschnitzel, Pellets), Energiepflanzen (Getreidepflanzen, Futtergräser) und Biogas, sodass der energieintensive Transport gering gehalten wird und die Abhängigkeit zu den Importrohstoffen Öl und Gas verringert werden kann.

Den Vorteilen der regenerativen Energieressourcen, keine bis geringe Belastung der Umwelt sowie keine bis geringere Energiekosten, stehen jedoch auch Nachteile gegenüber: Geringere und schwankende Leistungen erfordern meist große Flächen für die Energiegewinnung und -speicherung und führen damit zu höheren Investitionskosten. In den *Abbildungen B2.2* bis *B2.4* sind die Leistungsdichten, Energieerträge und Heizwerte für unterschiedliche Energieträger dargestellt. Nur wenige nachwachsende Energieträger können bei der Leistungsfähigkeit pro Einheit mit den fossilen Energieträgern mithalten. Damit die regenerativen Energiequellen dennoch effizient und wirtschaftlich genutzt werden können, muss das Gebäudekonzept darauf abgestimmt werden:

- Der Energiebedarf ist zu minimieren.
- Die Betriebstemperaturen für Heizen und Kühlen dürfen nicht stark von den Raumtemperaturen abweichen, um natürliche Energiequellen effizienter einbinden zu können. Dies bedeutet Vorlauftemperaturen von 16 bis 35 °C zum Kühlen und Heizen.
- Das Verhältis von Grundstücksgröße zu Gebäudevolumen muss ausgewogen sein, damit Erdwärme und Solarenergie optimal genutzt werden können. So bietet z. B. ein Hochhaus keine guten Voraussetzungen für eine natürliche Lüftung, für die Nutzung der Geothermie sowie für die Nutzung der Sonnenenergie durch Photovoltaik-Paneele auf dem Dach.

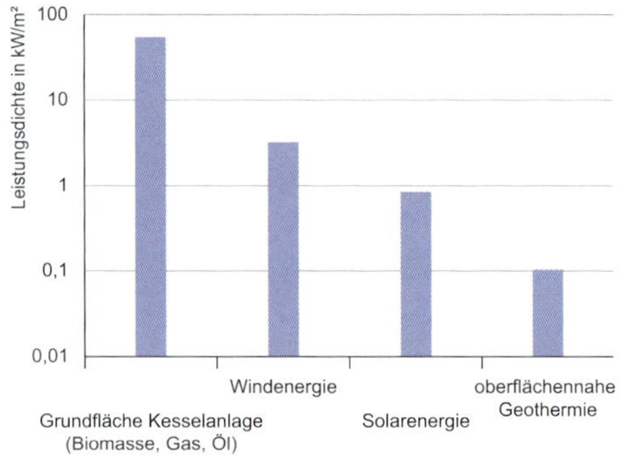

Abb. B2.2 Leistungsdichten von unterschiedlichen Energieträgern

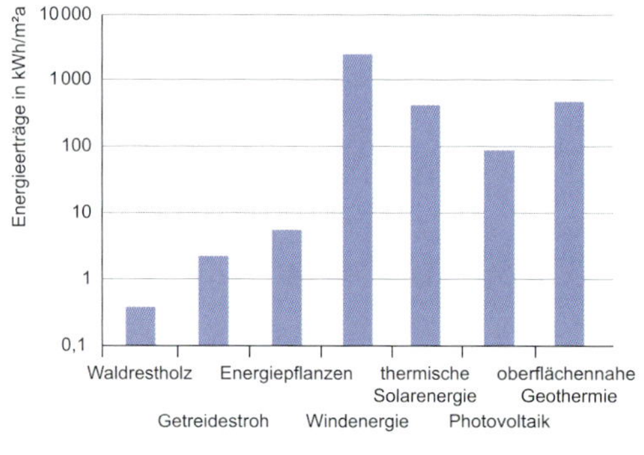

Abb. B2.3 Energieerträge von unterschiedlichen Energieträgern

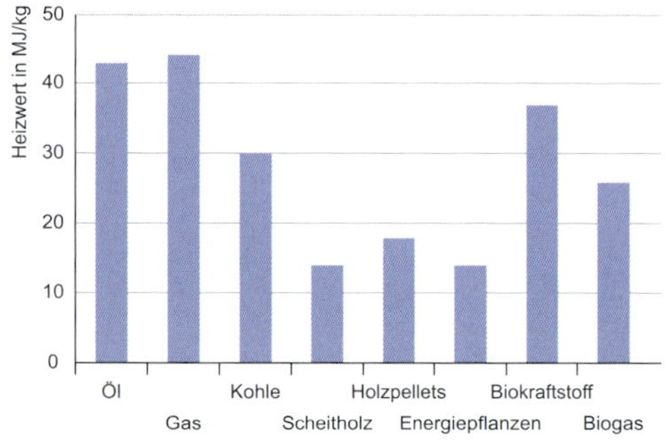

Abb. B2.4 Heizwerte von unterschiedlichen Energieträgern

Heutige Energiekenngröße – Primärenergieaufwand für die Raumkonditionierung

Bei der energetischen Bewertung von Gebäuden und ihrer Anlagentechnik werden die Energieströme für Heizen, Kühlen, Lüften, Beleuchten sowie Erwärmen des Trinkwassers berücksichtigt. Dabei unterscheidet man den **Energiebedarf**, der benötigt wird, um die Anforderungen an die Raumtemperaturen, die Raumluftfeuchte, die Beleuchtungsstärke usw. einzuhalten und den **Energieaufwand**, den die Anlagentechnik leisten muss, um den Energiebedarf zu decken. Der Energieaufwand, der für die Nutzenübergabe, Verteilung und Energieerzeugung nötig ist, um den Gebäudeenergiebedarf zu decken, wird Energieaufwand für die Erzeugung oder Endenergieaufwand genannt. Der Energieaufwand beschreibt die Energiemenge, die vom Energieversorgungsunternehmen bezogen wird (Erdöl, Erdgas, Holz, Strom, usw.). Aufbauend auf dem Endenergieaufwand bildet der Primärenergieaufwand zusätzlich auch die so genannte Vorkette der verwendeten Primärenergieträger ab: Erkundung, Gewinnung, Transport und Umwandlung bis zum Erzeugersystem im Gebäude. Jeder Primärenergieträger wird mit einem so genannten Primärenergiefaktor versehen, der die energierelevanten Aufwendungen von seiner Gewinnung bis zur Gebäudegrenze berücksichtigt. Er ist für jedes Land unterschiedlich, da z. B. Aufwendungen für die Gewinnung und den Transport von Erdgas für Länder wie Russland geringer sind als für rein erdgasimportierende Länder wie Deutschland. Zudem sind im Primärenergiefaktor die Schadstoffe, die hauptverantwortlich für den Treibhauseffekt sind, berücksichtigt. So wird ein nicht erneuerbarer Energieträger wie Gas sehr viel ungünstiger bewertet als zum Beispiel nachwachsende Rohstoffe wie Energiepflanzen oder Holz. Für Holz sind in Deutschland jedoch unterschiedliche Primärenergiefaktoren nötig, da es einen Unterschied bedeutet, ob Holz entweder in Form von relativ unbehandelten Hackschnitzeln oder als gepresste Pellets geliefert wird.

Der Primärenergiefaktor für Strom ist ebenfalls abhängig von der Energieerzeugung des jeweiligen Landes: In Frankreich dominieren Kernkraftwerke, in Schweden Wasserkraftwerke. Deshalb ist der Primärenergiefaktor in diesen Ländern geringer, da die CO_2-Emissionen bei dieser Art der Stromerzeugung gering sind. In Deutschland werden in reinen Kraftwerken zur Stromerzeugung 30 bis 35 % des Stroms aus 100 % Primärenergie wie Kohle, Öl oder Gas erzeugt. Da immer mehr Großkraftwerke auf Kraft-Wärme-Kopplung umgestellt werden, wird der Primärenergiefaktor für Strom auch in Deutschland sinken. Um eine einheitliche Bewertung für Gebäude in Europa zu erhalten, werden in allen europäischen Ländern die gleichen Primärenergiefaktoren verwendet: für Wärme 1,1 und für Strom 2,7.

Der Primärenergieaufwand setzt sich aus den einzelnen Aufwandswerten für Heizen, erwärmtes Trinkwasser, Kühlen, Lüften und Beleuchten zusammen. Der Zielwert für den Primärenergieaufwand von Green Buildings in Mitteleuropa beträgt für Wohngebäude 65 kWh/m²a, für Bürogebäude 100 kWh/m²a. Hotels und Kaufhäuser besitzen aufgrund der höheren Personendichte und Nutzungszeit höhere Zielwerte bis 180 kWh/m²a. Alle diese Werte liegen etwa bei der Hälfte der gesetzlichen Anforderungen für nicht vollklimatisierte Neubauten in Mitteleuropa. Innerhalb der anderen Klimazonen Europas ergeben sich Abweichungen von diesen Werten bis zu 30 %. Eine Abschätzung dazu zeigt *Abbildung B2.5*.

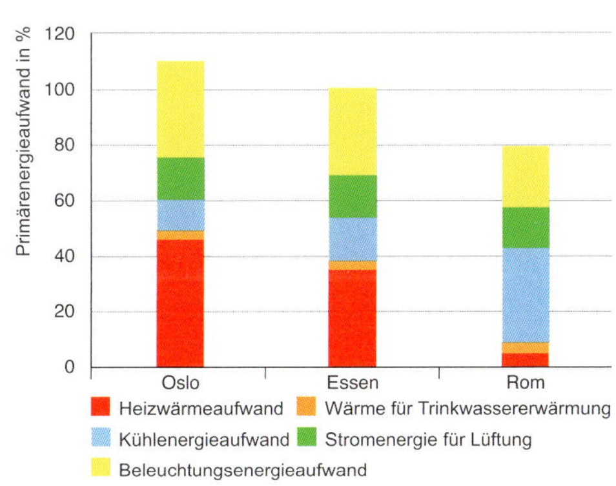

Abb. B2.5 Vergleich des Primärenergieaufwands der Anlagen zur Raumkonditionierung für verschiedene Standorte in Europa

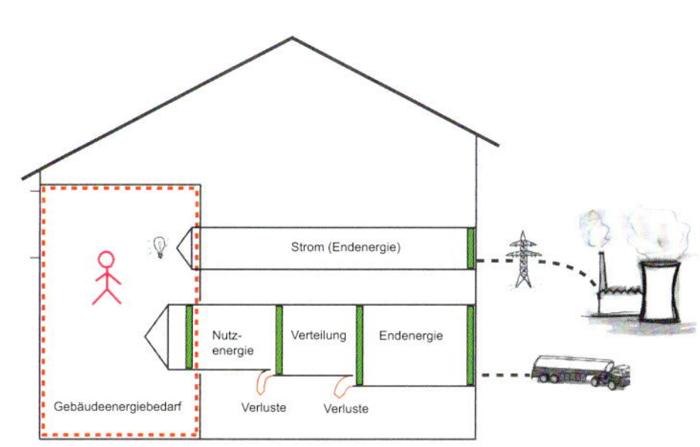

Abb. B2.6 Darstellung der Energieflusskette zur Ermittlung des Primärenergiefaktors

Heizenergieaufwand

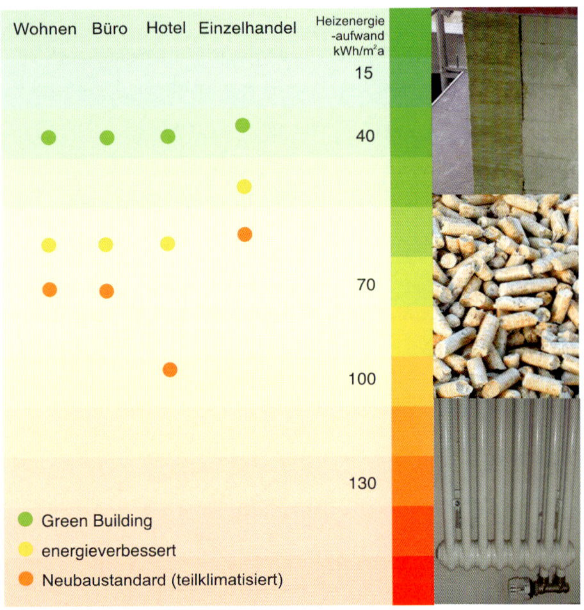

Abb. B2.7 Kennwerte für den Heizenergieaufwand in Mitteleuropa für unterschiedliche Nutzungen

Der Heizenergieaufwand war bis in die 90er Jahre des 20. Jahrhunderts der bestimmende Energieanteil im Gebäudesektor in Nord- und Mitteleuropa, sowohl in Wohn- als auch in Nichtwohngebäuden. Mit den jeweiligen Wärmeschutzverordnungen für Neubauten und Sanierungen konnte der Bedarf durch erhöhten Wärmeschutz, erhöhte Gebäudedichtigkeit und verbesserte Wärmerückgewinnung für Lüftungsanlagen spürbar verringert werden *(Abb. B2.8)*. Heutige Niedrigenergiegebäude weisen nur noch 20 bis 30 % des Heizenergiebedarfs im Vergleich zu den Bestandsgebäuden aus den 70er Jahren auf *(Abb. B2.9)*.

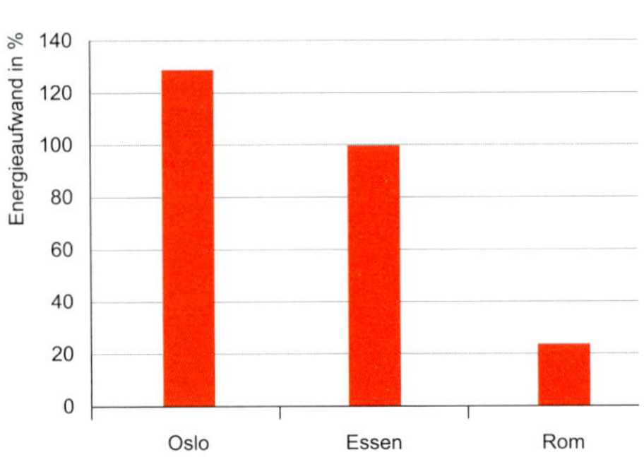

Abb. B2.8 Vergleich des Heizenergieaufwands für verschiedene Standorte in Europa

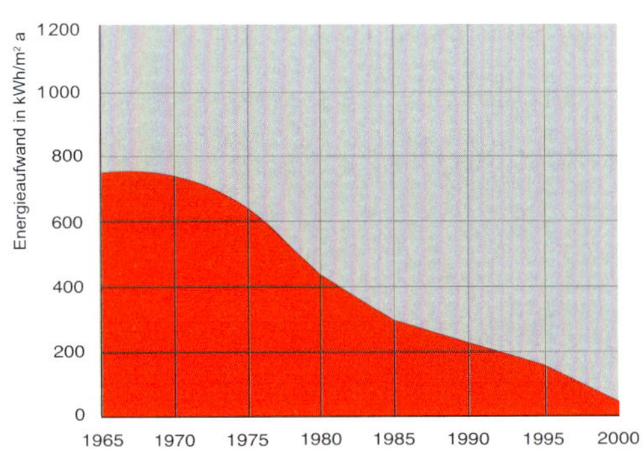

Abb. B2.9 Entwicklung des Heizenergieaufwands von Bürogebäuden in Deutschland

Neben den ursprünglichen Aufgaben einer wärmegedämmten Hülle, den Wärmeverlust nach außen zu verringern, verbessert sich durch erhöhte Dämmung auch der thermische Raumkomfort. Durch den geringen Wärmestrom im Winter von innen nach außen und im Sommer in umgekehrter Richtung nähern sich die Innenoberflächentemperaturen der Raumlufttemperatur immer weiter an. Damit wird eine komfortable, homogene Temperaturverteilung im Raum erreicht. Im ursprünglichen Passivhauskonzept führt dies so weit, dass vollständig auf Heizkörper verzichtet wird und nur mit der sowieso vorhandenen maschinellen Lüftungsanlage die erforderliche Restwärme den Räumen zugeführt wird. Damit wird bewusst auf die Wärmestrahlungskomponente im Raum verzichtet, obwohl speziell die Wärmestrahlung als sehr angenehm empfunden wird. Eine Kombination aus optimalem Wärmeschutz wie bei einem Passivhaus, ergänzt durch eine wärmestrahlende Komponente, und insgesamt vergleichbarer Energieeffizienz eines Passivhauses wäre die optimale Lösung.

In Regionen mit langanhaltendem kaltem und trockenem Klima wird es erforderlich, die Außenluft zu befeuchtem um den gesundheitlichen Anforderungen zu genügen. Beim Befeuchtungsvorgang kühlt sich die Luft ab, sodass

Energieaufwand für die Trinkwassererwärmung

eine Nacherwärmung erforderlich wird. Für das Klima in Mitteleuropa ist eine generelle Befeuchtung der zugeführten Außenluft nicht zwingend erforderlich. Ab einer Mindestraumluftfeuchte von 35 % ist jedoch eine aktive Befeuchtung zu empfehlen. Der Heizenergieaufwand für die Luftbefeuchtung hat für das Klima Nord- und Mitteleuropas einen Anteil am Gesamtheizenergieaufwand von 10 bis 30 %. Aufgrund des hohen Energieaufwands für die Befeuchtung werden zurzeit neue Materialien erprobt, die auf natürliche Weise den Feuchtehaushalt in Räumen regulieren.

In *Abbildung B2.7* sind die Kennzahlen für den Heizenergieaufwand für unterschiedliche Nutzungen aufgeführt. Für energieeffiziente Gebäude in Mitteleuropa wird davon ausgegangen, dass zumindest ein Teil der Wärmeerzeugung durch regenerative oder nachwachsende Energiequellen erzeugt wird. Eine um 1 Kelvin höhere Raumtemperatur steigert den Heizenergiebedarf je nach Wärmedämmstandard und Lüftungssystem um 5 bis 15 %. Innerhalb der unterschiedlichen Klimazonen Mitteleuropas ergeben sich Unterschiede von ± 10 %. Während Südeuropa bei gutem Wärmeschutz nur für die Luftkonditionierung einen geringen Heizenergiebedarf aufweist, ist der Heizenergiebedarf in Nordeuropa um ca. 50 % höher als in Mitteleuropa.

In bestehenden Wohn- und Nichtwohngebäuden wird der wesentliche Anteil an Heizenergie für die Raumheizung verbraucht. Während der Heizenergiebedarf bei Sanierungen und Neubauten durch verbesserten baulichen Wärmeschutz und energieeffiziente Anlagentechnik stetig sinkt, bleibt der Energiebedarf für die Trinkwassererwärmung unverändert. Bei einem nach heutigem Standard gedämmten Wohngebäude beträgt der Energieaufwand für erwärmtes Trinkwasser rund 20 % des gesamten Heizenergieaufwands. Dabei haben die Zirkulationsverluste einen hohen Anteil von 30 bis 40 %. Bei Bürogebäuden ist der Bedarf für erwärmtes Trinkwasser relativ gering, sodass dort der Anteil von 5 % am Heizenergieaufwand wesentlich geringer ausfällt *(Abb. B2.10)*.

In Wohn- oder Hotelgebäuden mit hochgedämmter Gebäudehülle kann der Energieaufwand für erwärmtes Trinkwasser dominieren. Bei solchen Nutzungen sollte dieser Energieaufwand nicht vernachlässigt werden, zumal das erforderliche Temperaturniveau von 60 °C aufgrund des Legionellenschutzes meist wesentlich höher liegt als die Betriebstemperaturen für die Heizung (z. B. Fußbodenheizung mit 35 bis 40 °C). Maßnahmen zur Senkung des Bedarfs und des Energieaufwands sind daher sehr empfehlenswert. Für Bürogebäude kann für die wesentlichen Gebäudebereiche meist gänzlich auf erwärmtes Trinkwasser verzichtet werden, in Wohn- und Hotelgebäuden sowie für Küchen bieten sich solarthermische Anlagen, wassersparende Armaturen, Abwärmenutzung aus Kälteprozessen sowie Zirkulationskreise mit Zeit- und Temperatursteuerungen an.

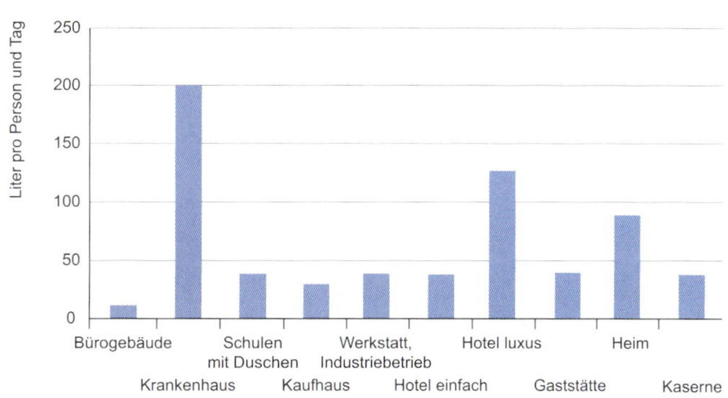

Abb. B2.10 Bedarfswerte für Trinkwarmwasser pro Nutzungsbereich

Kühlenergieaufwand

Der Kühlenergieaufwand ist in den letzten 10 bis 20 Jahren in Deutschland und Europa angestiegen. Dafür sind vor allem vier Gründe zu nennen: Erstens nahm vor allem in den Büro- und Verwaltungsbauten die technische Ausstattung der Gebäude und die damit verbundene Abwärme durch EDV-Geräte zu, die häufig durch aktive oder passive Kühlmaßnahmen abgeführt werden muss. Zweitens ergaben sich durch die starke Verbesserung der Gläser hinsichtlich Wärmeschutz und Tageslicht dem Architekten bessere Möglichkeiten, vermehrt den Baustoff Glas einzusetzen. Dies ermöglichte erst den Trend zur Glasarchitektur, der Vorteile hinsichtlich der Transparenz und Tageslichtnutzung besitzt, aufgrund des unvermeidbaren höheren Wärmeeintrags durch Solarstrahlung jedoch auch einen höheren Kühlenergiebedarf aufweist. Drittens baute man besser gedämmte und luftdichtere Gebäude. Die Gebäudehülle verhält sich somit wie eine Thermoskanne: innen bleibt es warm, unabhängig davon, wie die Temperaturen außen sind. Für Gebäude in Deutschland und Mitteleuropa bedeutet dies, dass eine natürliche Auskühlung während der kühleren Sommernächte behindert wird zugunsten eines geringeren Heizenergieaufwands während der Winterperiode. Viertens sind unsere Ansprüche an den thermischen Komfort gestiegen. Zum einen fällt es schwer, sich nach einer kurzen Anfahrt in einem gekühlten Auto, Zug oder Flugzeug in ein warmes Gebäude für längere Zeit zum Arbeiten, Shoppen oder Entspannen zu begeben. Zum anderen hat man erkannt, dass eine Leistungssteigerung nur bei komfortablen Klimabedingungen im Innenraum möglich ist.

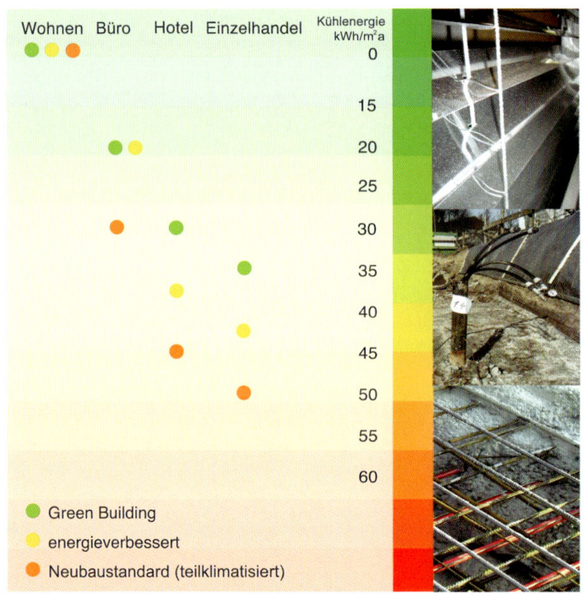

Abb. B2.11 Kennwerte für den Kühlenergieaufwand in Mitteleuropa für unterschiedliche Nutzungen

Trotz der offensichtlichen Nachteile des erhöhten Wärmeschutzes in mitteleuropäischen Klimazonen ergeben sich grundsätzlich durch die dichteren und besser gedämmten Gebäudehüllen Chancen für einen besseren Komfort in Innenräumen und einen geringeren Primärenergieverbrauch. Bekannterweise hält eine Thermoskanne auch kaltes Wasser an warmen Tagen lange kühl. Auf das Gebäude bezogen bedeutet dies, dass durch die hochgedämmte Gebäudehülle die Hitze während der heißen Sommerperioden bei geschlossenem Fenster draußen bleibt. In Mitteleuropa kann der vorhandene Kühlbedarf sehr gut durch natürliche Energiequellen gedeckt werden, sodass

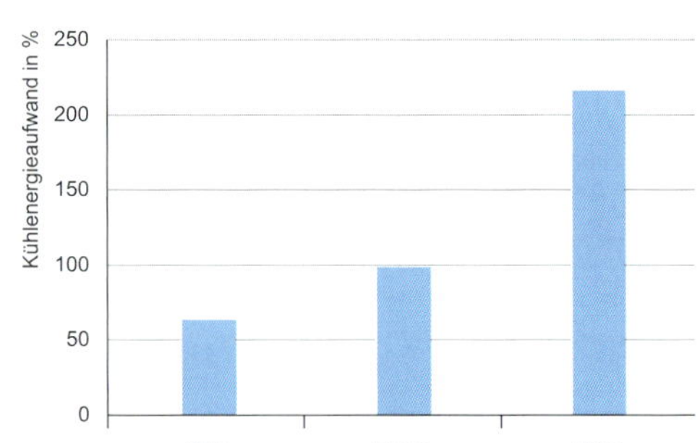

Abb. B2.12 Vergleich des Kühlenergieaufwands für verschiedene Standorte in Europa

dadurch kein nennenswerter Primärenergieaufwand entstehen muss.

In *Abbildung B2.11* sind die Kennzahlen für den Kühlenergiebedarf für unterschiedliche Nutzungen aufgeführt. Dabei wird für den Wohnbereich von keinem nennenswerten Kühlenergiebedarf ausgegangen, da zum einen durch aktive Nachtlüftung die vorhandenen Gebäudemassen aktiviert werden können und zum anderen kurzzeitig höhere Raumtemperaturen tolerierbar sind. Bei Nichtwohngebäuden ist eine natürliche Nachtlüftung, nur durch manuelles Fensteröffnen, oftmals aufgrund des nicht mehr vorhandenen Witterungs- und Einbruchschutzes nicht möglich. Für Mitteleuropa wird bei energieeffizienten Gebäuden davon ausgegangen, dass der Kühlenergiebedarf durch natürliche Energiequellen auf ein Minimum reduziert werden kann. Eine um 1 Kelvin niedrigere Raumtemperatur erhöht den Kühlenergiebedarf um ca. 10 %. Innerhalb der unterschiedlichen Klimazonen in Mitteleuropa ergeben sich Unterschiede von ± 15 %. Während Nordeuropa bei gutem Sonnenschutz nur bei hohen inneren Wärmequellen einen nennenswerten Kühlenergiebedarf aufweist, ist in Südeuropa bei mittleren Außenlufttemperaturen von über 15 °C der Kühlenergiebedarf dreimal so hoch wie in Mitteleuropa.

Stromaufwand für den Lufttransport

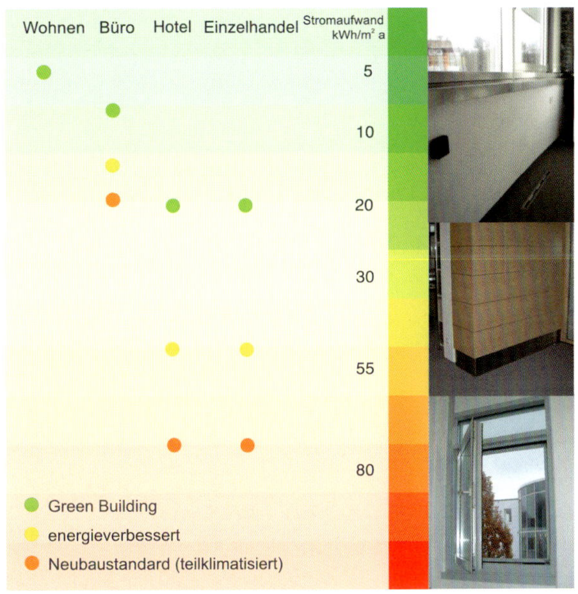

Abb. B2.13 Kennwerte für den Stromaufwand beim Lufttransport für unterschiedliche Nutzungen

Die Luftqualität in Gebäuden wird durch Lüften sichergestellt. Die einfachste Art zu lüften geschieht durch das Öffnen eines Fensters. Allein durch die natürlichen Antriebe – hervorgerufen durch Wind, Druck- und Temperaturdifferenzen – entstehen Luftströmungen, die je nach Öffnungsgröße des Fensters unterschiedlich sind. Natürliche Lüftung hat immer Priorität, sofern die Qualität und Temperatur der Außenluft, der Außenlärm und die Art der Nutzung sie zulässt. Anderenfalls muss eine maschinelle Lüftung eingesetzt werden, die Außenluft filtern und konditionieren kann (Heizen, Kühlen, Be-/Entfeuchten). Zudem sollte dann durch geeignete Systeme ein Großteil der Wärme aus der Abluft zurückgewonnen werden. Damit lässt sich sowohl der Heizenergiebedarf als auch der Kühlenergiebedarf verringern.

Damit die gewünschten Luftmengen konditioniert in die Räume gelangen, ist elektrische Energie für den Lufttransport notwendig. Der dafür erforderliche Strombedarf ist abhängig von

- der Höhe des Außenluftwechsels,
- der Nutzung und damit der erforderlichen Luftbehandlungsstufen in der raumlufttechnischen Anlage,
- der Größe und Länge des Kanalsystems (hohe Luftgeschwindigkeiten verursachen hohe Druckverluste),
- dem Außenklima (Teilabschaltung zugunsten natürlicher Lüftung)

Stromaufwand für Kunstlicht

- und dem gewählten Lüftungssystem (zentrale, semizentrale oder dezentrale Lüftung).

Die ausschließliche Verwendung von Luft zum Heizen und Kühlen hat gegenüber wassergeführten Systemen klare Nachteile, da Wasser bei gleicher Förderenergie ein Vielfaches an Wärme transportieren kann. Aus diesem Grund beschränkt sich in energieeffizienten Gebäuden der Lufttransport ausschließlich auf die hygienisch erforderliche Menge an Außenluft, die abhängig von der vorhandenen Außenluftqualität, der Personendichte und den Emissionen der Baumaterialien ist. Falls es die lokalen Außenlärmbedingungen zulassen, kann in Mitteleuropa während eines Großteils des Jahres auf eine maschinelle Lüftung für normal belegte Räume verzichtet werden, ohne den thermischen Raumkomfort negativ zu beeinflussen. Damit lässt sich eine große Menge an Stromenergie einsparen, vorausgesetzt, die Gebäudestruktur- und das Gebäudevolumen sowie die Lüftungskonzeption lassen eine bedarfsgerechte Lüftungssteuerung zu. Da die Nutzung der Fensterlüftung relativ einfach ist, sollte sie für Green Buildings in Mitteleuropa auch angestrebt werden.

In *Abbildung B2.13* sind die Kennzahlen für den Stromaufwand beim Lufttransport für unterschiedliche Nutzungen aufgeführt.

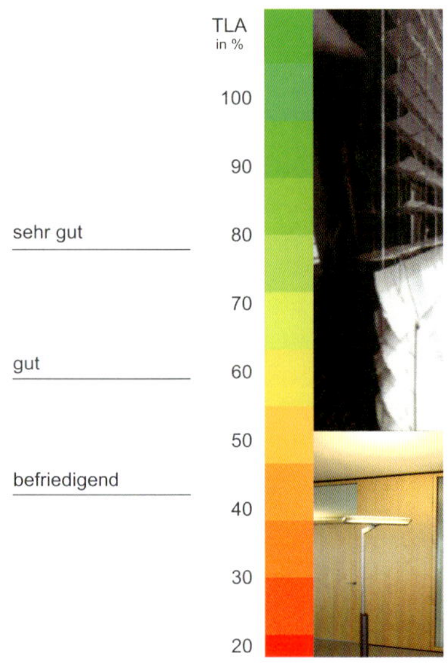

Abb. B2.14 Kennwerte für die Tageslichtautonomie für ein typisches Büro in Mitteleuropa

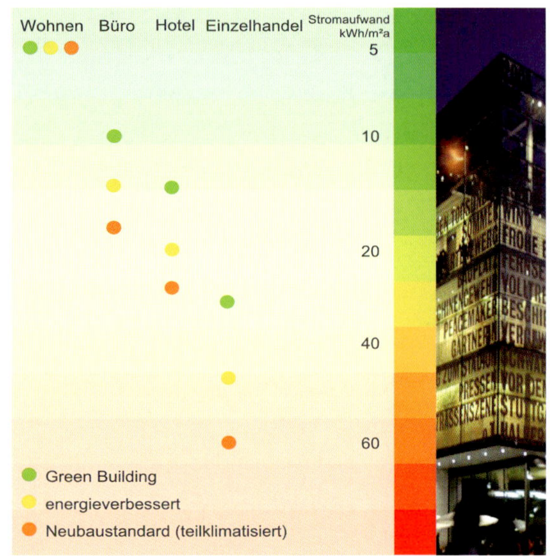

Abb. B2.15 Kennwerte für den Stromenergieaufwand für Kunstlicht in Mitteleuropa für unterschiedliche Nutzungen

Der Stromaufwand für Kunstlicht ist abhängig vom Kunstlichtkonzept und vom Tageslichtangebot. Bei der Berechnung des zu erwartenden Kunstlichtbedarfs sind die Verschattung des Raums durch Nachbargebäude, das Steuerungskonzept für den Sonnenschutz sowie das Tageslichtangebot im Raum zu berücksichtigen.

Die Beleuchtung in Wohnungen ist nutzerabhängig und spielt heute noch eine eher untergeordnete Rolle beim Gesamtstromverbrauch. In Bürogebäuden hat die künstliche Beleuchtung jedoch einen wesentlichen Anteil am Primärenergieaufwand. Werden zwei Kriterien beachtet, so lässt sich ein geringer Stromaufwand für Kunstlicht in Bürogebäuden erzielen. Erstes Kriterium: Kurze Betriebszeiten für das Kunstlicht haben einen geringen Stromaufwand zur Folge. Die Tageslichtautonomie beschreibt den Anteil der Betriebszeit, während der der Raum ausschließlich durch Tageslicht belichtet werden kann *(Abb. B2.14)*. Je nach Beleuchtungsniveau, Betrachtungszeitraum und Klima werden unterschiedliche Werte erzielt. Ein sehr geringer Stromaufwand entsteht für Bürogebäude in Mitteleuropa dann, wenn an mindestens 60 % der Betriebszeit auf eine künstliche Beleuchtung verzichtet werden kann (Montag bis Freitag, 8.00 bis 18.00 Uhr, Nennbeleuchtungsstärke 500 lx). Die günstigsten Werte für den Stromaufwand werden erreicht, wenn

Zukünftige Kenngröße – Primärenergieaufwand über den Lebenszyklus eines Gebäudes

die in *Abbildung B1.35* (siehe Kap. B1) als »sehr gut« bewerteten Tages- und Sonnenlichtquotienten in den Räumen erzielt werden.

Das zweite wesentliche Kriterium für einen effizienten Kunstlichtbetrieb ist eine geringe Stromanschlussleistung der Beleuchtung. Dies wird durch Leuchtmittel mit hohen Wirkungsgraden und einem Direkt-Indirekt-Beleuchtungskonzept erreicht. Werden diese beiden Kriterien erfüllt, so lassen sich niedrige Stromaufwandswerte für die Bürobeleuchtung erreichen. Eine weitere Reduzierung kann mit einer bedarfsgerechten Steuerung erreicht werden: Die künstliche Beleuchtung wird nicht stufig manuell an- und ausgeschaltet, sondern das Kunstlicht wird über Regeleinrichtungen auf das benötigte Beleuchtungsniveau gedimmt und über Präsenzmelder zu- oder abgeschaltet. In *Abbildung B2.15* sind Anhaltswerte für den Stromaufwand für Kunstlicht in Bürogebäuden aufgeführt.

Für Neubauten und Sanierungen muss der Primärenergieaufwand für die Anlagen zur Raumkonditionerung je nach Nutzungsart bestimmte Grenzwerte unterschreiten. Die Umsetzung dieser europaweiten Anforderung war ein großer Schritt in die richtige Richtung, er genügt jedoch nicht. Für die energetische Bewertung von energieeffizienten und nachhaltigen Gebäuden müssen alle Energieströme berücksichtigt werden, so z. B. der Energieaufwand für die Herstellung, Erneuerung und Instandhaltung der Baumaterialien sowie der Stromaufwand für nutzerseitige Ausstattungen. Nur durch Vorgaben zur Beschränkung der gesamten Energieflüsse werden alle am Bauprozess Beteiligten gezwungen, neue Wege zu gehen und innovative Lösungen anzubieten. In heutigen Business-Plänen von Unternehmen werden die Lebenszykluskosten schon vielfach als Steuerungsinstrument eingesetzt. Kurzsichtiges Handeln wird durch die Betrachtung aller zu erwartenden finanziellen Belastungen unterbunden. Gleiches muss für den Primärenergieaufwand in der Bauindustrie gelten. Auch hier ist der gesamte Lebenszyklus zu betrachten. Was nützen die besten Dämmstoffe, wenn für ihre Herstellung ein Vielfaches an Energie benötigt wird? Die Entwicklungen in den letzten Jahren im Energiesektor haben gezeigt, dass energieeffiziente Produkte auch in einem wirtschaftlichen Rahmen entstehen können, der Markt muss sie nur verlangen.

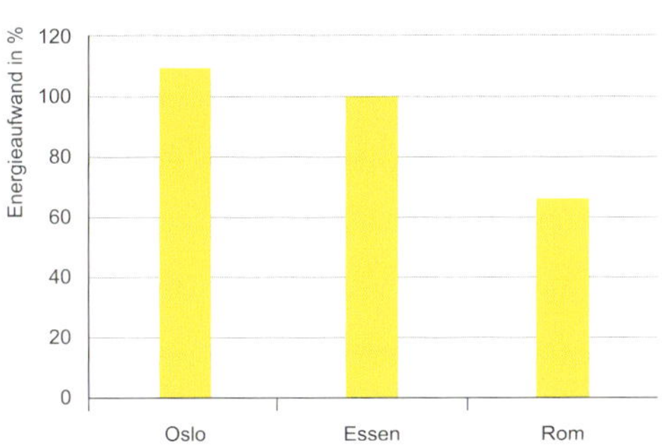

Abb. B2.16 Vergleich des Stromenergieaufwands für Kunstlicht für verschiedene Standorte in Europa

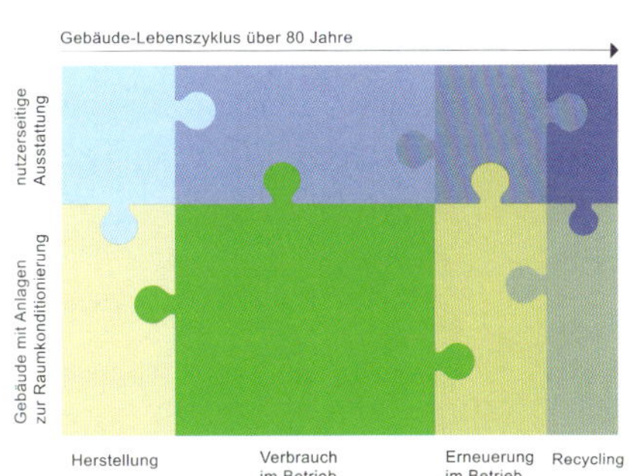

Abb. B2.17 Verteilung des Primärenergieaufwands über den Lebenszyklus eines Gebäudes. Zukünftig wird in Europa nur der Energieaufwand für die Anlagen zur Raumkonditionierung reguliert

Abb. B2.18 Überschlägige Kennwerte für den Primärenergieaufwand über den Lebenszyklus eines Gebäudes in Mitteleuropa für unterschiedliche Nutzungen

Kumulierter Primärenergieaufwand von Baumaterialien

Baumaterialien beeinflussen bei ihrer Bereitstellung und im Betrieb den Gesamtenergieaufwand von Gebäuden. Während des Betriebs emittieren die Baumaterialien Stoffe, was z. B. zu einem erhöhten Lüftungsaufwand führt. Des Weiteren erfordern sie Reinigungszyklen und Instandsetzungs-/Wartungs- und Erneuerungsmaßnahmen, die ebenfalls Energieaufwand fordern. Bereits bei der Herstellung und dem Transport der Baumaterialien wird Energie aufgewendet, sodass der Energieaufwand von Gebäuden durch die Konstruktion und durch die verwendeten Materialien maßgeblich beeinflusst werden kann. Hat das Gebäude seine Lebensdauer erreicht, muss zudem Energie für den Abriss und die Entsorgung aufgewendet werden. Ihre Höhe wird dabei zum großen Teil durch die Recyclingfähigkeit des verwendeten Materials bestimmt. Summiert über den Lebenszyklus eines Gebäudes spricht man vom kumulierten Primärenergieaufwand der Baumaterialien *(Abb.B2.17)*.

In der Regel entspricht der Anteil des kumulierten Energieaufwands weniger als 10 % bei heutigen Standardgebäuden und stellt somit nicht die höchste Priorität zur Energieeinsparung dar. Es ist jedoch offensichtlich, dass bei energieeffizienten Gebäuden mit weiter sinkendem jährlichem Primärenergieaufwand der Anteil der für die Baumaterialien bereitgestellten Energiemenge steigt und in den nächsten Jahren weiter in den Vordergrund bei der Gesamtbewertung rücken wird. In *Abbildung B2.19* ist die Aufteilung des gesamten Primärenergieverbrauchs für ein Bürogebäude aufgeführt. Aufgrund der Niedrigenergiebauweise und des Einsatzes von Erdwärme beträgt der Anteil des kumulierten Energieaufwands am gesamten Primärenergieaufwand (ohne nutzerseitige Ausstattungen) rund 20 %. Dies ist ein wesentlich höherer Anteil als bei Standardgebäuden und zeigt, dass es zwingend erforderlich ist, auch für diesen Teil des Gebäudes höhere Anforderungen an die Energieeffizienz zu stellen und neue Produkte zu entwickeln. Des Weiteren werden dadurch auch die Produkte zur aktiven Nutzung von den regenerativen Energieressourcen Wind, Sonnenenergie und Erdwärme vermehrt auf den Prüfstand gestellt: Die Amortisationszeit bezogen auf den Energieaufwand wird damit zu einem entscheidenden Kriterium für die Auswahl des jeweiligen Produkts. So besitzen Photovoltaikanlagen je nach Hersteller Amortisationszeiten von 2 bis 8 Jahren, gültig für die optimale Südausrichtung in Mitteleuropa. Diese Eigenschaft wird beim Kauf der Anlage zurzeit noch nicht bewertet, obwohl sie einen wesentlichen Aspekt darstellt.

Eine Optimierung des kumulierten Energieaufwands kann entweder durch die Wahl von Baustoffen mit hoher Lebensdauer erfolgen oder durch die Verwendung von Baustoffen, die aus nachwachsenden Rohstoffen bestehen. In *Abbildung B2.20* ist für unterschiedliche Wärmedämmmaterialien bei gleicher Wärmedämmeigenschaft der Primärenergieaufwand über die Lebensdauer des Gebäudes dargestellt.

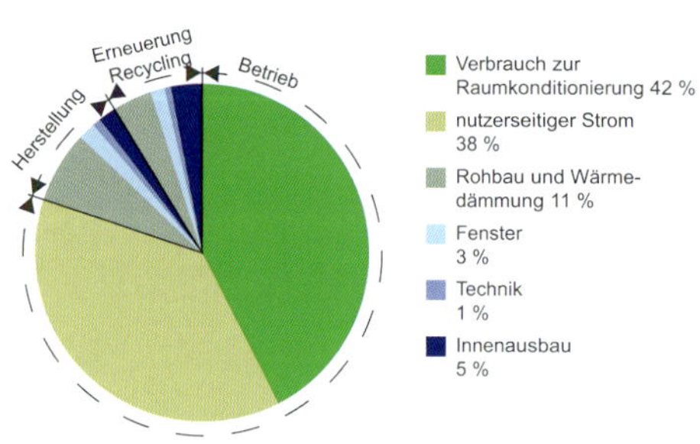

Abb. B2.19 Aufteilung des Primärenergiebedarfs für ein Bürogebäude

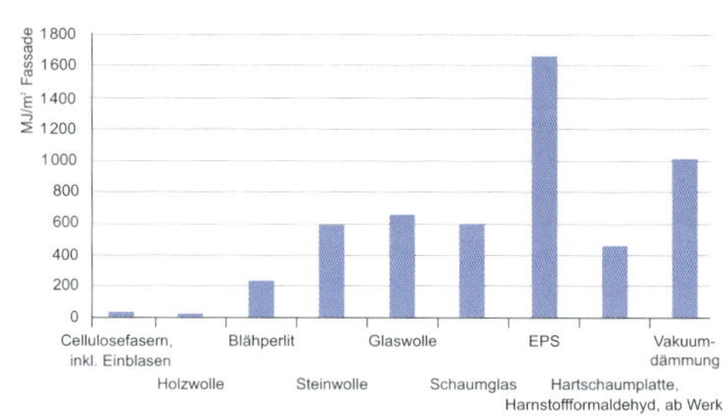

Abb. B2.20 Kumulierter Primärenergieaufwand für verschiedene Wärmedämmstoffe über die Lebensdauer des Gebäudes

Nutzungsbezogener Primärenergieaufwand

In heutigen Bürogebäuden beträgt der nutzungsbezogene Primärenergieaufwand für EDV-Geräte und Server 25 bis 40 % am gesamten Primärenergieaufwand (ohne Baumaterialien). Für energieeffiziente Gebäude steigt der relative Anteil weiter bis auf 60 % an, sodass gerade hier ein beträchtliches Einsparpotenzial vorhanden ist. Bei der Planung von Gebäuden wird die Abwärme aus EDV-Geräten bereits berücksichtigt, Anforderungen durch Grenzwerte für einen maximalen Stromaufwand für typische Nutzungen sind jedoch noch nicht vorhanden. Der hohe Einfluss der Abwärme auf die Auslegung der Kälteanlagen und auf die Energiekosten zeigt jedoch, dass bei Green Buildings auch effiziente Geräte berücksichtigt werden müssen. In den *Abbildungen B2.21* und *B2.22* ist die Variationsbreite der Stromanschluss- und Verbrauchswerte für unterschiedliche Gerätetypen dargestellt. Es zeigt sich, dass energieeffiziente Geräte durchaus nur annähernd den halben Stromverbrauch haben wie Standardgeräte. Für Gebäude mit großen Servern bieten sich heute Heiz- und Kühlkonzepte an, bei denen die Ab wärme im Gebäude für eine energieeffiziente Kühlung genutzt wird. Eine Trennung zwischen Gebäudetechnik und Nutzerausstattung wird damit immer mehr aufgelöst.

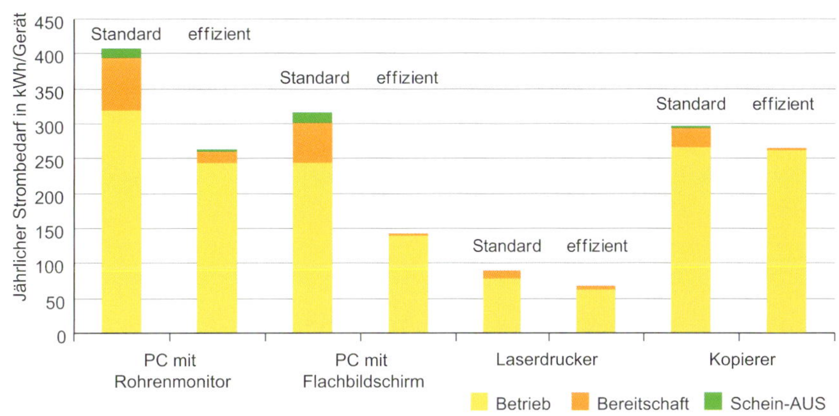

Abb. B2.22 Stromaufwand für Arbeitshilfen. Durch energieeffiziente Geräte kann der Stromaufwand um bis zu 50 % gegenüber Standardgeräten pro Jahr reduziert werden.

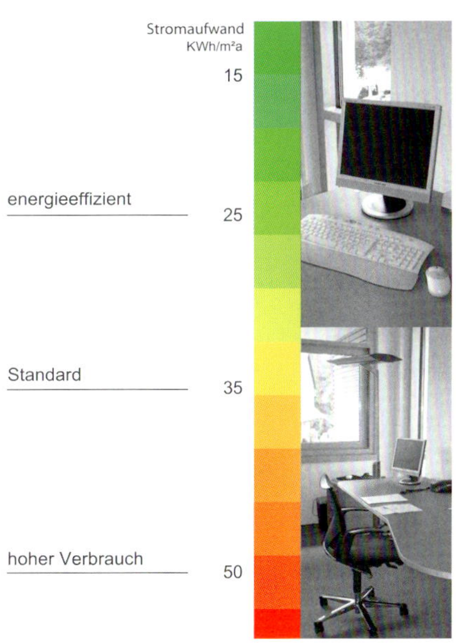

Abb. B2.21 Kennwerte für den Stromaufwand für Arbeitshilfen im Büro

Die zukünftige energetische Kenngröße ist der Primärenergieaufwand über den gesamten Lebenszyklus eines Gebäudes, inklusive der Verbrauchswerte für die Baumaterialien und die nutzerseitige Ausstattung. Für diese Kenngröße liegen nur partiell Erfahrungen vor, für Green Buildings ist die ganzheitliche Betrachtungsweise des Energieaufwands nach Ansicht der Autoren jedoch wesentlich. In *Abbildung B2.18* sind empfohlene Kennzahlen für Wohn- und Bürogebäude genannt, die als Zielgrößen für die Konzeption und den Bau von Green Buildings in Mitteleuropa verwendet werden können.

Wasserbedarf

Hauptverbraucher von Trinkwasser sind Haushalte, Kleingewerbebetriebe und die Industrie. Der tägliche Trinkwasserbedarf in Deutschland liegt derzeit bei rund 125 Litern pro Person und Tag und damit um rund 20 % niedriger als im Jahr 1975. Dies liegt zum einen an den Wasserpreisen, die von 1971 bis 1991 um 50 % gestiegen sind, und zum anderen am wachsenden Umweltbewusstsein der Menschen. Da bereits jetzt das unbelastete saubere Trinkwasser knapp wird, sind weitere Einsparungen in allen Bereichen und insbesondere bei den Haushalten zwingend erforderlich.

Wasserbedarf für Trinkwasser

In den Haushalten wird 68 % des Trinkwassers für die Körperpflege und die Toilettenspülung benötigt. Wäschewaschen und Geschirrspülen haben einen Anteil von 19 %. Die restliche Wassermenge wird beim Trinken und Kochen sowie bei der Gartenbewässerung und dem Putzen verbraucht *(Abb. B2.24)*.

Der Trinkwasserverbrauch für Nichtwohngebäude ist stark von der Art der Nutzung abhängig. Während Hotels, Krankenhäuser und Pflegeheime einen hohen Bedarf vor allem aufgrund der Körperhygiene und der Verpflegung aufweisen, wird dieser in Bürogebäuden vor allem durch die Gebäudereinigung (Fassaden- und Unterhaltsreinigung) bestimmt. Ein hoher Verbrauch an Trinkwasser verursacht auch einen hohen Energieverbrauch für die Erwärmung und belastet die Abwassersysteme und Klärwerke. Der Wasserverbrauch lässt sich durch eine Anpassung der Lebensgewohnheiten, durch Installation von wassersparenden Geräten und Nutzung von natürlichen und wiederverwertbaren Ressourcen (Regen- und Grauwasser) bis zu 50 % reduzieren.

Lebensgewohnheiten

Der Wasserverbrauch für die Körperhygiene kann um durchaus 35 % reduziert werden, wenn statt eines Vollbads die Dusche genutzt wird. Über 75 % des Wasserverbrauchs für das Zähneputzen kann eingespart werden, wenn der Wasserhahn nur bei Bedarf geöffnet wird. Bei der Reinigung der Wäsche sollte eine Vorwäsche nur bei stark verschmutzter Wäsche durchgeführt werden. Der normale Waschgang reicht für die Sauberkeit der Wäsche aus und benötigt 20 % weniger Wasser.

Wassersparende Geräte und Techniken

Durch den Einbau und die Nutzung von wassersparenden Geräten kann eine deutlich spürbare Reduzierung des Wasserverbrauchs erzielt werden. Im Folgenden sind die wichtigsten Maßnahmen dargestellt:

- WC-Spülkästen mit Sparschaltung
- wassersparende Wasserhähne (Einhebelmischer) und Duscharmaturen
- wassersparende Wasch- und Spülmaschinen
- Armaturen mit Annäherungselektronik im öffentlichen Bereich

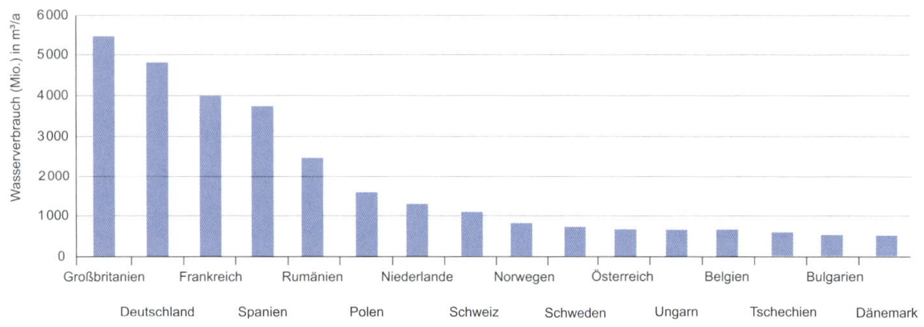

Abb. B2.23 Vergleich des Wasserverbrauchs für verschiedene Länder in Europa

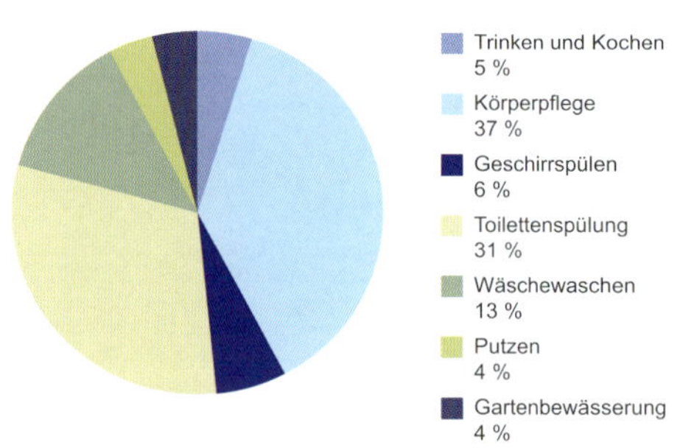

Abb. B2.24 Aufteilung des Wasserverbrauchs im Haushalt

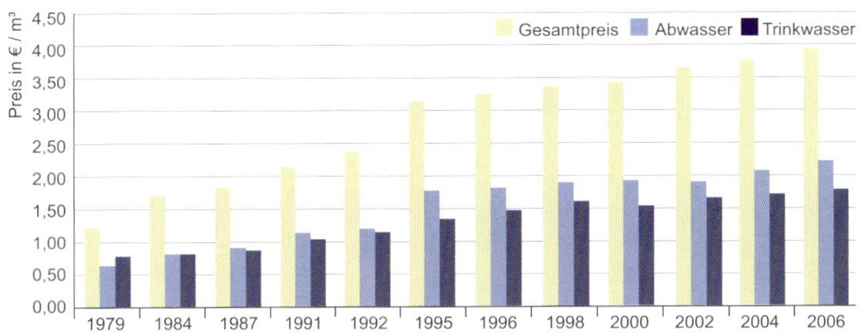

Abb. B2.25 Preise für Trink- und Abwasser in Deutschland in den vergangenen Jahren

Abb. B2.26 Typische Niederschlagsmengen in Mitteleuropa

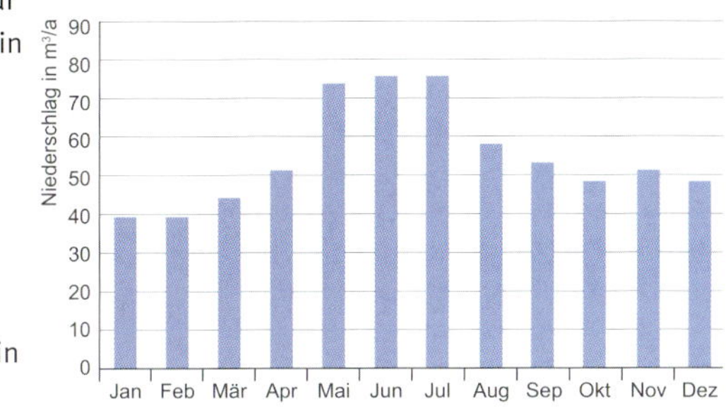

- erwärmtes Trinkwasser in Verwaltungsgebäuden nur in Küche und Unterkünften
- Vakuum-Urinale.

Eine hohe Einsparung kann auch schon bei Bestandsgebäuden erzielt werden, wenn tropfende Wasserhähne und laufende WCs vermieden und alte Versorgungsleitungen repariert werden *(Abb. B2.25)*.

Regenwassernutzung

Allein mit einer konsequenten Regenwassernutzung kann der gesamte Trinkwasserverbrauch um knapp die Hälfte reduziert werden. Das Regenwasser kann bei der WC-Spülung, beim Wäschewaschen und Putzen sowie bei der Gartenbewässerung genutzt werden. Dazu ist ein Regenwasserspeicher und ein zweites Rohrleitungsnetz erforderlich. Durch das weiche Regenwasser wird weniger Waschmittel benötigt. Für die Gartenbewässerung ist Regenwasser besonders sinnvoll, da es aufgrund des höheren Mineralgehalts von den Pflanzen besser als Trinkwasser vertragen wird. Weiterer Vorteil der Regenwassernutzung ist die Entlastung der Abwassersysteme und dass der Regenwasserspeicher die Spitzen der Niederschlagsmenge abpuffert. Aus diesem Grund wird eine Regenwasserrückhaltung bereits in den meisten Neubaugebieten gefordert.

Grauwassernutzung

Grauwasser ist das Abwasser in Haushalten, das von Dusche, Badewanne, Waschtisch und Waschmaschine stammt und nicht mit Fäkalien und hochbelastetem Küchenabwasser verunreinigt ist. Es ist mäßig mit Seifenrückständen und Hautfett versetzt. In einem durchschnittlichen Haushalt fallen rund 60 Liter Grauwasser pro Tag und Person an. Dieses Wasser kann zu Betriebswasser aufbereitet werden, das hygienisch unbedenklich ist, aber nicht die Qualität von Trinkwasser besitzt. Es kann zur WC-Spülung, Bewässerung und für Reinigungszwecke eingesetzt werden. Das bedeutet, dass das Trinkwasser zweimal genutzt wird.

Die Aufbereitung des Grauwassers findet meist in einem biologischen und einem mechanischen Verfahren statt. Mit einem Filter werden die Schwebeteilchen herausgefiltert und das Wasser danach in einer aerob-biologischen Stufe gereinigt und durch UV-Bestrahlung desinfiziert. Solche Anlagen sind bereits handelsüblich *(Abb. B2.28)*. Für Green Buildings wird für Nutzungen mit erhöhtem Wasserbedarf die Anwendung wassersparender Maßnahmen vorausgesetzt.

Abb. B2.27 Regenwasseranlage am Potsdamer Platz

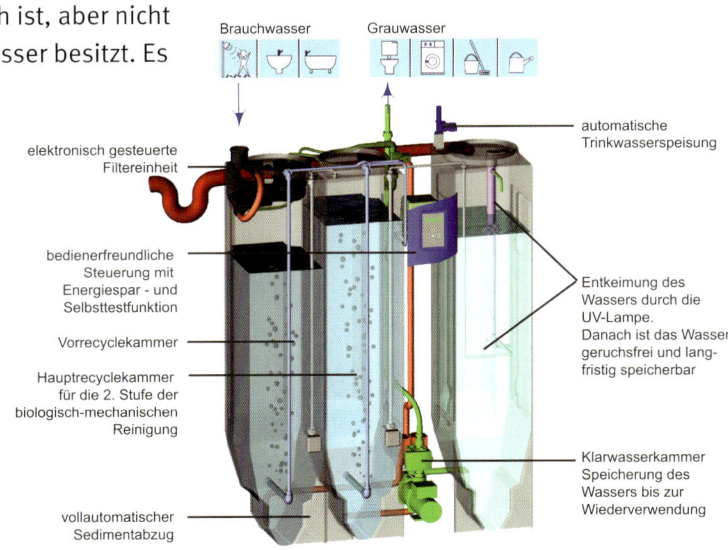

Abb. B2.28 Prinzip der Grauwassernutzung

Konzeption

Bau und Betriebsoptimierung von Green Buildings

C D

Gebäude

Klima

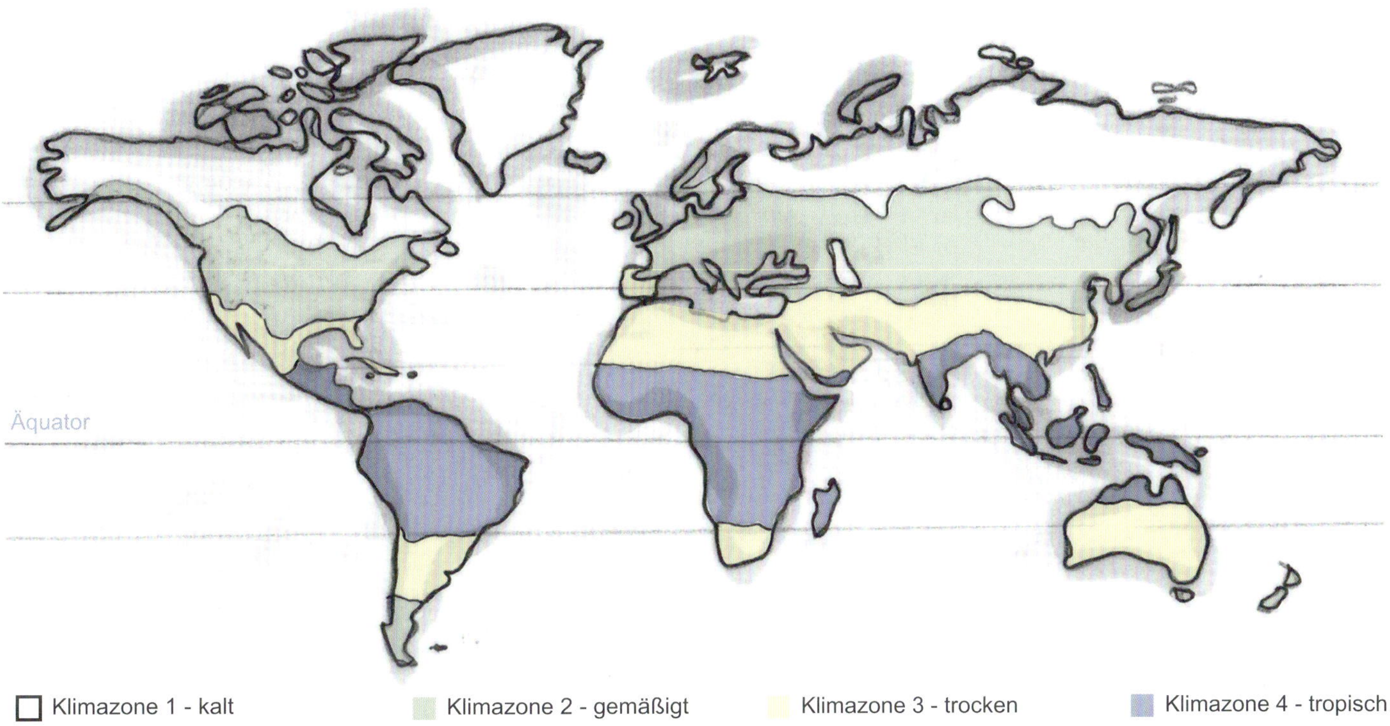

Abb. C1.1 Einteilung der Erde in vier globale Klimazonen

Eine maßgebliche Randbedingung zum Entwickeln, Planen und Bauen von Gebäuden mit niedrigem Energiebedarf ist neben der Nutzung das lokale Klima. Über Jahrhunderte hinweg wurden – angepasst an die jeweilige Klimaregion – bauklimatisch vernünftige Gebäude entwickelt, die mit einem wirtschaftlichen Energie- und Ressourceneinsatz einen ausreichenden Komfort bieten. Die hierbei entstandenen Gebäudeformen und -konzepte sind über einen langen Erfahrungszeitraum für die lokalen Klima- und Nutzungsbedingungen maßgeschneidert worden.

Neben den vier globalen Klimazonen »kalt«, »gemäßigt«, »heiß und trocken«, »heiß und feucht« sind stets auch die regionalen und lokalen Klimasituationen zu berücksichtigen. Die maßgeblichen Einflussfaktoren sind die Außenlufttemperatur und -feuchte, die Sonneneinstrahlung, die Windgeschwindigkeit sowie die Schwankungsbreite zwischen Tag und Nacht und die zwischen den Jahreszeiten. Die Niederschlagsmenge hat vor allem auf die Dachform einen Einfluss. Das Regenwasser kann jedoch auch zur adiabaten Kühlung genutzt werden.

Beispiele für klimaangepasstes Bauen
Schwarzwaldhäuser sind ein sehr gutes Beispiel, wie das lokale Klima die Bauweise einer Region beeinflusst hat. Das Klima im Schwarzwald ist durch sehr starke Schwankungen zwischen den Jahreszeiten geprägt. Die Winter sind kalt, mit sehr viel Schnee und zum Teil sehr windig. Die Gebäude sind daher mit sehr gut wärmedämmenden Außenwänden ausgestattet und haben einen sehr moderaten Fensterflächenanteil. Die kaum wärmedämmende, aber typische Einfachverglasung kann durch die doppelschalige Ausführung

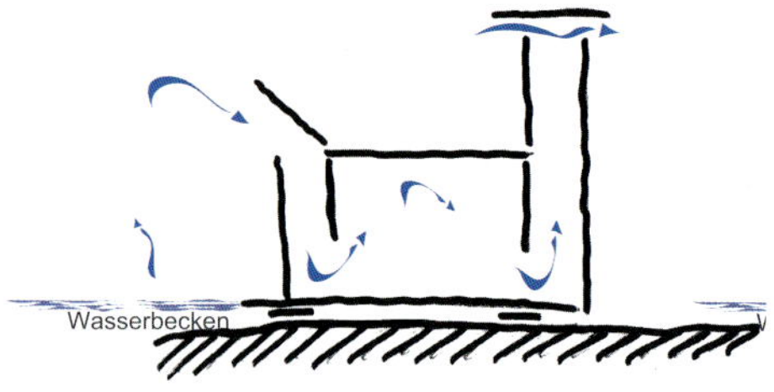

Abb. C1.2 Funktion des Windturms bei kühlen Luftströmungen: Der Wind wird durch die Öffnungen in den Baukörper geleitet. Davor findet noch eine Abkühlung durch eine Wasserfläche statt.

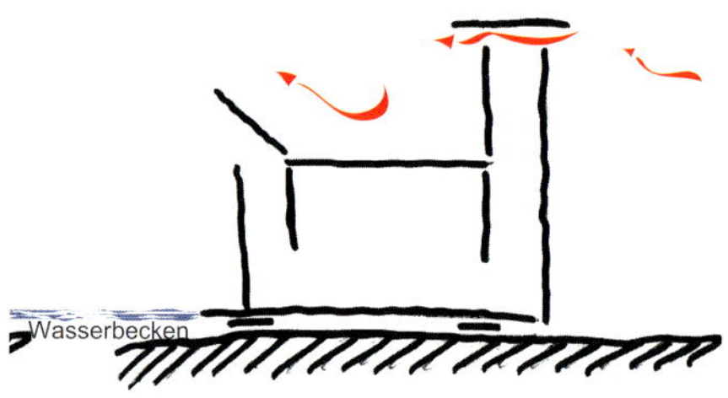

Funktion des Windturms bei warmen Luftströmungen: Der Wind wird über den Baukörper geleitet und erwärmt somit den Innenraum nicht.

als Kastenfenster den kalten Außentemperaturen trotzen. Gleichzeitig erhöht die zweischalige Konstruktion die Winddichtigkeit in kalten Wintern *(Abb. C1.3)*. Die langen steilen Spitzdächer verhindern zu hohe Schneelasten bei zum Teil sehr starkem Schneefall und bieten gleichzeitig viel Raum für die trockene Lagerung von Nahrungsvorräten während der langen Wintermonate.

Die Sommer im Schwarzwald sind teilweise sehr warm und die Sonne steht hoch. Die doppelschalige Kastenfensterkonstruktion wird somit nicht mehr benötigt, sodass das äußere Fenster entfernt werden kann. Das Gebäude kann natürlich belüftet werden und der moderate Fensterflächenanteil kombiniert mit der speicherbehafteten Konstruktion schützt vor einer Überwärmung. Die auskragenden Dächer und Balkone führen zu einer sehr guten Eigenverschattung und bieten angenehme kühle Plätze zum Arbeiten im Freien.

Ein anderes bekanntes Beispiel für klimagerechtes Bauen sind die Windtürme in den arabischen und persischen Regionen, sie werden auch »Badgir« genannt. Die Windtürme sind so konzipiert, dass sie je nach Windrichtung kühle Luftströme zur Abkühlung ins Gebäudeinnere führen und wärmere Luftströme über das Gebäude hinweg strömen lassen *(Abb. C1.2)*. Die Windtürme sind im oberen Bereich an allen vier bzw. nur an zwei Seiten offen und mit diagonalen Abtrennungen ausgestattet. Sie messen ca. 3 x 3 m im Grundriss und sind ca. 7 m hoch. Durch die Öffnungen im oberen Bereich ist der »Badgir« in der Lage, Windströme aus allen Richtungen zu nutzen und sie als kalten Luftzug in die darunter liegenden Räume zu leiten. Gleichzeitig funktioniert der Turm als Kamin, da warme Luftströme aus den darunter liegenden Räumen auf der Leeseite des Turms aufgrund der Druckdifferenz abströmen. Durch diesen Kamineffekt trägt der Turm auch bei geringen Windgeschwindigkeiten zur natürlichen Ventilation bei. Aufgrund der sehr großen Temperaturdifferenzen in den arabischen Regionen sind die Windtürme dort einzigartig. Die Sommertemperaturen liegen hier zwischen 32 bis 49 °C am Tag und fallen bis auf 20 °C in der Nacht. Im Winter liegen die Außentemperaturen am Tag zwischen 20 und 35 °C und in der Nacht bei 9 °C. Die Windtürme sind jedoch nur zu bestimmten Tageszeiten effektiv. Sie funktionieren besser in den Übergangszeiten. Aufgrund der extremen saisonalen Temperaturunterschiede werden die Wohngebäude unterschiedlich genutzt. Sie sind hierfür in zwei Ebenen aufgeteilt. Die untere Ebene wird überwiegend im Winter bewohnt, die obere im Sommer. Das Flachdach wird außerdem zum Schlafen in Sommernächten genutzt. Daher kann ein Gebäude drei oder mehr Windtürme aufweisen, jeweils einen zur Ventilation eines Schlafraums.

Abb. C1.3 Zweischalige Fensterkonstruktion eines typischen Schwarzwaldhauses

Städtebauliche Entwicklung und Infrastruktur

Landschaftsverbrauch: Heute werden bei Neubauentwicklungen in der Regel Studien über die direkten Umwelteinflüsse und den Landschaftsverbrauch erstellt. Dazu zählen sowohl die Einflüsse der Bebauung auf das Mikro- und Makroklima (Temperatur, Wind, Luftbelastung) als auch die Auswirkungen auf vorhandene Vegetationen und Lebewesen. Mit langfristig angelegten Flächennutzungsplänen wird versucht, den Landschaftsverbrauch zu minimieren. Hierbei ist vorgeschrieben, dass Eingriffe in Landschaften durch ökologische Ausgleichsmaßnahmen kompensiert werden müssen. Sehr gut bewertet wird z. B., wenn kontaminierte Grundstücke einer Bebauung zugeführt werden. Durch die Rekontaminierung des Grundstücks bei der Bebauung wird ein positiver Umweltbeitrag geleistet. Derartige sinnvolle Ausgleichsregelungen bzw. Bewertungsmaßstäbe sind für die energetische Ausrichtung von Neubauentwicklungen nicht vorgeschrieben bzw. noch nicht einmal durchgängig vorhanden. Hier besteht in Deutschland noch erheblicher Handlungsbedarf.

Die **Verkehrsinfrastruktur** hat einen hohen Einfluss auf den Energiebedarf, der durch zusätzlichen Verkehr entsteht. Dieser Bedarf ist zurzeit noch nicht in der Bilanzierung der Primärenergie für Gebäude enthalten. Neben dem Energiebedarf ist dabei auch die Schadstoffbelastung durch die Verkehrsmittel zu berücksichtigen. Unter diesen übergreifenden ökologischen Gesichtspunkten ist es vorteilhaft, wenn das Grundstück möglichst nahe an öffentliche Verkehrsmittel und -wege (Bus, Bahn, Fahrradwege) angebunden wird. Daher ist die Verdichtung des städtischen Raums unter nachhaltigen Gesichtspunkten einerseits aus energetischer Sicht, anderseits zur Verringerung des Landschaftsverbrauchs empfehlenswert. Ähnlich positiv sollte aus diesem Blickwinkel bei Büro- und Geschäftshäusern ein ausreichendes Angebot von Fahrradstellplätzen sowie Umkleide- und Duschmöglichkeiten bewertet werden. Über das Anbieten von solarerzeugtem Strom könnten Firmen ihre Mitarbeiter motivieren, mit Elektrofahrzeugen ins Büro zu fahren. Durch derartige Angebote lassen sich Mitarbeiter gezielt dazu ermutigen, für sich energiesparende Anfahrtslösungen zu suchen. Das Energielabel LEED bietet hier sehr gute Ansätze.

Unabhängig von der gewählten Gebäudeform und dem -konzept stellt die richtige **Lage und Größe des Grundstücks** die Weichen für einen geringen Primärenergiebedarf.

Natürlich wird das Grundstück vorrangig durch Faktoren wie Lage, Erreichbarkeit, Marktwert, erforderliche Grundstücks- und Geschossfläche sowie den Investitionskosten bestimmt. Für viele Bauvorhaben gibt es aufgrund der städtebaulichen Rahmenbedingungen keine Alternativen bezüglich des Standorts. Steht jedoch bei einer Projektentwicklung das Grundstück noch nicht fest und gibt es dafür mehrere Möglichkeiten, sollten auch Faktoren wie der Primärenergiebedarf und die Umweltbelastung in den Entscheidungsprozess miteinbezogen werden.

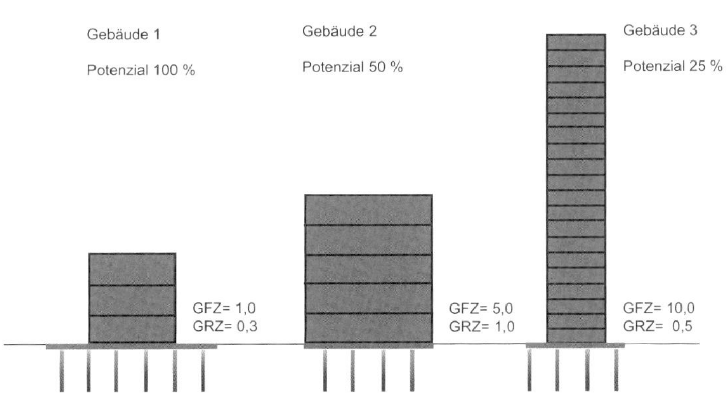

Abb. C1.4 Potenziale der Geothermienutzung für unterschiedliche Verhältnisse von Grundstücksfläche und Gebäudekubatur. Dargestellt ist der mögliche Deckungsanteil der Erdwärme für Heizen und Kühlen in Wohn- und Bürogebäuden.

Die Geschossflächenzahl beschreibt das Verhältnis zwischen Geschossfläche und Grundstücksfläche und ist somit ein Maß für die Verdichtung und die zur Verfügung stehenden Dach- und Bodenflächen. Aus diesen Größen lässt sich ableiten, inwieweit der Energieaufwand aus natürlichen Energiequellen wie Sonne und Erdreich gedeckt werden kann. Folgende Faustregeln können angewandt werden:

- Die Einbindung von oberflächennahen geothermischen Anlagen bis zu einer Tiefe von 200 m ist nur dann effektiv, wenn ausreichend Grundstücksfläche zur Platzierung der Erdreichwärmetauscher unterschiedlichster Art vorhanden ist. Dabei sollten die Geschossflächenzahlen im Wohnungsbau im Bereich von 3 bis max. 5 liegen. Für Bürogebäude werden Werte von 3 bis max. 6 angestrebt. Damit lässt sich für energieeffiziente Gebäude in Nord- und Mitteleuropa ein Großteil der Heiz- und Kühlenergie über das Erdreich decken *(Abb. C1.4)*.
- Für die Nutzung von Solarenergie für die Wärmeerzeugung muss ausreichend Dachfläche zur Platzierung der Sonnenkollektoren vorhanden sein. Die Fassade eignet sich nur eingeschränkt zu einer solchen Nutzung, da in den meisten Räumen Tageslicht benötigt wird und das Potenzial der Einstrahlung auf die Fassadenebene nur maximal 70 % des optimalen Ertrags beträgt. Um für energieeffiziente Wohngebäude einen großen Anteil der Trinkwassererwärmung über Solarenergie zu decken, sollte die Anzahl der Geschosse 10 bis max. 20 betragen *(Abb. C1.5* und *C1.6)*.
- Bei Nutzung von Solarenergie zur Stromerzeugung sollte die Anzahl der Geschosse für den Wohnungsbau 3 bis max. 5 und für den Bürobau 2 bis max. 4 betragen, wenn ein großer Teil des Strombedarfs für die Anlagen zur Raumkonditionierung und für Haushalts- oder EDV-Geräte über Photovoltaik-Systeme gedeckt werden soll. Diese Faustregel gilt für Gebäude in Nord- und Mitteleuropa, für die keinerlei Möglichkeiten bestehen, auf dem Grundstück Photovoltaik-Anlagen zu platzieren. In Südeuropa liegen zwar die solaren Einstrahlungen höher, der Bedarf an solarer Stromerzeugung oder solarer Kühlung ist jedoch ebenfalls höher als in Mitteleuropa. Da Geothermie in Südeuropa nur eingeschränkt zur Kälteversorgung verwendet werden kann, gilt für die Stromversorgung durch Photovoltaik-Anlagen dieselbe Faustregel wie in Mitteleuropa.

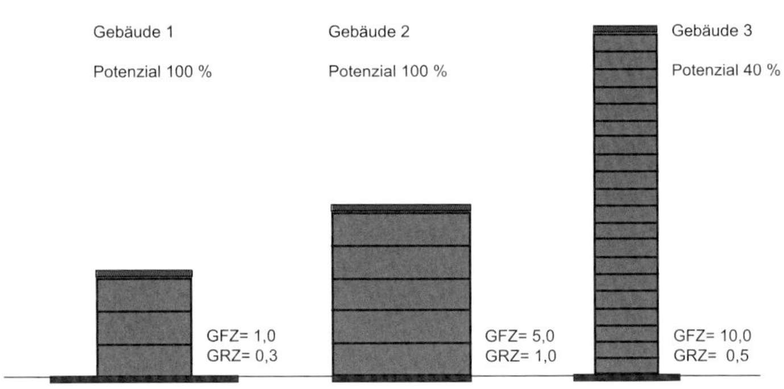

Abb. C1.5 Potenziale der thermischen Solarenergienutzung für unterschiedliche Verhältnisse von Dachfläche und Gebäudekubatur. Dargestellt ist der mögliche Deckungsanteil der Solarenergie für die Trinkwassererwärmung in Wohngebäuden.

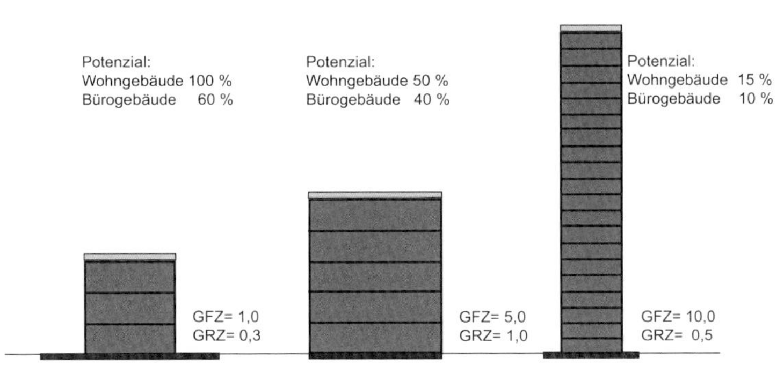

Abb. C1.6 Potenziale der photovoltaischen Solarenergienutzung für unterschiedliche Verhältnisse von Dachfläche und Gebäudekubatur. Dargestellt ist der mögliche Deckungsanteil der Solarenergie am Strombedarf in Wohn- und Bürogebäuden.

Gebäudeform und -ausrichtung

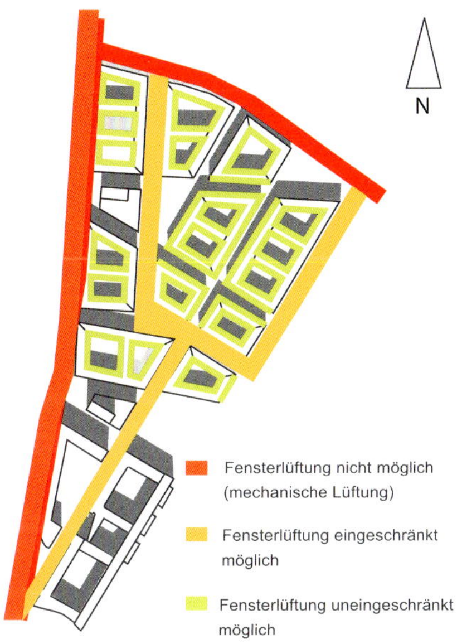

Abb. C1.7 Beispiel einer städtebaulichen Energieanalyse. Einteilung der Außenlärmbereiche in Zonen mit eingeschränkter und nicht möglicher Fensterlüftung. Die Nutzungen wie Kaufhäuser sollen in den lärmbelasteten Baukörper integriert werden, um die natürlichen Energiepotenziale für Nutzungen wie Wohnen und Büro aktivieren zu können.

Die Orientierung eines Gebäudes – vor allem seiner transparenten Flächen – hat aufgrund der unterschiedlich hoch einfallenden Solarstrahlung einen Einfluss auf den Energiehaushalt des Gebäudes. Fenster sind Elemente der Hüllfläche eines Gebäudes, die sowohl Wärmeschutz als auch passive Wärmegewinne bieten. Die richtige Orientierung und Dimensionierung der Fenster ist vom Außenklima und von der Nutzungsart abhängig. In Büroräumen können die solaren Gewinne aufgrund der Anforderungen an Bildschirmarbeitsplätze (ein Sonnen- oder Blendschutz ist meist vorgeschaltet) weniger genutzt werden als in Wohngebäuden. Auch wird in Wohngebäuden eine höhere Raumtemperatur aufgrund der anderen Tätigkeit und Bekleidung viel öfter akzeptiert. Ein weiterer Unterschied ist, dass in Bürogebäuden ausreichendes Tageslicht für die meisten Räume von großer Bedeutung ist, während in Wohngebäuden die unterschiedlichen Nutzungsbereiche je nach Bedarf angeordnet werden können. So sollten die Schlafräume eher nach Norden, möglichst abseits von einer Schallbelastung angeordnet werden, die Wohnräume besser nach Süden, um die solaren Gewinne weitestgehend ausnutzen zu können.

Eine energetisch richtige Platzierung der Nutzungen innerhalb eines städtebaulichen Konzepts zeigt *Abbildung C1.7*. Einkaufszentren und Freizeitgebäude, die aufgrund ihrer Personendichte sowieso eine mechanische Lüftung benötigen, werden an der stark befahrenen Straße angeordnet. Büro- und Wohngebäude werden in den ruhigeren Bereich verschoben, um die Potenziale der natürlichen Lüftung ausschöpfen zu können. *Abbildung C1.8* zeigt, welche Blockbebauungen bei gleicher Nutzfläche energetisch am günstigsten sind. So sind geschlossene Baukörper die ungünstigste Lösung, da das Potenzial der passiven Solarenergienutzung durch die starke Verschattung der Fassaden am geringsten ist. Die Folge der stärkeren Verschattung ist zudem ein erhöhter Strombedarf für die künstliche Beleuchtung. Der vermehrte Einsatz von Kunstlicht führt jedoch nicht nur zu höheren Stromkosten und zu einem erhöhten Energiebedarf, sondern auch zu geringerem psychischen Wohlbefinden. Neben den Nachteilen bei der Solarenergieversorgung der Räume ist auch der schlechtere Luftaustausch im Innenhof zu berücksichtigen, der von der Höhe des Hofs abhängt. Dies führt zu einer längeren Nutzungszeit der

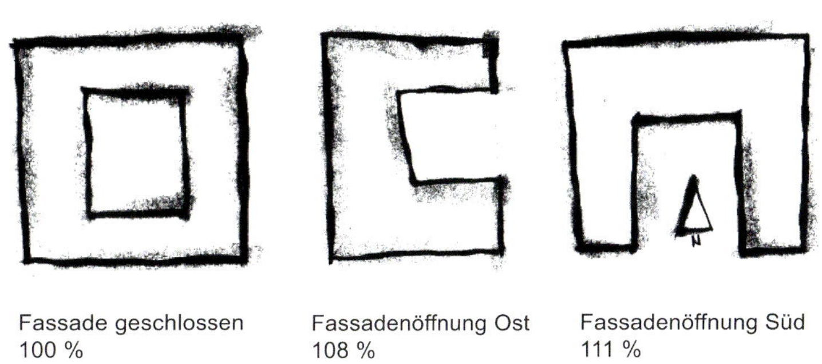

Abb. C1.8 Beispiel einer Energieanalyse zu grundsätzlichen Bauformen im Rahmen einer städtebaulichen Entwicklung. Je nach Bauform ergeben sich unterschiedliche Energiegewinne durch solare Einstrahlung auf die Fassade und gleicher Nutzfläche.

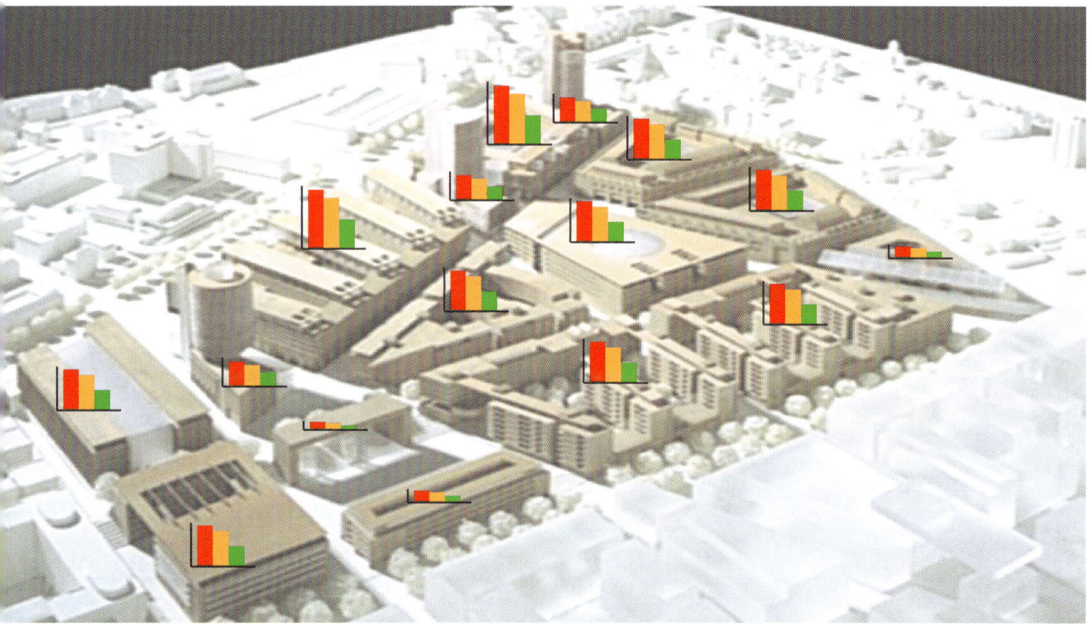

Abb. C1.9 Energieanalyse für eine städtebauliche Projektentwicklung in Stuttgart

maschinellen Lüftung. Unabhängig vom Gebäudekonzept lassen sich durch eine optimierte Anordnung der Baukörper 10 bis 20 % des Energiebedarfs für die Anlagen zur Raumkonditionierung einsparen.

Je kompakter ein Baukörper errichtet wird, desto mehr Energie kann eingespart werden. Diese Aussage stimmt für Nichtwohngebäude nur zum Teil, und zwar dann, wenn für den Wärmeschutz nur die Mindestqualitäten vorgesehen werden. Ein Effekt der erhöhten Wärmedämmung, wie sie für Green Buildings erforderlich wird, ist die immer größer werdende Unabhängigkeit vom Verhältnis der Gebäudehüllfläche zum Raumvolumen. Während bei der alleinigen Betrachtung des Heizenergiebedarfs der Ansatz immer richtig ist, ein Gebäude hinsichtlich seiner Wärmeverlustfläche zu minimieren, und zwar unter Beibehalt der Nutzfläche, so zeigt dieser Ansatz energetische Nachteile für hochwärmegedämmte Gebäude unter Berücksichtigung des Kühlenergiebedarfs sowie des Strombedarfs für Lüften und Beleuchten. Eine alleinige Minimierung des Heizenergiebedarfs führt zu keiner Gesamtenergieoptimierung. Diese Erkenntnis ist umso wichtiger, da in allen vergangenen und neuen Energieeinspar- und Wärmeschutzverordnungen in Deutschland gerade der zulässige Heizenergiebedarf am Verhältnis von Heizenergie- zu Gesamtenergiebedarf gemessen wird. Die Architektur von Green Buildings wird sich daher auch in kälteren Regionen wie in Nord- und Mitteleuropa nicht mehr nur an der Gebäudekompaktheit orientieren, sondern an der Optimierung aller Energieströme, die für den Gebäudebetrieb wichtig sind. Dabei können weniger kompakte Gebäude, die jedoch mehr Tageslicht und ein größeres Potenzial für (zumindest zeitweise) natürlich zu belüftende Nutzbereiche bieten, durchaus im Vorteil sein.

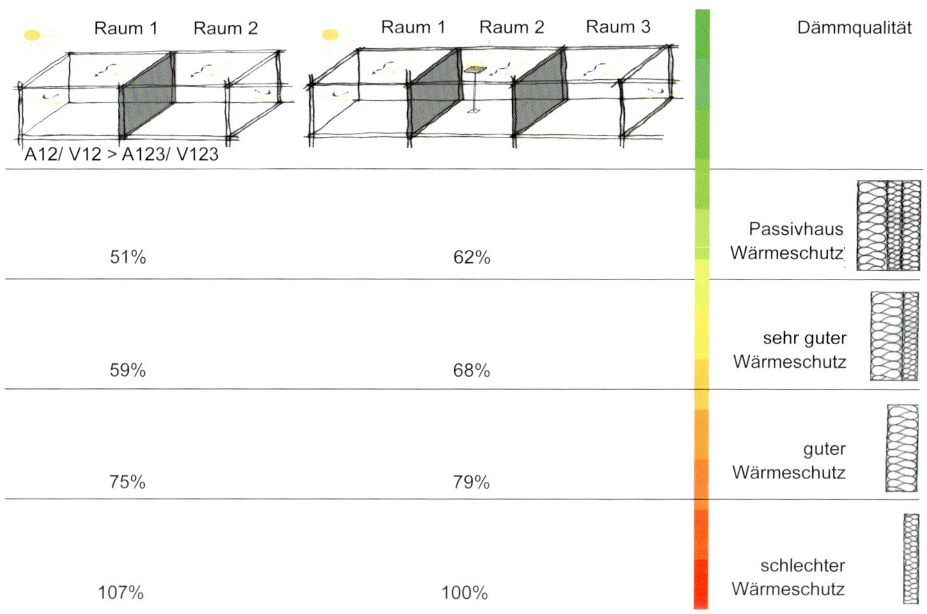

Abb. C1.10 Einfluss des Verhältnisses aus Hüllfläche zu Raumvolumen auf den Primärenergiebedarf für die Anlagen zur Raumkonditionierung bei unterschiedlich hohen Dämmeigenschaften der Hüllfläche

Gebäudehülle

Wärmeschutz und Gebäudedichtigkeit

Die Fassade eines Gebäudes stellt die Schnittstelle zwischen den äußeren und inneren Klimabedingungen dar. Während das Raumklima in ganzjährigen Aufenthaltsräumen sich in einem relativ engen Temperaturkorridor von 4 bis 8 K bewegt, kann das Außenklima je nach Standort durchaus einen Temperaturunterschied von bis zu 80 K aufweisen: So sind zum Beispiel in Chicago/USA minimale Außenlufttemperaturen im Winter von −40 °C ebenso keine Seltenheit wie maximale Temperaturen von +40 °C im Sommer.

In Mittel- und Nordeuropa wird ein hoher Wärmeschutz vor allem aufgrund der längeren Winterperiode angestrebt. Die Mindestdämmstärken aus den 1980er Jahren dienten vor allem dazu, bauphysikalische Schäden an Außenbauteilen zu vermeiden. Ziel dabei war es, den Taupunkt im Bauteil möglichst weit nach außen zu verlagern, um Kondensat an der Innenoberfläche zu vermeiden. Feuchte Innenwände führen unweigerlich zu Schimmelpilzbildung und belasten somit die Raumluftqualität und damit die Gesundheit des Menschen. Mit den heutigen üblichen Dämmstärken in Mittel- und Nordeuropa ist eine Kondensatgefahr auf der Rauminnenseite für richtig konstruierte Außenbauteile nicht mehr gegeben. Heutzutage orientieren sich die Dämmstärken vielmehr an anderen Kriterien: Heizenergiebedarf, thermische Behaglichkeit durch hohe Innenoberflächentemperaturen und ganzheitliche Wirtschaftlichkeit für das System Gebäudehülle und -technik.

Dass ein guter Wärmeschutz nicht nur für Länder mit einem lang anhaltenden, kühlen Außenklima sinnvoll ist, wird bei näherer Betrachtung schnell klar. In Südeuropa besitzen die Gebäude häufig keine Heizung. Ein vertretbarer Raumkomfort ist daher nur mit erhöhtem Wärmeschutz möglich. Für Länder mit heißem Außenklima mit bis zu 50 °C, wie im Mittleren Osten, besteht nahezu derselbe Temperaturgradient von 25 bis 30 K zwischen Außen- und Innenklima wie in Deutschland – nur eben umgekehrt. Das Gebäude verliert keine Wärme nach außen, sondern gewinnt sie unweigerlich von außen. Um den thermischen Raumkomfort einzuhalten muss deshalb nicht geheizt, sondern gekühlt werden. Natürlich gibt es Klimazonen, in denen aufgrund des kontinentalen, gleichmäßigen Außenklimas keine hohen Anforderungen an den Wärmeschutz gestellt werden müssen. In Mittelafrika verläuft die Außentemperatur sehr gleichmäßig zwischen Tag und Nacht sowie zwischen Winter und Sommer mit 10 bis 30 °C. In solchen Regionen sollte jedoch ein Wärmeschutz, vor allem im Hinblick auf Feuchteschäden (bei hohen Außenluftfeuchten) sowie ein Schallschutz (bei hohem Außenlärm) vorgesehen werden.

Variabler Wärmeschutz Den Wärmeschutz veränderbar zu gestalten ist und bleibt ein Ziel beim energieeffizienten Bauen. In den 90er Jahren wurden vermehrt bei doppelschaligen Fassaden zum Teil motorisch bewegliche Klappen eingesetzt, um die Lufträume um das Gebäude herum verschließen zu können und somit einen »Wintergarteneffekt« zu erzeugen, d. h. bei Sonneneinstrahlung die Wärmeverluste des Gebäudes zu vermindern. Die Klappen lassen sich bei hohen Außentemperaturen öffnen, um eine Überhitzung der Räume zu vermeiden. Eine andere Art, den winterlichen wie den sommerlichen Wärmeschutz zu verändern, besteht darin, transparente Membranen in Form von Folien im Deckenbereich des Innenraums unterschiedlich dicht hintereinander anzuordnen, wobei sich zwischen den Folien unterschiedlich große Luftpolster ergeben, die addiert einen guten Wärmeschutz bieten. Die *Abbildungen C1.12* und *C1.13* zeigen dazu ein Bei-

Abb. C1.11 Außen- und Innenansicht des Wettbewerbsentwurfs für ein Kundencenter. Architekten: Petzinka Pink Technologische Architektur®, Düsseldorf

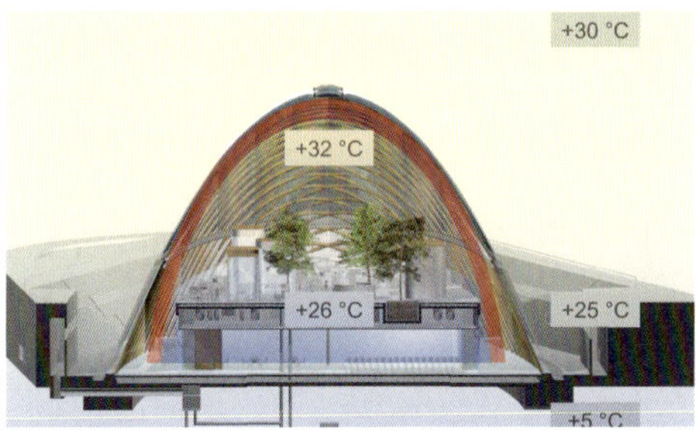

Abb. C1.12 Empfundene Raumtemperatur im Sommer. Durch das vergrößerte Raumvolumen kann sich eine Temperaturschichtung ergeben, die im unteren Aufenthaltsbereich behagliche Temperaturen aufweist.

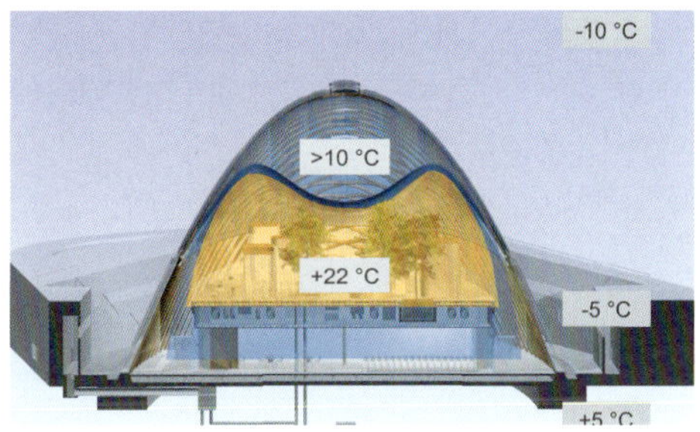

Abb. C1.13 Empfundene Raumtemperatur im Winter. Das verkleinerte Raumvolumen des beheizten Kundencenters verringert den Heizenergieaufwand und schafft energetisch günstige Pufferzonen im Dachbereich.

spiel aus einer Studie für eine transparentes Kundencenter: Im Winter schließen die unteren beweglichen Folien den Nutzraum in einer gewissen Höhe ab und bilden so einen Pufferraum zwischen Gebäudehüllfläche und Nutzraum. Die im Pufferraum auf natürliche Weise erhöhte Umgebungstemperatur verringert die Wärmeverluste des Nutzraums, die Transparenz bleibt jedoch erhalten. Auch wird das aufzuwärmende Luftvolumen des Nutzraums kleiner, sodass sich dadurch eine weitere Energieeinsparung ergibt. Im Sommer folgen alle Folien der Gebäudeform, sodass zum einen die Sonne aufgrund der unterschiedlich bedruckten Folien sehr stark ausgeblendet wird, zum anderen der Nutzraum sich auf die ursprüngliche Größe erweitert und dadurch eine Temperaturschichtung nach oben entsteht. Damit reicht es aus, die kühle Zuluft in den unteren Raumbereich zu leiten, die warme Luft strömt nach oben über regelbare Lüftungsklappen im Dach weg. Die Gebäudehöhe wird dadurch ausgenutzt, dass sich eine Temperaturschichtung ergeben kann: unten kühl, oben warm. Damit kann die erforderliche Kühlmenge klein gehalten werden.

Bedarfsgerechter Wärmeschutz Neben dem Außenklima ist die Art der Nutzung des Gebäudes der bestimmende Faktor für die Wahl des Wärmeschutzes im Hinblick auf die Energieeffizienz. Im Regelfall ist es günstig, durch einen besseren Wärmeschutz die Wärmeverluste nach außen bzw. Wärmeeinträge von außen zu verringern. Bei Gebäudearten und -nutzungen mit höheren internen Wärmequellen und sehr großen Raumtiefen, wie in Kaufhäusern, kann ein etwas geringerer Wärmeschutz für die Klimazone Mitteleuropas vorteilhafter sein. Grund hierfür ist, dass aufgrund der hohen internen Wärmequellen und des geringen Verhältnisses von Hüllfläche zu Raumvolumen das Gebäude nahezu ständig gekühlt werden muss und ein

Abb. C1.14 Jahrthunderthalle in Bochum. Architekten: Petzinka Pink Technologische Architektur®, Düsseldorf

zu hoher Wärmeschutz damit eher kontraproduktiv über den Großteil des Jahres ist. Eine Ausnahmeregelung für solche Art von Sonderbauten in Bezug auf die Höhe des Wärmeschutzes ist in den gesetzlichen Anforderungen in Deutschland ausdrücklich enthalten. Der Mindestwärmeschutz zur Vermeidung von Feuchteschäden sollte jedoch in allen Fällen eingehalten werden.

Ein hervorragendes Beispiel für bedarfsgerechten Wärmeschutz ist die Revitalisierung der Jahrhunderthalle in Bochum *(Abb. C1.14 und C1.15)*. Die drei einzelnen Hallen dienten zu Beginn des 20. Jahrhunderts als Gaskraftwerk und als Ausstellungsräume für Industrie und Gewerbe und später als Lager- und Werkstattgebäude. Aufgrund der riesigen Volumina und der Vorgaben des Denkmalschutzes war es Ziel, lediglich geeignete Dämm-Maßnahmen zur Vermeidung von Bauschäden durchzuführen. Mittels Simulationsberechnungen wurde geprüft, bis zu welchen klimatischen Außenbedingungen sich für die vorgesehenen 2000 Zuschauer noch ein akzeptabler Raumkomfort einstellt *(Abb. C1.17* und *C1.18)*. Dabei werden die Hallen ausschließlich natürlich be- und entlüftet – für eine hochwertige Versam-mlungsstätte wie diese eine Neuheit. Einziges Heizsystem ist eine Fußbodenheizung, deren Wärme zum wesentlichen Teil aus einem benachbarten Industrieprozess gewonnen wird. In der Jahrhunderthalle finden seit 2003 von Mai bis Oktober die RuhrTriennale statt.

Abb. C1.15 Jahrhunderthalle in Bochum nach der Revitalisierung, Architekten: Petzinka Pink Technologische Architektur®, Düsseldorf

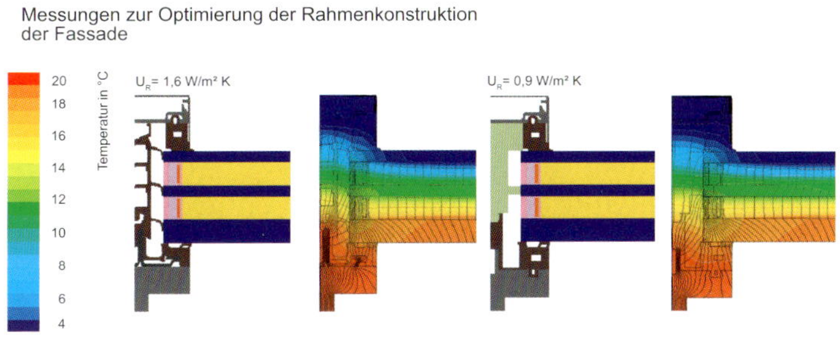

Abb. C1.16 Optimierung der Rahmenkonstruktion. Der Wärmeverlustkoeffizient der Rahmenkonstruktion konnte durch Optimierungsmaßnahmen von 1,6 auf 0,9 W/m²K gesenkt werden.

Hochwärmegedämmte Fassaden Fenstersysteme und Elementfassaden bestehen aus der Verglasung, die von Rahmenprofilen gehalten werden. Eine Dreifachverglasung oder ein hochgedämmtes Paneel, gehalten in einem Standardrahmen, hat nicht die energetischen Eigenschaften einer Fassade, wie sie für ein Green Building benötigt wird. Die Pfosten- und Rahmen-Konstruktionen müssen ebenfalls hochdämmende Eigenschaften besitzen, da sonst der erwünschte Effekt einer hohen inneren Oberflächentemperatur und die bauliche Vermeidung von Kaltluftabfall an der Fassade nicht erreicht wird. Neben der Optimierung der Einzelbauteile sollten bei der Planung und Ausführung Wärmebrücken weitestgehend vermieden werden. Sie beeinträchtigen nicht nur den Raumkomfort, sondern führen auch zu einem erhöhten Energieaufwand.

Bei der Gebäudehülle werden drei Arten von Wärmebrücken unterschieden: Erstens die geometrische Wärmebrücke, die aufgrund der erhöhten Hüllfläche bezogen auf das Raumvolumen einen höheren Wärmeverlust bewirkt *(Abb. C1.24)*. Die einfachste geometrische Wärmebrücke ist eine Gebäudeecke, die für unzureichend gedämmte und belüftete Räume immer ein Potenzial für Feuchteschäden bietet. In Neubauten können negative Auswirkungen geometrischer Wärmebrücken in der Regel durch eine ausreichend bemessene Außendämmung vermieden werden. Bei Bestandsgebäuden ist meistens eine Außendämmung die sicherste Lösung zur Entschärfung von Kondensatfeuchteproblemen auf der Wandinnenseite.

Die zweite Art von Wärmebrücken ist materialbedingt und in sämtlichen Anschlussbauteilen in der Gebäudehüllfläche zu finden *(Abb. C1.25)*. Bei immer besserer Dämmung sind die Auswirkungen von qualitativ schlecht geplanten oder ausgeführten Anschlüssen auf den Heizenergiebedarf enorm. Dies zeigt sich z. B. bei der Verwendung einer Vakuumisolierung: Die Elemente der Vakuumdämmpaneele haben bei heutiger Technik üblicherweise eine maximale Abmessung von 1,20 auf 1,00 m. Der Flächenanteil der erheblich stärker wärmeleitenden Plattenstöße kann je nach Plattenformat zwischen 0,5 und 10 % der Gesamtfläche liegen. Ohne zusätzliche Maßnahmen an den Stößen wird der effektive U-Wert der Außenwand 0,2 statt 0,1 W/m²K des Vakuumdämmpaneels betragen, eine Verschlechterung um 100 %. Wie bei konventionellen Dämmstoffen empfiehlt es sich bei allen hoch wärmegedämmten Konstruktionen, auf eine möglichst wärmebrückenfreie Bauweise bzw. Befestigungstechnik zu achten, da durch jeden Plattenanker und jede Halteschiene, die nicht thermisch entkoppelt ist, ein erhöhter Wärmeabfluss entsteht.

Die dritte Art der Wärmebrücken sind konstruktionsbedingt *(Abb. C1.26)*. Diese sind zumeist planerisch bedingt und können bei frühzeitiger Berücksichtigung durch Material- oder Konstruktionsänderungen vermieden werden.

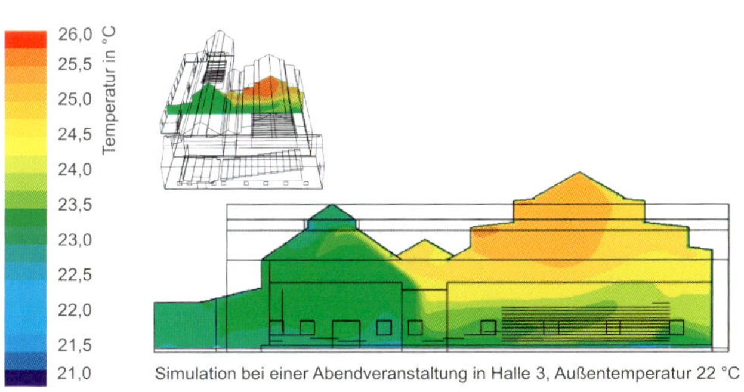

Abb. C1.17 Ergebnisse der Strömungssimulation. Verteilung der empfundenen Raumtemperatur bei einer Abendveranstaltung in Halle 3. Halle 1 ist nicht belegt und wird als Frischluftreservoir in den Pausen genutzt.

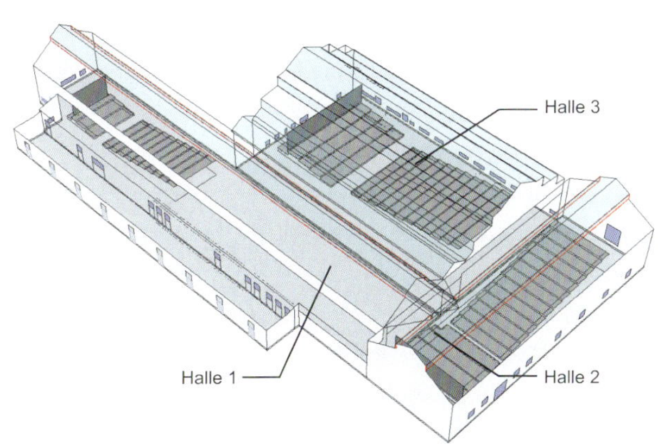

Abb. C1.18 Dreidimensionales Simulationsmodell der Jahrhunderthalle

Klassische Beispiele sind auskragende Balkonplatten oder Stahldeckenträger, die die Fassade durchstoßen. Bei dieser Art von Wärmebrücken wird durch z. T. erhebliche Flächenanteile von Innenbauteilen, die sich in den Außenbereich hinaus fortsetzen und eine gute Wärmeleitfähigkeit besitzen, ein sehr großer Teil von Wärmeenergie nach außen transportiert. Da dies zumeist mit einer Abkühlung der Oberfläche dieser Bauteile in Fassadennähe einhergeht, ist neben dem Heizwärmeverlust auch mit Kondensatschäden zu rechnen. Für den Stahl- und Stahlbetonbau bietet die Baustofftechnik eine Vielzahl an Lösungen zur thermischen Entkopplung oder Wärmedämmung derartiger Wärmebrücken an. Welche technischen Maßnahmen letztendlich die wirtschaftlichste ist, kann durch eine dreidimensionale Wärmebrückenberechnung ermittelt werden *(Abb. C1.19)*. Dazu werden in der Wärmebrückenberechnung verschiedene Alternativen zur Einhaltung der thermischen Anforderungen untersucht, um die am Ende wirtschaftlichste Lösung zu ermitteln.

Die Verbesserung der **Gebäudedichtigkeit** ist bei Green Buildings in allen Klimazonen wichtig. Während in Nord- und Mitteleuropa undichte Gebäude den Heizenergieaufwand erhöhen, muss in südlichen Ländern der zusätzliche Wärmeeintrag weggekühlt werden. Dies erfolgt meist dadurch, dass die Klimaanlage im Innenraum einen gegenüber dem Außenraum höheren

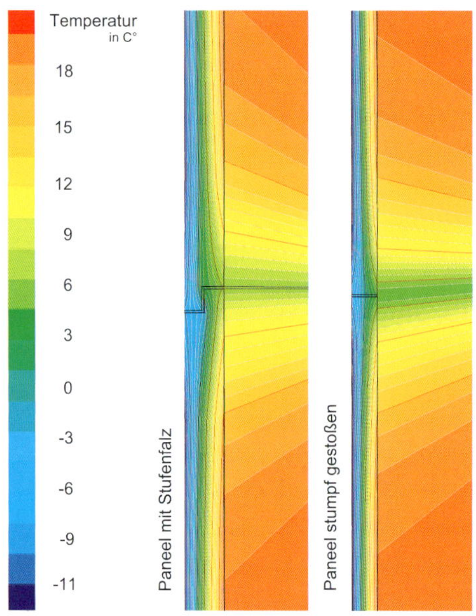

Abb. C1.19 Wärmebrückenberechnung für Vakuumdämmplatten mit und ohne Stufenfalz

Abb. C1.20 Kennwerte für den Wärmedurchgangskoeffizienten U_w von unterschiedlichen Fenster- und Glasarten

Druck erzeugt, sodass kein Luftstrom von außen nach innen gelangt. Aber was ist, wenn die Anlage nicht in Betrieb ist? Das Problem wächst, wenn es in der Region heiß und feucht ist, da dann bei Undichtigkeit durchgehend die Klimaanlagen betrieben werden müssen, um das Gebäude kühl und trocken zu halten.

Der Vorteil eines dichten Gebäudes wird jedoch auch mit einem Nachteil erkauft: Je geringer die natürliche Infiltration durch die Gebäudehülle ist, desto größer ist das Risiko der Kondensatbildung an kritischen Gebäudestellen (geometrische Wärmebrücken) an kalten Tagen. Um dies zu vermeiden, wird bei hoch gedämmten, dichten Gebäuden eine maschinelle Lüftung mit Wärmerückgewinnung angestrebt. Dies spart im Vergleich zu undichten Gebäuden sehr viel Energie.

In den *Abbildungen C1.20* bis *C1.23* sind die Zielwerte des Wärmeschutzes (Wärmedurchgangskoeffizient U_w) und der Gebäudedichtigkeit (Fugendurchlässigkeit als Maß für die Luftdichtheit) für die einzelnen Bauteile in der Hüllfläche aufgeführt. Diese Werte sollten, mit den zuvor beschriebenen Ausnahmen für Sonderbauten, eingehalten werden, um die Zielwerte für den Heizenergieaufwand zu erreichen.

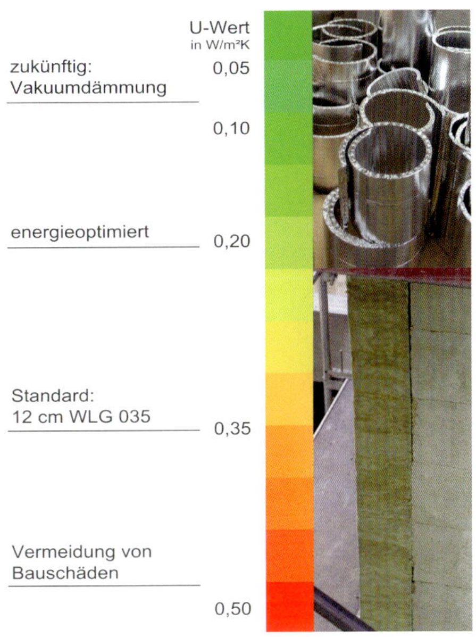

Abb. C1.21 Kennwerte für den Wärmedurchgangskoeffizienten U von Außenwänden

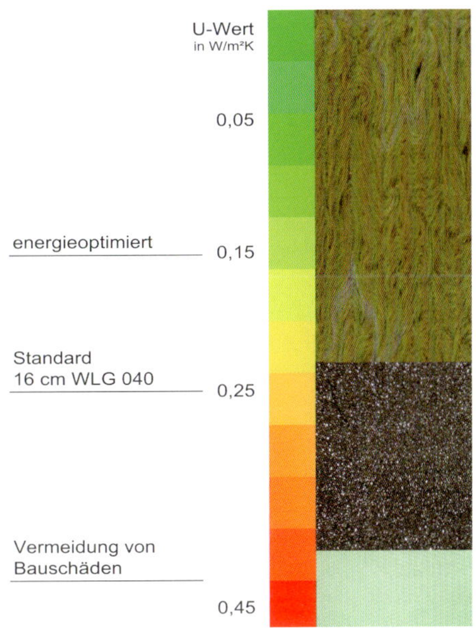

Abb. C1.22 Kennwerte für den Wärmedurchgangskoeffizienten U von Dächern

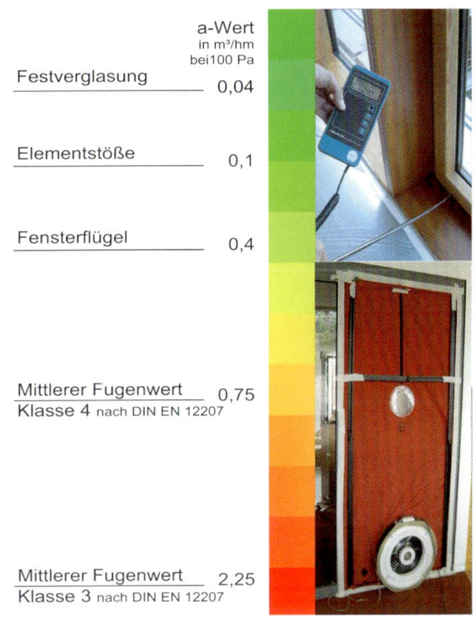

Abb. C1.23 Kennwerte für die Dichtigkeit a von unterschiedlichen Fassadenfugen

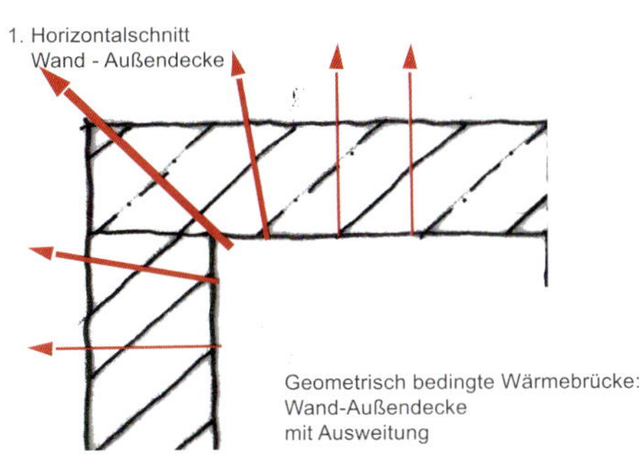

Abb. C1.24 Beispiel einer geometrisch bedingten Wärmebrücke

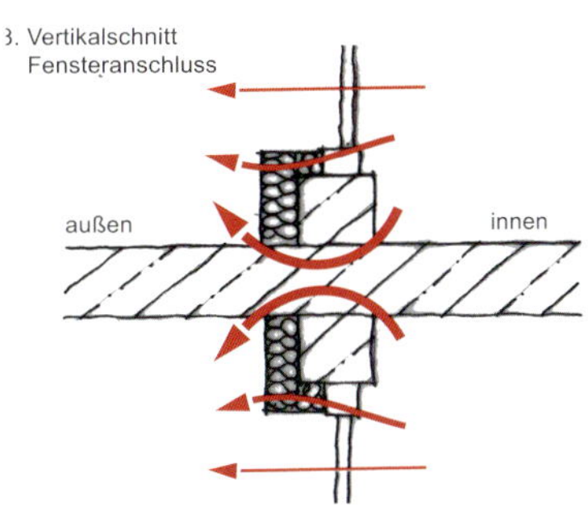

Abb. C1.25 Beispiel einer materialbedingten Wärmebrücke

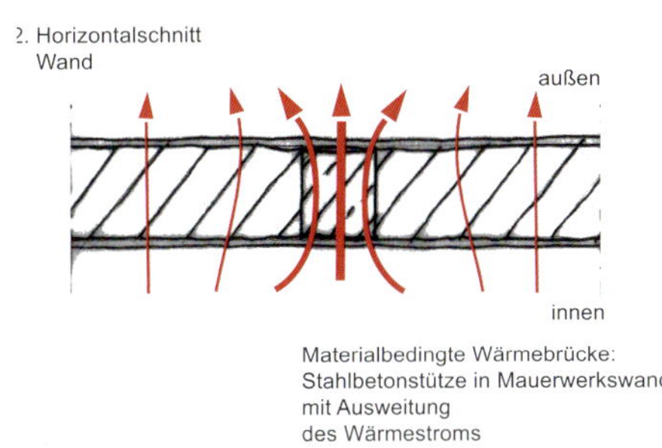

Abb. C1.26 Beispiel einer konstruktionsbedingten Wärmebrücke

Sonnenschutz

Abb. C1.27 King Fahad National Library in Riad, Saudi-Arabien. Architekten: Gerber Architekten, Dortmund

Ein guter Sonnenschutz ist ein wesentlicher Bestandteil von Green Buildings. Ziel ist, dem Gebäude einen ausreichenden Schutz vor zu hoher Sonneneinstrahlung zu bieten, um sowohl den Kühlenergiebedarf als auch die benötigte Kühlleistung gering zu halten. Der Sonnenschutz richtet sich nach Art und Größe der Verglasung und kann durch ein zusätzliches Element, das starr oder beweglich angeordnet ist, reguliert werden. Neben dem Verlauf der Sonnenbahnen für den lokalen Standort muss bei beweglichen außen liegenden Sonnenschutzeinrichtungen auch die Windstabilität bei der Konzeption beachtet werden. Da mit der Verglasung und dem Sonnenschutz auch die Höhe des Tageslichteinfalls in die Räume reguliert wird, besteht eine direkte Wechselwirkung zwischen Energiebedarf für Raumkühlung und künstlicher Beleuchtung.

Die Anforderungen an die Verschattungsqualität des Sonnenschutzes sind nahezu standort- und nutzungsunabhängig. Natürlich gibt es für unterschiedliche Klimaregionen und Gestaltungswünsche sehr differenzierte Lösungen, die jedoch alle den Anforderungen an eine effektive Verschattung genügen müssen In *Abbildung C1.28* sind die Zielwerte für den Sonnenschutz in Form eines effektiven Gesamtenergiedurchlassgrads der Fassade dargestellt. Der effektive Gesamtenergiedurchlassgrad setzt sich aus dem Fensterflächenanteil der Fassade (Innenansicht) und dem Gesamtenergiedurchlassgrad der Verglasung in Kombination mit der Sonnenschutzeinrichtung zusammen. Bei

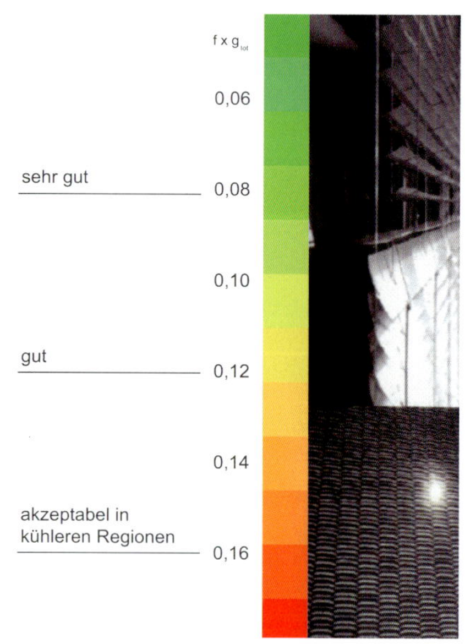

Abb. C1.28 Kennwerte für den Gesamtenergiedurchlassgrad g_{tot} in Verbindung mit dem Fensterflächenanteil f der Fassade für Aufenthaltsräume. Der Gesamtenergiedurchlassgrad besteht aus den kombinierten Eigenschaften der Verglasung und dem Sonnenschutzsystem. Multipliziert mit dem Fensterflächenanteil ergibt sich ein Kennwert für Aufenthaltsräume, der maßgeblich den Kühlenergiebedarf und den Raumkomfort im Sommer bestimmt.

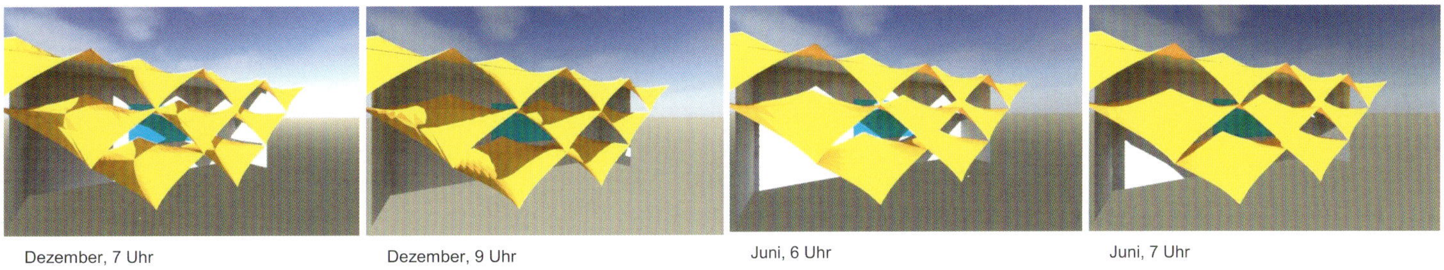

Abb. C1.29 Visualisierung des Verschattungsgrads erzeugt durch die Segel in Abhängigkeit von den unterschiedlichen Jahres- und Tageszeiten

kleineren Fensterflächen können weniger effiziente Sonnenschutzvorrichtungen eingesetzt werden, wie transparente Screens. Größere Fensterflächen erfordern einen hocheffektiven, außen liegenden Sonnenschutz. Ein innen liegender Sonnenschutz wird in der Regel sehr warm und wirkt sich damit negativ auf den Kühlenergiebedarf und auf die lokale Empfindungstemperatur in Fassadennähe aus. Bei der Wahl des Sonnenschutzsystems, vor allem bei innen liegender Anordnung, ist es zwingend erforderlich, dass die Gesamtenergiedurchlassgrade in Kombination mit der eingesetzten Verglasung ermittelt werden. Viele Hersteller rechnen bis heute noch mit Werten, die ausschließlich für außen liegende Anordnungen gültig sind.

Sehr **warme Regionen** kommen in Breitengraden vor, in denen die Sonne sehr schnell hoch am Himmel steht. In diesen Regionen empfiehlt es sich, einen baulichen feststehenden Sonnenschutz vorzusehen, da er meist auch ganzjährig genutzt werden kann. *Abbildung C1.27* zeigt die Segelkonstruktion für die Nationalbibliothek in Riad, Saudi-Arabien. Mit dreidimensionalen Simulationsberechnungen wird die Geometrie der Segel im Hinblick auf den solaren Energieeintrag bei gleichzeitig noch vorhandenem Durchblick optimiert *(Abb. C1.30)*. Neben der direkten Strahlung ist auch die diffuse Solarstrahlung, die auf die Fassade oder durch die Segel in den Raum reflektiert wird, zu berücksichtigen.

In **windbelasteten Regionen** gibt es drei grundsätzliche Varianten für einen ausreichenden sommerlichen Wärmeschutz: erstens ein starrer außen liegender Sonnenschutz, meist als Dachüberstand ausgeführt. Diese Art des Sonnenschutzes führt jedoch nur in südlichen Ländern mit hohem Sonnenstand zu einem akzeptablen Schutz vor direkter Sonneneinstrahlung. In Mitteleuropa sind bei Südorientierung noch weitere Sonnenschutzmaßnahmen erforderlich. Zweitens die Installation eines windgeschützten Sonnenschutzes durch eine vorgehängte Glaskonstruktion. Dies ist typischerweise bei doppelschaligen Fassaden der Fall. Drittens die Verwendung einer windstabilen, beweglichen Konstruktion. Die Konstruktion kann dabei aus diversen Materialien wie Holz, Aluminium oder bedrucktem Glas bestehen. Wird ein innen liegender Sonnenschutz hinter einer Sonnenschutzverglasung angeordnet, führt dies in Mitteleuropa meist zum Überschreiten des Maximalwerts für den effektiven Gesamtenergiedurchlassgrad, es sei denn, die Fensterflächenanteile der Fassade fallen mit 30 bis 40 % sehr gering aus. Dies schränkt jedoch den Tageslichteintrag stark ein, sodass neben der negativen psychologischen Wirkung auch ein höherer Energieaufwand für die künstliche Beleuchtung entsteht. Lediglich in manchen Regionen Nordeuropas, in denen sonnenreiche und gleichzeitig warme Tage seltener vorkommen, lassen sich Lösungen mit größeren Glasflächen und innen liegenden Sonnenschutzsystemen auch energieeffizient umsetzen.

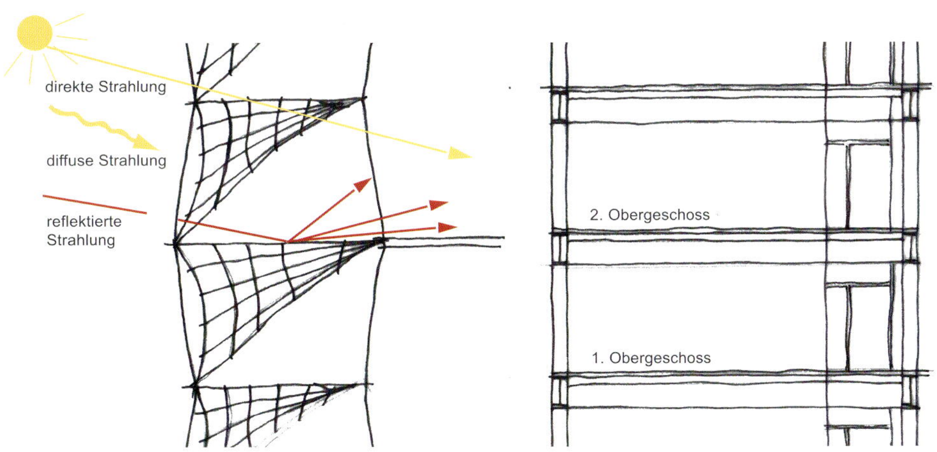

Abb. C1.30 Simulationsmodell zur Berechnung der solaren Einstrahlung in Abhängigkeit von der Segelgeometrie und des Sonnenstands

Abb. C1.31 Kaiserhof in Hamburg
Architekten: Prof. Winking Architekten, Hamburg

Bei der Revitalisierung oder Sanierung von **denkmalgeschützten Fassaden** entsteht meist bei der Konzeption des sommerlichen Wärmeschutzes ein Konflikt zwischen Gestaltung und Effizienz. Aus gestalterischen Gründen darf häufig kein außen liegender Sonnenschutz angebracht werden, das neue Raumklima muss jedoch einen guten thermischen Komfort bieten. Anders als im Neubau haben Bestandsgebäude mit Büronutzung häufig eine geringe thermische Speicherfähigkeit (zum Beispiel bei Rippendecken mit weniger als 15 cm Dicke), sodass sehr schnell ein hoher Kühlbedarf entstehen kann. *Abbildung C1.31* zeigt das Bürogebäude Kaiserhof in Hamburg: Die denkmalgeschützte Fassade des Hochhauses wurde nahezu vollständig nachgebaut, lediglich ein Anbau ergänzt den unteren Fassadenbereich. Hinter den Klappfenstern wurde ein beweglicher Sonnenschutz platziert, der auch als Blendschutz dient. In einem gewissen Abstand dahinter wurden verschiebbare Glasfenster eingebaut, die vom Nutzer je nach Bedarf bedient werden können. Im Winter reicht die Öffnung des oberen Klappflügels für die natürliche Lüftung aus. Im Sommer sind beide Klappflügel offen, die inneren Schiebefenster werden je nach Außenklima (Wind, Sonne, Temperatur) vom Nutzer geöffnet oder geschlos-

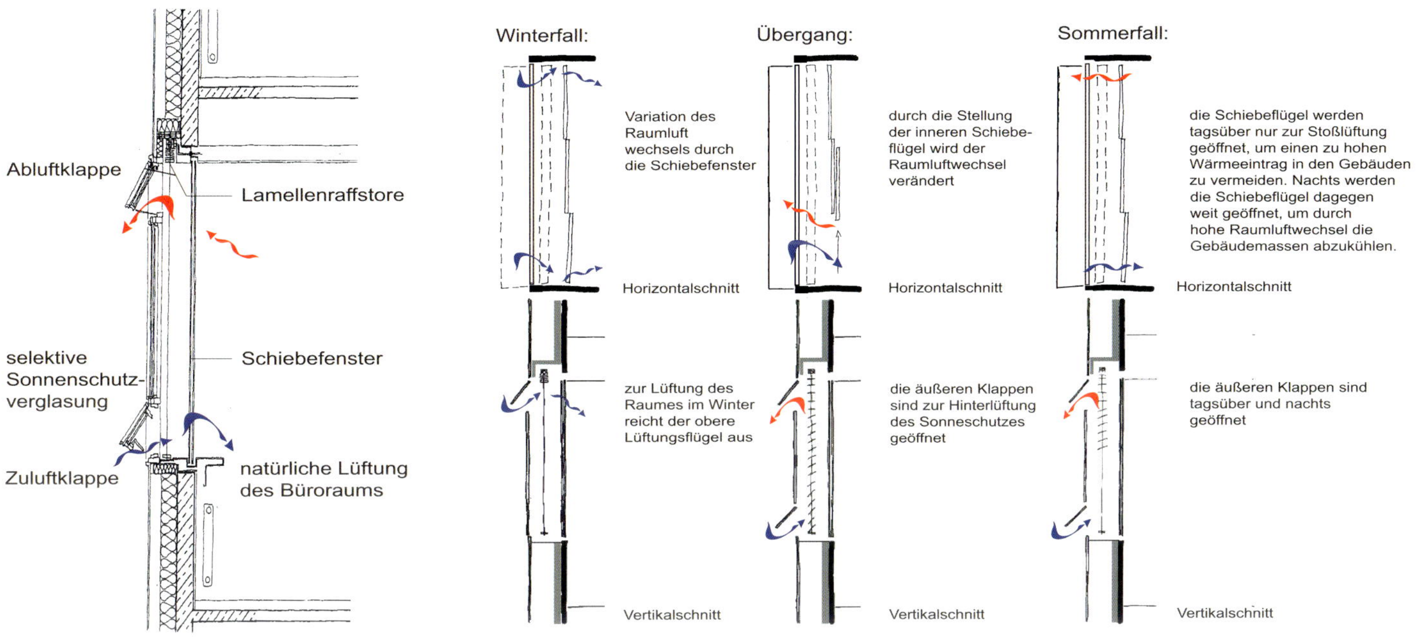

Abb. C1.32 Fassaden- und Lüftungskonzepte für den Kaiserhof

sen. Die natürliche Hinterlüftung des Sonnenschutzes ist im Sommer immer durch die offenen Klappen gewährleistet. Dadurch bleibt die Kühllast im Raum gering. Während der Nacht können die Klappfenster zudem hervorragend zur Nachtlüftung herangezogen werden.

Natürlich ist ein Sonnenschutz auch immer ein **Gestaltungselement** der Fassade und damit des Gebäudes. In Mitteleuropa muss während der meisten Zeit im Sommer der Sonnenschutz aktiviert werden, in den südlicheren Ländern das ganze Jahr über. Aus diesem Grund bestimmt der Sonnenschutz zum großen Teil das Erscheinungsbild des Gebäudes. Ein Green Building lässt sich jedoch nicht allein durch seine Gestaltung rechtfertigen, sondern es muss auch die Energieeffizienz nachgewiesen werden. Andererseits muss das Gebäude verkaufbar oder vermietbar sein und erhebt somit auch einen Anspruch auf Gestaltung.

Eine weitere Gestaltungsart für den Sonnenschutz zeigt *Abbildung C1.33*. Die außen liegenden Klappläden bestehen aus einzelnen Alulamellen und ermöglichen in hochgefahrenem Zustand auf der Südseite im Hochsommer eine großzügige Eigenverschattung. Bei tiefer stehender Sonne klappen sie sich automatisch vor dem Fenster ab. Die Abstände und die Neigung der Lamellen werden im Vorfeld hinsichtlich des Energie- und Tageslichteintrags in Abhängigkeit von der Orientierung mittels Simulationen optimiert.

Sonnenschutz mit Tageslichtlenkung. Einer der effektivsten Sonnenschutzarten, der alle Anforderungen an den Energie- und Tageslichteintrag, den Durchblick sowie die Flexibilität erfüllt, ist der Lamellenraffstore. Werden gegenüber der Standardausführung einige Details verändert, so lassen sich sehr windbeständige, transparente und tageslichtlenkende Sonnenschutzbehänge schaffen. Ein Beispiel hierfür sind perforierte, konkav gekrümmte

Abb. C1.33 Faltklappladen für das Bürogebäude Campeon, München. Architekten: Maier Neuberger Projekte GmbH

Abb. C1.34 Lamellenbehang mit einfacher Tageslichtfunktion

Lamellen, die eine gute Tageslichtlenkung und Durchsicht von innen bieten.

Eine andere Variante des Lamellenraffstors ist, die Lamellen aus dem oberen Viertel des Behangs eines Standardprodukts in einem anderen Winkel zu biegen als die unteren. Damit wird eine nahezu preisneutrale, gut funktionierende Tageslichtlenkung erreicht. Eine noch bessere Tageslichtlenkung lässt sich durch eine Kombination aus Tageslichtlenksystem im oberen Fassadenbereich und Lamellenraffstore im restlichen Fassadenbereich erzielen *(Abb. C1.34)*. Dabei muss jedoch sichergestellt werden, dass das Lichtlenkelement vor allem im Sommer auch einen ausreichenden Blendschutz bietet.

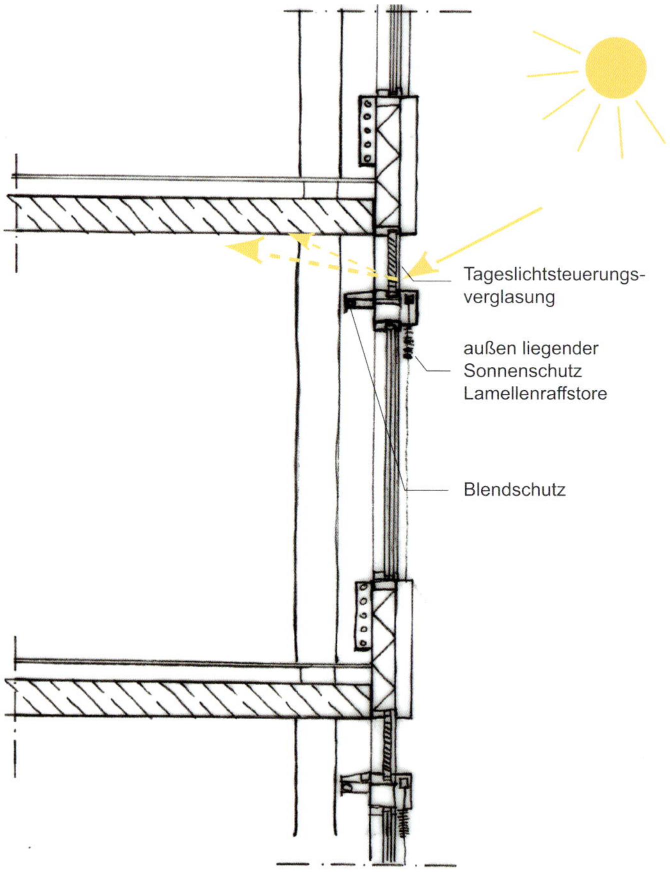

Abb. C1.35 Fassadenschnitt durch das Bürogebäude VDI, Düsseldorf. Im oberen Fassadenbereich ist ein starres Lichtlenksystem eingebaut, der untere Fassadenbereich wird mit einem außen liegenden Lamellenraffstore effektiv verschattet und weitestgehend blendfrei gehalten.

Blendschutz

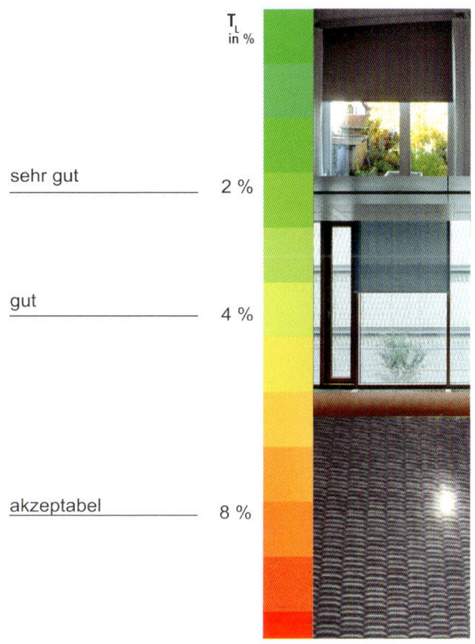

Abb. C1.36 Kennwerte für Lichttransmissionsgrade T von Blendschutzvorrichtungen ohne außen liegenden Sonnenschutz. Der Lichttransmissionsgrad bestimmt wesentlich die Leuchtdichteverteilung im Fensterbereich und damit den visuellen Komfort

Abb. C1.37 Prüfung der Leuchtdichteverteilung durch eine Tageslichtsimulation. Der Zielwert der Leuchtdichteverteilung im Fernfeld zum Arbeitsplatz von 1500 cd/m² wird durch den außen liegenden Sonnenschutz mit Lichtlenkung unterschritten

Bei Räumen mit Bildschirmarbeitsplätzen muss ein ausreichender Blendschutz eingesetzt werden, um die Leuchtdichten im Nah- und Fernfeld zu begrenzen, damit die Kontraste zwischen Bildschirm und Blickfeld nicht zu stark sind. Dabei müssen alle Blendquellen beachtet werden: die Sonnenstrahlen auf der Arbeitsfläche und deren unmittelbarer Umgebung, der sichtbare Teil des Himmels, die Leuchtdichte der Blendschutzeinrichtung sowie hohe Leuchtdichteunterschiede, die durch die Konstruktion des Blendschutzes in Form von Schlitzen und Löchern entstehen (Öffnungsfaktor). Die Höhe der Lichttransmission des Blendschutzes bestimmt zusammen mit dem Öffnungsfaktor die zu erwartenden Leuchtdichten im Raum. In *Abbildung C1.36* sind die Zielwerte für den Lichttransmissionsgrad des Blendschutzes für einen hohen thermischen Komfort an Bildschirmarbeitsplätzen aufgeführt. Dabei ist zugrunde gelegt, dass der Blendschutz sich hinter einer Wärmeschutzverglasung befindet und kein außen liegender Sonnenschutz vorhanden ist.

Ein Blendschutz mit geringer Lichttransmission verhindert zu hohe Kontraste, schränkt in der Regel jedoch auch die Nutzung des Tageslichts und der Fensterlüftung sowie den psychologisch wichtigen Sichtkontakt nach außen stark ein. Um dies zu verhindern, gibt es prinzipiell zwei Lösungen:

Erstens kann der vorhandene, außen liegende Sonnenschutz zum Teil auch die Funktion des Blendschutzes übernehmen, sodass der innen liegende Blendschutz nur sehr wenig aktiviert werden muss. Voraussetzung dafür ist, dass der Sonnenschutz ausreichend Tageslicht hindurchlässt. Nicht alle Sonnenschutzarten eignen sich dazu. Des Weiteren sind die lokalen Windverhältnisse zu prüfen um berechnen zu können, mit welcher Häufigkeit der Sonnenschutz aus Sicherheitsgründen hochgefahren werden muss. Die Verteilung der Leuchtdichten lässt sich, wie in *Abbildung C1.37* gezeigt, im Vorfeld mittels einer Tageslichtsimulation sehr genau prüfen.

Zweitens kann die Fahrtrichtung des Blendschutzes umgekehrt werden, und zwar von unten nach oben. Damit wird in Abhängigkeit von der Gebäudestruktur und der Möblierung meist ein ausreichender Blendschutz erreicht, während gleichzeitig im oberen Fassadenbereich noch Tageslicht in den Raum gelangt. Ein Beispiel hierfür wird in Kapitel D beim Projekt »Dockland« gezeigt.

Falls der Blendschutz für eine andere Nutzung als für die Arbeit an Bildschirmarbeitsplätzen eingesetzt wird, kann er transparenter ausgeführt werden. Dies gilt z. B. für Glashallen, in denen Veranstaltungen durchgeführt werden.

Tageslichtnutzung

Ein ausreichendes Tageslichtangebot wird zum einen durch die Art der Verbauung des Gebäudes bestimmt, zum anderen durch das Fassadenkonzept. Eine Verschattung durch Verbauung kann durch Nachbargebäude oder durch den eigenen Baukörper entstehen. Beim Gebäudeentwurf ist auf ein gutes Tageslichtangebot für die Nutzflächen zu achten. Hinweise für geeignete Abstandsverhältnisse sind in *Abbildung C1.38* dargestellt. Sie zeigen, dass bei zu engen Innenhöfen oder zu großen Versprüngen sehr schnell 30 bis 50 % des Tageslichtpotenzials verloren gehen. Bei Atrien mit Glasdächern ergibt sich durch das Glasdach ein um 30 bis 40 % verringerter Tageslichteintrag, selbst bei Einfachverglasungen. Dies liegt daran, dass neben der Abminderung durch die Verglasung auch das Tragwerk und die erhöhte Verschmutzung auf der horizontalen Ebene eine Rolle spielt. *Abbildung C1.41* zeigt Anhaltswerte zum Einfluss eines Glasdachs auf das Tageslichtangebot im Innenraum. Dabei sind sowohl die Lichttransmission und der Verschmutzungsgrad der Verglasung als auch die Einflüsse der gegenseitigen Verschattung berücksichtigt.

Bei der Gestaltung der Fassade eines Nutzraums sind die wichtigsten Faktoren für den Tageslichteintrag der Fensterflächenanteil, die Sturzhöhe sowie die Lichttransmission der Verglasungen und des Sonnenschutzsystems. Da Tageslicht bei den meisten Nutzungen oberhalb der Tischhöhe benötigt wird, trägt eine Verglasung im unteren Bereich der Fassade nur noch wenig zu einer höheren Raumhelligkeit bei. Ein Fensterflächenanteil von 60 bis 70 % bezogen auf die Innenansicht der Fassade und des Raums ermöglicht ein optimales Tageslichtangebot im Raum, falls die Verglasung in der Fassade richtig platziert ist. Die beste Wirkung wird erreicht, wenn die Sturzhöhe auf ein Mindestmaß reduziert werden kann *(Abb. C1.40)*. Das im oberen Fassadenbereich einfallende Tageslicht erreicht die größte Tiefe im Raum, ohne sich an der Decke, am Boden oder den Innenwänden zu spiegeln. Wird dieser Tageslichtanteil durch größere Sturzhöhen verringert, kann dies nur durch besser reflektierende Eigenschaften der Raumhüllflächen (vor allem des Bodens) kompensiert werden. Dies gelingt in den meisten Fällen jedoch nicht, da in der Regel Decken immer sehr hell ausgeführt werden und damit keine wesentliche Steigerung der Reflexion erreicht wird. Der Bodenbelag und seine Farbe werden meist durch andere Kriterien, wie die Hygiene sowie die Reinigungs-

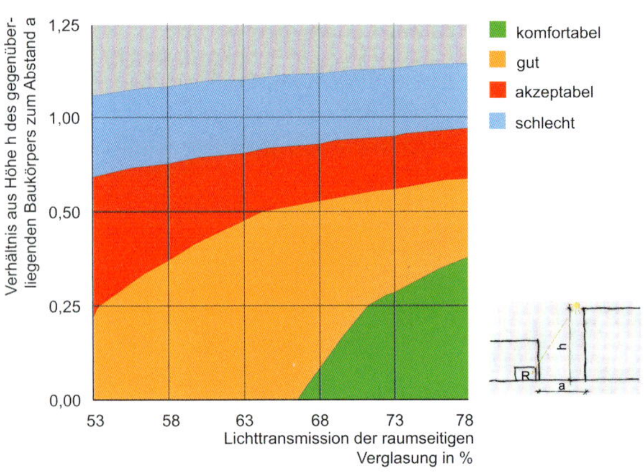

Abb. C1.38 Einfluss einer gegenüberliegenden Verbauung und der Lichttransmission der Verglasung auf das Tageslichtniveau im Raum.

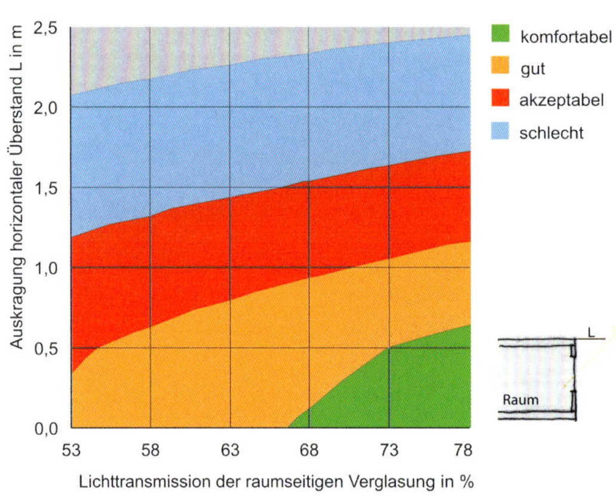

Abb. C1.39 Einfluss eines horizontalen Überstands und der Lichttransmission der Verglasung auf das Tageslichtniveau im Raum. Randbedingungen: Reflexion Boden: 20 %, Wand: 50 %, Decke: 70 %, Außenfassade: 20 %, lichte Raumhöhe: 3 m, Sturzhöhe: 0,2 m.

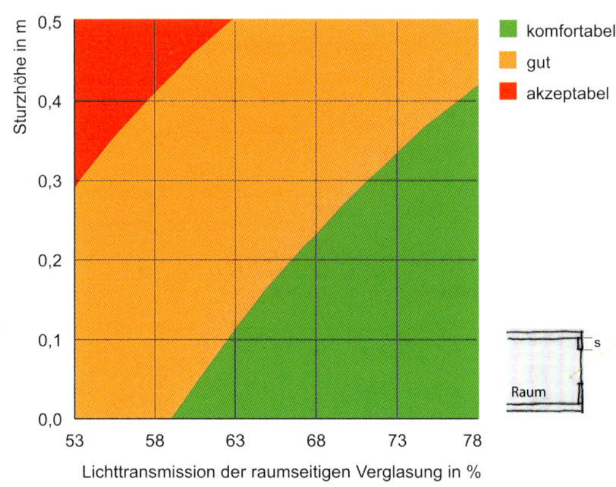

Abb. C1.40 Einfluss der Sturzhöhe und der Lichttransmission der Verglasung auf das Tageslichtniveau im Raum. Randbedingungen: Reflexion Boden: 20 %, Wand: 50 %, Decke: 70 %, Außenfassade: 20 %, lichte Raumhöhe: 3 m.

möglichkeit und -intensität, bestimmt, und lassen damit auch nur geringe Variationen in der Gestaltung zu.

Die Lichttransmission der Verglasung und der Sonnenschutz haben einen direkten Einfluss auf die natürliche Helligkeit im Raum. Eine Sonnenschutzbeschichtung verringert in allen Fällen auch die Lichttransmission. Neutrale Beschichtungen haben eine spektrale Wirkung, d. h. sie lassen einen möglichst hohen Anteil des Lichtspektrums der Sonne durch und die restlichen Anteile, also UV- und langwellige IR-Strahlung, werden reflektiert oder absorbiert. In den oben genannten Abbildungen ist der Einfluss der Lichttransmission auf das Tageslichtangebot dargestellt, Sonnenschutzgläser ohne spektrale Wirkung sind dabei nicht berücksichtigt, da solche für Green Buildings in Europa nicht geeignet sind.

Während die Eigenschaft der Lichttransmission einer Verglasung nahezu konstant ist, kann sie sich bei vielen Sonnenschutzsystemen verändern. Dies trifft auf die meisten tageslichtlenkenden Systeme zu. Die einfachste Tageslichtlenkung wird über einen Lamellenbehang erreicht. In der so genannten Cut-off-Stellung kann nicht gerichtetes Sonnenlicht (Diffuslicht) in die Räume gelangen, ohne dass eine Überwärmung der Räume stattfindet. Werden die oberen Lamellen im Gegensatz zu den unteren horizontal gestellt, kann ein Großteil des Tageslichts im obersten Fassadenbereich tief in die Räume gelangen.

Eine Weiterlenkung des Tageslichts bis in größere Raumtiefen (über 5 m) ist jedoch nur mittels hoch reflektierender Außenlamellen und Lichtlenkdecken möglich. Mit solchen Systemen wird ein hoher visueller Komfort erreicht, da eine gleichmäßige Raumhelligkeit auch in Räumen erzielt wird, die nur von einer Seite belichtet werden. Eine Tageslichtnachführung von Standard-Lamellen in Abhängigkeit vom Sonnenstand hat bei vielen Himmelszuständen im Jahr einen vergleichbaren Effekt. Die Güte von Sonnenschutzsystemen hinsichtlich Tageslichttransmission und -lenkung wird in *Abbildung C1.42* gegenüber der Qualität eines Standardlamellenbehangs – ohne Tageslichtlenkung, jedoch automatisch betrieben – verglichen. Der Standardlamellenbehang wird dabei als »befriedigend« bewertet, energieeffiziente und komfortable Systeme bieten mindestens eine geringe Tageslichtlenkfunktion. Sehr effiziente Systeme lassen sich neben der Tageslichtlenkfunktion je nach Sonnenschutz und Gebäudeverschattung noch behangweise steuern. Damit wird immer gewährleistet, dass die maximale Tageslichtausbeute für die Räume zur Verfügung steht.

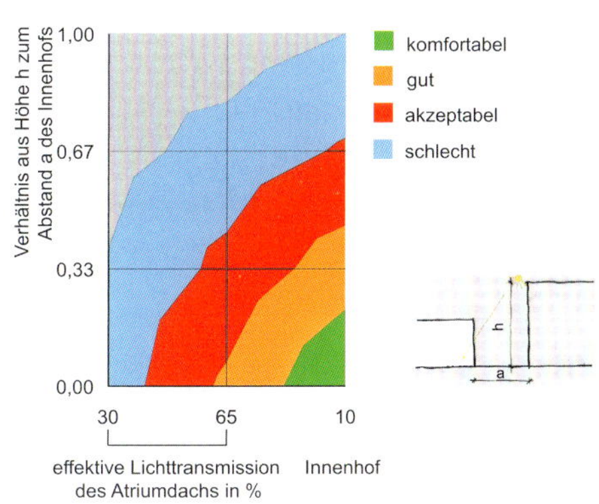

Abb. C1.41 Einfluss der umgebenden Verbauung und der effektiven Lichttransmission des Dachs auf das Tageslichtniveau im Raum. Die effektive Lichttransmission der Glasdachkonstruktion des Atriums kann als Produkt aus Glasflächenanteil (80 % bis 90 %), Verschmutzungsfaktor (85 % bis 95 %) und Lichttransmission der Dachverglasung (60 bis 90 %) ermittelt werden. Randbedingungen: Reflexion Boden: 20 %, Wand: 50 %, Decke: 70 %, Außenfassade: 20 %, lichte Raumhöhe: 3 m, Sturzhöhe: 0,2 m, Lichtransmission Büroverglasung: 73 %

Abb. C1.42 Einteilung der Sonnenschutzsysteme im Hinblick auf die Güte der vorhandenen Tageslichtlenkung

Schallschutz

Abb. C1.43 Detailansicht der Fassade des Neudorfer Tors. Architekten: Rasbach Architekten, Oberhausen

Primäre Aufgabe bei der Planung des Schallschutzes ist die Wahl einer schalldämmenden Konstruktion für geschlossene Bauteile. Dies betrifft sowohl die Gebäudehülle (Schallschutz von außen) als auch die Innenwände und -decken (innerer Schallschutz). Unter der Maßgabe des energieeffizienten Bauens müssen Bauteile mehrere Funktionen gleichzeitig übernehmen: Fassaden müssen an befahrenen Straßen den Schall auch dann abmindern, wenn die Räume über Öffnungsflügel belüftet werden sollen.

Doppelschalige Fassade In den 1990er Jahren sind in Deutschland viele Gebäude mit doppelschaligen Fassaden entstanden. Nicht an allen Standorten und für alle Gebäude war dabei in technischer und energetischer Hinsicht eine doppelschalige Fassade erforderlich. Seit einigen Jahren wird vermehrt auf die Lebenszykluskosten und den Raumkomfort geachtet, sodass doppelschalige Fassaden nur noch dann gebaut werden, wenn sie sinnvoll sind. Bei Neubauten bieten doppelschalige Fassaden nur zwei Vorteile: Verminderung des Windeinflusses auf den Sonnenschutz und die Fensterlüftung sowie die Verringerung des Schalleintrags in den Raum. *Abbildung C1.45* zeigt die Verbesserung der Schalldämmung in Abhängigkeit vom Öffnungsanteil in der äußeren Verglasung. Aufgrund des für die Hinterlüftung erforderlichen Öffnungsanteils von mindestens 7,5 bis 10 % der Fassadenfläche ergeben sich mögliche Abminderungen von 4 bis 7 dB bezogen auf ein dahinter liegendes geschlossenes Fenster, aber bis zu 10 dB bezogen auf ein dahinter liegendes gekipptes Fenster. Damit bei Fensterlüftung ein guter bis akzeptabler Innenraumschallpegel von 50 bis 55 dB(A) erreicht wird, liegt der sinnvolle Anwendungsbereich für doppelschalige Fassaden bei mittleren Außenlärmpegeln von 65 bis 75 dB(A). Natürlich muss der Tagesverlauf des Außenlärmpegels durch eine genaue Messung analysiert werden, da z. B. häufige hohe Lärmspitzen durch die vorgehängte Fassade nicht ausreichend abgefangen werden können. Die genannten Werte dienen dazu, einen ersten Check hinsichtlich Erfordernis und Sinnhaftigkeit durchführen zu können.

Schallschutz und Fensterlüftung – ohne Überhitzung Bei der Konzeption der Fassade für das Neudorfer Tor in Duisburg wurde ein anderer Ansatz gewählt. Dabei sollte durch bauliche Mittel eine Schallabminderung von mindestens 5 dB erreicht werden. Die in Doppelfassaden physikalisch bedingt auftretenden Übertemperaturen wollte man jedoch vermeiden. Die Lösung war eine Fassadenkonstruktion mit zwei unterschiedlichen Baugruppen: Der größere Fassadenbereich besitzt eine klassische Doppelfassadenlösung mit hinterlüftetem Sonnenschutz im Zwischenraum, jedoch ohne Öffnungsflügel zum Raum.

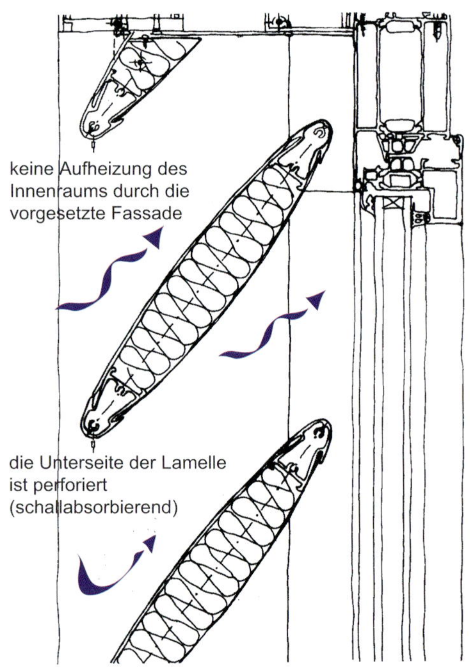

Abb. C1.44 Fassadendetail der Einzellamelle

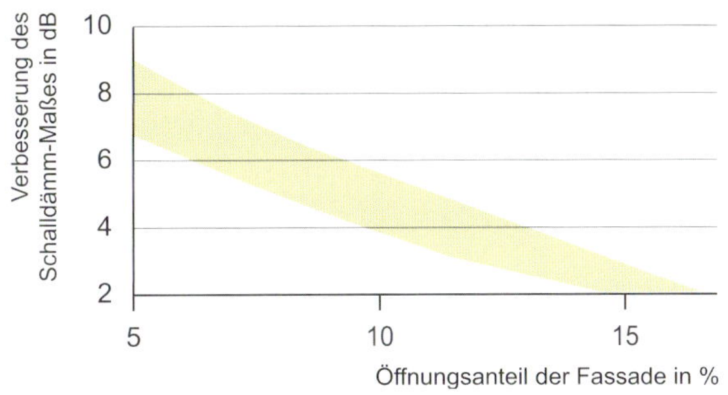

Abb. C1.45 Einfluss des Schallschutzes bei doppelschaligen Fassaden in Abhängigkeit vom Öffnungsanteil und vom Absorptionsgrad im Fassadenkorridor

Abb. C1.46 Visualisierung des sanierten Bürohauses Berliner Allee, Düsseldorf. Architekten: Bartels und Graffenberger Architekten, Düsseldorf

Zwischen diesen Bereichen sind in Abhängigkeit von der Raumflexibilität immer zyklisch Schallabsorptionslamellen angeordnet, hinter denen sich die Öffnungsflügel befinden. Die Lamellen sind im unteren Bereich perforiert, im oberen Bereich glatt ausgeführt, damit Regenwasser ablaufen kann. Sie sind vertikal überlappend angeordnet, damit der Sonnenschutz das ganze Jahr über gewährleistet ist *(Abb. C1.44)*. Messungen der Luftschalldämmung haben ergeben, dass sich unabhängig von der Größe der Fensteröffnung immer eine Schallabminderung von 6 dB ergibt. Vorteil für die Nutzer: Die Fenster können wie gewohnt bedient werden, ob in Kippstellung zur Dauerlüftung oder vollständig geöffnet zur Stoßlüftung mit spürbarem Windeinfluss.

Schallschutz und Fensterlüftung – die Hybridfassade Das Bürohaus Berliner Allee in Düsseldorf ist ein Bestandsgebäude aus den 1950er Jahren und steht an einer stark befahrenen Straße *(Abb. C1.46)*. Wunsch des Bauherrn war, ein Sanierungskonzept zu entwickeln, das die Vorteile einer doppelschaligen Fassade enthält, jedoch ihre Nachteile weitestgehend vermeidet. Gemeinsam mit den Architekten und dem Bauherrn wurde eine Hybridfassade entwickelt, deren Struktur sich streng am Achsraster des Bestandsgebäudes orientiert. Indem nur jede zweite Fassadenachse mit einer Prallscheibe ausgestattet wird, verfügt selbst der kleinstmögliche Büroraum immer über zwei verschiedene Möglichkeiten der Lüftung über Fenster. Im Bereich der Prallscheibe befindet sich der Sonnenschutz im Fassadenzwischenraum. Dieser wird über einen Zuluftschlitz belüftet, ein Teil der Abluft wird über einen kleineren Schlitz im oberen Fassadenbereich abgeführt. Der größere Teil der Abluft wird jedoch über einen Abluftkamin im Stützenbereich auf natürliche Weise über das Gebäude nach oben und außen abgeführt *(Abb. C1.47)*. Diese Konzeption bietet folgende Vorteile:

- Bei der herkömmlichen Fensterlüftung mit außen liegendem Sonnenschutz profitiert der Nutzer von der Möglichkeit der Stoßlüftung mit direktem Außenluftkontakt und ohne Übertemperatur der zugeführten Luft.
- Bei der Lüftung über ein Fenster mit zusätzlicher Prallscheibe kann der Nutzer während der größten Zeit des Jahres vollständig schallgedämmt seine Räume belüften. Durch die Integration des Abluftkamins im Bereich der Stützen konnten die Öffnungsflächen in der Außenhaut der Fassade verringert und damit die Schalldämmung bei gleich guter Durchlüftung erhöht werden.

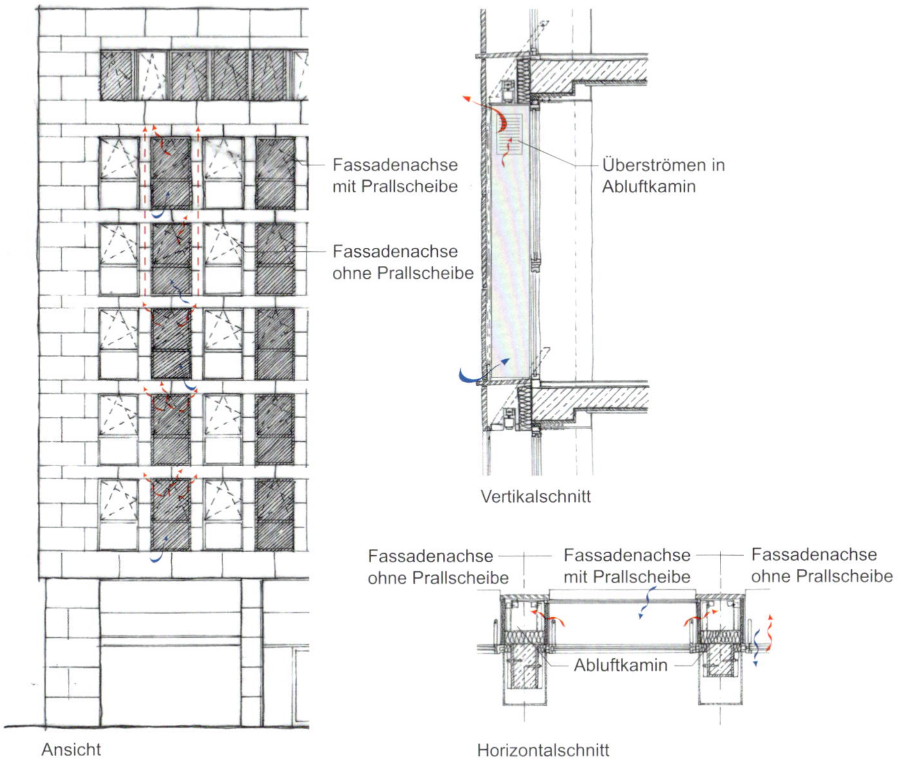

Abb. C1.47 Lüftungs- und Schallschutzkonzept des Bürohauses Berliner Allee (Ansicht, Vertikalschnitt und Horizontalschnitt der Fassade)

Qualität der Fassadenkonstruktion

Fassadenkonstruktionen haben sich in den vergangenen Jahrzehnten stark verändert. Heutige Fassaden werden für energieeffiziente Gebäude so konzipiert, dass sie neben den gestalterischen Aufgaben optimale Rahmenbedingungen für den Raumkomfort schaffen. Dabei müssen alle energiebezogenen Einzelthemen wie

- Wärme-, Sonnen-, Blend- und Schallschutz,
- Tageslichtlenkung,
- natürliche Lüftung und Luftdichtigkeit

zu einer funktionierenden Einheit zusammengeführt werden. Ziel ist es, den Bedarf für technische Anlagen durch bauliche Optimierung klein zu halten.

Vor dem Hintergrund der Lebenszykluskosten eines Gebäudes müssen jedoch noch andere Probleme gelöst werden:

- Regen- und Winddichtigkeit,
- Reinigungskonzept,
- Brandüberschlag,
- Regenwasserableitung,
- Funktionssicherheit.

Die Fassade ist eines der wichtigsten Bestandteile eines Gebäudes, aus diesem Grund muss bei der Planung von Anfang an darauf geachtet werden, dass die Fassadenkonzepte den Anforderungen an das Raumklima und der Nutzung entsprechen. Dies kann, was die energetischen Aspekte betrifft, durch eine thermische Gebäudesimulation, durch eine Strömungssimulation oder durch Laborversuche geklärt werden. Im weiteren Planungsverlauf muss die Fassade bis hin zum Maßstab 1 : 1 detailliert werden. Um die gestalterische Wirkung zu überprüfen, wird für größere Gebäude meist eine Musterfassade gebaut. Damit lässt sich der entstehende Gebäudeeindruck am besten bewerten. Anders als bei der Gebäudetechnik können Einzelelemente der Fassade im Betrieb weder gemessen, ausgetauscht noch optimiert werden. Aus diesem Grund ist es erforderlich, dass vor der Fassadenproduktion und -installation alle wesentlichen Eigenschaften über Laboruntersuchungen nachgewiesen werden. Hierzu gehören Versuche zu:

- Schlagregendichtigkeit,
- Luftdichtigkeit, elementweise,
- Klimabelastung,
- Stabilität von beweglichen Teilen (Langzeitversuch, 15 000 Hübe),
- Gesamtenergiedurchlassgrad für Verglasung mit Sonnenschutz.

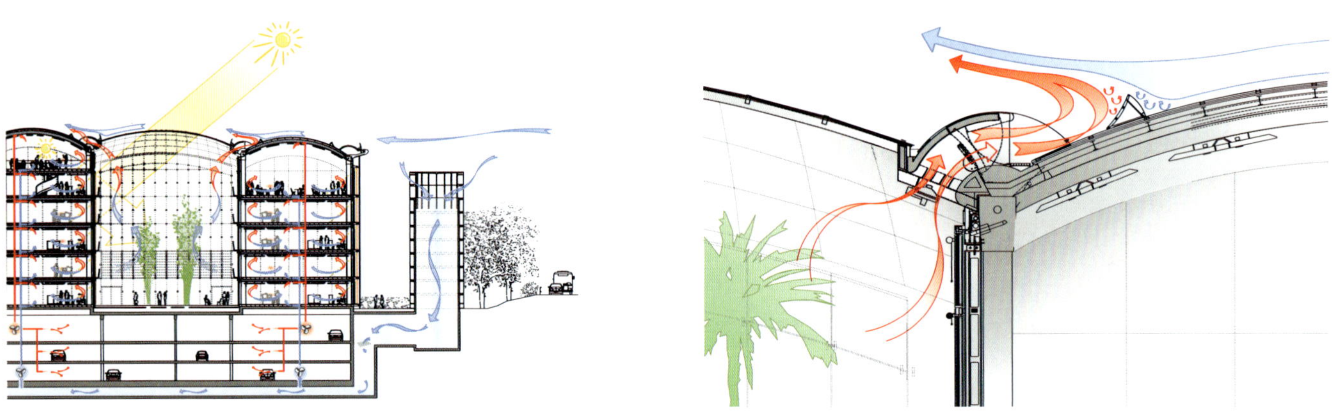

Abb. C1.48 Natürliches Lüftungskonzept für die Atrien des Lufthansa Aviation Centers in Frankfurt. Architekten: Ingenhoven Architekten, Düsseldorf

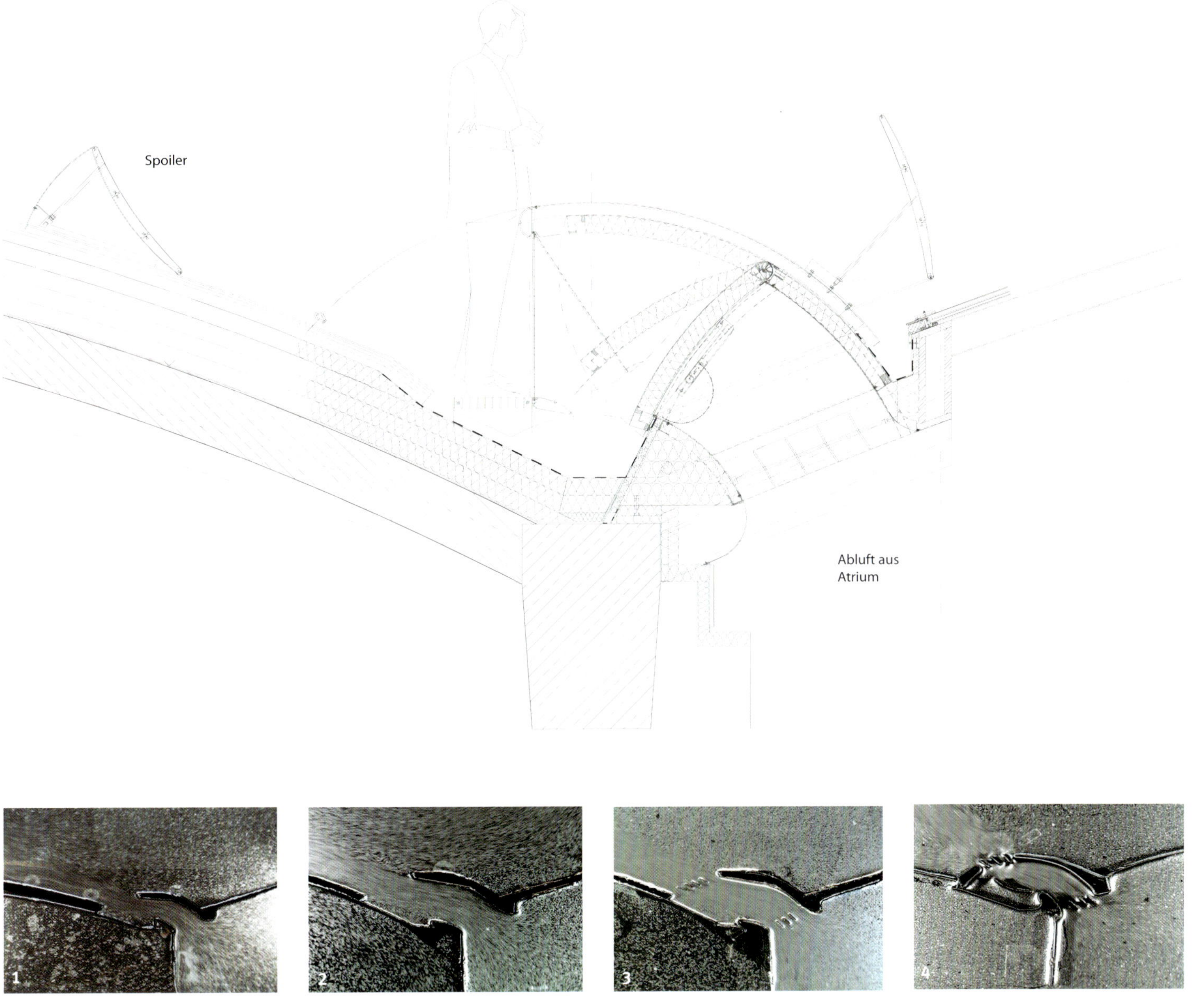

Abb. C1.49 Die Abbildung zeigt die Detailkonstruktion der Abluftklappe für die natürliche Entwärmung der Atrien im Lufthansa Aviation Center, Frankfurt. Die eigens für das Projekt entwickelte Abluftklappe wurde im Vorfeld in Modellversuchen im Wasserkanal hinsichtlich ihrer Durchströmung aerodynamisch optimiert. Die Stufen der Optimierung sind in den Abbildungen 1 bis 4 dargestellt. Es ist ersichtlich, dass durch den Einsatz von Strömungsleitprofilen die Entlüftung turbulenzärmer und damit energieeffizienter gestaltet werden kann. In der Dachkonstruktion wurde dies durch einen Spoiler umgesetzt, der im Abstand von 2 m zur Öffnung im Dachbereich angeordnet ist. Er sorgt dafür, dass die Strömung aerodynamisch günstig abströmen kann und damit eine höhere Lüftungseffektivität erreicht wird als bei konventionellen Dachentlüftungsöffnungen.

Gebäudematerial und -ausstattung

Die **Emissionen aus Baustoffen** spielen für das gesundheitliche Wohlbefinden der Raumnutzer eine wesentliche Rolle, egal ob deren Einflüsse bewusst oder unbewusst wahrgenommen werden. Grundsätzlich sollten die eingesetzen Materialien geruchlos sein und es sollten folgende Obergrenzen für die häufigsten Schadstoffemissionen bei umweltfreundlichen Gebäuden eingehalten werden:

- die Gesamtemissionen flüchtiger organischer Verbindungen (TVOC) sollen weniger als 0,2 mg/m²h betragen,
- die Formaldehyd-Emissionen sollen weniger als 0,05 mg/m²h betragen,
- die Ammoniak-Emissionen sollen weniger als 0,03 mg/m²h betragen,
- die Emissionen aus karzinogenen Verbindungen (IARC) sollen weniger als 0,005 mg/m²h betragen.

Da in einem fertigen Gebäude nachträglich kaum noch Einflussmöglichkeiten auf die Zusammensetzung der Raumluft bestehen (es kann nur durch Fensterlüftung die Luftwechselrate erhöht werden), ist bei Planung und Bau der Räumlichkeiten auf die Verwendung emissionsarmer oder -freier Materialien zu achten. Dies ist allerdings leichter gesagt als getan: Einerseits kennt kaum einer der Lieferanten den Anteil an emissiven Bestandteilen eines Baustoffs oder eines Materials und auch nicht dessen toxikologische Relevanz. Andererseits nutzen auch die ökologisch besten Materialien nichts, wenn bei der Montage undeklarierte Hilfsmittel (Kunstharzverdünnung, Grundiermittel) verwendet werden oder bei der Endreinigung der Baustelle Reinigungsmittel zur Anwendung kommen, die alle zuvor getätigten positiven Maßnahmen im Nu wieder zunichte machen.

Noch vor wenigen Jahren gaben hauptsächlich Wandfarben und Teppichkleber die meisten Schadstoffe ab. Mittlerweile gibt es für diese Materialgruppe eine Vielzahl an lösemittelfreien und emissionsarmen Produkten, sodass auf diesem Weg kaum noch eine Beeinträchtigung der Raumluft erfolgen muss. Das Hauptaugenmerk ist stattdessen auf Materialien zu richten, die meist weniger Beachtung finden:

- Metallanstriche, z. B. Eisenglimmerlacke und Effektlacke für Geländer, Türzargen usw.,
- Haftvermittler (Primer) für Folienverklebungen und Verfugungen,
- Kontaktkleber für Teppichränder und kleinteilige Bodenbelagsstücke,
- Reparaturlacke für die Überarbeitung beschädigter pulverlackierter Bauteile,
- Kleber für die Montage von Dämmstoffen in der Anlagentechnik und als Brandschutzkomponenten.

Die Liste ließe sich fortsetzen, da jedes Bauvorhaben in Hinblick auf unerwartet auftauchende Baustoffe neue Überraschungen bereithält. Umso wichtiger ist es daher, frühzeitig alle Bau- und vor allem Bauhilfsstoffe zu erfassen, die bei sämtlichen Ausbaugewerken zu erwarten sind. Diese müssen dann vor der Anwendung vom Unternehmer genau deklariert und mit Sicherheitsdatenblättern hinterlegt werden, bevor deren Verwendung freigegeben werden kann. Ebenso wichtig ist die Überwachung der Baustellentätigkeit, damit auch tatsächlich nur die erfassten und deklarierten Produkte zum Einsatz kommen und nicht etwa eigene Lagerbestände des Unternehmers. Als Hilfsmittel kann hierzu ein Bauleiterhandbuch »Bauökologie« geben.

Um auch unter **primärenergetischen Aspekten** die Nachhaltigkeit eines Bauprojekts zu berücksichtigen, muss bei der Auswahl von Baustoffen und Konstruktionsweisen der gesamte Lebenszyklus des Materials einerseits und des Gebäudes andererseits berücksichtigt werden. Ein Beispiel für die großflächige

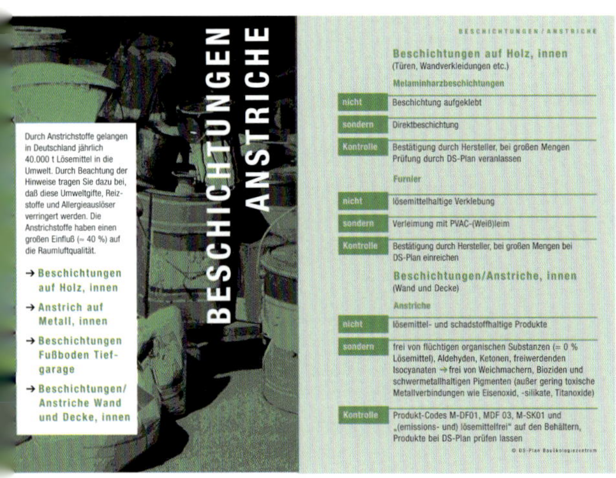

BESCHICHTUNGEN ANSTRICHE

Durch Anstrichstoffe gelangen in Deutschland jährlich 40.000 t Lösemittel in die Umwelt. Durch Beachtung der Hinweise tragen Sie dazu bei, daß diese Umweltgifte, Reizstoffe und Allergieauslöser verringert werden. Die Anstrichstoffe haben einen großen Einfluß (≈ 40 %) auf die Raumluftqualität.

→ Beschichtungen auf Holz, innen
→ Anstrich auf Metall, innen
→ Beschichtungen Fußboden Tiefgarage
→ Beschichtungen/Anstriche Wand und Decke, innen

BESCHICHTUNGEN / ANSTRICHE

Beschichtungen auf Holz, innen
(Türen, Wandverkleidungen etc.)

Melaminharzbeschichtungen

nicht	Beschichtung aufgeklebt
sondern	Direktbeschichtung
Kontrolle	Bestätigung durch Hersteller, bei großen Mengen Prüfung durch DS-Plan veranlassen

Furnier

nicht	lösemittelhaltige Verklebung
sondern	Verleimung mit PVAC-(Weiß)leim
Kontrolle	Bestätigung durch Hersteller, bei großen Mengen bei DS-Plan einreichen

Beschichtungen/Anstriche, innen
(Wand und Decke)

Anstriche

nicht	lösemittel- und schadstoffhaltige Produkte
sondern	frei von flüchtigen organischen Substanzen (= 0 % Lösemittel), Aldehyden, Ketonen, freiwerdenden Isocyanaten → frei von Weichmachern, Bioziden und schwermetallhaltigen Pigmenten (außer gering toxische Metallverbindungen wie Eisenoxid, -silikate, Titanoxide)
Kontrolle	Produkt-Codes M-DF01, MDF 03, M-SK01 und „(emissions- und) lösemittelfrei" auf den Behältern, Produkte bei DS-Plan prüfen lassen

© DS-Plan Bauökologiezentrum

Abb. C1.50 Auszug aus dem Bauleiterhandbuch »Bauökologie« von DS-Plan. Hier: Anforderungen an Beschichtungen und Anstriche

Abb. C1.51 Landesvertretung Nordrhein-Westfalen, Berlin. Architekten: Petzinka Pink Technologische Architektur®, Düsseldorf

Anwendung von Holz als nachwachsender Baustoff ist die Landesvertretung NRW in Berlin *(Abb. C1.51)*.

Bei der Verwendung der auszuwählenden Materialien müssen jedoch auch die Wechselwirkungen zwischen den Materialeigenschaften und den anderen Energieflüssen berücksichtigt werden. So kann durch die Verwendung einer heimischen Holzart als Tragkonstruktion zwar eine große Menge an Energie für Beton und Stahl eingespart werden, aufgrund der geringeren Wärmespeicherfähigkeit von Holz gegenüber Beton muss jedoch jährlich mehr Energie für Kühlzwecke verwendet werden. Dies wirkt sich bei der Gesamtbetrachtung des Lebenszyklus unter energetischen Aspekten negativ aus. Eine Möglichkeit, die Wärmespeicherfähigkeit einer Holzkonstruktion der von Beton anzugleichen, zeigt *Abbildung C1.52*: Bei der Holzständerbauweise werden als Unterdecke Gipskartonplatten mit PCM-Anteilen eingesetzt. PCM (Phase-Change-Material) ist ein neues Baumaterial, das durch Ändern seines Aggregatzustands Wärmeenergie speichert. Eine Schichtdicke aus purem PCM von etwa 1 bis 1,5 cm erreicht dieselbe Wärmespeicherfähigkeit wie 20 cm Stahlbeton. Auf diese Weise lässt sich eine effektive Primärenergieeinsparung von 3 bis 5 % über den gesamten Lebenszyklus eines Gebäudes erzielen.

Anders als bei der Gebäudehülle, die starken Belastungen durch den Witterungseinfluss ausgesetzt ist, kann bei den Materialien des Innenausbaus vermehrt auf Produkte aus nachwachsenden Rohstoffen zurückgegriffen werden. Abgesehen davon, dass aus heimischem Holz nach wie vor zahlreiche Platten- und Konstruktionswerkstoffe hergestellt werden können, sind viele mineralölhaltige Materialien ebenso wie Faserdämmstoffe durch Produkte aus nachwachsenden Rohstoffen ersetzbar. Wenngleich sich Dämmstoffe aus Holzfasern, Schafwolle, Hanf und Flachs – auch aufgrund der hohen Preise – bislang noch nicht auf dem Baustoffmarkt durchgesetzt haben, so gibt es für den diesbezüglich interessierten Bauherrn sowohl für den Schall- und Wärmeschutz als auch für raumakustische Anwendungen nahezu alle denkbaren Möglichkeiten, auf natürliche bzw. nachwachsende Fasermaterialien auszuweichen. Als Beispiel sei die Deckenauflage für Akustikdecken oder die Trittschalldämmung unter dem Estrich genannt.

Mit steigenden Rohölpreisen wird auch der Ersatz von Mineralölen in Bau- und Anstrichstoffen zunehmend attraktiv. Kunstharzbeschichtungen und Bitumen-Abdichtungsbahnen, in denen Mineralöl durch Pflanzenöl ersetzt wurde, sind bereits erfolgreich auf dem Markt. Wenn – wie es üblicherweise der Fall ist – die technische Gleichwertigkeit mit konventionellen Produkten gegeben ist, wird die Verwendung von Baustoffen auf der Basis nachwachsender Rohstoffe zu einem wesentlichen Auswahlkriterium, das für Green Buildings ganz besonders zu gelten hat.

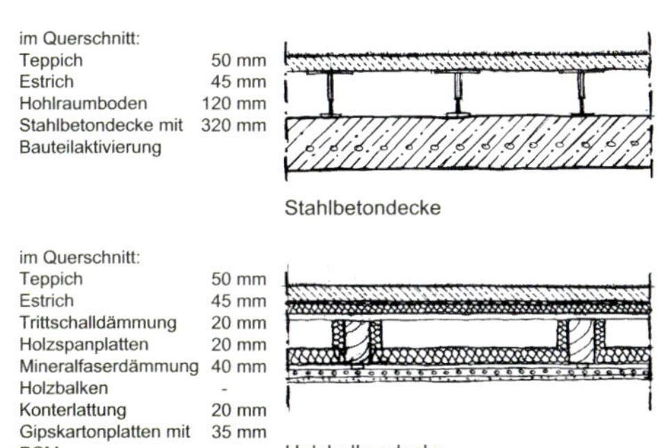

Abb. C1.52 Vergleich eines Deckenaufbaus mit Holz- und Betonkonstruktion mit ähnlichen Qualitäten der thermischen Speicherfähigkeit und des Schallschutzes

Raumakustik

Abb. C1.53 Innenansicht des Burda Medienparks. Architekten: Ingenhoven Architekten, Düsseldorf

Heutige Konzepte zur Raumakustik sind durch ihre Vielfältigkeit und Anpassungsfähigkeit an ein Gesamtkonzept geprägt. Die beste raumakustische Lösung wird häufig durch andere, energetisch sinnvolle Abhängigkeiten unterbunden. Da vernachlässigte raumakustische Anforderungen den Komfort stark beeinträchtigen können, müssen ganzheitliche Lösungen entwickelt werden, um alle Komfortparameter der Raumnutzung und die energetischen Ziele zu erreichen.

Für gute raumakustische Wirkungen sind absorbierende Elemente im Raum erforderlich, deren Flächengröße und Absorptionsfähigkeit sich nach der Nutzung richten. In *Abbildung C1.55* sind die empfohlenen Absorptionsflächen als Anteil der Hauptnutzfläche nach verschiedenen Vorschriften und eigenen Erfahrungen pro Nutzungsbereich benannt. Mit diesen Werten können sehr gute bis akzeptable raumakustische Verhältnisse erzielt werden.

Im höheren Frequenzbereich ab ca. 800 Hz trägt in der Regel ein Teppich-

Abb. C1.54 Burda Medienpark, Offenburg. Architekten: Ingenhoven Architekten, Düsseldorf

boden bereits ausreichend zur Schallabsorption bei. Im gleichen Frequenzbereich würde z. B. auch ein Akustikputz helfen, beide Flächen zusammen ergeben jedoch keine zusätzlichen Vorteile. Problematisch sind die mittleren und tiefen Frequenzen. Um diese zu absorbieren, werden für Akustikplatten Einbautiefen von 5 bis 10 cm benötigt. In größeren Räumen mit relativ geringem Wandflächenanteil, in denen die massiven Deckenflächen zur verbesserten thermischen Speicherfähigkeit des Raums genutzt werden, ist es schwierig, den raumakustischen Komfort zu gewährleisten. Lösungsansätze bieten sich durch schallabsorbierende Ausstattungsgegenstände, wie das Mobiliar, an: Rollcontainer und Sideboards mit perforierten Seitenflächen, Schränke mit perforierten Türen oder einfach offene Regale mit Aktenordnern wirken schalldämmend und bieten somit den gewünschten Komfort. Ohne die Nutzung dieser Potenziale können keine optimalen, ganzheitlichen Konzepte entwickelt werden, da heute und zukünftig in energieeffizienten Gebäuden Raumelemente ohne Doppelnutzen kaum mehr verwendet werden.

Natürlich spielt es für die raumakustische Wirkung auch eine Rolle, wie die absorptionsfähigen Materialien in Abhängigkeit von den Nutzern im Raum platziert werden. Je nachdem, wie hoch die Anforderungen sind und wie komplex die Raumgeometrie ist, müssen einfache oder aufwändige Methoden zur Berechnung und Konzeption verwendet werden. So sollen zentrale Eingangshallen oftmals auch für größere Veranstaltungen genutzt werden, die Sprachverständlichkeit ist jedoch stark abhängig von der Position des Redners und der Zuhörenden. Mithilfe einer dreidimensionalen Simulation lassen sich an jedem Punkt im Raum die Parameter der Sprachverständlichkeit berechnen, bewerten und sogar hörbar machen. Derartige Simulationen sind stets dann sinnvoll, wenn entweder verschiedene Nutzungen mit unterschiedlichen akustischen Anforderungen in ein und demselben Raum stattfinden sollen, oder wenn die architektonische Gestaltung – wie es oft der Fall ist – prägenden Einfluss auf die Schallverteilung im Raum hat *(Abb. C1.56)*. Speziell im letztgenannten Fall können alternative Material- und Ausstattungskonzepte frühzeitig untersucht und im Hinblick auf die zu erwartende Sprachverständlichkeit und den Raumklang bewertet werden. Der Aufwand für die genaue Berechnung der Schallverteilung ist gering, verglichen mit den möglicherweise starken Einbußen an akustischem Komfort, wenn beispielsweise ein Redner nicht an allen Stellen eines Auditoriums gut verstanden wird oder der Musikgenuss eines Konzertsaals durch störende Echos beeinträchtigt wird. Auch die Verständlichkeit von Lautsprecherdurchsagen kann mit derartigen Akustiksimulationen prognostiziert werden, um in Notfällen oder bei Evakuierungen alle Personen eines großen Raums mittels Durchsagen gut verständlich ansprechen zu können.

Eine hohe thermische Speicherfähigkeit ist für energieeffiziente Gebäude

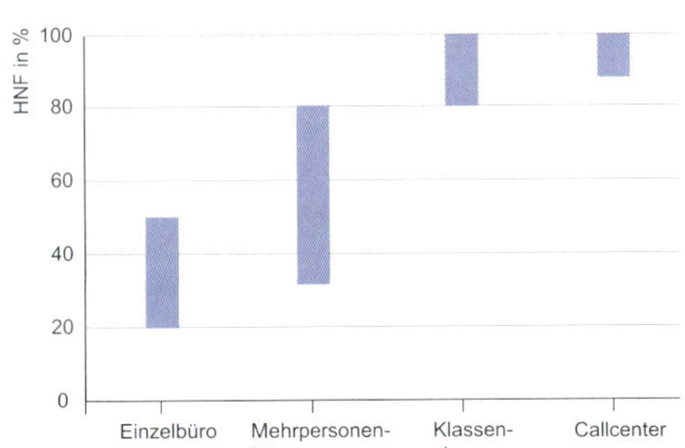

Abb. C1.55 Kennwerte für die erforderliche akustisch wirksame Absorptionsfläche für unterschiedliche Nutzungen

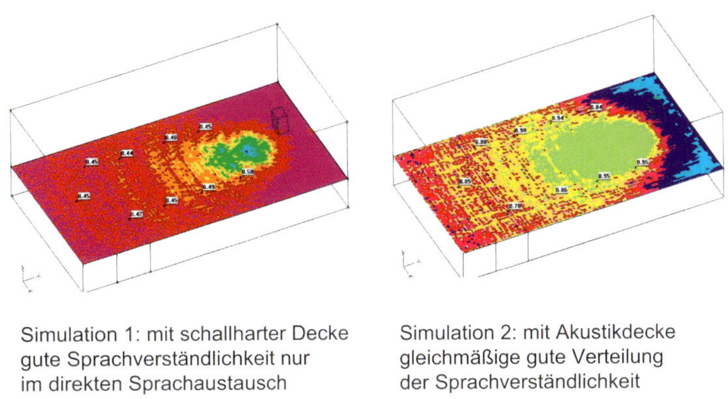

Abb. C1.56 Ergebnis der Akustiksimulation eines Vortragssaals. Das linke Bild zeigt die Qualität mit Betondecke, das rechte mit schallabsorbierender Deckenkonstruktion

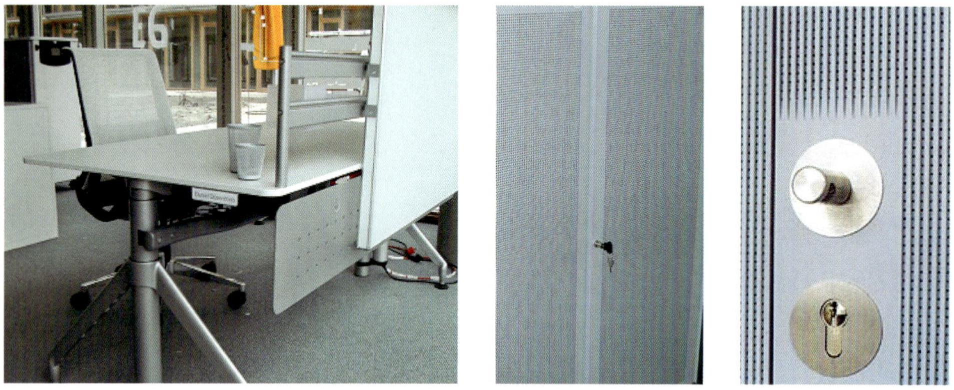

Abb. C1.57 Beispiele von akustisch wirksamen Mobiliar: Tisch-Screen (links), Sideboard mit perforierter Tür (Mitte), Tür mit Mikrolochung (rechts)

sehr wichtig, um zum einen ein ausgeglichenes Raumklima zu schaffen, und zum anderen die Aufwendungen für die Kühlenergie zu begrenzen. Da in den meisten Fällen aufgrund der Flexibilität als speicherfähige Bauteile die massiven Decken herangezogen werden, müssen den raumakustischen Maßnahmen andere Flächen dienen. Denn würde man die massiven Decken mit Absorptionsmaterial verkleiden, so wäre die thermische Speicherwirkung für den Raum zum großen Teil verloren. Das Problem besteht vor allem bei Räumen mit hohen Personendichten und gleichzeitig hohen Anforderungen an die Konzentrationsfähigkeit. Typische Nutzungen dafür sind Mehrpersonen- und Großraumbüros *(Abb. C1.58)*. Welche Elemente außer der Decke noch zur Verfügung stehen, zeigen die folgenden Beispiele.

Abbildung C1.54 zeigt den Burda Medienpark. Die Räume haben speicherfähige, thermoaktive Decken und sehr große Raumhöhen. Die Pendelleuchten werden, in Kombination mit Akustikpaneelen, als Absorber genutzt. Dadurch werden sehr gute raumakustische Wirkungen erzielt. Die Messungen im Betrieb haben die Vorhersagen bestätigt. In den großvolumigen, über vier Geschosse reichenden Räumen werden Nachhallzeiten von 0,6 bis 1 s erreicht, was den Anforderungen an Besprechungs- und Büroräumen entspricht.

Mobiliar eignet sich hervorragend zur akustischen Dämpfung. Gemeinsam mit einem Teppichboden lassen sich damit gute Nachhallzeiten erreichen, falls die Möbel richtig ausgewählt werden. Bereits ein kleiner Tisch-Screen ermöglicht die Geräuschdämpfung an der Quelle der Geräuscherzeugung und bringt im mittleren und hohen Frequenzbereich eine Absorptionsfläche von 1 bis 1,5 m² ein. Ein Sideboard mit perforierter Tür weist freistehend und rückseitig an eine Wand angeordnet Absorptionsflächen von 2,5 bis 3 m² auf. Nahezu alle vertikalen Möbeloberflächen können mit formal ansprechenden Materialen und Oberflächenbehandlungen wie Schlitzungen oder Mikrolochungen als akustische Absorber genutzt werden *(Abb. C1.57)*. Messergebnisse zeigen, dass mithilfe einer bewusst im Hinblick auf die Schalldämpfung gewählten Arbeitsplatzmöblierung für Büroräume fast alles erreichbar ist, was für einen hohen akustischen Komfort benötigt wird.

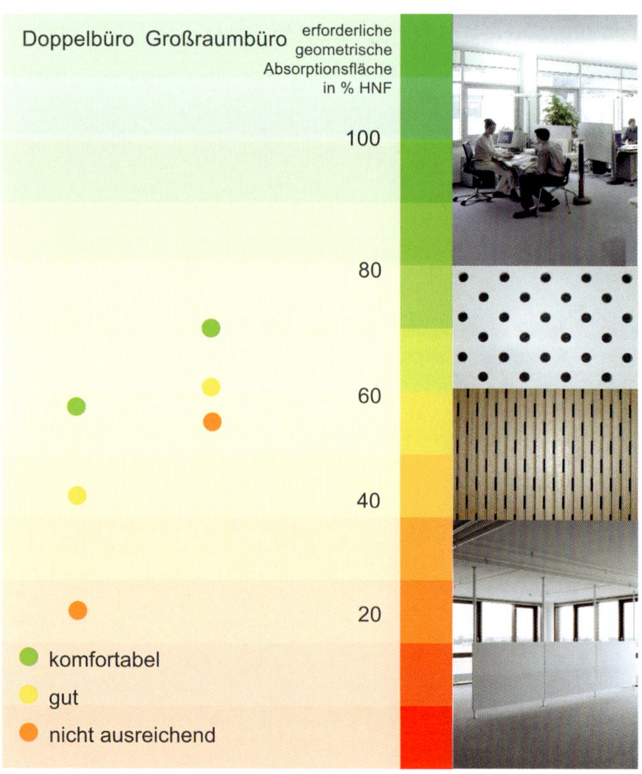

Abb. C1.58 Erforderliche Absorptionsfläche für einen entsprechenden akustischen Komfort in Büroräumen

Smart Materials

Smart Materials oder Intelligente Materialien stehen bei der Weiterentwicklung der baulichen und ganzheitlichen Lösungen für ressourcenschonende Gebäude im Vordergrund. Ziel ist es, Materialeigenschaften im Hinblick auf ihr energetisches und adaptives Verhalten zu verbessern und neu zu entwickeln. Im Folgenden werden einige Beispiele genannt, die schon am Markt zur Verfügung stehen oder kurz davor sind.

PCM Phase Change Materials sind Paraffine oder Salzhydrate, die ihren Zustand ab einer bestimmten Materialtemperatur wechseln können. So gehen diese Materialien bei Erwärmung und Erreichung des Grenztemperaturbereichs vom festen in den flüssigen Zustand über. Damit wirken sie wie ein Wärmespeicher, der ab einer bestimmten Temperatur aufgeladen werden kann *(Abb. C1.59)*. Je nach Zusammensetzung des Materials ist die Grenztemperatur einstellbar, damit ist die Anwendung vielfältig. Im Gebäude können durch Beimischung von PCM in Gipskartonplatten, im Putz oder in Leichtbaudecken je nach PCM-Anteil Schichten von 1 bis 6 cm dieselben thermischen Eigenschaften wie eine 20 cm dicke Betondecke erreichen. Damit lassen sich mit geringstem Deckenaufbau auch in Leichtbauten große thermische Speicherfähigkeiten erzielen. *Abbildung C1.60* zeigt das Ergebnis einer Gebäudesimulation. Im Raum mit einer Leichtbaudecke herrscht am Nachmittag eine um 3 °C höhere Empfindungstemperatur als im Raum mit einer Stahlbetondecke und auch als in dem mit einer Leichtbaudecke mit PCM versehenen Raum.

Vakuumfassaden Die Gebäudehülle vollständig vom Außenklima abzukoppeln und damit Innenoberflächentemperaturen der Fassade zu erreichen, die ganzjährig auf Komfortniveau sind, bietet riesige Potenziale für die Weiterentwicklung des energieeffizienten Bauens. Produkte zur Vakuumdämmung sind bereits seit Längerem auf dem Markt und werden vor allem für Sonderlösungen

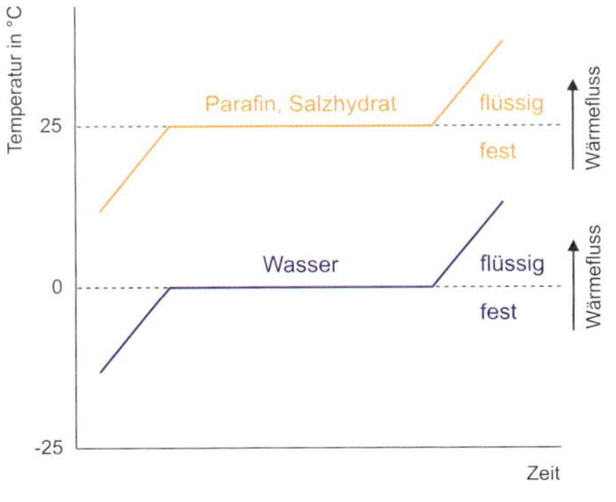

Abb. C1.59 Einfache Darstellung der Funktionsweise von PCM

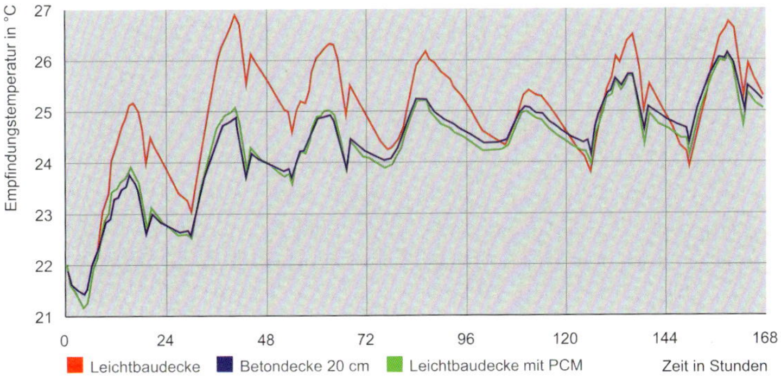

Abb. C1.60 Verlauf der empfundenen Raumtemperatur für verschiedene Deckenkonstruktionen (nach einer Gebäudesimulation)

Abb. C1.61 Das Eisbärfell sammelt Sonnenstrahlen und hält als transparentes Isolationsmaterial die Wärme im Körper. Delphine schwimmen bei geringstem Energieeinsatz so rasch, weil sie durch die Mikrostruktur ihrer Haut die Reibungsverluste minimieren.

oder Sanierungen eingesetzt. Vorteilhaft sind neben den guten Wärmedämmeigenschaften der geringe Platzbedarf: Eine 1 cm dicke Vakuumdämmung ersetzt eine 7 cm dicke Mineralfaserdämmung. Auch für Verglasungen streben erste Vakuumdämmprodukte in Europa auf den Markt. Die Dämmwerte einer Vakuumisolierverglasung sind um 35 % besser als bei einer Dreifachverglasung mit Argonfüllung, und dabei ist die Vakuumverglasung um über 25 mm dünner und wesentlich leichter. Wesentlicher Nachteil und Hinderungsgrund eines flächendeckenden Einsatzes sind heute noch die höheren Herstellungskosten als die der konventionellen Produkte.

Mineralische Beschichtungen Selektive Beschichtungen werden heutzutage standardmäßig in neutralen Sonnenschutzgläsern in Europa eingesetzt. Ziel dabei ist, die Strahlungsfrequenzen der Sonne durchzulassen, die sichtbares Licht erzeugen. Die anderen Frequenzen, die keinen Beitrag zur Helligkeit leisten, sondern nur eine Wärmewirkung besitzen, werden ausgeblendet. Diese Funktion lässt sich auch für Sonnenschutzbehänge einsetzen, jedoch nicht als Filter für die Strahlungstransmission, sondern zur Reflexion. Werden derartige Beschichtungen auf Alulamellen aufgebracht, kann die Lamellenstellung nunmehr so gewählt werden, dass ein besserer Durchblick gegeben ist. Dies liegt daran, dass auch bei einer weiter geöffneten Lamellenstellung weniger Sonnenwärme in den Raum gelangt und die Sonnenschutzwirkung dadurch verbessert wird.

Low-E-Charakteristik Jeder Körper gibt seine Wärme über Konvektion oder Strahlung ab. Wird die Abstrahlungsemission nach innen mittels einer Low-E-Beschichtung reduziert, so wird die Fläche als kühler empfunden. Diese Beschichtungen eignen sich für Hallendächer, die aufgrund der Besonnung sehr warm werden und die Wärme in den Aufenthaltsraum nach unten weitergeben. Durch die Beschichtung der Gläser oder Membranen wird mit baulichen Mitteln die empfundene Temperatur in der Aufenthaltszone gesenkt, und das ohne zusätzlichen Einsatz von maschineller Kälte.

Glas mit selbstreinigenden Eigenschaften Bei Glas mit selbstreinigenden Eigenschaften wird das Oberflächenverhalten gegenüber einem normalen Glas so verändert, dass sich Schmutz schwer auf der Oberfläche festsetzen kann und bei Regen weitestgehend von abfließendem Wasser abgewaschen wird. Das verzögert die Verschmutzung und erleichtert die Reinigung. Ziel der Hersteller ist es, Betriebskosten für die Fassadenreinigung stark zu reduzieren. Für die Herstellung von Glas mit selbstreinigenden Eigenschaften gibt es zurzeit drei unterschiedliche Verfahren.

Fluor- oder silikonhaltige Beschichtungen mit hydrophobem Oberflächen-

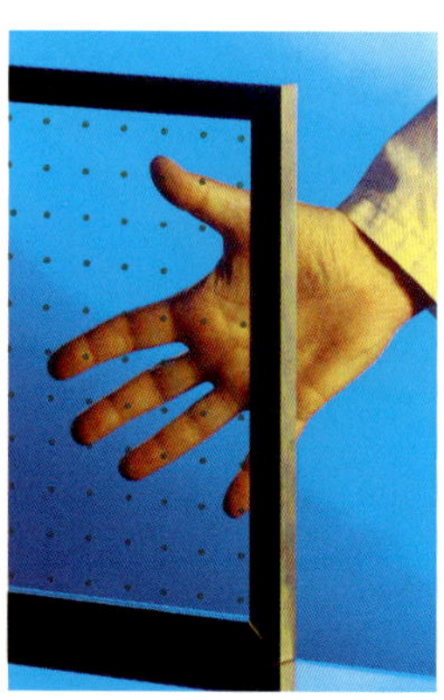

Abb. C1.62 Beispiel einer Vakuumverglasung

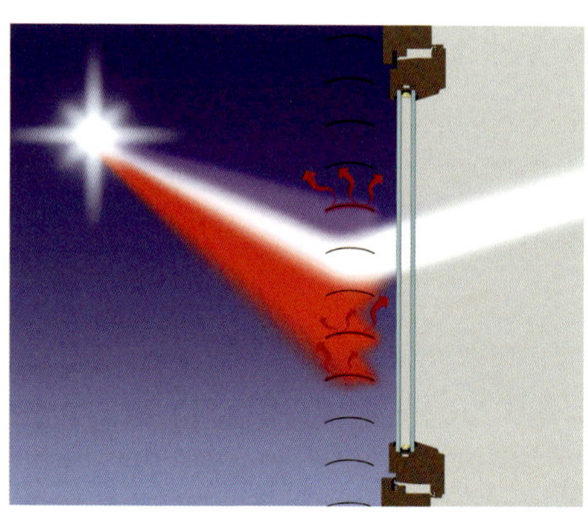

Abb. C1.63 Beispiel eines Sonnenschutzes mit selektiver Reflexionsbeschichtung Entwicklung: Warema Renkhoff GmbH

Abb. C1.64 Einfache Darstellung der Funktion eines Sonnenschutzes mit Reflexionsbeschichtung

verhalten Bei diesen, oft als »Nanotechnik« bezeichneten Verfahren werden Oberflächen unterschiedlicher Art mittels eines fluorsilikonhaltigen Werkstoffs beschichtet. Hierbei wird auf die bestehende, meist glatte Oberfläche, eine zweite neue Oberfläche aufgebracht. Der fluorsilikonhaltige Werkstoff haftet auf dem Untergrund und wirkt wasser- und schmutzabweisend. Diese Nanobeschichtungen haften auf der Oberfläche, wie dies z. B. bei Farbe der Fall ist. Dadurch können solche Beschichtungen auf Oberflächen unterschiedlichster Materialien aufgebracht werden, sind jedoch, bedingt durch aggressive Umwelteinflüsse, nur begrenzt standfest.

Titandioxid Die pyrolytische Beschichtung von Glas ist dualaktiv und kombiniert zwei Eigenschaften, um eine selbstreinigende Wirkung zu haben. Die Beschichtung der Außenseite mit Titandioxid führt zu einer Herabsetzung der Oberflächenspannung (hydrophil) und verhindert so die Tröpfchenbildung. Das Wasser verteilt sich als dünner Wasserfilm auf der Oberfläche, um so den Schmutz beim Abfließen aufzunehmen. Die selbstreinigenden Eigenschaften werden durch einen fotokatalytischen Effekt verstärkt *(Abb. C1.65)*. Die UV-Absorption der Titandioxid-Beschichtung erzeugt Sauerstoff. Dabei zersetzten sich organische Verschmutzungen und die Haftung des Schmutzes auf der Oberfläche wird so reduziert.

Silizium-chemische Verbindungen mit hydrophobem Oberflächenverhalten
Ausschließlich für Glas geeignet, werden Siliziumatome (glastypische Substanz) als Beschichtung verwendet, die sowohl bei neu produziertem als auch auf bestehendem Glas aufgebracht werden kann. Dabei wird das Silizium mittels eines Fotoprozesses durch Belichtung mit Kaltlicht chemisch mit dem Glas verbunden und versiegelt. Die Oberflächenstruktur des Glases bleibt unverändert, die neue wasser- und schmutzabweisende Versiegelung ist nach Herstellerangaben von höchster Lebensdauer.

Bionische Materialien und Oberflächen
Die Bionik hat sich als eigenständiger Wissenschaftszweig in den vergangenen Jahren etabliert. Von der Natur zu lernen gilt als Leitsatz in allen Industriebranchen. In der Baubranche profitieren vor allem Tragwerksplaner von neuen Ansätzen für neue Tragstrukturen. Dabei werden z. B. Blätter von Bäumen und Schmetterlingsflügel hinsichtlich ihrer Struktur im Detail untersucht. Für die Anwendung von energieeffizienten Systemen bietet die Natur viele hervorragende Beispiele, die – übertragen auf Fassaden – ganz neue Lösungsansätze aufzeigen können. So gibt es Visionen, atmende Gebäudehüllen auf der Basis der Mikrostruktur amphibischer Häute zu entwicklen. Diese Hüllen können sich den wechselnden Klimaverhältnissen anpassen, ohne Energie zu verlieren.

Abb. C1.65 Selbstreinigende Glassschicht mit silizium-chemischen Verbindungen, die ein einfaches Abperlen von Wassertropfen zulässt

Abb. C1.66 Mikroansicht einer Haihaut, die als Vorbild für neuartige, energieeffiziente Fassadensysteme dienen könnte

Natürliche Ressourcen

Maßgebliches Ziel beim Bau von Green Buildings ist es, möglichst über natürliche Ressourcen die Anforderungen an die Nutzung zu erfüllen. Die Möglichkeiten hierzu sind stark von den klimatischen Randbedingungen und den Anforderungen an die Nutzung abhängig. Für das mitteleuropäische Klima kann man daher für eine möglichst passive Nutzung von natürlichen Ressourcen folgende Regeln aufstellen:

Regel 1: Je höher die Anforderungen an den thermischen Komfort, desto höher die Anforderungen an den Wärme- und Sonnenschutz.

Die Anforderungen an den thermischen Komfort werden in aller Regel als minimale Raumtemperaturen im Winter und als maximale Raumtemperaturen im Sommer formuliert. So gelten z. B. bei Büronutzung 20 bis 22 °C als minimale Raumtemperaturen im Winter und ca. 25 bis 27 °C als maximale Raumtemperaturen im Sommer. Die Raumtemperatur wird hierbei in aller Regel als eine Kombination aus Oberflächentemperaturen der Innenwände und der Lufttemperatur verstanden. Damit wird im Winter indirekt auch die Anforderung an hohe Oberflächentemperaturen ausgesprochen, die nur mit einem sehr guten Wärmeschutz erreichbar sind. Analog gilt für den Sommer, dass mit der Anforderung an komfortale Raumtemperaturen indirekt die Anforderung an minimale Oberflächentemperaturen gestellt

Abb. C1.67 Düsseldorfer Stadttor, Düsseldorf. Architekten: Petzinka Pink Technologische Architektur®, Düsseldorf

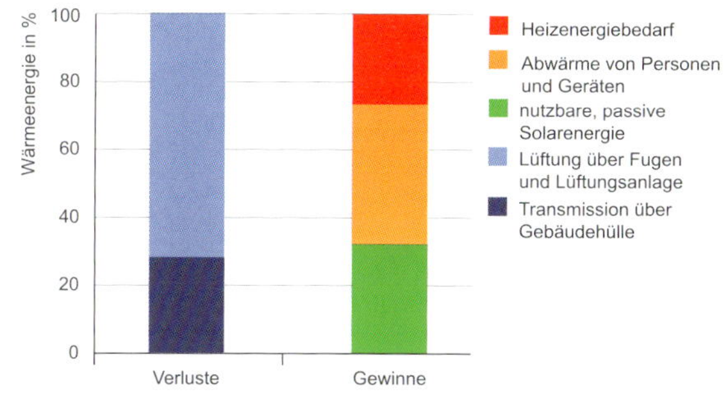

Abb. C1.69 Wärmebilanz eines typischen Wohngebäudes als Passivhaus

wird. Diese sind nur mit einem effizienten Sonnenschutz zu erreichen.

Regel 2: Ausnutzung der passiven Solargewinne.

Die einfachste Art, den Heizwärmebedarf auf bauliche Weise weiter zu verringern, ist die Nutzung der solaren Wärmegewinne. Dies lässt sich am effektivsten in Wohngebäuden realisieren, da es in jeder Wohnung warme Bereiche (Wohnzimmer) und kühle Bereiche (Schlafzimmer) gibt. Bei richtiger Zonierung und Ausrichtung des Gebäudes lässt sich über die südlich orientierten Verglasungen sehr viel Sonnenenergie einfangen. Eine massive Bauweise begünstigt die Einspeicherung dieser Wärme, sodass das Gebäude auch bei bewölkten Tagen noch davon zehren kann. Bei anderen Nutzungsarten lässt sich die passive Solarenergienutzung ebenfalls realisieren. So sind Hotels-, Kranken- und Pflegeheime hinsichtlich des Wärmebedarfs den Wohngebäuden sehr ähnlich. In Büro- und Lehrgebäuden verhindert meist die Bildschirmarbeit eine umfangreiche Nutzung der solaren Gewinne, diese Gebäuden werden meist über das Wochenende mit Sonne »betankt«. Häufig wird versucht, die solaren Gewinne nicht in den Aufenthaltsräumen direkt wirksam werden zu lassen, sondern in angrenzenden Pufferräumen, wie Atrien oder verschließbaren doppelschaligen Fassaden. *Abbildung C1.67* zeigt ein Beispiel für eine verschließbare doppelschalige Fassade aus dem Bürobausektor, das Düsseldorfer Stadttor. Messungen in der Fassade haben ergeben, dass damit eine Verbesserung des Wärmeschutzes um 20 % erreicht wird; dies entspricht einem Anteil am Primärenergiebedarf für die Raumkonditionierung von etwa 5 %. Im Düsseldorfer Stadttor besitzt die verschließbare Fassade jedoch noch weitere Eigenschaften, wie die statische Lastabtragung über zwei Fassadenebenen bei hohen Windstärken sowie die Erhöhung der Innenoberflächentemperaturen, was den Verzicht von Heizkörpern vor der Fassade ermöglicht. In Passiv-Wohnhäusern ist der Deckungsbeitrag der Solarenergie am Gebäudeenergiebedarf sehr viel größer, da die Wärme aus den oben genannten Gründen effektiver genutzt werden kann. Je nach Orientierung ergibt sich ein Anteil von 30 % als Beitrag zur Deckung der Wärmeverluste. Bezogen auf den Primärenergiebedarf für die Raumkonditionierung entspricht dies rund 20 %. Der hohe Anteil zeigt deutlich, dass ohne die Nutzung der solaren Gewinne der minimale Heizenergiebedarf von Passivhäusern von 15 kWh/m²a in den mitteleuropäischen Breitengraden nicht möglich wäre *(Abb. C1.69)*.

Regel 3: Nutzung der Gebäudestruktur als thermischer Speicher.

Die thermische Speicherfähigkeit eines Gebäudes bestimmt zu einem beträchtlichen Teil das Raumklima und den erforderlichen Energiebedarf. Extrembeispiele sind Containerbauten aus leich-

Abb. C1.68 Blick in die doppelschalige Fassade des Düsseldorfer Stadttors

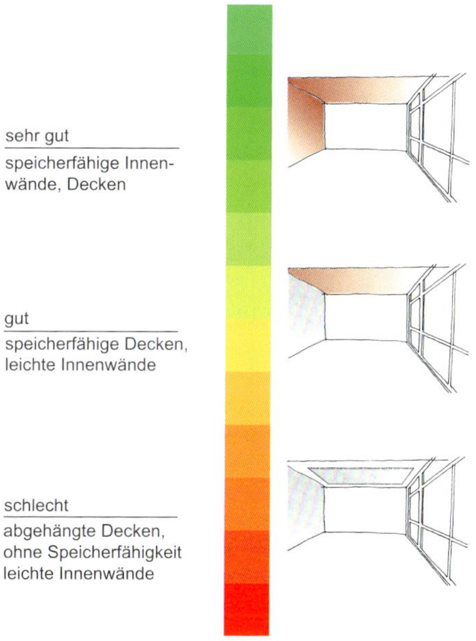

Abb. C1.70 Einteilung der Wand- und Deckenkonstruktion im Hinblick auf die Güte der Speicherfähigkeit in Aufenthaltsräumen

Abb. C1.71 Natürliches Lüftungskonzept im Sekisui-Gebäude (Grundriss und Schnitt)

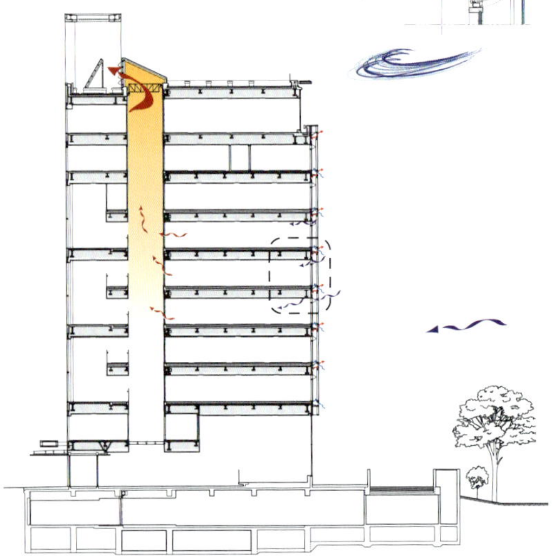

Abb. C1.72 Natürliches Lüftungskonzept, Schnitt

Abb. C1.73 Bürogebäude Sekisui in Tokio, Japan. Architekten: Kajima-Design, Tokio

ten Materialien und alte Burgen und Schlösser mit dickem Gemäuer. Während bei leichten Gebäuden die Innenraumtemperaturen nahezu parallel mit dem Außenklima schwingen, sind die thermischen Auswirkungen, hervorgerufen durch das Außenklima, in massiven Gebäuden erst sehr viel später oder gar nicht festzustellen. Massive Gebäude besitzen den Vorteil, die Raumtemperaturen glätten zu können, indem Wärme aus dem Raum nicht nur die Raumluft, sondern eben auch die Baumasse erwärmt. Damit steigen die Raumlufttemperaturen weniger schnell an als bei leichten Gebäuden. Derselbe Effekt birgt jedoch auch Nachteile: Wenn z. B. zur Beheizung eines Raums Energie zugeführt werden muss, dauert es bei massiven Gebäuden wesentlich länger, bis die erwünschten Raumtemperaturen erreicht werden, da zuerst auch die Gebäudemasse mit erwärmt werden muss. Im Klima Nord- und Mitteleuropas kann die Speicherfähigkeit eines Gebäudes sehr gut zur passiven Raumkühlung oder zur Verringerung des Kühlenergiebedarfs eingesetzt werden. Die Nachtlufttemperaturen sind im Sommer meist so niedrig, dass dieses natürliche Energiepotenzial genutzt werden kann, um die tagsüber in die Gebäudemasse geflossene Wärme nach außen zu führen. Dadurch ist am nächsten warmen Tag wieder eine kühle Masse vorhanden, um die neue Raumwärme aufzunehmen. Um einen spürbaren Effekt zu erzielen, muss das Gebäude massive Bauteile besitzen. In *Abbildung C1.70* sind die Bewertungen für die Speicherfähigkeiten von Räumen dargestellt. Es zeigt sich sehr deutlich, dass zumindest die Speicherfähigkeit der Decke erhalten werden sollte, wenn im Raum noch eine nennenswerte Trägheit der Temperaturschwankungen beibehalten werden soll. Zudem sollte beachtet werden, dass die massiven Bauteile nur bis zu einer Tiefe von 10 bis 15 cm speicherfähig sein müssen, da in der Regel im Tagesverlauf keine größere thermische Masse aktivierbar ist.

Regel 4: Ausnutzung der natürlichen Lüftungspotenziale.

Die natürlichen Potenziale der Außenluft in Mitteleuropa zum Lüften und Kühlen von Gebäuden sind enorm. Bei richtiger Anwendung kann über 70 % des Jahres auf eine maschinelle Lüftung verzichtet werden, ohne den Komfort einzuschränken. Je nach Konzeption, Nutzerverhalten und Komfortlevel kann sogar über das ganze Jahr natürlich gelüftet werden. Die häufig niedrigen Außentemperaturen während der Nacht im Sommer besitzen ebenfalls ein großes Potenzial, den Kühlenergiebedarf stark zu reduzieren. Schwierig wird es für die Kühlung jedoch während der heißen Sommerperioden, in denen die Nachttemperaturen auch in Mitteleuropa nicht wesentlich unter 22 °C fallen.

Um die natürlichen Kräfte nutzbar zu machen, müssen die Konzepte auf die wechselnden Verhältnisse der Außenluft im Hinblick auf Temperatur, Windgeschwindigkeit und Windrichtung adaptierbar sein. In heutigen Gebäuden wird dies entweder durch die motorische Steuerung von Lüftungselementen gelöst, deren Öffnungsweiten sich je nach Außenbedingungen regulieren lassen, oder durch manuelles Bedienen unterschiedlicher, dosierbarer Lüftungsöffnungen in der Fassade.

Nicht nur in Europa, auch in Asien werden die Potenziale der natürlichen Lüftung bei der Gebäudeplanung berücksichtigt. So ist das Klima in Japan zwar im Sommer feuchter als in Europa, während der Übergangszeit ist jedoch durchaus ein Potenzial von 25 bis 40 % für die natürliche Lüftung und Entwärmung vorhanden. *Abbildung C1.73* zeigt das Sekisui-Haus in Tokio. Statt der bis dato üblichen Abluftfassade, die keine Möglichkeit einer natürlichen Lüftung der Räume zulässt, wurde hier eine na-

Abb. C1.74 Innenansicht der doppelschaligen Fassade des Sekisui-Gebäudes

türlich durchlüftete doppelschalige Fassade entworfen. Damit kann der Sonnenschutz vor die thermische Hülle platziert werden, was zur thermischen Entlastung der Räume führt. Die natürliche Lüftung sollte je nach lokalem Klima als Grundlüftung während der Übergangszeit oder als Nachtlüftung erfolgen. Die Außenluft kann über über motorisch angetriebene Lüftungsklappen in der Fassade einströmen, der Antrieb dazu geschieht auf natürliche Weise: Mittig im Gebäude sind zwei große Schächte angeordnet, durch die die Luft über Dach abgesogen wird. Im Dachbereich der Fortluftöffnung herrscht ständig eine Sogwirkung, hervorgerufen durch die Windanströmung. Die dadurch entstehende Druckdifferenz aus den Windkräften, überlagert durch die Kaminwirkung, führt zu einer Luftströmung durch das Gebäude. Damit jedes Geschoss die selben Luftmengen erhält, müssen die vom Bürobereich in die Schächte führenden Überströmöffnungen je nach Geschoss und Höhenwirkung eine andere Größe haben. Dieser hydraulische Abgleich der Öffnungen, wie es in der Fachsprache heißt, wird mittels Simulationstechniken berechnet.

Ein weiteres Beispiel für ein wirkungsvolles Konzept zur natürlichen Lüftung findet sich im Playmobil Funpark *(Abb. C1.77)*. Er ist als vollständig verglaste Halle errichtet. Die auftretenden Heiz- und Kühllasten sind daher sehr sorgfältig zu analysieren. Übliche Rechenver-

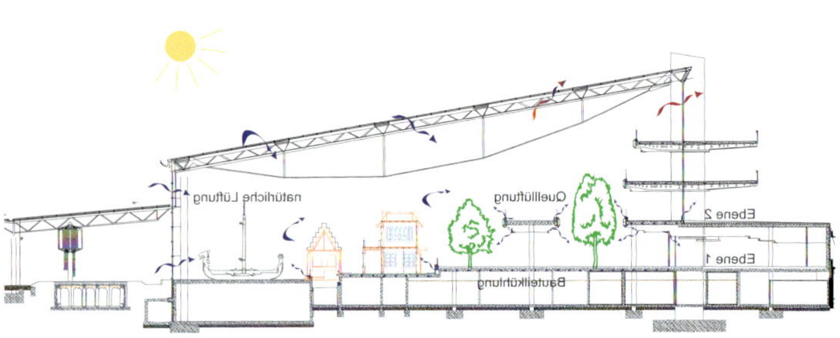

Abb. C1.75 Lüftungskonzept im Sommerbetrieb (Schnitt)

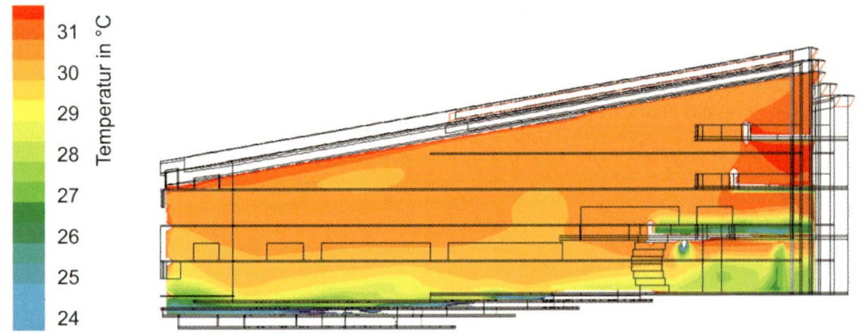

Abb. C1.76 Dreidimensionale Strömungssimulation. Verteilung der Temperatur und Luftgeschwindigkeit unter den Randbedingungen des Winterbetriebs

fahren sind für solche Bauwerke nicht aussagekräftig genug, wenn es um das Entwickeln eines optimalen Raumklimas geht. Hier sind Effekte wie Kaltluftabfall an den Fassaden und am Dach, Lüftungsverluste über Fugen bei hohen Windgeschwindigkeiten, lokale Empfindungstemperaturen in den Aufenthaltszonen sowie der thermische Auftrieb wesentliche Kriterien zur Dimensionierung und Anordnung der Heiz- und Kühlelemente im Raum. Derartig detaillierte Analysen erfordern Simulationsrechnungen, mit denen das thermisch-dynamische Verhalten des Gebäudes in Verbindung mit der Anlagentechnik und der konzipierten natürlichen Lüftung berechnet werden kann.

Im Rahmen des Vorentwurfs wurden verschiedene Verglasungsvarianten analysiert. Ziel war es, ein Optimum aus minimaler Kühllast, minimalem Kaltluftabfall, minimaler Heizlast und vertretbaren Investitions- und Betriebskosten zu erarbeiten. Den Kriterien am besten gerecht wurde eine Kombination aus neutraler Sonnenschutzverglasung als Zweifachglas in der Fassade und einer Dreifachverglasung im Dach, ebenfalls mit einer Sonnenschutzbeschichtung. Die Öffnungsflächen für die natürliche Lüftung sind über alle Fassaden verteilt angeordnet, um zum einen eine gute Durchmischung des Innenraums mit Außenluft sicherzustellen und zum anderen auf unterschiedliche Wetterzustände reagieren zu können. So wird z. B. ein leichter Querzug bei gemäßigten Außentemperaturen von 20 bis 25 °C vom Nutzer im Innenraum als angenehm empfunden, während der Luftzug jedoch bei höheren Windgeschwindigkeiten oder tieferen Außentemperaturen unangenehm erscheint und unterbunden werden muss. Im direkten Aufenthaltsbereich wird die Außenluftversorgung mittels einer Grundlüftung mit Schichtströmung und Wärmerückgewinnung unterstützt. Die entstehende Temperaturschichtung in der Halle wird durch eine gezielte Lüftung über Fassadenklappen stabil gehalten. Zusätzlich wird die Speicherfähigkeit des Gebäudes erhöht, indem alle massiven Deckenflächen über wasserdurchströmte Rohrschlangen temperiert werden.

Der Freizeitpark ist seit Ende 2005 in Betrieb. Die gebäudetechnischen Anlagen werden erst dann zugeschaltet, wenn mit den natürlichen Potenzialen die Anforderungen nicht mehr eingehalten werden können. So gehen die Lüftungsanlagen erst dann in Betrieb, wenn in Abhängigkeit vom Besucheraufkommen die erforderliche Außenluftrate in der Halle erhöht werden muss oder die Raumtemperatur zu stark ansteigt. Der Hauptteil der Kühllasten mit über 60 % wird jedoch zu jedem Zeitpunkt mit der freien Lüftung über die Fassadenklappen abgeführt.

Abb. C1.77 Playmobil Indoor-Funpark, Zirndorf. Architekten: Architekturbüro Jörg Spengler, Nürnberg

Moderne Werkzeuge

Moderne Werkzeuge der Konzeption und Planung sind EDV-Programme, mit denen man die physikalischen Vorgänge in Gebäuden sehr detailliert berechnen kann. Dabei wird in der Regel unterschieden zwischen herkömmlichen Auslegungsprogrammen, die auf der Basis vereinfachter Berechnungsverfahren aus Normen und Standards entwickelt worden sind, und komplexeren Simulationsprogrammen. Die Auslegungsprogramme sind meist einfach anwendbar und bieten im Gegenzug auch nur einfache Resultate. Sie dienen dazu, maximale und minimale Lufttemperaturen oder Heiz- bzw. Kühlleistungen in Räumen zu bestimmen, oftmals mit stark vereinfachten mathematischen Modellen. Dies genügt nicht, um zuverlässige Aussagen zum thermischen Raumkomfort, dem Betriebsverhalten des Gebäudes unter realen, variierenden Bedingungen und zur Energieeffizienz zu einem frühen Planungszeitpunkt zu erhalten. Gerade in diesem frühen Planungszeitraum werden jedoch die Konzepte erstellt und damit die Weichen für zu erwartende Nachhaltigkeit des Gebäudes gelegt. Heutige Simulationsmethoden haben die einfachen Auslegungsprogramme zwar nicht gänzlich ersetzt, sie haben diese jedoch in der Konzeptphase aufgrund des riesigen Mehrwerts für das ganze Planungsteam verdrängt. Für die Bewertung und Optimierung des Gebäudes mit seiner Gebäudehülle müssen diverse Simulationsprogramme verwendet werden, da nicht alle erforderlichen Ergebnisse mit einer Programmart ermittelt werden können.

Die gängigste Simulationsart dient zur Berechnung des thermischen Verhaltens (thermische Gebäudesimulation), um den thermischen Komfort als Mittelwert für einen Raum zu bestimmen. Das Berechnungsprinzip beruht darauf, dass alle Energieströme pro Raum bilanziert werden und daraus die Raumluft- und Oberflächentemperaturen ermittelt werden *(Abb. C1.78–C1.80)*. Detaillierte Auswirkungen durch unterschiedliche Glasbeschichtungen und Fassadenkonstruktionen, durch leichte oder massive Baumaterialien, durch wechselnde Nutzereinwirkungen (Fenster auf/zu, Licht an/aus) und durch eine Variation des lokalen Klimas auf das thermische Verhalten des Raums und seinen Gebäudeenergiebedarf können aufgezeigt werden. Neben der Bewertung des Komforts lässt sich auch der Energiebedarf für Heizen und Kühlen sehr realistisch berechnen. Die Bewertung des Strombedarfs für Kunstlicht lässt sich nur in Verbindung mit einer parallel dazu erstellten Tageslichtsimulation durchführen. Da die natürlichen Energiepotenziale wie Solarstrahlung, natürliche Lüftung, Windwirkung, Erdwärme bzw. -kälte in ihrer Dynamik bei dem Verfahren berücksichtigt werden, ermöglicht diese Methode den ersten Schritt zur Konzeption eines energieeffizienten Gebäudes. Durch Abstimmung des Gebäudekonzepts auf den Nutzerbedarf, durch die Optimierung der Fassadengestaltung im Hinblick auf

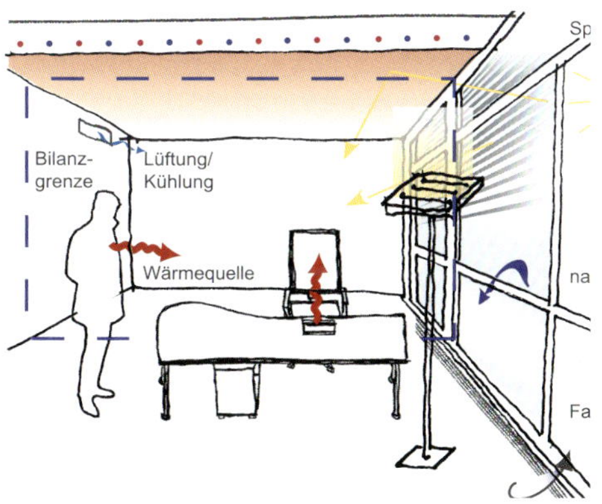

Abb. C1.78 Prinzip der Bilanzierung bei einem Gebäudesimulationsprogramm

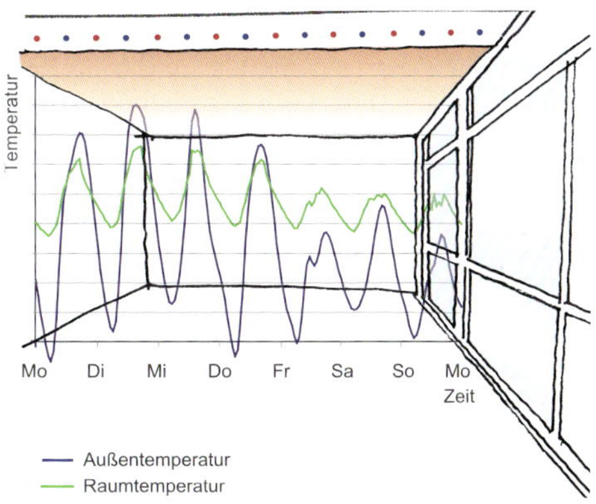

Abb. C1.79 Beispiele für die Ergebnisse einer Simulation des thermischen Verhaltens eines Raums (Temperaturverlauf)

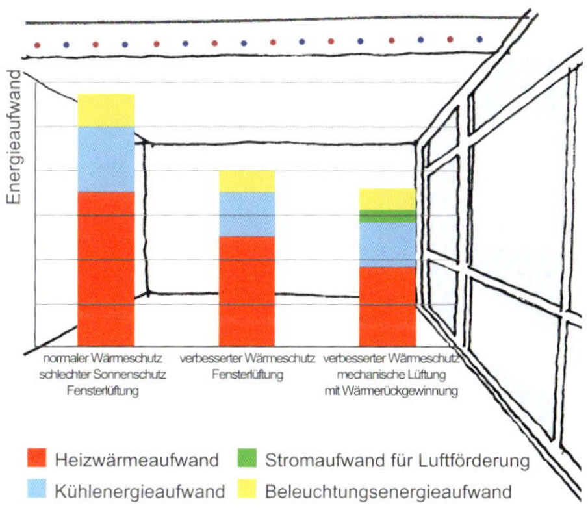

Abb. C1.80 Beispiele für die Ergebnisse einer Simulation des thermischen Verhaltens eines Raums (Temperaturhäufigkeit)

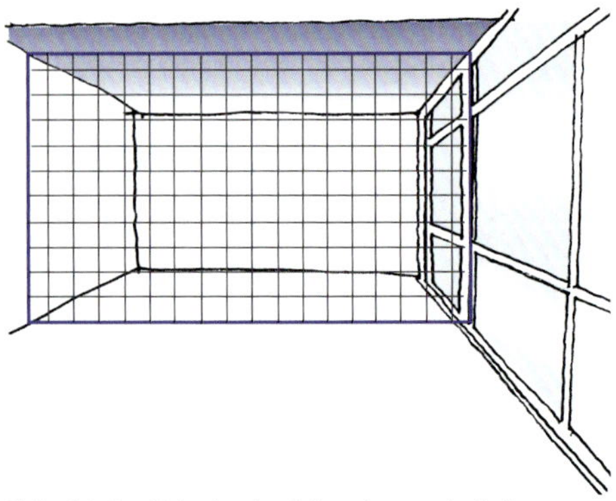

Abb. C1.81 Prinzip der Bilanzierung bei einem CFD-Simulationsprogramm

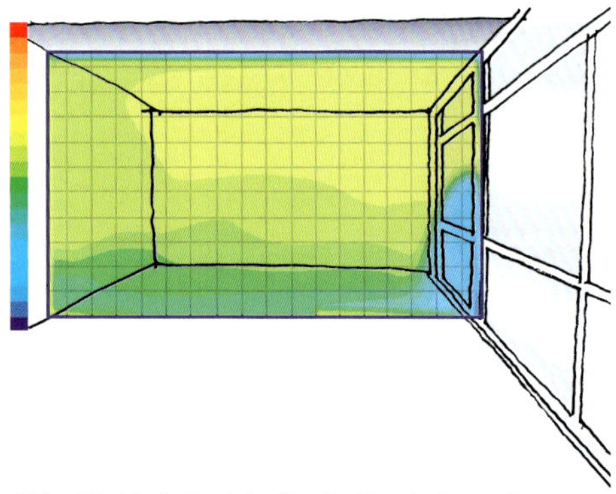

Abb. C1.82 Beispiele für die Ergebnisse einer Strömungssimulation (Temperaturverlauf)

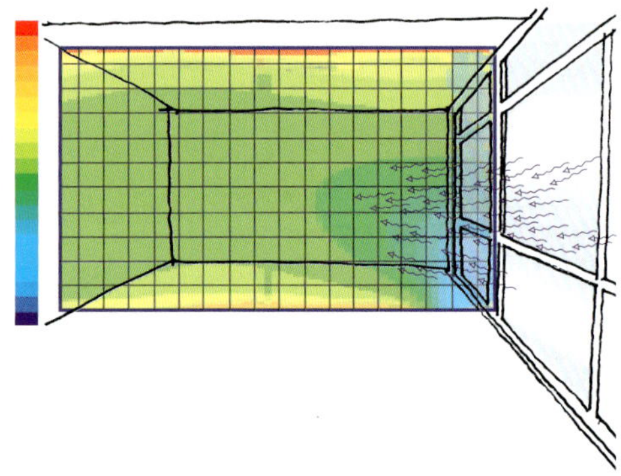

Abb. C1.83 Beispiele für die Ergebnisse einer Strömungssimulation (Luftgeschwindigkeiten und Strömungsrichtung)

das lokale Klima und durch Ausschöpfung der natürlichen Energiepotenziale kann ein Raumklimakonzept entwickelt werden, das einen geringen Gebäudeenergiebedarf bei hohem, oder zumindest tolerierbarem Raumkomfort aufweist. Mit der Jahressimulation wird aufgezeigt, wie sich die Raumtemperaturen und die Heiz- bzw. Kühlleistungen in ihrer Häufigkeit über das Jahr verhalten, sodass eine optimale Gesamtkonzeption für das Gebäude getroffen werden kann. Zudem werden wichtige Erkenntnisse für das Betriebsverhalten des Gebäudes gewonnen: Ab wann muss das Gebäude beheizt werden? Ab wann muss gekühlt werden? Welche Heiz- und Kühlleistungen ergeben sich in der Übergangszeit? Diese Erkenntnisse können durch eine einfache Auslegungsberechnung nicht berechnet werden. Nachdem Gebäude, Hülle und Raumklimakonzept optimal und in energieeffizienter Weise aufeinander abgestimmt sind, ist der zweite Schritt zur Entwicklung eines Green Buildings die Konzeption der Energieversorgungssysteme. Diese wird mithilfe von Gebäude- und Anlagensimulationsprogrammen unterstützt.

Die thermische Behaglichkeit kann an verschiedenen Stellen im Raum unterschiedlich sein. So kann die empfundene Temperatur in direkter Nähe zu kalten oder warmen Oberflächen sich durchaus von der mittleren Raumtemperatur um mehrere Kelvin unterscheiden. Während die mittlere Raumluft- und Empfindungstemperatur sich über thermische Simulationsprogramme in zeitlicher Abhängigkeit ermitteln lassen, kann mithilfe von Strömungssimulationen die lokale Bewertung des Raumklimas für bestimmte Zeitpunkte erfolgen *(Abb. C1.81–83)*. Strömungssimulationen, oder auch CFD-Simulationen genannt (Computational Fluid Dynamics), teilen den Raum in

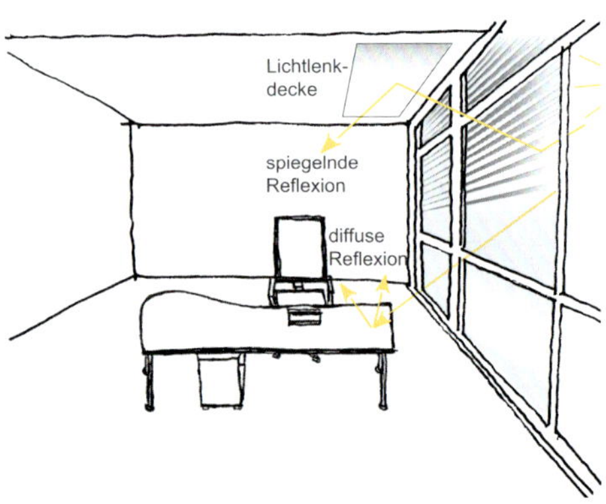

Abb. C1.84 Prinzip der Bilanzierung bei einem Tageslichtsimulationsprogramm

Abb. C1.85 Beispiele für die Ergebnisse einer Tageslichtsimulation

Abb. C1.86 Visualisierung des Innenraums mithilfe eines Tageslichtsimulationsprogramms

Abb. C1.87 Foto des Innenraums im DS-Plan-Gebäude OWP 11 in Stuttgart

viele kleine Raumvolumen auf. Je nach Ziel der Simulation und Größe der Räume werden bis zu 4 Millionen Volumen benötigt. Für jedes kleine Volumen werden die Energie- und Stoffströme der Nachbarvolumen bilanziert, und zwar in Abhängigkeit von den jeweiligen Randbedingungen. Als Ergebnis erhält man die Verteilung der Temperaturen, Luftgeschwindigkeiten und Stoffströme (z. B. Kohlendioxid). Aufgrund der sehr hohen Rechenkapazität und -dauer lassen sich diese Programme meist nur für einen Auslegungszeitpunkt oder für wenige Zeitschritte einsetzen, nicht jedoch für dynamische Vorgänge über Wochen oder Monate.

Neben der reinen Tageslichtberechnung für Innenräume eignen sich die Tageslichtprogramme auch dazu, generell Verschattungen von Fassaden durch umliegende Baukörper oder Sonnenschutzsysteme quantitativ zu berechnen. Im Unterschied zu herkömmlichen CAD-Programmen, die lediglich eine Visualisierung mit Schattenwurf erlauben, können dadurch der Verschattungsanteil und die transmittierten Solarenergieströme ausgewiesen werden.

Mithilfe der Tageslichtsimulation *(Abb. C1.84* und *C1.85)* lassen sich mehrere Fragen rund um die Nutzung des natürlichen Lichts bestimmen. Für die Berechnung werden drei Himmelsmodelle unterschieden: bedeckter Himmel, klarer Himmel ohne Sonne und klarer Himmel mit Sonne. Mit den Programmen lassen sich die Verläufe der Helligkeit an vordefinierten Punkten im Raum sowie die Leuchtdichteverteilung auf den Innenoberflächen je nach Himmelszustand berechnen. Damit können Optimierungspotenziale im Hinblick auf die Anordnung und Größe der Glasflächen und der lichttechnischen Eigenschaften der Baumaterialien ausgeschöpft werden, wie Lichttransmissionen und Lichtreflexionen. Als weiteres Ergebnis kann aus den berechneten Daten auch eine fotorealistische Visualisierung erzeugt werden, die mitunter hilfreich für eine Entscheidungsfindung ist *(Abb. C1.86* und *C1.87)*.

Gebäudetechnik

Nutzenübergabe

Eine der wesentlichen Schnittstellen bei Green Buildings ist diejenige zwischen Raumklimatechnik und Fassade. Sie ist maßgebend für die thermische Behaglichkeit, für die Zufriedenheit der Nutzer und zu einem großen Teil auch für die Energieeffizienz des Gebäudes. Daher ist dem richtigen Vorgehen bei der Konzeption dieser Schnittstelle größte Aufmerksamkeit zu widmen.

Ausgangspunkt bei der Konzeption sind die Anforderungen des Nutzers an seine unmittelbare Umgebung. Diese werden entgegen der landläufigen Meinung durchaus konkret in Form von Oberflächentemperaturen in der unmittelbaren Umgebung, von Lufttemperatur, Luftgeschwindigkeit, Beleuchtungsstärken und Leuchtdichteverteilung usw. formuliert. Dem Planungsingenieur obliegt es daher in einem ersten Schritt, die Anforderungen an die thermische Behaglichkeit und an die Belichtung mit dem am Planungsstandort vorherrschenden Klima und den Eigenschaften der geplanten Fassade bzw. des Gebäudes mittels einer Bilanz zu überprüfen.

Bei Wohn- und Bürogebäuden wird er feststellen, dass in Mitteleuropa die Wärmebilanz in den Wintermonaten nicht geschlossen werden kann. Das bedeutet, die natürlichen, passiven Energie- und Wärmeeinträge durch die Sonne und die inneren Wärmequellen durch die Nutzung reichen nicht aus, um den Anforderungen des Nutzers an die thermische Behaglichkeit zu genügen. Aus dieser Unterdeckung können Funktionen abgeleitet werden, die eine Heizanlage erbringen muss, um die Anforderungen an die thermische Behaglichkeit zu erfüllen. Durch die Variation der Gebäudehülle können die erforderlichen Funktionen der Heizanlage auf bestimmte Werte optimiert werden. Dies gilt nicht nur im Hinblick auf die erforderliche Heizlast, um die geforderte Raumtemperatur einzuhalten. Es kann auch der Einfluss lokaler Oberflächentemperaturen auf die thermische Behaglichkeit analysiert werden. Dem Planungsingenieur obliegt es dann zu entscheiden, ob eventuell zu niedrige Oberflächentemperaturen durch einen höheren Wärmedämmstandard oder durch eine gezielt wirkende Heizanlage vermieden werden.

Diese Methode ist auf sämtliche Bereiche der Raumklimatechnik, der Heizung, Kühlung, Lüftung und Beleuchtung anwendbar. Hierzu sind die Anforderungen an die Nutzung in vollem Umfang über das gesamte Jahr zu formulieren, um die erforderlichen Funktionen der Anlagentechnik konkret ableiten zu können.

Die Funktion der Anlagentechnik, Wärme, Kälte, Luft und Licht so zu übergeben, dass die Raumlufttemperatur, die Oberflächentemperaturen, die Luftgeschwindigkeiten, die Beleuchtungsstärken und die Leuchtdichteverteilung nach den zeitlichen und örtlichen Vorgaben der Nutzer als eigentlicher Nutzen auftreten, wird **Nutzenübergabe** genannt.

Analog zum Heizfall werden auch für den Kühlfall die Anforderungen an die thermische Behaglichkeit in Form von Oberflächen- und Lufttemperaturen sowie Luftgeschwindigkeiten formuliert. Die Wärmebilanz für Wohn- und Bürogebäude in Mitteleuropa zeigt, dass an Tagen mit hoher äußerer Kühllast und hohen inneren Wärmequellen die Anforderungen an die Luft- und Oberflächentemperaturen häufig nicht eingehalten werden können. Der Wärmeüberschuss führt zur Überwärmung der Räume. Der Planungsingenieur muss gemeinsam mit dem Planungsteam analysieren, ob die höheren Luft- und Oberflächentemperaturen durch einen besseren sommerlichen Wärmeschutz oder durch eine gezielt wirkende Raumkühlanlage zu vermeiden sind. Analog können für die Bereiche Lüftung und Beleuchtung die auf der Grundlage der Anforderungen formulierten Funktionen der Anlagen herausgearbeitet werden.

Die aus dieser Betrachtungsweise abgeleiteten Funktionen für Heizung, Kühlung, Lüftung und Beleuchtung dienen als »Pflichtenheft« für die zu konzipierenden Raumklimasysteme. Behaglichkeitsdefizite führen im späteren Betrieb zu einem Energiemehraufwand. In aller Regel ist der Nutzer nämlich nicht bereit, Behaglichkeitsdefizite zu akzeptieren. Er versucht vielmehr, durch eine entsprechende Betriebsweise der Anlagentechnik ein behagliches Raumklima wiederherzustellen.

Konzeption und Bewertung von Raumklimasystemen

Zur Bewertung der Funktionen eines Raumklimasystems in Bürobereichen ist eine lokale Betrachtung der Behaglichkeit am Arbeitsplatz empfehlenswert. Da Personen mit überwiegend sitzender Tätigkeit deutlich länger unter Behaglichkeitsdefiziten zu leiden haben, reagieren sie auf diese sehr viel sensibler z.B. auf Zugerscheinungen und Kaltluftabfall als Personen, die aufgrund ihrer Arbeitsabläufe ständig in Bewegung sind. Daher ist die Behaglichkeitsbetrachtung auf der Basis der Empfindungstemperatur zu erweitern. Wie in *Abbildung C2.1* dargestellt, ist die thermische Behaglichkeit in Räumen für beide Halbräume separat zu überprüfen. Als Halbräume werden hierbei die Räume bezeichnet, die der Nutzer nach vorne und hinten oder nach links und rechts wahrnimmt. Die thermische Behaglichkeit ist nur dann gegeben, wenn in den Halbräumen die lokal wirkenden Behaglichkeitsdefizite ausgeglichen sind und die Differenz der resultierenden Oberflächentemperaturen der beiden Halbräume nicht zu groß ist.

Für die lokale Behaglichkeitsbetrachtung ist es sinnvoll, die Behaglichkeitsdefizite, die durch konvektive Wärmequellen verursacht werden, z. B. Kaltluftabfall, und jene, die durch radiative Wärmequellen, wie Abstrahlung zu kalten Flächen, verursacht werden, getrennt voneinander zu betrachten und abzuhandeln. Natürlich ist es auch möglich, konvektive Wärmequellen radiativ abzuführen, wobei dies meist nur mit einem höheren Energieaufwand zu bewältigen ist. *Abbildung C2.2* zeigt die wirksamen Wärmequellen in einem Büroraum.

Maßgebliche Randbedingung für die Bewertung der Behaglichkeit ist der Wärmeschutz der Außenfassade, da hiervon die Oberflächentemperaturen an der Innenseite der Fassade abhängig sind.

Wie in Abbildung *C2.6* dargestellt, sind beispielsweise bei einem U-Wert der Fassade von 1,4 W/m²K bzw. 1,0 W/m²K die resultierenden Untertemperaturen für die Innenoberflächen der Fassaden im Auslegungsfall 6 bzw. 4 K.

Aufgrund der Untertemperatur kühlt sich an der Fassadeninnenseite die Raumluft ab und der dadurch entstehende Kaltluftabfall beeinträchtigt die thermische Behaglichkeit im Aufenthaltsbereich. Wie *Abbildung C2.7* zu entnehmen ist, führt der Kaltluftabfall bei einer Untertemperatur von 6 K zu einer maximalen Luftgeschwindigkeit von ca. 0,42 m/s. Im Aufenthaltsbereich sind nur Luftgeschwindigkeiten von 0,15 bis 0,2 m/s zulässig. Bei einer Untertemperatur von 4 K führt der Kaltluftabfall im Auslegungsfall immerhin noch zu einer Luftgeschwindigkeit von 0,35 m/s.

Nun ist bei der Betrachtung der Behaglichkeitsdefizite im Aufenthaltsbereich nicht unbedingt die Luftgeschwindigkeit direkt an der Fassade, sondern vielmehr die Luftgeschwindigkeit in einem Abstand von ca. 1 m von der Fassade ausschlaggebend, da in diesem Bereich in den meisten Fällen der Arbeitsplatz des Nutzers beginnt. Oftmals ist dieser Bereich sowieso freizuhalten, um die Drehflügel der zu öffnenden Fassade zu betätigen. *Abbil-*

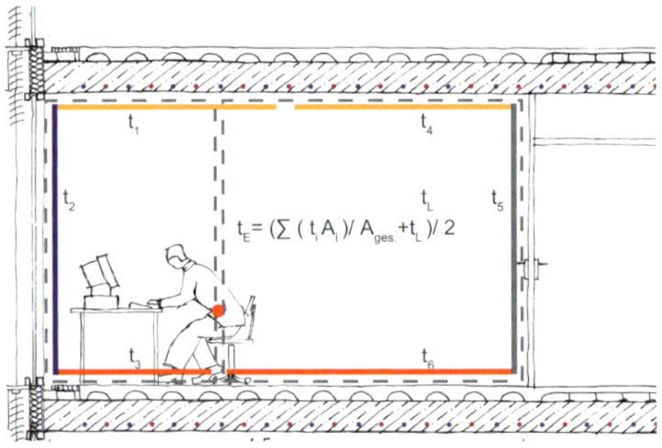

Abb. C2.1 Empfindungstemperaturen in einem Büroraum bei Halbraumbetrachtung

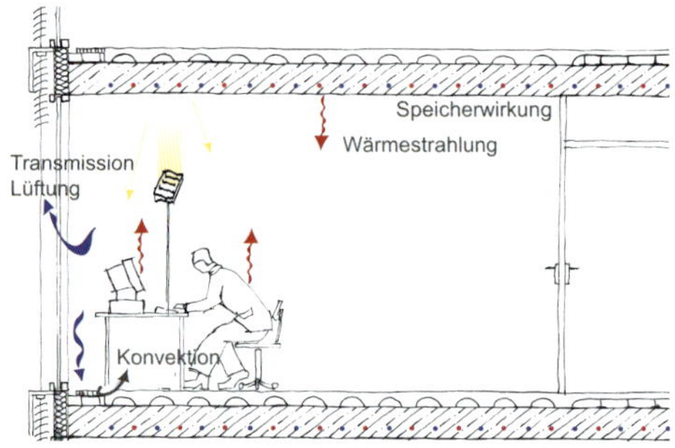

Abb. C2.2 Konvektive und radiative Wärmequellen in einem Büroraum

Abb. C2.3 Einfluss der Oberflächentemperaturen auf das Wärmeempfinden des Menschen

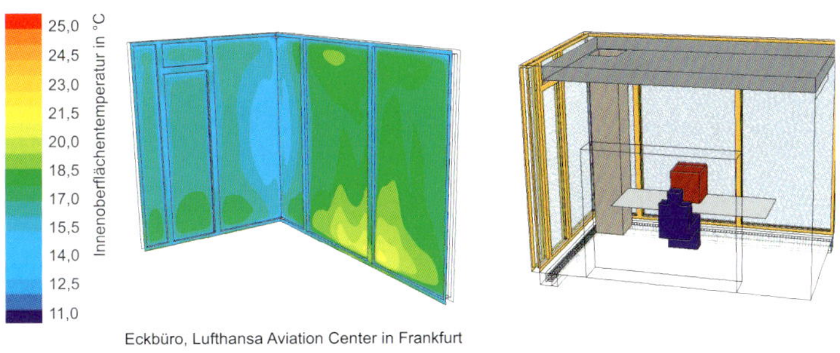

Abb. C 2.4 Strömungssimulation eines Eckbüros für den Neubau Lufthansa Aviation Center in Frankfurt

Abb. C 2.5 Lufthansa Aviation Center in Frankfurt. Architekten: Ingenhoven Architekten, Düsseldorf

dung C2.8 zeigt, dass die Luftgeschwindigkeit des Kaltluftabfalls in einer Entfernung von 1 m zur Außenfassade ca. 0,2 m/s für den U-Wert von 1,0 W/m²K beträgt und ca. 0,25 m/s für den U-Wert von 1,4 W/m²K.

Somit kann aufgezeigt werden, dass mit einem U-Wert von 1,0 W/m²K die Luftgeschwindigkeiten aufgrund des Kaltluftabfalls im Aufenthaltsbereich unter dem maximal zulässigen Wert von 0,2 m/s liegen. Bei Fassaden mit einem U-Wert von 1,4 W/m²K muss ohne zusätzliche Heizflächen an der Fassade mit unbehaglich hohen Luftgeschwindigkeiten im Aufenthaltsbereich gerechnet werden.

Neben den konvektiv wirkenden Behaglichkeitsdefiziten sind nun noch die radiativ wirkenden zu untersuchen. Hierbei kann bei kleinen Temperaturdifferenzen zwischen den Umschließungsflächen vereinfachend von linearen Zusammenhängen für die Wärmestrahlung ausgegangen werden.

Wie in *Abbildung C2.3* dargestellt, strahlt die am Arbeitsplatz sitzende Person Wärme an die kalte Fassadenfläche ab. Für die Behaglichkeit ist dieser Wärmeverlust durch eine im gleichen Halbraum wirkende warme Fläche auszugleichen. Geht man wie oben beschrieben vereinfachend von linearen Zusammenhängen aus, so ist der Strahlungsausgleich gewährleistet, wenn das Produkt aus Untertemperatur der kalten Fläche und wirksamer Fläche sowie das Produkt aus Übertemperatur der Heizfläche und wirksamer Heizfläche im betrachteten Halbraum gleich groß ist. Auf der Basis dieser Gleichung lässt sich der Abstand L des Arbeitsplatzes von der Fassade berechnen, der eingehalten werden muss, um den Behaglichkeitsanforderungen zu entsprechen. Der Mindestabstand zur Fassade mit einer thermischen Bauteilaktivierung beträgt bei einem U-Wert von 1,0 W/m²K ca. 1,7 m und bei der Fassadenvariante mit einem U-Wert von 1,4 W/m²K ca. 2,6 m.

In *Abbildung C2.4* sind die erreichbaren Innenoberflächentemperaturen der Lufthansa in Frankfurt dargestellt. Sowohl die Fassaden zum Atrium als auch die Fassaden nach außen erreichen durch den guten Wärmeschutz (Zwei- bzw. Dreifachverglasung) in Verbindung mit einer temperierten Decke hohe Innenoberflächentemperaturen.

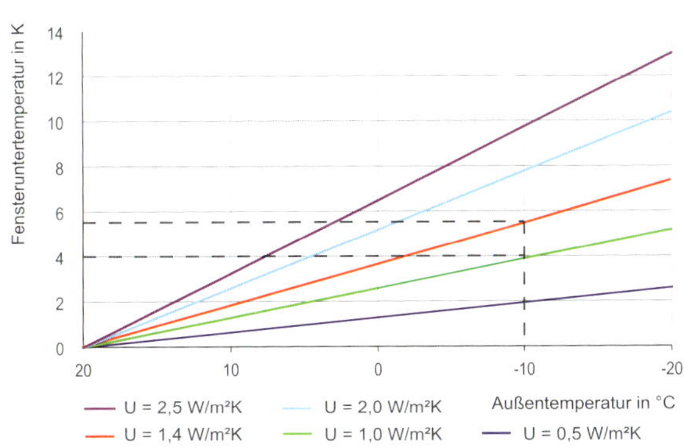

Abb. C 2.6 Fensteruntertemperatur in Abhängigkeit von der Außentemperatur

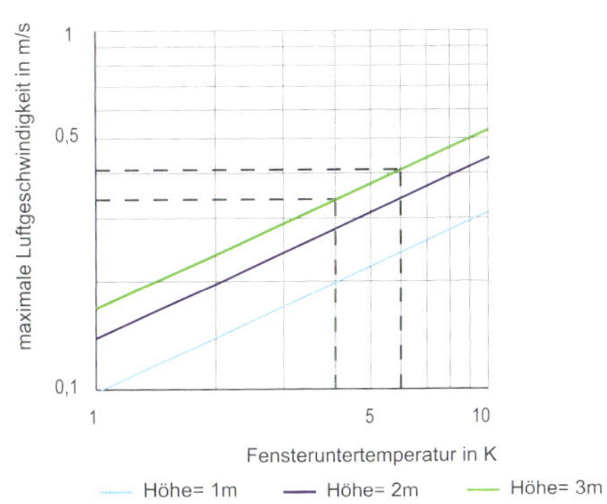

Abb. C 2.7 Luftgeschwindigkeit und Kaltluftabfall an Fensterflächen

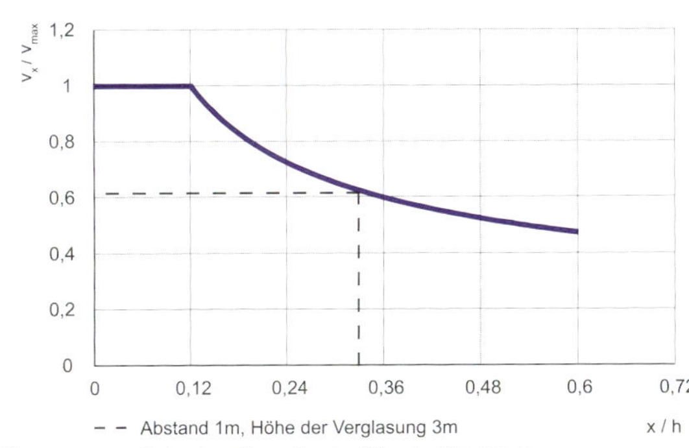

Abb. C 2.8 Luftgeschwindigkeit in Abhängigkeit von der Raumtiefe

Abb. C 2.9 Bürogebäude der VHV-Gruppe in Hannover. Architekten: BKSP Architekten, Hannover

Heizung

Die Nutzenübergabe bei Heizsystemen ist ein wesentlicher Bereich, wenn es gilt, zukünftig Energie einzusparen. Heizsysteme sind in Mitteleuropa und in den meisten Industriestaaten aufgrund des Außenklimas in fast allen Gebäuden erforderlich. Unzulänglichkeiten bei der Übergabe von Wärme an die Nutzer wird meist durch einen höheren Energieaufwand im späteren Betrieb erkauft.

Aufgrund des mittlerweile sehr guten Wärmeschutzes liegt der Fokus bei der Beheizung von Gebäuden heute nicht mehr auf der verfügbaren Heizleistung. Diese ist bei richtig ausgelegter Heizungsanlage stets genügend vorhanden. Es geht vor allem um eine möglichst bedarfsgerechte Bereitstellung von Wärme. Mit den Raumheizsystemen muss sichergestellt werden, dass die Wärme örtlich und zeitlich entsprechend den Nutzungsanforderungen übergeben wird. Es ist z. B. darauf zu achten, dass die inneren Wärmequellen und die passive Sonnenenergienutzung einen größtmöglichen Beitrag zum Erwärmen der Räume leisten. Um dies zu erreichen, müssen heutige Raumheizsysteme einschließlich der Raumregeleinrichtungen flink reagieren können und damit eine möglichst geringe Trägheit aufweisen.

Des Weiteren ist darauf zu achten, dass die Heizsysteme mit niedrigen Temperaturen betrieben werden. Einerseits wird dadurch die Regelfähigkeit positiv beeinflusst, andererseits kann der Energieaufwand für die Verteilung aufgrund der geringeren Wärmeabgabe der Rohrleitungen deutlich reduziert werden. Zudem werden niedrige Heiztemperaturen stets als sehr behaglich empfunden.

Neben den örtlichen Vorgaben an ihr thermisches Umfeld werden von den Nutzern auch zeitliche Anforderungen an die Raumzustände gestellt. Die wohl bekannteste zeitliche Vorgabe ist die Nachtabsenkung, bei der eine niedrigere Raumtemperatur in der Nacht gefordert wird. Während eine Nachtabsenkung bzw. -abschaltung in den Bürogebäuden hauptsächlich aus Energiespargründen angestrebt wird, sind es im Wohnbereich oftmals Behaglichkeitsgründe, z. B. niedrige Raumtemperaturen im Schlafzimmer. Wichtig sind neben dem Absenken hauptsächlich die Wiederaufheizvorgänge, mit denen zu Beginn der Nutzungszeit die behaglichen Raumzustände wiederhergestellt sein müssen.

Wie Raumheizsysteme mit einer bedarfsgerechten Nutzenübergabe aussehen können, wird anhand des Bürogebäudes der VHV-Gruppe in Hannover gezeigt. Die Fassade besteht aus einer Dreifachverglasung mit außen liegendem Sonnenschutz sowie einem hoch gedämmten Paneel mit dem U-Wert von 0,7 W/m²K. Die Raumheizung besteht aus einer thermisch aktivierten Decke für die Grundlast und aus Randstreifen-Temperierelementen als Heizdecken mit Raumreglern für die Spitzenlast *(Abb. C2.10)*. Die Vorlauftemperatur für die thermisch aktivierte Decke beträgt im Heizfall maximal 28 °C und für die Randstreifen-Temperierelemente maximal 35 °C. Durch die Kombination aus Grundlast- und Spitzenlastsystem ist eine bedarfsgerechte Nutzenübergabe gegeben. Die träge thermisch aktivierte Decke wird so gesteuert, dass die Oberflächentemperatur der Decke max. 2 bis 3 K über der Raumlufttemperatur liegt. Die Randstreifen-Temperierelemente werden über die Raumregler unstetig geregelt und sind somit in der Lage, kurzfristig auftretende Wärmequellen für Heizzwecke zu nutzen und eine Überwärmung der Räume zu vermeiden. Über die Raumregler hat zudem jeder Nutzer oder jede Nutzergruppe im Großraum eine individuelle Eingriffsmöglichkeit und kann seine eigene Wohlfühltemperatur einstellen.

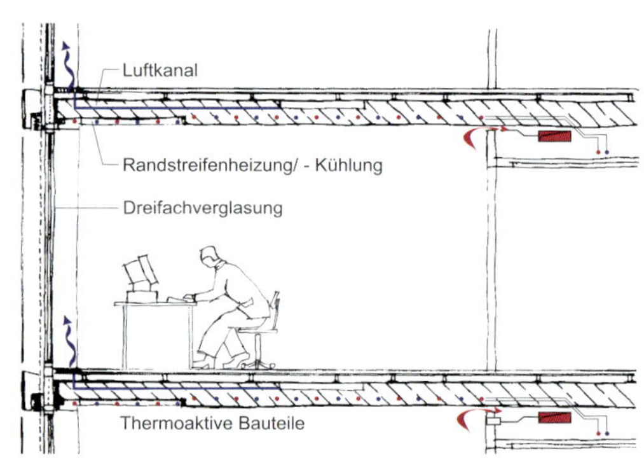

Abb. C 2.10 Bürogebäude VHV Hannover von BKSP, Architekten, Raumklimasystemschnitt mit Randstreifen-Temperierelement

Kühlung

Die Nutzenübergabe von Raumkühlsystemen erfolgt analog zu den Heizsystemen, mit dem Unterschied, dass der Wärmefluss umgekehrt ist. Bei der Auslegung von Raumkühlsystemen sind daher ebenfalls die Energiebilanz im Raum und die lokalen Oberflächentemperaturen auf der Basis der Nutzungsanforderungen zu berücksichtigen. Die wesentlichen Energieeinträge sind die Einstrahlung durch die Sonne und die inneren Wärmequellen durch Personen, Beleuchtung und Maschinen. Da Kühlung einen hohen Energieaufwand erfordert, ist darauf zu achten, den Kühlaufwand durch bauliche Maßnahmen zu minimieren, um dadurch den maschinellen Einsatz auf ein Minimum zu reduzieren.

Aufgrund des in den letzten Jahren stetig gestiegenen Wärmeschutzes geben die Gebäude bei niedrigen Temperaturen in der Nacht wenig Wärme ab. Die inneren Wärmequellen führen daher heutzutage in Bürogebäuden in Mitteleuropa sehr schnell zu einer Überwärmung der Räume, sodass oftmals bei Außentemperaturen von mehr als 26 °C maschinell gekühlt werden muss. Die Reduzierung dieser Wärmequellen und die Optimierung der Fassade hin zu einem möglichst geringen Wärmeeintrag bei optimaler Tageslichtnutzung sind daher maßgebliche Ziele zukünftiger Entwicklungen und von Green Buildings.

Mittlerweile wird bereits über eine Kühlung im Wohnbereich nachgedacht, da auch Wohngebäude häufig sehr gut gedämmt sind und nachts bei niedrigen Außentemperaturen kaum mehr Wärme abgegeben. Dies ist im Hinblick auf Green Buildings kontraproduktiv und aufgrund der in Mitteleuropa niedrigen Temperaturen in der Nacht auch nicht erforderlich. Wohngebäude können auch heute noch so gebaut werden, dass sie keinen Kühlaufwand erfordern.

Die Höhe des Kühlaufwands ist abhängig von der Sonneneinstrahlung, der Größe und Transparenz der Fassade und der inneren Wärmequellen. In anderen Klimaregionen, z. B. in Wüsten- oder Subtropenregionen, sind die Außenbedingungen teilweise so weit von den Anforderungen im Raum entfernt, dass der Kühlaufwand von der Konditionierung der Außenluft abhängt.

Gekühlt wird entweder über kühle Oberflächen im Raum oder über gekühlte Luft. Aufgrund der geringeren Wärmekapazität von Luft im Vergleich zu Wasser ist der Energieaufwand beim Kühlen mit Luft jedoch größer als beim Kühlen mit Wasser. Bei Green Buildings sollte daher darauf geachtet werden, dass die Funktionen »Kühlen« und »Lüften« im ersten Schritt getrennt voneinander behandelt werden.

Kühlflächen sind so anzuordnen, dass sie möglichst effizient überschüssige Wärmestrahlung aufnehmen können. Ideal werden Kühlflächen daher an der Raumdecke positioniert, da der Kopf die höchste Oberflächentemperatur und damit höchste Wärmeabgabe aufweist. Die Wärme des Kopfes wird von der Kühlfläche an der Decke aufgenommen, was von den Nutzern stets als sehr behaglich bewertet wird. Eine andere Möglichkeit, Kühlflächen anzuordnen, bietet der Fußboden in unmittelbarer Nähe zur Fassade. Die durch die Fassade dringende Sonneneinstrahlung kann hier direkt absorbiert und durch den gekühlten Boden abtransportiert werden, bevor die Wärme wieder dem Raum zugeführt wird. Dieses Prinzip wurde, wie in *Abbildung C2.11* dargestellt, erfolgreich in der Jahrhunderthalle in Bochum realisiert. Der aufgrund der Dachverglasung erhebliche Sonnenenergieeintrag wird über die Fußbodenkühlung abgeführt.

Neben der direkten Abfuhr von Wärme über den Boden oder der behaglichen Wärmeabfuhr über die Decke kann die Energieeffizienz über die Größe der wärmeübertragenden Fläche analog zum Heizsystem optimiert werden. Je größer die wärmeübertragende Fläche, desto mehr kann die Betriebstemperatur nahe der Raumtemperatur gewählt werden. Man spricht hierbei auch von einem Hochtemperaturkühlsystem, wobei bei Büronutzung Kühltemperaturen von ca. 18 bis 20 °C ausreichend sind. Durch diese relativ hohen Betriebstemperaturen können regenerative Energiesysteme optimal eingebunden werden. Speziell beim Kühlen kann auch das Außenklima für eine ressourcensparende Konzeption genutzt werden. Beim gemäßigten mitteleuropäischen Klima liegen die Lufttemperaturen in der Nacht in der Regel

Lüftung

unter 18 °C, sodass dieses Kühlpotenzial über einen Tag-Nacht-Speicher genutzt werden kann. Dies funktioniert über in der Decke oder im Boden eingelegte Kühlleitungen. Man spricht hierbei von thermisch aktiven Bauteilen (TAB). Durch die Speichermasse der Bauteile wird durch die Nachtkühlung ein Kühlpotenzial eingelagert, das am Tag für Kühlfunktionen zur Verfügung steht.

Da das Heizen und das Kühlen nach den gleichen Prinzipien funktioniert, liegt es nahe, die gleichen Flächen sowohl zum Heizen als auch zum Kühlen zu nutzen. Hierdurch werden lange Laufzeiten für die Systeme und damit eine hohe Wirtschaftlichkeit erzielt. Besondere Beachtung erfordert hier natürlich die Regelungstechnik, da die Raumregler und -ventile im Winter bei zu niedrigen Solltemperaturen öffnen und im Sommer bei zu niedrigen Temperaturen schließen müssen, und das meist mit unterschiedlichen Regelparametern. Bei Heiz- und Kühlflächen, die eine hohe Speicherkapazität aufweisen, ist aufgrund der Trägheit eine Regelung nicht empfehlenswert, da die Änderung der Solltemperatur auf der Basis der Regelgröße zu lange dauert. Derartige Systeme, wie thermisch aktive Decken, werden daher gesteuert, nicht geregelt, wobei die Steuerung so auszulegen ist, dass die Oberflächentemperatur nicht mehr als 2 bis 3 K von der Raumtemperatur abweicht. Nur so kann eine Überwärmung oder Unterkühlung der Räume vermieden werden.

Das Lüften von Gebäuden beschreibt den Luftaustausch von Raumluft durch Außenluft, wobei die Außenluft je nach Nutzungsanforderungen vor dem Eintritt in den Raum behandelt, d. h. gefiltert, erwärmt, gekühlt, befeuchtet, entfeuchtet oder gereinigt wird. Mit der in den Raum einströmenden Luft sollen nutzungsbedingte Stofflasten wie Gerüche, Schadstoffe, CO_2 usw. aus dem Raum geführt werden. Die Stofflasten rühren von verschiedenen Stoffquellen her, die nutzungsbezogen zu analysieren sind. So sind in Kantinen und Speisesälen die eingebrachten Speisen als Stoffquellen zu betrachten, die Essensgerüche emittieren. In Industriebetrieben sind Produktionsmaschinen Stoffquellen, bei denen je nach Prozess Geruchsstoffe oder sogar Schadstoffe emittiert werden. In Büros stellen Menschen durch ihre Ausdünstungen Stoffquellen dar, ebenso Möbel und Computer, die diverse Stoffe emittieren. Durch das Lüften wird versucht, diese Stofflasten im Raum zu verdünnen und abzuführen, damit eine hygienisch einwandfreie und der Gesundheit zuträgliche Luftqualität im Raum vorhanden ist.

Das Lüften wird auch zur Abfuhr von Wärmequellen, also zum Kühlen eingesetzt. Hierbei strömt die kühlere Außenluft in den Raum ein und wärmere Raumluft strömt aus dem Raum ab. Die Temperaturdifferenz zwischen Außenluft und Raumluft sowie der Luftstrom beeinflussen die Kühlleistung.

Ähnlich wie beim Heizen und Kühlen ist auch für das Lüften eine Energie- und Massenbilanz zu erstellen. Hierbei wird aufgezeigt, welche Stoffe im Raum emittiert werden und wie viel Außenluft zugeführt werden muss, um die Stofflasten aus dem Raum abzuführen. Die hierfür erforderliche Lüftungslast ist durch eine ausreichende Lüftung zu erbringen.

Die einfachste Art des Lüftens ist die natürliche Lüftung über zu öffnende

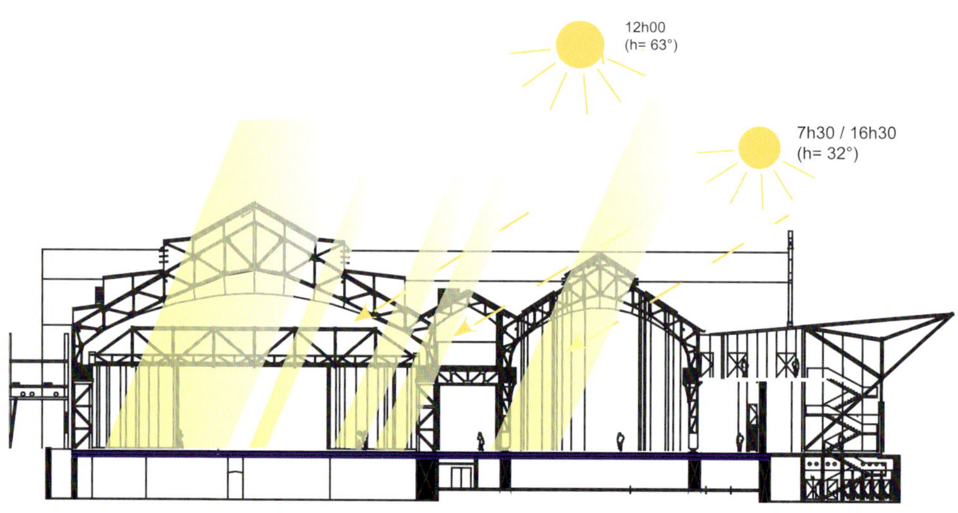

Abb. C 2.11 Schnitt durch die Jahrhunderthalle in Bochum. Architekten: Petzinka Pink Technologische Architektur®, Düsseldorf

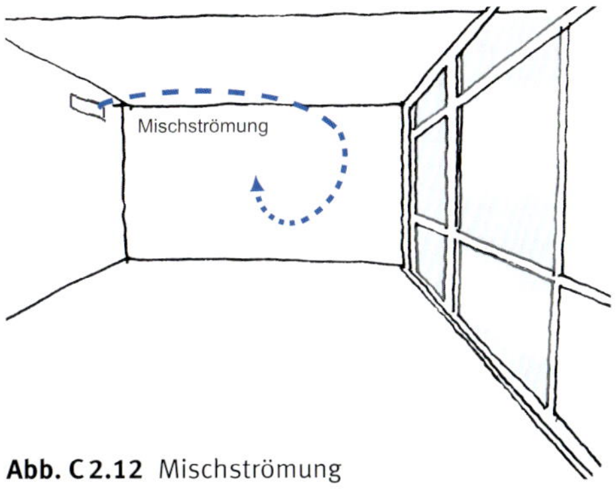

Abb. C 2.12 Mischströmung in einem Büroraum

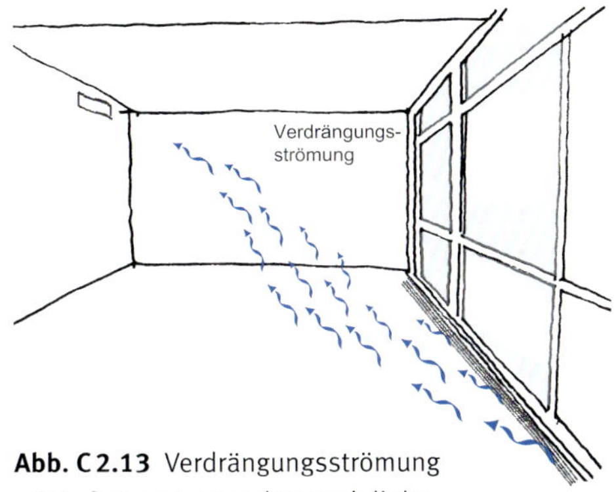

Abb. C 2.13 Verdrängungsströmung mit Luftstrom von rechts nach links

Fenster. Die Außenluft tritt hierbei durch das geöffnete Fenster oder Fassadenelement in den Raum ein. Je nach Fenstergröße, Fenstertyp, Temperaturdifferenz zwischen Außen- und Raumluft und in Abhängigkeit von den Druckverhältnissen an der Fassade strömt mehr oder weniger Außenluft in den Raum ein und Raumluft aus dem Raum ab. In *Abbildung C2.14* und *C2.15* ist der relative Luftdurchsatz in Abhängigkeit vom Fenstertyp und der erreichbare Außenluftwechsel in Abhängigkeit von der Temperaturdifferenz zwischen außen und innen dargestellt.

Bei natürlicher Lüftung ist dieser Luftstrom nur schwer einstellbar, da sich die Bedingungen ständig ändern. Zudem führen tiefe Außenlufttemperaturen schnell zu Zugerscheinungen im fassadennahen Bereich. Unter ökologischen Aspekten ist ein natürliches Lüftungskonzept zwar grundsätzlich sinnvoll, da hierbei der Stromaufwand für eine maschinelle Lüftung eingespart werden kann. Bei hohem Außenluftwechsel und niedrigen Außenlufttemperaturen ist jedoch daran zu denken, dass dann große Luftströme bei natürlicher Lüftung nicht ohne Zugerscheinungen in den Raum eingebracht werden können. Des Weiteren treten bei extremen Außentemperaturen im Winter und im Sommer erhebliche Energieverluste auf, da bei einer Fensterlüftung keine Wärmerückgewinnung möglich ist. Daher ist für diese Zeiträume eine maschinelle Lüftung mit effizienter Wärmerückgewinnung zu empfehlen.

Für Green Buildings ist daher genau zu prüfen, ob das Potenzial der Wärmerückgewinnung größer ist als der Stromaufwand für die maschinelle Lüftung. Dann nämlich ist eine Kombination aus natürlicher Lüftung in den Übergangszeiten und maschineller Lüftung in den Extremzeiten im Winter und im Sommer anzustreben. Man spricht dann von einem hybriden Lüftungskonzept.

Bei den raumlufttechnischen Anlagen gibt es für die Nutzenübergabe im Raum drei Kriterien:

- die Luftführung im Raum,
- der Lufttransport zwischen Außenlufteintritt im Gebäude und Zulufteintritt im Raum und
- die Luftbehandlung zum Erwärmen, Kühlen, Befeuchten, Entfeuchten, Filtern und Reinigen.

Mit der Konzeption der **Luftführung** im Raum werden die Weichen für eine energieeffiziente und effektive Belüftung des Raums gestellt. Bei der Luftführung im Raum werden grundsätzlich drei Strömungsformen unterschieden:

- Mischströmung,
- Verdrängungsströmung und
- Schichtenströmung.

Bei der Mischströmung wird die Zuluft über Dralluftdurchlässe, Schlitzluftdurchlässe oder Weitstrahldüsen hochinduktiv in den Raum geführt *(Abb. C2.12)*. Über die Induktion wird die Zuluft schnell mit der Raumluft vermischt, sodass eine nahezu komplette Durchmischung der Raumluft stattfindet. Die Raumluftbedingungen sind bei dieser Strömungsform daher überall im Raum nahezu gleich.

Bei der Verdrängungsströmung wird die Zuluft so in den Raum eingebracht,

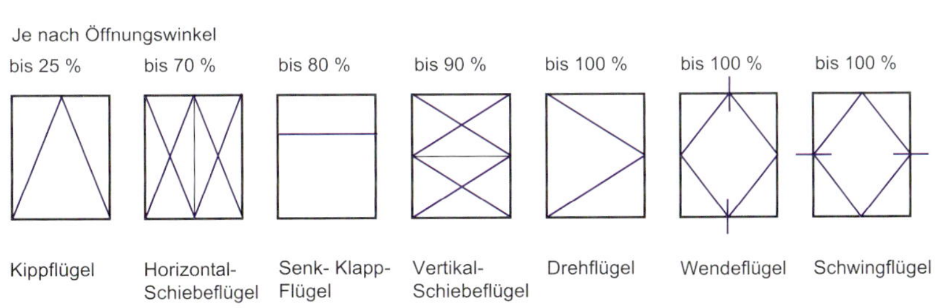

Abb. C 2.14 Relativer Luftdurchsatz in Abhängigkeit vom Fenstertyp

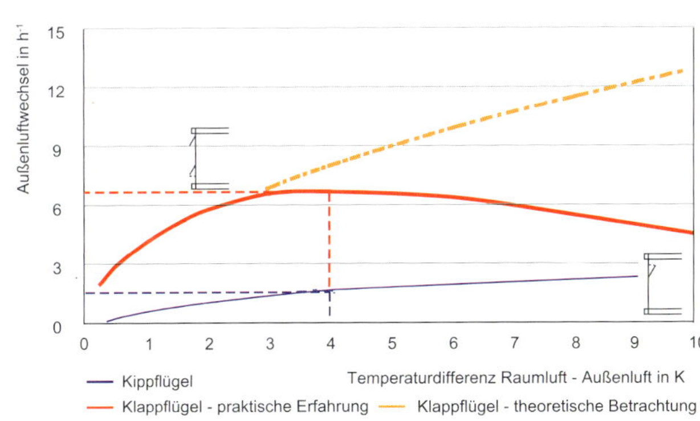

Abb. C 2.15 Außenluftwechsel in Abhängigkeit von der Temperaturdifferenz zwischen Raumluft und Außenluft

Abb. C 2.16 Standardhalle der Landesmesse Stuttgart. Architekten: Wulf & Partner, Stuttgart

dass die Luftströme, die durch Stoffquellen oder Wärmequellen verursacht werden, verdrängt werden. Dieses Prinzip wird z.B. in Reinräumen bei der Fertigung von Siliziumplättchen eingesetzt. In den meisten Fällen wird hier die Zuluft seitlich zugeführt, um die Schmutzpartikel in der Luft gezielt durch eine Art Kolbenströmung aus dem Raum zu verdängen *(Abb. C2.13)*.

Bei der Schichtenströmung wird die Zuluft so in den Raum geführt, dass der durch die Wärmequellen verursachte natürliche Auftrieb genutzt wird, um im Aufenthaltsbereich eine stabile Luftschicht mit den erforderlichen Anforderungen zu erzeugen. Hierbei wird die Zuluft in aller Regel im Aufenthaltsbereich oder in unmittelbarer Nähe zum Aufenthaltsbereich eingebracht. Um hier Zugerscheinungen zu vermeiden, hat die Zuluft sehr geringe Luftgeschwindigkeiten von 0,2 bis 0,4 m/s.

Vorteil dieser Strömungsform ist, dass die Wärmequellen und Stoffquellen durch den eigenen Auftrieb aus dem Aufenthaltsbereich geführt werden. Daher eignet sich diese Strömungsform vor allem für Räume, in denen die Höhe des Aufenthaltsbereichs im Vergleich zur Raumhöhe gering ist. Der Lüftungsaufwand kann dadurch erheblich verringert werden, da nur noch der Aufenthaltsbereich und nicht der gesamte Raum gezielt belüftet wird, z. B. in Messehallen, Vortragssälen, Flughafenterminals, Hallen usw. Da die Zuluftgeschwindigkeiten niedrig sind, führt diese Strömungsform auch in Büroräumen zu einem behaglicheren Raumklima. In Büroräumen erstreckt sich jedoch der Aufenthaltsbereich fast auf die gesamte Raumhöhe, daher sind die energetischen Vorteile im Vergleich zu einer Mischströmung nicht mehr so ausgeprägt wie in hohen Räumen.

Praxisbeispiel: Landesmesse Stuttgart
Wesentliche Anforderung für die Nutzenübergabe bei Messehallen ist es, bei uneingeschränkter Flexibilität und Versorgungssicherheit ein für Messeaussteller und Besucher zufriedenstellendes Raumklima zu schaffen.

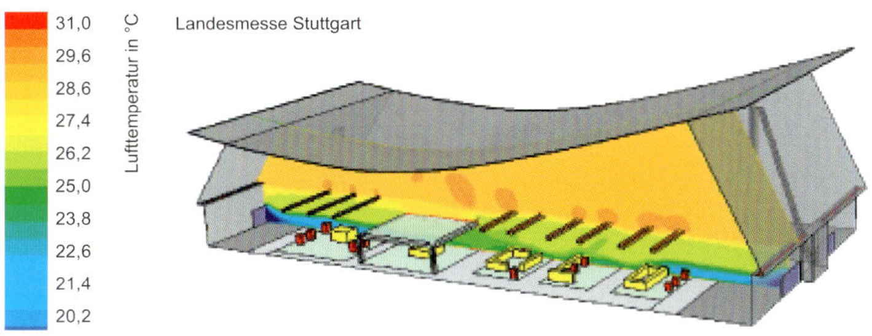

Abb. C 2.17 Simulation der Schichtenströmung in einer Standardhalle der Landesmesse Stuttgart. Farbflächendiagramm zu den Lufttemperaturen in der Halle

Abb. C 2.18 Innenansicht einer Standardhalle der Landesmesse Stuttgart

Üblicherweise werden hierzu die Messehallen von der Decke aus über Dralluftdurchlässe nach dem Mischströmungsprinzip beheizt, gekühlt und belüftet. Aufgrund der Hallenhöhe ist der Aufwand sehr hoch, um die konditionierte Zuluft von der Decke zugluftarm in den Aufenthaltsbereich zu führen. Bei der Landesmesse geht man daher einen anderen Weg und setzt konsequent auf die Schichtenströmung. Die Zuluft wird im Kühlfall, und der ist bei der Messenutzung aufgrund der hohen inneren Wärmequellen vorherrschend, in den Aufenthaltsbereich eingeschichtet. Hierzu befinden sich je zwei Schichtlüftungsdurchlässe im Bereich der Eingangstore, die über kurze Lufttransportwege von den Lüftungszentralen im darunter liegenden Versorgungskanal versorgt werden. Das innovative und für Messehallen in dieser Größenordnung noch nie eingesetzte Lüftungsprinzip wurde mit Simulationsrechnungen entwickelt und in Modellversuchen im Maßstab 1 : 1 weiter optimiert. Wesentliche Fragen waren hierbei, ob mit dem Lüftungsprinzip auch 70 m breite Messehallen ausreichend belüftet werden können und ob die Luftgeschwindigkeiten im behaglichen Bereich bleiben.

Es zeigte sich, dass durch diese Lüftungskonzeption im Vergleich zu ähnlichen, modernen Messen der erforderliche Zuluftstrom um ca. 30 % gesenkt werden kann. Dadurch können für den gesamten Ausstellungsbereich Lüftungsanlagen mit einer Gesamtluftmenge von 1 Mio. m^3/h eingespart werden. Trotzdem wird ein höherer Komfort im Aufenthaltsbereich erreicht als in vergleichbaren Messehallen, die von oben nach dem Mischlüftungsprinzip belüftet werden. Die Optimierung ermöglicht zudem den wirtschaftlichen Einsatz von Wärmerückgewinnungsanlagen mit Rückwärmzahlen von über 80 % aufgrund der hohen Ablufttemperaturen.

Durch die ganzheitliche Optimierung mit Schichtlüftungsprinzip, Wärmerückgewinnung und zentraler Konzeption mit Eisspeicher konnte die Heizungs- und Kältetechnik im Vergleich zu anderen Messen um ca. 40 % reduziert werden. Neben der Ökonomie profitiert natürlich auch die Ökologie von einer derartigen Konzeption. Pro Jahr werden 1 130 Tonnen CO_2 eingespart. Das entspricht ungefähr dem jährlichen Schadstoffausstoß von 220 Einfamilienhäusern.

Ein weiteres wichtiges Kriterium für eine energieeffiziente Konzeption der Nutzenübergabe bei der Lüftung ist der **Lufttransport** zwischen Außenlufteintritt ins Gebäude und dem Zulufteintritt in den Raum. Versteht man diesen Weg nicht als Luftverteilung, sondern wirklich als Lufttransportweg, für den Energie aufgewendet werden muss, und auf dem zudem noch Luft über Leckage verloren geht, so liegt nahe, dass der hierfür einzusetzende Aufwand so gering als möglich gehalten werden sollte. Bei der Konzeption ist daher darauf zu achten, dass der Außenlufteintritt ins Gebäude möglichst nahe bei den mit Zuluft zu versorgenden Räumen sein sollte. Die einfachste Lösung ist unter dieser Betrachtungsweise die natürliche Lüftung über Fenster, da hier die Luft direkt in den Raum einströmt. Muss die Außenluft jedoch irgendwie behandelt werden, ist eine Anlagentechnik erforderlich, die entweder zentral, semi-dezentral oder dezentral anzuordnen ist.

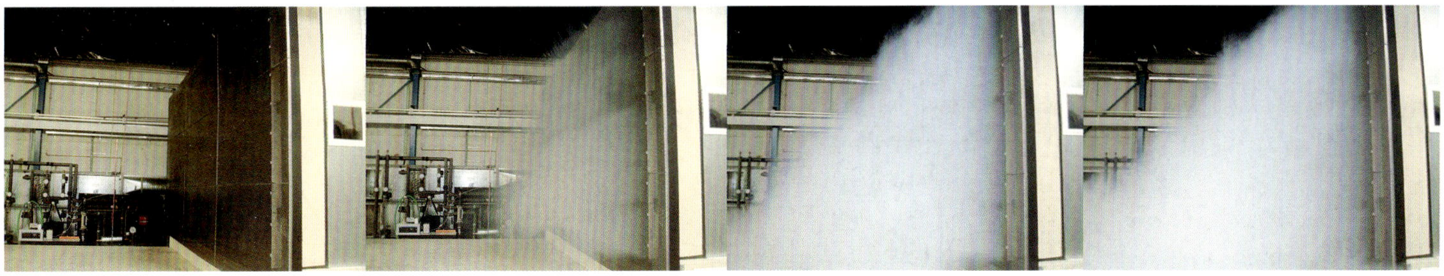

Abb. C 2.19 Strömungsversuch im Maßstab 1 : 1 in einer Messehalle am Killesberg in Stuttgart

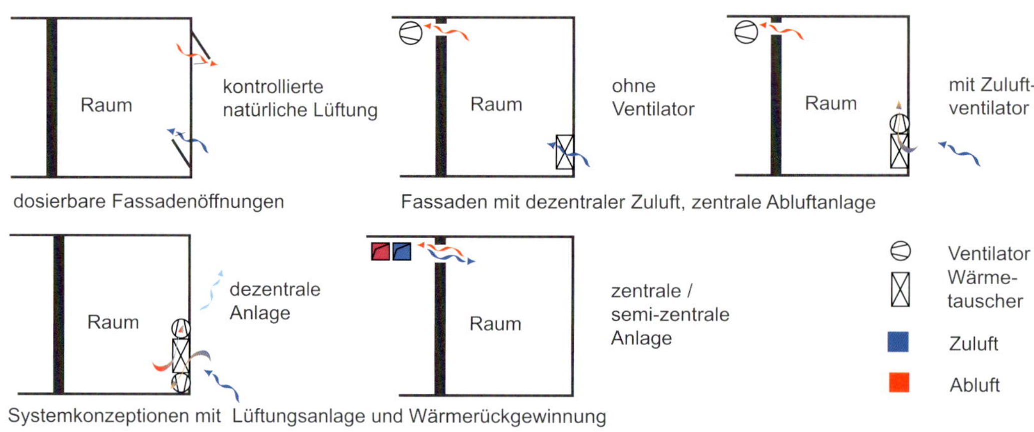

Abb. C 2.20 Übersicht über die unterschiedlichen Lüftungskonzeptionen

Bei der zentralen Anordnung ist der Aufwand für den Lufttransport in der Regel am größten, da meist über ein verzweigtes Luftkanalnetz konditionierte Zuluft zu den verschiedenen Räumen transportiert werden muss. Da der am weitesten entfernte Raum den maximal erforderlichen Druck vorgibt, muss dieser Druck an allen anderen Zuluftdurchlässen heruntergedrosselt werden. Der Energieaufwand ist daher entsprechend hoch. Aufgrund der zentralen Konzeption muss die Lüftungsanlage immer dann betrieben werden, wenn auch nur ein einzelner Raum Zuluft anfordert. Eine raumweise individuelle Zuluftkonditionierung oder eine individuelle Abschaltung ist bei der zentralen Lösung nur mit größerem anlagentechnischem Aufwand zu erreichen. Für Green Buildings wird daher in der Regel eine Trennung der mit maschineller Lüftung versorgten Bereiche vorgenommen. Dadurch können die Bürobereiche, die sich an der Fassade befinden und über Fenster belüftet werden können, in der Übergangszeit im Frühjahr und im Herbst von der maschinellen Lüftung abgeschaltet werden. So kann der Lüftungsaufwand auf die Extremzeiten und auf die Bereiche reduziert werden, die gebäude- und nutzungsbedingt maschinell belüftet werden müssen. Großer Vorteil dieser Konzeption ist, dass es nur eine zentrale Anlage gibt, an der mit sehr geringem Aufwand die Wartung, Inspektion und Bedienung vorgenommen werden kann.

Die Alternative zur zentralen Lüftung ist die maschinelle Lüftung mit kleinen Raumlüftungsgeräten, die so genannte dezentrale Lüftung. Bei der dezentralen Lüftung wird jeder Raum, jede zweite Achse oder jede Achse mit einem dezentralen Lüftungsgerät ausgestattet. Die Lüftungsgeräte können hierbei mit verschiedenen Funktionen ausgestattet werden. Im Gegensatz zur zentralen Lüftung kann der Lufttransport auf ein Minimum reduziert werden, da die Außenluft direkt am Raum angesaugt und behandelt wird. Durch die dezentrale Konzeption kann jeder Nutzer individuell entscheiden, ob er mit konditionierter Luft versorgt werden möchte oder nicht. Aufgrund der langen Übergangszeiten im mitteleuropäischen Klima gibt es lange Zeiten, in denen der Betrieb der dezentralen Lüftungselemente eigentlich nicht erforderlich ist. Des Weiteren ist der Druckverlust in den dezentralen Geräten aufgrund der minimierten Transportwege um ein Vielfaches geringer als bei zentralen Anlagen, wodurch der Energieaufwand deutlich reduziert werden kann. Beide Aspekte zusammen führen zu einem Energieeinsparungspotenzial von ca. 20 bis 40 % gegenüber zentralen Lüftungskonzepten. Nachteilig bei dezentralen Anlagen ist der deutlich höhere Aufwand für die Wartung und Inspektion. Daher sind bei heutigen Bauvorhaben und den aktuellen Energiepreisen dezentrale Lüftungen nur dann wirtschaftlicher, wenn die Einsparungen beim Bauvolumen aufgrund des minimierten Lufttransports der Schaffung von neuem Büro- oder Nutzraum zugute kommen. Beispielsweise können bei hohen Häusern mit geringen Geschosshöhen durch Wegfall der Installationsbereiche für die Lüftungsleitungen mehr Geschosse bei gleicher Gebäudehöhe realisiert werden. Die einfachste Art der dezentralen Lüftung ist ein Außenluftdurchströmelement ohne Ventilator und ohne weitere Luftbehandlungsfunktionen. Die Abluft wird entweder direkt im Raum oder mit Überströmung an der Flurtrennwand im Flur über ein Abluftkanalnetz mit zentralem Abluftventilator abgesaugt. Jeder Nutzer kann durch Öffnen oder Schließen des Elements beeinflussen, ob er mit Außenluft versorgt wird oder nicht. Diese Konzeption ist sozusagen eine erste Evolutionsstufe zur Fensterlüftung. Sie ist sehr einfach und daher kostengünstig. Der Nutzer hat jedoch keinen Einfluss auf die einströmende Lufttemperatur, die immer der Außenluft entspricht. Des Weiteren ist wie beim Fensterlüften keine Wärmerückgewinnung möglich. Die Lüftungselemente werden entweder in den Hohlraumboden oder in die Fassade integriert. *Abbildung C2.20* zeigt die unterschiedlichen Lüftungskonzeptionen.

Je nach Anforderung an das Raumklima können diese Elemente mit Luftbehandlungsfunktionen ergänzt werden, um die Außenluft zu erwärmen, zu kühlen, zu entfeuchten usw. Bei schwankenden Druckverhältnissen an der Fassade, z. B. bei Hochhäusern ohne doppel-

schalige Fassade, kann es zudem erforderlich werden, einen Zuluftventilator zu integrieren, der eine ausreichende Luftzufuhr gewährleistet. Mit dem steigenden anlagentechnischen Aufwand steigen natürlich auch die Kosten für eine derartige Anlage. Grundsätzlicher Nachteil einer Konzeption mit dezentralen Zuluftelementen und zentraler Abluft ist ein erhöhter Aufwand für die Wärmerückgewinnung, die nicht wirtschaftlich sinnvoll integriert werden kann.
Der Abluftvolumenstrom kann zwar über einen Wärmeübertrager entwärmt werden, das Ablufttemperaturniveau ist jedoch nicht so hoch und der Verteilaufwand immens. Alternativ kann der Abluftstrom noch mit einer Wärmepumpe entwärmt werden, um ein höheres Temperaturniveau für die Einspeisung zu erreichen. Die hohen Kosten für die Wärmerückgewinnung ermöglichen jedoch auch bei steigenden Energiepreisen keine Wirtschaftlichkeit. Unter den Gesichtpunkten von Green Buildings sind derartige Konzepte daher nicht zu empfehlen.

Dezentrale Lüftungskonzepte für Green Buildings müssen daher die Möglichkeit einer Wärmerückgewinnung im dezentralen Lüftungselement bieten, sodass neben der Zuluft auch die Abluft durch das Element geführt wird. Derartige Lösungen erfordern ein höchstes Maß an Integration der Raumlufttechnik in die Fassade, und zwar bereits zu einem sehr frühen Planungszeitpunkt. Vorteil dieser Konzeption ist eine hoch effiziente Wärmerückgewinnung je Lüftungselement, gepaart mit einer individuellen Bedienung durch den Nutzer, der das Lüftungselement ein- oder ausschalten kann und die Zuluft entsprechend seiner Vorstellungen regeln kann. Unter den Aspekten von Green Buildings ist dies daher sehr empfehlenswert. Nachteilig sind die teilweise noch hohen Kosten aufgrund des größeren anlagentechnischen Aufwands. Zudem handelt es sich stets um Individuallösungen, die an das jeweilige Gebäude oder den Fassadentyp angepasst werden müssen und nur zu geringen Stückzahlen in der Fertigung führen.

Das dritte Kriterium bei der Nutzenübergabe ist die **Luftbehandlung** im Lüftungsgerät. Je nach Anforderung ist die Außenluft zu erwärmen, zu kühlen, zu befeuchten, zu entfeuchten, zu filtern und zu reinigen. Für die verschiedenen klimatechnischen Prozesse ist darauf zu achten, dass die Anforderungen an die Zuluft mit möglichst geringem Energieaufwand erfüllt werden. Auch hier ist eine bedarfsgerechte Regelung oder Steuerung unumgänglich.

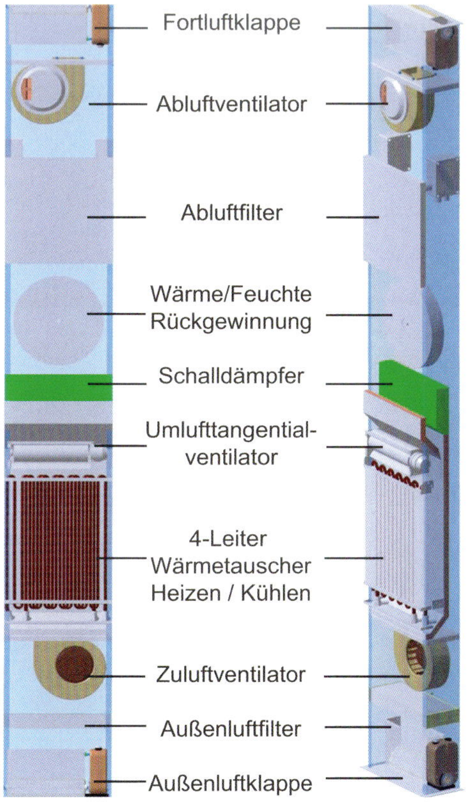

Abb. C 2.21 Dezentrales Lüftungselement mit Zu- und Abluft und Wärmerückgewinnung auf einer Breite von ca. 33 cm. Projekt: Altana Pharma in Konstanz

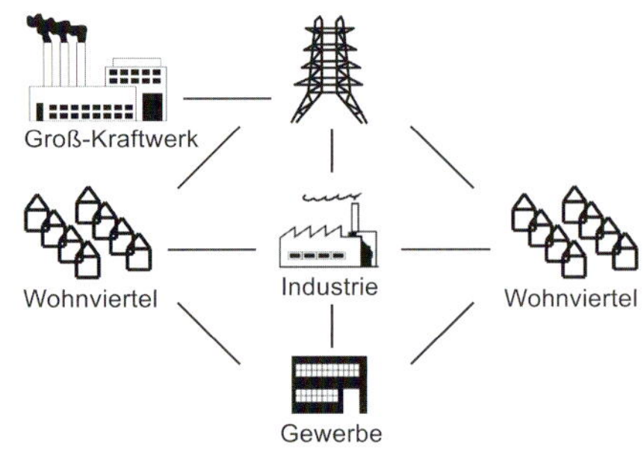

Abb. C 2.22 Zusammenschluss dezentraler Kraftwerke zu einem virtuellen Kraftwerk

Energieerzeugung

Alle Gebäude müssen mit Strom, und je nach lokalen Klimabedingungen und Behaglichkeitsanforderungen auch mit Wärme und Kälte versorgt werden. Meist wird die Wärme durch das Verbrennen von fossilen Brennstoffen wie Öl oder Gas im Gebäude selbst erzeugt. Strom wird in der Regel von einem Energieversorger geliefert und oftmals auch für die Kälteerzeugung genutzt. Wachsendes Umweltbewusstsein, Liberalisierung des Energiemarkts, steigende Energiepreise und attraktive Fördermaßnahmen führen dazu, dass auch andere Energieerzeugungskonzepte erprobt und entwickelt werden. Hier kristallisieren sich zwei Gruppen heraus, bei denen die Primärenergie im Vergleich zu den herkömmlichen Konzepten weit effizienter ausgenutzt wird.

In der ersten Gruppe wird die hochwertige elektrische Energie selbst erzeugt und die Abwärme im Winter zum Beheizen des Gebäudes und im Sommer zur Kälteerzeugung verwendet. Diese Systeme werden als Kraft-Wärme-Kälte-Kopplung bezeichnet. Damit lassen sich Aufwandszahlen erreichen, die sonst nur modernen Kraftwerken vorbehalten sind. Sie haben zudem den Vorteil, dass die Energie dort, wo sie gebraucht wird, auch erzeugt wird und nur einen geringen Verteilaufwand aufweist. Wird statt fossiler Energieträger Biomasse oder Biogas eingesetzt, ist die Energieerzeugung nahezu CO_2-neutral.

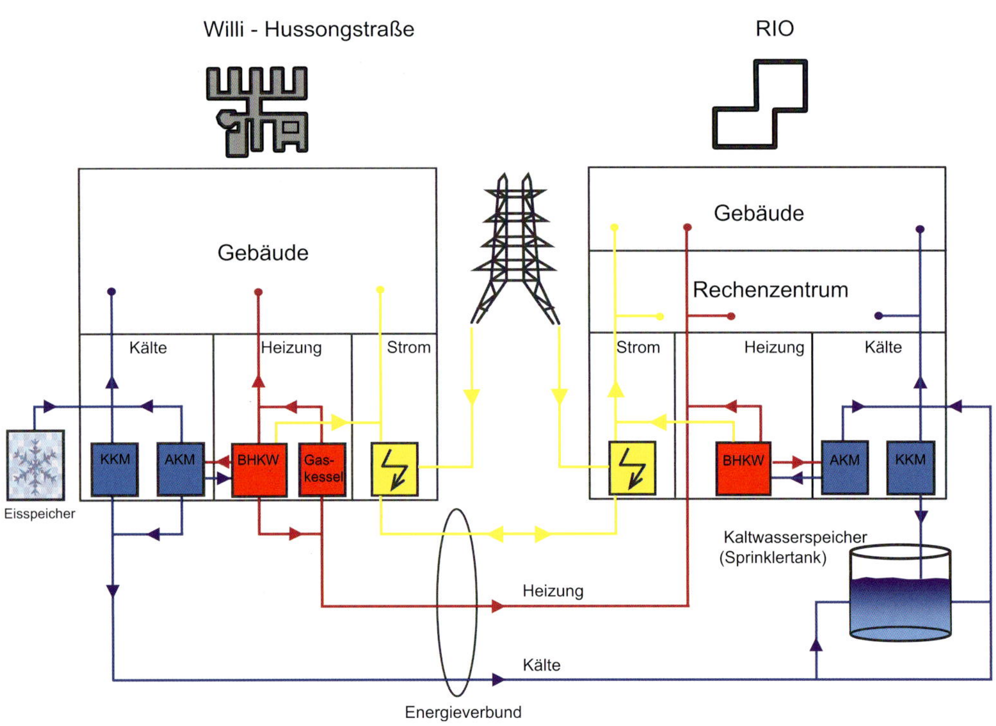

Abb. C 2.23 Schema des Energieverbunds zwischen der Willi-Hussong-Straße und dem Logistikzentrum RIO der HUK Coburg

In der zweiten Gruppe werden regenerative Energiequellen wie Sonne, Wind oder Erdwärme zur Energieerzeugung herangezogen. Aufgrund des schwankenden Energieangebots und der verhältnismäßig geringen Energiedichten können diese Energiequellen die konventionelle Energieerzeugung, vor allem bei der Stromversorgung, nicht vollständig ersetzen. Die Variabilität der Erzeugung ist auch der Grund dafür, dass der gewonnene Strom meist in das öffentliche Netz eingespeist wird, das damit als virtueller Speicher dient.

Virtuelles Kraftwerk

Mit einer stärkeren Verbreitung der kleinen, dezentralen Kraftwerke zur Energieversorgung von Gebäuden wird das Konzept des virtuellen Kraftwerks zu einer greifbaren Vision. Diese beschreibt das Zusammenschalten der dezentralen Kraftwerke zu einem Verbund, der gemeinsam von einer zentralen Warte aus gesteuert wird. Durch ein koordiniertes Einspeisen von Strom, z. B. aus Windenergieanlagen, Blockheizkraftwerken, Photovoltaik und Biogasanlagen lässt sich der Bedarf an Spitzenlaststrom decken. Die Grundlast wird dabei weiterhin durch die zentralen Großkraftwerke abgedeckt. Obwohl die großen Energieversorger für diese dezentrale Spitzenlastabdeckung noch keine ernstzunehmende Alternative sehen, wird dies bei den kleinen kommunalen Energieversorgern bereits erfolgreich angewandt. So werden z. B. in Coburg die

Systeme zu Kraft-Wärme-Kälte-Kopplung

Notstromaggregate von privaten Gebäuden bei Auftreten von Stromspitzen im öffentlichen Netz vom städtischen Energieversorger kurzzeitig ferngesteuert betrieben. Die Gebäudebesitzer werden für die Bereitstellung zweifach belohnt: zum einen können die Laufzeiten auf die sicherheitsrelevanten monatlichen Probeläufe angerechnet werden und zum anderen wird die Bereitstellung gut bezahlt. Auch aus energetischen Gesichtspunkten ist dies effizient, da für alle Anlagen die besten Aufwandszahlen erzielt werden.

Ein herausragendes Beispiel eines virtuellen Kraftwerks mit dezentralen Systemen zur Kraft-Wärme-Kälte-Kopplung liefert die HUK-Coburg-Versicherung. Um einen energieeffizienten Betrieb zu gewährleisten, wird das Logistikzentrum mit den vorhandenen Gebäuden zu einem Energieverbund zusammengeschlossen *(Abb. C2.23)*. Die Einbindung von günstigen Speichertechniken gewährleistet zudem einen optimalen Betrieb der Kraft-Wärme-Kälte-Kopplung und ist wichtigster Bestandteil, um unter anderem den Energiebezug aus den teuren und ineffizienten Spitzenlastzeiten in günstige Schwachlastzeiten zu verschieben. Herzstück ist der aus Gründen des Brandschutzes erforderliche Sprinklertank, der zu einem Kaltwasserspeicher mit einer Kälteleistung von 900 kW umfunktioniert wird. Mithilfe von Simulationen werden seine Form sowie die Belade- und Entladetechniken optimiert.

Abb. C 2.24 HUK Coburg – Bau des 1 100 m³ großen Sprinklers-/Kaltwasserspeichers

Der Aufwand für die Installation und den Betrieb einer Anlage zur Kraft-Wärme-Kälte-Kopplung ist hoch und kostenintensiv. Deshalb wird diese Technik vor allem in Gebäuden mit hohem Energieverbrauch, wie einem Rechenzentrum, oder in kleinen Nahwärmenetzen eingesetzt. Damit eine Anlage wirtschaftlich arbeitet, sind lange Laufzeiten notwendig. Dies kann nur durch eine ganzjährige Wärme- und Stromabnahme gewährleistet werden. So sind Nutzungen wie Schwimmbäder, die das ganze Jahr einen Heizenergiebedarf aufweisen, prädestiniert für solche Konzepte. In anderen Fällen, in denen im Sommer keine Heizenergie benötigt wird, kann die anfallende Abwärme der Stromerzeugung auch für die Kälteerzeugung genutzt werden. Das Herzstück einer solchen Kraft-Wärme-Kälte-Kopplung ist eine Maschine, die einen Generator zur Stromerzeugung antreibt. In den unteren Leistungsklassen zwischen 10 und 1 000 kW wird meist ein Verbrennungsmotor eingesetzt. Da der Verbrennungsmotor und der Generator eine Einheit bilden, wird die Anlage auch als Blockheizkraftwerk (BHKW) bezeichnet. Die Technik ist bewährt und das Aggregat lässt sich gut regeln. Es werden elektrische Wirkungsgrade von 35 bis 40 % und Gesamtwirkungsgrade von 80 bis 85 % erreicht. Für große Anla-

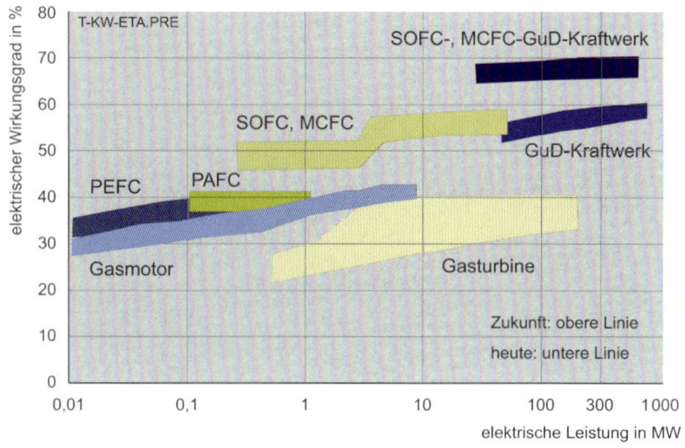

Abb. C 2.25 Einsatzgebiete der Anlagen zur Kraft-Wärme-Kälte-Kopplung und deren elektrische Wirkungsgrade

gen über 1 000 kW werden Gasturbinen eingesetzt, die einen Gesamtwirkungsgrad bis 85 % besitzen. Um die elektrische Effizienz weiter zu erhöhen, kann die Gasturbine mit einer Dampfturbine kombiniert werden. Dabei werden elektrische Wirkungsgrade von rund 58 % und Gesamtwirkungsgrade von nahezu 90 % erzielt. Für den Betrieb dieser so genannten GuD-Kraftwerke werden gasförmige oder flüssige Brennstoffe wie Erdgas, Biogas oder Heizöl eingesetzt *(Abb. 2.26)*. Um auch für kleinere Anlagengrößen höhere Wirkungsgrade zu erzielen, werden in jüngster Zeit Mikrogasturbinen für Leistungsklassen unter 100 kW entwickelt. Die Vorteile der Mikrogasturbine sind die einfache, kompakte und robuste Bauweise sowie die gute Drehzahlregelung mit hohem Teillastwirkungsgrad bei geringen Stickstoffoxid-Emissionen.

Brennstoffzelle

Die Brennstoffzelle erzeugt ebenfalls Wärme und Strom gleichzeitig. Im Unterschied zu einem Blockheizkraftwerk wird der Verbrennungsmotor durch eine Brennstoffzelle ersetzt, in der chemische Energie direkt in elektrische Energie umgewandelt wird. Vorteil dieser Umwandlung ist der hohe Gesamtwirkungsgrad von bis zu 65 %, der nicht wie bei den mechanisch angetriebenen Systemen einem limitierenden Faktor – dem Carnot'schen Wirkungsgrad – unterworfen ist. Dieser Faktor gibt an, welcher theoretische Anteil der zugeführten Wärme in mechanische Arbeit umgewandelt werden kann. So besitzen kleine Brennstoffzellen so hohe Wirkungsgrade, wie diese sonst nur für große Kombi-Kraftwerke typisch sind.

Die technische Entwicklung von Brennstoffzellen konzentriert sich auf fünf Brennstoffzellen-Typen mit unterschiedlichen Eigenschaften *(Tab. C2.1)*. Die folgenden Elektrolyten werden heute eingesetzt:

- Keramische Schichten SOFC (Solid Oxid Fuel Cells)
- Geschmolzene Karbonate MCFC (Moltan Carbonat Fuel Cells)
- Kalilauge AFC (Alkaline Fuel Cells)
- Phosphorsäure PAFC (Phospheric Acid Fuel Cells)
- Kunststofffolien PEFC (Polymer Electrolyte Fuel Cells).

Bei der elektrochemischen Wandlung entstehen nahezu keine Schadstoffe. Geringe Mengen werden bei der Beheizung des Reformers erzeugt. Das beim Prozess anfallende Reaktionswasser kann problemlos in die Kanalisation gegeben werden. Schwermetalle werden weder mit dem Abwasser noch mit der Luft abgegeben.

Die PAFC ist die erste Brennstoffzelle, die auf dem Markt angeboten wurde.

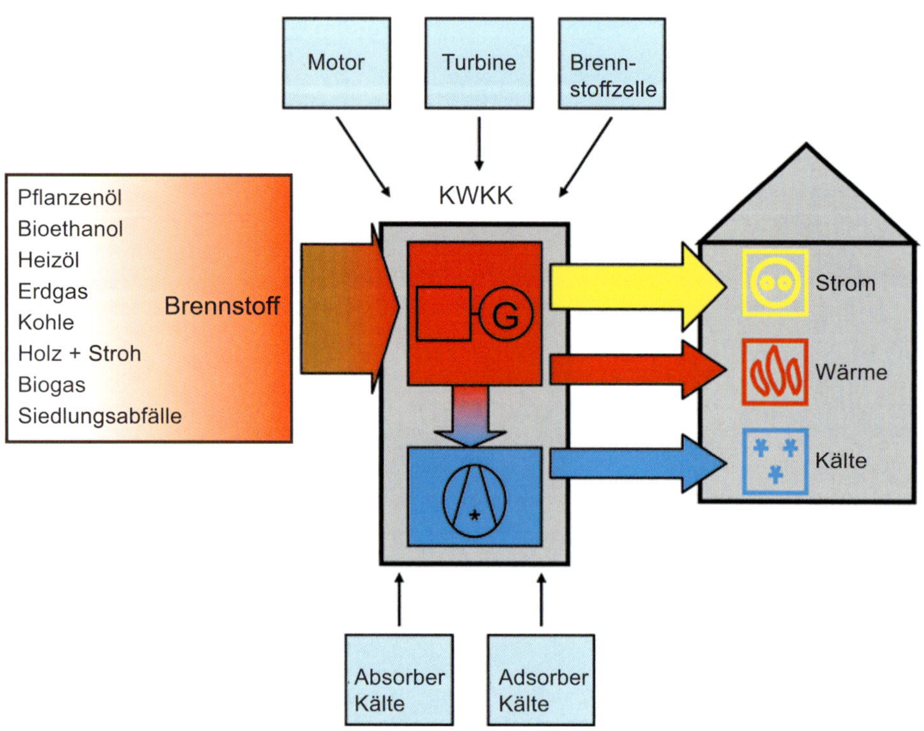

Abb. C 2.26 Schema der Kraft-Wärme-Kälte-Kopplung (KWKK)

Die technische Marktreife konnte durch Serienfertigung erreicht und durch Pilotanlagen bestätigt werden. Die PC25C von ONSI mit dem Elektrolyt PAFC liefert 200 kW elektrischen Strom und 220 kJ Wärme. Sie setzt 40 % der mit Erdgas zugeführten Energie in Strom und 45 % in Nutzwärme um. Die Temperatur kann in einem Niedertemperaturbereich mit 70 / 35 °C und in einem Hochtemperaturbereich mit 115 / 95 °C ausgekoppelt werden. Das Brennstoffzellen-BHKW lässt sich zwischen 0 und 100 % regeln, wobei ein Betrieb zwischen 50 und 100 % sinnvoll ist. Allerdings sind die Investitionskosten bei einer durchschnittlichen Standzeit von 70 000 Betriebsstunden noch sehr hoch.

Den Brennstoffzellen mit der PEFC-Technik werden große Chancen im Automobilbereich und in der Hausenergieversorgung eingeräumt. Derzeit werden Brennstoffzellen-Heizgeräte mit Leistungsdaten von 4,6 kW für elektrische Energie und von 6 kJ für thermische Energie entwickelt, sie sind damit auf die Bedürfnisse von Einfamilienhäusern und Wohnsiedlungen in Nord- und Mitteleuropa zugeschnitten. Die Hochtemperatur-Brennstoffzellen (SOFC und MCFC) eignen sich besonders für die stationäre Stromerzeugung und für die gekoppelte stationäre Strom- und Wärmeerzeugung mit hoher Leistung. Aufgrund der hohen Systemtemperaturen können diese herkömmlichen Brenngase und vergaste flüssige oder gar feste Brennstoffe (Kohlenwasserstoffe) mit der Abwärme der Brennstoffzellen reformieren, d. h. Wasserstoff abspalten. Zusätzlich lässt sich Wärme auf hohem Temperaturniveau nutzbringend in industriellen Verfahren aller Art (z. B. als Prozessdampf) verwenden und diese kann auch in nachgeschalteten Turbinenaggregaten zur weiteren Stromerzeugung und damit zur weiteren Erhöhung des elektrischen Wirkungsgrads eines Brennstoffzellen-Kraftwerks herangezogen werden.

BZ-Typ	Elektrolyt	Temp.-Bereich (Zelle in °C)	Brenngas (primär)	elektr. Wirkungsgrad	Hersteller	Leistung (MW)
Alkalisch (AFC)	30 % KOH	60–90	reines H_2	60		
Polymer-elektrolyt-Membran (PEMFC)	PEM Nafione®	0–80	H_2, Methan, Methanol	60 (H_2) 40 (CH_4)	BGS Siemens	0,25 0,12
Direkt-Methanol (DMFC)	PEM Nafione®	60–130	Methanol	40		
Phospor-sauer (PAFC)	konz. H_3PO_4	120–220	Methan, H_2	40	Toshiba ONSI	11 0,2
Karbonat-schmelze (MCFC)	Li_2CO_3/ $_2$CO3	650	Methan, Kohlegas Biogas Biomasse-Gas	40–65 60	ERC MTU	2 0,28
Oxid-keramisch (SOFC)	$Zr(Y)O_2$	800–1 000	Methan Kohlegas, H_2 Biogas Biomasse-Gas	50–65	Westinghouse Sulzer Hexis	0,1 0,001

Abb. C2.1 Vergleich der verschiedenen Brennstoffzellen-Typen

Sonnenenergie

Abb. C 2.27 Glasabgedeckte Flachkollektoren und Folienkollektoren zur Trinkwassererwärmung

Abb. C 2.28 Photovoltaik-Kollektoren zur Stromerzeugung

Sonnenenergie kommt auf der Erde in sehr unterschiedlicher Form vor. In Pflanzen und Biomassen ist diese Energie chemisch gespeichert und kann durch unterschiedliche Verfahren, wie Verbrennen, wiedergewonnen werden. Auch die Luftströmungen und die Windenergie entstehen durch die von den Sonnenstrahlen erwärmte Erdoberfläche. Die Sonnenenergie kann direkt über Solarkollektoren zur Wärmeerzeugung oder zur Stromerzeugung genutzt werden. Thermische Solarkollektoren bestehen im Wesentlichen aus einem Absorber und einem wärmegedämmten Gehäuse, das auf der Vorderseite transparent ausgeführt ist. Durch den Einsatz von hoch effizienten Materialien wie einer Vakuumdämmung, einer Gasfüllung oder selektiven Absorbern können die Kollektoren an die unterschiedlichsten Anforderungen angepasst werden. Die Anwendung umfasst den Niedertemperaturbereich unter 50 °C für die Schwimmbadwassererwärmung, den Mitteltemperaturbereich (50 bis 100 °C) für die Trinkwassererwärmung und Raumheizung und den Hochtemperaturbereich über 100 °C für die Prozesswärme der Industrie. Für den Niedertemperaturbereich werden meist kostengünstige nicht abgedeckte Absorber verwendet. Im Mitteltemperaturbereich wird der Absorber selektiv ausgeführt und mit einer Glasscheibe abgedeckt. Zur Minderung der hohen Wärmeverluste werden im Hochtemperaturbereich Vakuumröhrenkollektoren oder eine zweifach Abdeckung eingesetzt.

Bei den Photovoltaik-Kollektoren wird das Sonnenlicht nicht in Wärme, sondern in elektrischen Strom umgewandelt. Dabei wird Silizium in mono- und polykristalliner und amorpher Form eingesetzt. Überwiegend wird für Solarzellen mono- und polykristallines Silizium verwendet. Es wird aus Kristallblöcken geschnitten und weist einen hohen Wirkungsgrad von rund 14 bis 18 % auf. Die Entwicklung geht jedoch in Richtung des amorphen Siliziums, da es durch Aufdampfen auf ein Tägermaterial großflächig und damit kosten- und materialsparend hergestellt werden kann. Der Wirkungsrad liegt zwischen 5 und 7 %. Ohne eine staatliche Förderung ist der Einsatz von Photovoltaikanlagen bei den aktuellen Energiepreisen nicht wirtschaftlich und auf Nischen, wie Bereiche, in denen kein Stromnetz zur Verfügung steht, beschränkt. In Deutschland wird deshalb die Einspeisvergütung durch das Erneuerbare-Energien-Gesetz (EEG) reglementiert. Dadurch lassen sich Amortisationszeiten zwischen 15 und 18 Jahren erzielen. Der Energierückfluss, d. h. die Zeit, die die Zellen benötigen, um so viel Energie zu erzeugen wie zu ihrer Herstellung benötigt wurde, liegt zwischen zwei und sechs Jahren.

Sonnenenergie als Antrieb zur Kälteerzeugung

Die Technik der solaren Kühlung hat sich in den letzten Jahren stetig weiterentwickelt. Der Reiz dieses Systems besteht

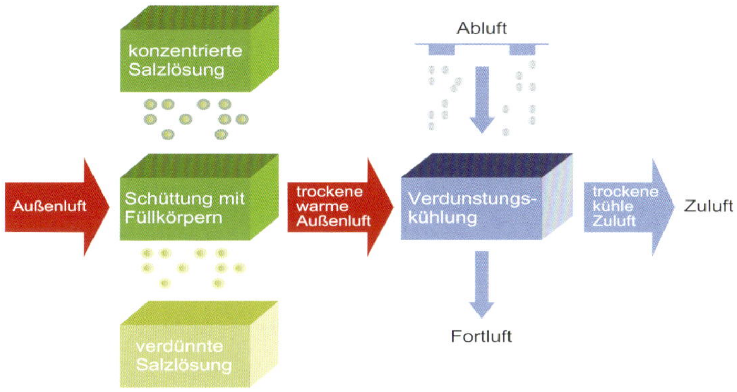

Abb. C 2.29 Schematische Darstellung der Luftbehandlungsstufen bei der sorptionsgestützten Klimatisierung

darin, dass die Zeiten des Kühlbedarfs mit den Zeiten des höchsten Solarangebots zusammenfallen. Für die Umwandlung der Solarwärme in Kälteenergie stehen im Wesentlichen drei Verfahren zur Verfügung:

- Absorption,
- Adsorption und
- sorptionsgestützte Klimatisierung.

Absorption

Die Absorptionskälteanlagen sind seit Langem bewährt und haben sich besonders in der Tieftemperaturkälte bis −60 °C durchgesetzt. Bei diesen niedrigen Temperaturen wird Ammoniak als Kältemittel eingesetzt. Bei normalem Temperaturniveau über 5 °C in der Klimatechnik wird Wasser und Lithiumbromid verwendet. Da beim Absorptionsprozess rund 140 % Wärme für die Umwandlung in 100 % Kälte eingesetzt werden, sollte unter energetischen Gesichtspunkten die Wärme aus Abwärmeprozessen oder regenerativen Energiequellen stammen. Zum Antrieb des Absorptionsprozesses kann Wärme in Form von Dampf oder Heißwasser im Temperaturbereich zwischen 80 und 180 °C verwendet werden. Dieses Temperaturniveau ist eher bei Verbrennungsprozessen als bei Solarkollektoren gegeben. Die hoch effiziente Kraft-Wärme-Kälte-Kopplung war früher nur Großanlagen ab einer Kälteleistung von 300 kW vorbehalten. Im Zuge der Dezentralisierung der Energieerzeugung werden derzeit kleine Absorptionsanlagen zwischen 4,5 und 35 kW entwickelt.

Adsorptionsanlagen

Die Adsorptionsanlage funktioniert nach einem vergleichbaren Prinzip wie die Absorptionskälteanlagen. Es wird lediglich anstelle eines flüssigen Lösungsmittels ein festes Adsorptionsmittel, z. B. Silicagel, verwendet. Da der Prozess diskontinuierlich und deshalb aufwändiger ist, sind die Anlagen kostenintensiver. Vorteil dieser Anlagen ist das niedrige Temperaturnievau bei der Wärmezufuhr, es liegt zwischen 50 und 90 °C, das eine Einbindung von Solarkollektoren effizient ermöglicht.

Sorptionsgestützte Klimatisierung

Die sorptionsgestützte Klimatisierung ist ein Verfahren, das mit niedrigen Antriebstemperaturen zwischen 50 und 90 °C auskommt. Dabei wird die Außenluft entfeuchtet und gekühlt. Hierbei unterscheidet man zwischen festen und flüssigen Sorptionsmitteln. Feste Stoffe findet man in DEC-Anlagen (Desiccative Evaporative Cooling), in denen ein rotierendes Sorptionsrad eingesetzt wird, das die Luft entfeuchtet und durch Wärmezufuhr (Abwärme, Solarwärme) wieder regeneriert. Im Gegensatz zu den rotierenden Sorptionsrädern sind die Prozesse Entfeuchtung und Kühlung bei den Anlagen mit den flüssigen Sorptionsmitteln getrennt. Warme, feuchtebeladene Außenluft wird zunächst in der Absorptionseinheit an mit konzentrierter Salzlösung benetzten Füllkörpern vorbeigeführt und gibt dort Wasser an die Sole ab. Die entfeuchtete Luft wird anschließend über einen Wärmeübertrager abgekühlt und gelangt als Zuluft in das Gebäude. Die angesaugte Abluft wird im Wärmeübertrager mit Wasser besprüht. Das verdunstete Wasser senkt die Temperatur der Abluft so weit, dass diese die Wärme der entfeuchteten Zuluft aufnehmen kann und anschließend als Fortluft abgegeben wird. Die verdünnte Salzlösung gibt zunächst die bei der Wasseraufnahme freigesetzte Wärme in einen Wärmeübertrager an Umlaufwasser ab, das ebenfalls in der Zentraleinheit wieder gekühlt wird und den Wasserkreislauf schließt. Ein Teilstrom der wieder abgekühlten verdünnten Sole wird in einem Regenerator mit zugeführter Wärme wieder entwässert, der Solekreislauf über einen Pufferspeicher geschlossen. Als zugeführte Wärme kann sowohl die Abwärme der BHKWs wie auch solar erzeugte Wärme verwendet werden.

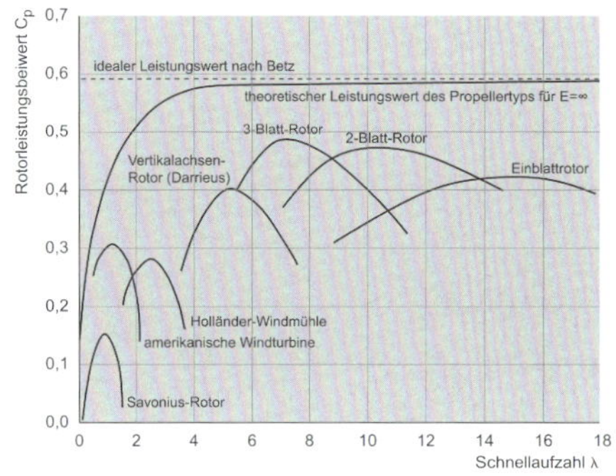

Abb. C 2.30 Anwendungsbereiche der unterschiedlichen Windgeneratoren. Für die Leistungsausbeute einer Windkraftanlage ist die Schnelllaufzahl λ wichtig. Darunter versteht man das Verhältnis zwischen Umlaufgeschwindigkeit der Rotorblattspitzen und anströmender Windgeschwindigkeit. Der Rotorleistungsbeiwert kennzeichnet den Wirkungsgrad eines Windrads.

Windenergie

Luftströmungen, die den Wind verursachen, sind die Folge von Druckausgleichsströmungen in der Atmosphäre. Diese Luftströmungen lassen sich mit Windkraftanlagen zur Stromerzeugung nutzen. Schon seit dem 12. Jahrhundert wurde die Windkraft genutzt, um Windmühlen zu betreiben. Die technische Entwicklung und die sinkenden Energiepreise führten dazu, dass die Windkraft nicht weiterentwickelt wurde. Erst nach den Energiekrisen begann 1975 die Bedeutung der Windkraft wieder zuzunehmen. Der richtige Aufschwung begann im Jahr 2000 mit dem Inkrafttreten des Erneuerbaren-Energie-Gesetzes und der hohen Rückspeisvergütung. Windenergie kann mit Windrädern, die nach dem Widerstands- oder nach dem Auftriebsprinzip arbeiten, genutzt werden. Widerstandsräder werden durch den Luftwiderstand der Rotorblätter gedreht. Sie haben große Blattflächen und geringe Drehzahlen. Meist werden diese für den Antrieb von Wasserpumpen eingesetzt und haben einen Leistungsbeiwert von rund 20 %. Auftriebsräder dagegen nutzen die Druck- und Sogkräfte am Flügelprofil und erzielen aufgrund der aerodynamischen Form der Flügel und ihres geringen Widerstands einen hohen Leistungsbeiwert von 40 bis 50 %. Diese Windkraftanlagen eignen sich zur Stromerzeugung. Für einen wirtschaftlichen Einsatz sind mittlere Windgeschwindigkeiten zwischen 4 und 5 m/s erforderlich. Gebiete mit genügend Wind gibt es an der Nord- und Ostseeküste sowie in den Mittelgebirgen. Da die Anzahl der windreichen Standorte begrenzt ist und die Ablehnung der Bevölkerung gegen Windräder wächst, drängen die Windkraftanlagenbetreiber vermehrt aufs Meer, wo der Wind konstant und kräftiger bläst. Einem aktuellen Greenpeace-Gutachten zufolge lässt sich der Windstromanteil in den nächsten zehn Jahren um 10 bis 15 % steigern.

Abb. C 2.31 Bohrpfahl einer Gebäudegründung. Durch Belegung des Pfahls mit Rohrleitungen kann daraus ein Energiepfahl zum Heizen und Kühlen entstehen.

Geothermie

Die Wärme und die Speichermasse des Erdreichs können über folgende Systeme erschlossen werden:

- Bodenplatte mit eingelegten Wärmeübertrÿagerrohren (Fundamentabsorber),
- Energiepfähle (thermisch aktivierte Bohrpfähle),
- Erdsonden,
- Grundwasser mit Saug- und Schluckbrunnen.

Vorteil der geothermischen Nutzung ist die vorhandene Erdreich- und Grundwassertemperatur in Nord- und Mitteleuropa zwischen 10 und 15 °C. Diese kann über Wärmetauscher zum Kühlen des Gebäudes herangezogen werden, falls die Gebäudehülle und das Raumklimasystem darauf ausgelegt sind. Zum Heizen wird eine Wärmepumpe dazwischengeschaltet, um die Temperatur auf ein höheres Niveau anzuheben.

Bodenplatte mit eingelegten Wärmetauscherrohren

Die Aktivierung der Bodenplatte ist aufgrund der geringen Kontaktfläche und der niedrigen Wärmeübertragungsleistung nur begrenzt nutzbar. Liegt die Bodenplatte im Grundwasser, wird die Wärmeübertragungsleistung erhöht. Der Einsatz ist dann sinnvoll, wenn das Verhältnis von Grundfläche zu Geschossfläche eines Gebäudes groß ist.

Energiepfähle

Günstiger ist es, die zur Gründung des Gebäudes notwendigen Bohrpfähle thermisch zu aktivieren. Voraussetzung dafür ist, dass die Bohrpfähle mindestens 12 m lang sind, da bei kürzeren Bohrpfählen der Aufwand für den hydraulischen Anschluss im Vergleich zum Nutzen zu hoch ist. Bei der Konzeption muss beachtet werden, dass das Erdreich im Winter im Bereich der Bohrpfähle nicht bis an die Gefriergrenze auskühlen darf, da die Wandreibung der Bohrpfähle sonst geschwächt wird und die Tragfähigkeit verloren geht *(Abb. C 2.31)*

Erdsonden

Bei einer Erdsondenanlage wird ein Wärmeübertragungssystem durch Tiefenbohrungen 30 bis 300 m tief ins Erdreich eingebracht. Als Wärmeübertrager dienen zwei U-Rohre pro Bohrloch. Sollte eine der beiden Leitungen nachträglich beschädigt werden, kann diese außer Betrieb genommen werden. Mit der zweiten Leitung können noch ca. 60 bis 70 % der ursprünglichen Leistung der Sonde bereitgestellt werden. Erdsonden werden in der Regel bis maximal 100 m tief gebohrt, da für tiefere Bohrungen zum einen eine bergbaurechtliche Genehmigung erforderlich ist und zum anderen durch die zunehmende Erdreichtemperatur die Kühlung problematischer wird.

Grundwassernutzung

Am wirtschaftlichsten ist die direkte Nutzung von Grundwasser. Hierbei wird das Grundwasser über Förderbrunnen entnommen und über Schluckbrunnen dem Erdreich wieder zugeführt. Mit einem Wärmeübertrager wird dem Grundwasser zum Heizen Wärme entzogen bzw. zum Kühlen Wärme aus dem Gebäude zugeführt. Der Einsatz dieses Systems erfordert eine wasserrechtliche Genehmigung. Ist das Grundwasser mit Schadstoffen kontaminiert, muss es gereinigt und gefiltert werden, bevor es wieder zurückgeführt wird. Diese Maßnahmen können äußerst aufwändig werden und verringern die Wirtschaftlichkeit. Wenn Grundwasser ausreichend zur Verfügung steht und nicht mit Schadstoffen kontaminiert ist, hängt die Wirtschaftlichkeit nur noch von den Bohrkosten des Saug- und Schluckbrunnens ab.

Bei der Planung und Konzeptentwicklung von geothermischen Anlagen ist es wichtig, ein thermisches Gleichgewicht im Boden über das Jahr zu erreichen, da sich sonst das Erdreich nicht mehr regeneriert und im Laufe der Zeit abkühlt bzw. erwärmt. Idealerweise wird das Erdreich im Winter für das Heizen und im Sommer zur Kühlung herangezogen. Auch Grundwasserströmungen können die Regeneration des Erdreichs unterstützen.

Biomasse

Abb. C 2.32 Holzpellets

Biomasse ist weltweit der bedeutendste erneuerbare Energieträger. Davon fallen 44 % auf die festen Reststoffe von Stroh und Holz und rund 50 % auf die nassen Reststoffe von Energiepflanzen, Gülle und Dung. Die Erzeugung von Wärme und Strom aus festen Reststoffen geschieht üblicherweise in Verbrennungsanlagen. Nasse Reststoffe werden für die Biogasproduktion verwendet.

Für kleinere und mittlere Gebäude bis zu einer Heizleistung von 1 MW werden Scheitholz- oder Holzpelletzentralheizungen angeboten. Holzpelletheizungen haben den Vorteil, dass der Brennstoff automatisch beschickt und die Feuerungsleistung geregelt werden kann. Ein weiterer Vorteil ist, dass die Qualität von Holzpellets über eine DIN-Norm geregelt ist. Dadurch läuft die Verbrennung unter konstanten Bedingungen ab. Die Holzhackschnitzelfeuerung wird dagegen in großen Heizkraftwerken eingesetzt, da die Hackschnitzel doppelt so viel Lagerfläche wie die Holzpellets benötigen, dafür aber sehr kostengünstig sind. Im Gegensatz zu Holzpellets haben Holzhackschnitzel unterschiedliche Qualitäten und einen unterschiedlichen Wassergehalt. Daher sind die Verbrennungsprozesse oft unregelmäßig und schwer zu kontrollieren.

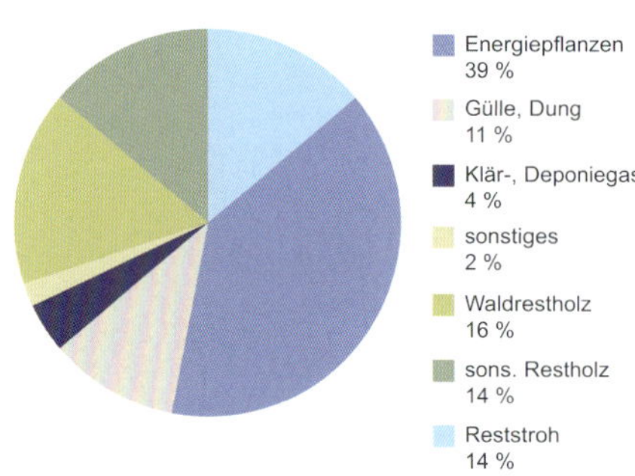

Abb. C 2.33 Aufteilung des weltweiten Verbrauchs an Biomasse

Biogas

In Deutschland beträgt der Anteil von Erdgas am gesamten Primärenergieverbrauch rund 22 % . Es besteht hauptsächlich aus dem Kohlenwasserstoff Methan, das sich auf natürliche Weise durch Zersetzung urzeitlicher Biomasse unter Luftabschluss gebildet hat. Dieser Prozess lässt sich auch in einem Faulbehälter erzeugen, indem Biomasse unter Luftabschluss zersetzt wird. Dieses Biogas besteht zu rund 60 % aus Methan und muss zur energetischen Nutzung weitgehend entfeuchtet und entschwefelt werden. Die Nutzung von Biogas ist CO_2-neutral, da nur die Menge an Kohlendioxid bei der Verbrennung frei wird, die die Pflanzen während ihres Wachstums aufnehmen.

Biogas wird meist in BHKWs eingesetzt, da die Motoren unempfindlich gegenüber der schwankenden Gaszusammensetzung sind. Der Einsatz in

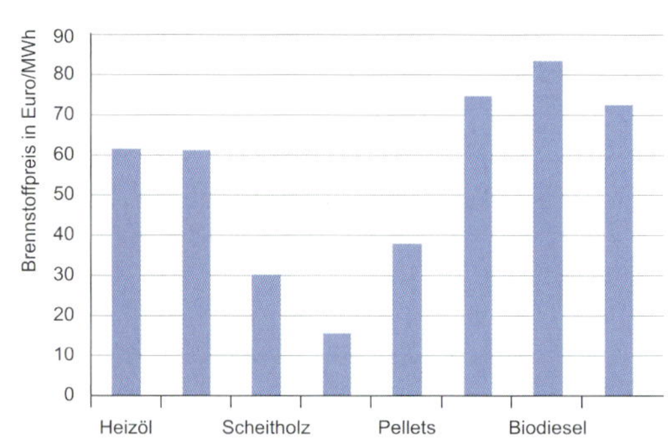

Abb. C 2.34 Zusammenfassung der Brennstoffpreise von unterschiedlichen regenerativen Energieträgern

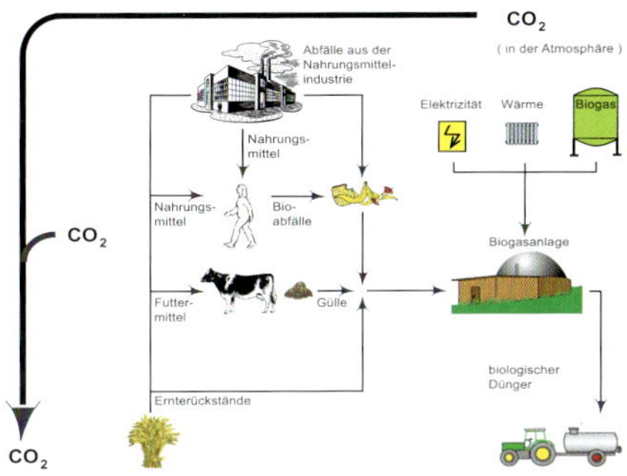

Abb. C 2.35 CO_2-Kreislauf der Biogasnutzung

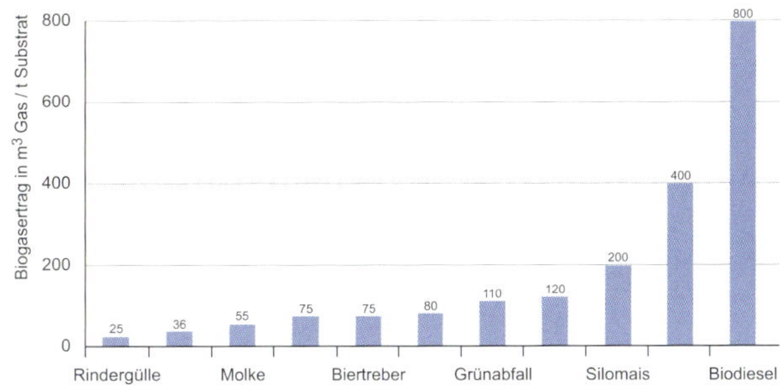

Abb. C 2.36 Durchschnittlicher Biogasertrag von verschiedenen Reststoffen

Brennstoffzellenkraftwerken oder Gasturbinen wurde bereits in Pilotanlagen realisiert. Für die Biogasgewinnung stehen zwei Verfahren zur Verfügung. Bei der Nassvergärung werden nasse bzw. flüssige Reststoffe aufbereitet. Dieses Verfahren wird meist angewandt, da die Trockenvergärung noch in der Entwicklung ist. Als Biomasse eignen sich deshalb besondere nasse Reststoffe wie Gülle, Grünabfall, Bioabfall oder Silomais. Es können auch Abfälle aus der Lebensmittelindustrie bei der Obst- und Gemüseverarbeitung, Schlachthofabfälle oder Speisereste verwendet werden. Diese werden aus hygienischen Gründen rund eine Stunde über 70 °C erhitzt. In *Abbildung C2.36* ist der durchschnittliche Biogasertrag von verschiedenen biologischen Reststoffen zusammengestellt.

Da die Biogasnutzung aus Gründen der hervorragenden Reststoffnutzung wirtschaftlich und nachhaltig ist, wird Biogas seit 2006 erstmals in das deutsche Erdgasnetz eingespeist. Im wendländischen Jameln wurde die erste Biogastankstelle eröffnet. In Schweden deckt Biogas bereits 51 % des gesamten Gasbedarfs. In Italien werden derzeit Fördermaßnahmen vorbereitet, um die CO_2-Emissionen zu senken. Auch hier spielt die Nutzung von Biogas eine tragende Rolle. In der Toskana wird derzeit ein touristisches Projekt mit mehreren Hotels entwickelt, das die ländliche Infrastruktur verbessern und die Landwirtschaft unterstützen soll. Die Energieversorgung wird durch eine Biogas-Kraftanlage sichergestellt. Dies ist insbesondere deshalb interessant, da als Alternative nur teures Flüssiggas zur Verfügung steht. Unterstützt wird das Konzept durch eine solarbetriebene Kühlung und durch Nutzung der Windenergie. Für die Speicherung des schwankenden Windstroms kann in diesem Fall nicht das Stromnetz dienen, da die Hotelanlage nicht an das öffentliche Netz angekoppelt ist. Aus diesem Grund wird mit dem erzeugten Windstrom Wasser für die Bewässerung in einen höhergelegenen Speichersee gepumpt. Bei Strombedarf an windstillen Tagen kann die Höhendifferenz des Wassers ausgenutzt werden, um über Wasserturbinen Strom zu erzeugen. Mit diesem Gesamtenergiekonzept lässt sich der Ausstoß an klimaschädlichen Gasen um 85 % im Vergleich zur konventionellen Energiebereitstellung reduzieren.

Abb. C 2.37 Anbau von Sonnenblumen zur regenerativen Energiegewinnung

Inbetriebnahme und Nachweisführung

Erforderliche Verfahren für energieeffiziente Gebäude

Im heutigen Planungs- und Bauprozess werden computerbasierte Simulationsprogramme in der Konzeptphase eingesetzt. Für die Inbetriebnahme des Gebäudes und seiner technischen Anlagen sowie zur Nachweisführung der planerisch versprochenen Qualitäten werden meist nur einfache Prozesse durchgeführt. Typischerweise finden nur Sichtkontrollen bei der Baubegehung und Funktionskontrollen für ausgewählte Betriebspunkte der Anlagen statt. Für Gebäude, bei denen keine hohen Ansprüche an den Wärmeschutz bestehen und die nicht mit innovativer Gebäudetechnik ausgestattet sind, mag dieses Vorgehen ausreichend sein. Bei energieeffizienten Gebäuden werden jedoch oftmals neue technische Systeme eingesetzt, die einen höheren Betreuungsbedarf haben, da wenig Bau- und Betriebserfahrungen vorliegen. Zudem sind die eingesetzten baulichen und technischen Systeme derart aufeinander abgestimmt, dass Ausführungsschwachstellen in einem Gewerk sehr hohe Auswirkungen auf die anderen Gewerke haben können. Als Beispiel dient die Gebäudedichtigkeit: Wenn aufgrund des baulichen Konzepts keine Heizkörper vor der Fassade vorgesehen sind, ist eine hohe Dichtigkeit der Gebäudehülle für den winterlichen Raumkomfort von höchster Bedeutung. In Gebäuden mit Heizkörpern lassen sich Mängel in der Bauausführung meist einfach kompensieren, indem die Betriebstemperaturen der Heizung angehoben werden. Der Energieverbrauch steigt zwar an, der thermische Raumkomfort wird jedoch eingehalten. In Gebäuden mit Flächenheizungen ist diese Maßnahme nicht mehr möglich, da die Variabilität der Oberflächentemperaturen, die behaglich und gesundheitlich verträglich sind, nicht sehr groß ist. Zudem ist die Wirtschaftlichkeit in energieeffizienten Gebäuden stark geprägt von den zu erwartenden geringen Energiekosten. Deshalb muss eines der wesentlichen Ziele bei der Bauausführung sein, die in der Konzeption und Planung vorgegeben Qualitäten der Bauteile sowie die Energiekennzahlen einzuhalten.

Für die Umsetzung der Ziele stehen heute computerbasierte Verfahren und erprobte Messtechniken zur Verfügung, die fester Bestandteil des Planungs- und Bauprozesses sein müssen. Green Buildings sind nur dann wirtschaftlich, wenn sie im Betrieb das halten, was zuvor versprochen wurde. Ein wesentlicher Schritt dazu ist eine detaillierte Inbetriebnahme und die Nachweisführung im Betrieb. Des Weiteren ist es wichtig, mögliche Veränderungen gegenüber dem Planstand zu erfahren, um die optimalen Sollwerte für die über längere Zeit danach zu erfolgende Betriebsoptimierung richtig zu definieren.

Blower-Door-Test – Nachweis der Luftdichtigkeit

Die Luftdichtigkeit von Gebäuden ist für den Wärmeschutz und die Bausubstanz von enormer Bedeutung. Undichtigkeiten führen zu einem unkontrollierten Luftwechsel und zu einem erhöhten Wärmeverlust. Vor allem in windreichen Gegenden und an exponierten Lagen kommt es zu Lüftungswärmeverlusten, die über 10 % des Gesamtwärmeverbrauchs ausmachen können.

Ein weit größeres Problem stellen Undichtigkeiten in Bauteilanschlüssen dar. Feuchte warme Luft strömt durch die Ritzen und kondensiert in den Bauteilen. Dies kann zu Feuchteschäden führen und begünstigt das Schimmelwachstum. An Fassaden führen Undichtigkeiten zum Einströmen von kalter Luft, die nach unten sinkt und Zugerscheinungen erzeugt. Deshalb muss besonders bei Niedrigenergiegebäuden, die meist keinen Heizkörper an der Fassade haben, auf Luftdichtigkeit geachtet werden. Dies gilt insbesondere bei Leichtbauten mit hohlen Profilen, in die kalte Luft eindringen kann. Undichtigkeiten begünstigen zudem die Schallübertragung über die Wände.

Der Nachweis der Luftdichtigkeit für Gebäude oder Gebäudeteile lässt sich mithilfe der Blower-Door-Messung führen. Das Verfahren wurde ursprünglich für den Wohnungsbau entwickelt, eignet sich jedoch auch gut für die Dichtigkeitsprüfung von größeren Gebäuden. Die Technik ist einfach: Aus einem definierten Gebäudebereich wird Luft mittels eines Ventilators eingeblasen oder abgesaugt. Die Relation zwischen gemessener Druckdifferenz und erzeugtem Volumenstrom ist ein Maß für die Güte der betrachteten Hüllfläche, da undichte Fassaden bei weniger Druckdifferenz mehr Luft durchlassen. Meist wird der Ventilator in die Türöffnung eingesetzt und es wird der Luftvolumenstrom gemessen, der benötigt wird, um eine Druckdifferenz von 50 Pa zu erzeugen. Daraus wird der n_{50}-Wert ermittelt. Dieser Wert darf bei Räumen mit Fensterlüftung nicht über 3 h^{-1} und bei Einsatz einer Lüftungsanlage nicht über 1,5 h^{-1} liegen. Die Messungen sollten im Überdruck und im Unterdruck durchgeführt werden, um Leckagen bei den Anschlüssen, z. B. von Dichtungsbahnen, sicher zu erfassen. Die Ortung von Undichtigkeiten kann mit einem Luftgeschwindigkeitsmessgerät, meist ein Hitzdrahtanemometer, oder mit Rauch durchgeführt werden. In kalten Jahreszeiten eignet sich auch eine Thermografie, die bei der Unterdruckmessung durchgeführt wird. Die durch die Undichtigkeiten einströmende kalte Luft kühlt die Bauteile aus, die anhand von Infrarotaufnahmen lokalisiert werden können.

Die Messungen können auch in Bestandsgebäuden durchgeführt werden. Beim Neubau ist der beste Zeitpunkt dann, wenn die Fassade geschlossen und abgedichtet ist, der Rohfußboden jedoch noch nicht abgedeckt ist. Am häufigsten treten Undichtigkeiten an Verbindungsstellen unterschiedlicher Baugewerke auf, z. B. beim Anschluss von Fenstern und Fassaden an Boden und Wandflächen. Auch werden Luftverbindungswege innerhalb von Baukonstruktionen bei der Planung oftmals außer Acht gelassen.

Häufig verschlechtert sich die Qualität der Luftdichtigkeit bereits wenige Monate nach Bezug eines Gebäudes, wenn Folienverklebungen und Dichtstoffverfugungen nicht sachgerecht verarbeitet oder unter zu hohen Materialspannungen eingebaut wurden. Daher ist es hilfreich, vor Ablauf von Gewährleistungsfristen eine neuerliche Luftdichtigkeitsprüfung kritischer Bereiche vornehmen zu lassen, um die Aufrechterhaltung der energetischen Qualität der Gebäudehülle sicherzustellen.

Abb. C3.1 In eine Tür eingebaute Blower Door. Die Messung der Infiltration zeigt keine Leckagen an den Fugen der Fensterflügel einer Holzfassade

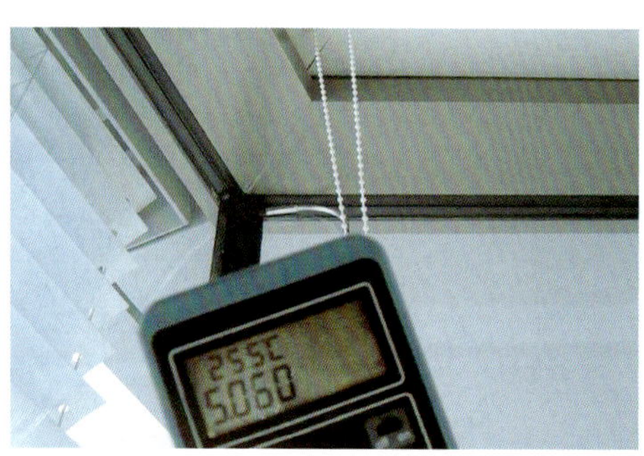

Abb. C3.2 Die Messung der Infiltration zeigt einen luftführenden Riss an der oberen Ecke einer Ganzglasfuge

Thermografie – Nachweis des baulichen Wärmeschutzes und der aktiven Systeme

Die Thermografie hat sich in den letzten Jahren als Multifunktionsinstrument auf dem Bau bewährt. Für Neubauten wird sie meist zur Funktionskontrolle der Gebäudehülle sowie der Heiz- und Kühlanlagen eingesetzt. Bei Revitalisierungen lassen sich mit den Fotos sehr schnell Analysen zur Güte der Gebäudehülle durchführen und versteckte Heizleitungen orten.

Eine im Hinblick auf den Wärmeschutz hochwertige Gebäudehülle mit minimalen Wärmebrücken ist die Voraussetzung für einen geringen Heizenergieverbrauch und somit für Energieeffizienz. Sichtkontrollen dazu werden von der Bauleitung durchgeführt. Eine Aussage darüber, ob die ausgeschriebene Qualität und die vorab im Labor gemessenen Werte für einzelne Baugruppen nach Fertigstellung erreicht werden, kann damit nicht gemacht werden. Mithilfe der Wärmebildkamera lassen sich Aufnahmen der Oberflächentemperaturverläufe erstellen, aus denen »rückwärts gerechnet« die Dämmqualität und die vorhandenen Wärmebrücken bestimmt werden. Da die mittels einer Thermografiekamera aufgedeckten Schwachstellen häufig entweder zu unerwünschten Energieverlusten oder zur Unterschreitung der Taupunkttemperatur im Gebäudeinnern führen, können durch frühzeitigen Einsatz dieser Technik finanzielle oder bauliche Folgeschäden beizeiten verhindert werden. Bei den Neubauten der LBBW in Stuttgart wurden die Fassaden der Gebäude nach Fertigstellung sowohl einer stichprobenartigen Luftdichtigkeitsüberprüfung als auch einer vollständigen Infrarotthermografie unterzogen. Diese Kontrollen waren Teil der umfangreichen Abnahmen und der Inbetriebnahmeprozedur. In diesem Fall konnte die hohe energetische Qualität der Gebäudefassaden nachwiesen werden *(Abb. C3.3)*.

Unterstützend kann die Thermografie ebenfalls bei Blower-Door-Untersuchungen eingesetzt werden. Dies gilt vor allem dann, wenn beim Blower-Door-Test der Weg der Zuluft über die Fassade nicht eindeutig nachvollziehbar ist. Da im Infrarotbild die Luftleckagen von Fenstern, Türen und Glasfassaden klar sichtbar sind, lässt sich auch die Luftdichtigkeit von kleinen Fassadenbereichen sehr genau bewerten.

Die Flächenheiz- und Kühlsysteme haben für die Heizung geringe und für die Kühlung hohe Betriebstemperaturen. Eine Funktionskontrolle durch Handkontakt ist damit nicht mehr möglich. Des Weiteren ist nicht nur die reine Oberflächentemperatur, sondern auch die vorhandene gleichmäßige Durchströmung für einen optimalen Betrieb wichtig. Durch die Infrarotbilder lässt sich sehr schnell die korrekte Flächenaktivierung mit der erwünschten homogenen Temperaturverteilung feststellen *(Abb. C3.4)*. Für Neu- und Bestandsbauten besteht mit der Thermografie die Möglichkeit, durch großflächige Fassadenaufnahmen den Wärmeschutz und die Leckagen zu analysieren und auf dieser Basis energiesparende Maßnahmen zu entwickeln. Dazu werden die Ergebnisse aus den Simulationsberechnungen mit denen aus der Thermografie verglichen und aufeinander abgestimmt. So kann eine praxisnahe, detaillierte Aussage zu Energieverbrauchs- und Energiekosteneinsparungen getroffen werden.

Abb. C3.3 Die Infrarotaufnahme weist nach, dass die Stützendurchdringung einer auskragenden Decke keine Wärmebrücken enthält

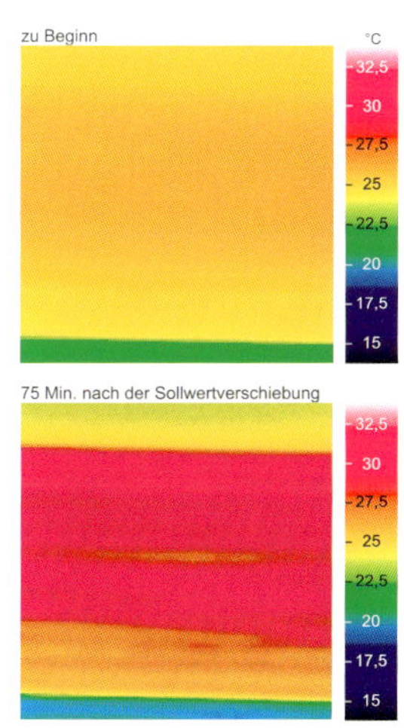

Abb. C3.4 Mithilfe der Infrarottechnologie lassen sich Ladezustände von thermoaktiven Bauteilen mittels der Oberflächentemperaturen ermitteln

Nachweis des Raumkomforts

Die **Raumtemperaturen** sind ein wesentliches Indiz für die thermische Behaglichkeit. Dabei wird zwischen Lufttemperatur und empfundener Raumtemperatur unterschieden. Die Lufttemperatur wird standardmäßig mit Raumtemperatursensoren gemessen, wenn sie ausreichend belüftet und nicht an einer ungünstigen Position im Raum platziert sind. So sind Positionen in der Nähe von internen Quellstärken (Computer) oder in besonnten Bereichen nicht die Ausnahme, eine genaue Messung der Lufttemperatur wird dadurch nicht erreicht. Es empfiehlt sich sehr wohl auf dieses Detail zu achten, da korrekt gemessene Temperaturen für den Betrieb sehr wertvoll sind und für die richtige Einstellung der Sollwerte auch große Auswirkungen im Hinblick auf den Energievebrauch haben.

Die operative Raumtemperatur wird mithilfe einer so genannten Globekugel gemessen. In *Abbildung C3.5* ist ein Messaufbau dazu dargestellt. Der Sensor steht im Wärmeaustausch mit allen umgebenden Hüllflächen und der Lufttemperatur und kann damit das menschliche Empfinden am genauesten abbilden. Ein Abgleich mit den in der Planung vorausberechneten Werten ist damit möglich und enorm wichtig für jedes einzelne Projekt. Die Berechnungen aus der Planung fließen schließlich in die Kauf- oder Mietverträge des Gebäudes ein und stellen meist ein wichtiges Entscheidungskriterium für die Umsetzung des Konzepts dar. Messungen mit der Globekugel zeigen häufig, dass in Räumen mit außen liegendem Sonnenschutz und einer hohen Speicherfähigkeit die empfundenen Raumtemperaturen nahe den mittleren Lufttemperaturen liegen. In diesen Fällen können dann ebenfalls die kalibrierten Messsensoren zur Bewertung der empfundenen Raumtemperatur herangezogen werden. Weiterhin ist es bei einem Vergleich von Soll- und Istwerten wichtig, dass die Randbedingungen des Betriebs mit denen aus der Planung im Wesentlichen übereinstimmen, um keine falschen Aussagen zu erhalten. Dies gilt vor allem für die zugrunde gelegte

Abb. C3.5 Die empfundene Raumtemperatur wird mittels einer Globekugel gemessen

Nutzung und Ausstattung der Räume. In *Abbildung C3.6* sind die vorausberechneten Raumtemperaturen sowie die Messdaten über drei Jahre für das energieeffiziente Bürogebäude OWP 11 dargestellt. Es zeigt sich, dass eine sehr hohe Übereinstimmung besteht.

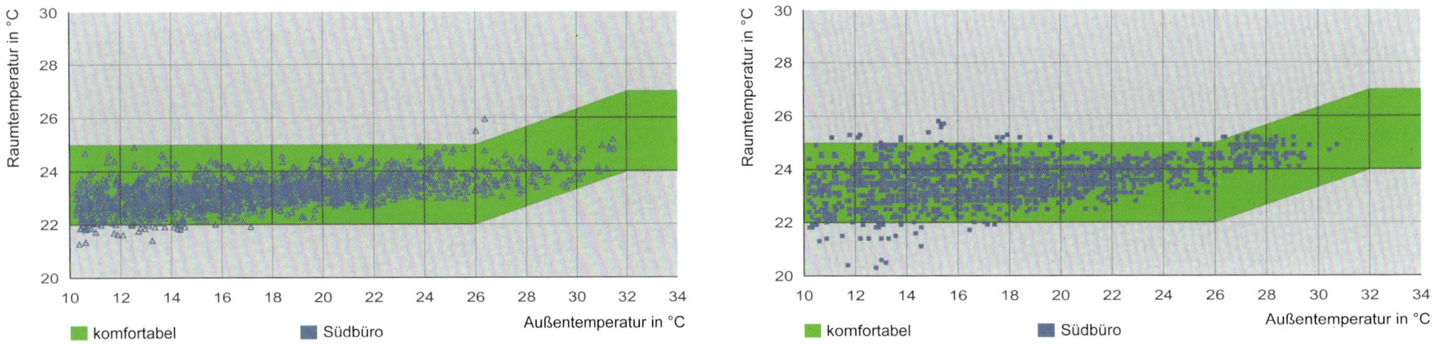

Abb. C3.6 Vergleich von berechneten Raumtemperaturen mittels einer Gebäudesimulation (links) mit den gemessenen Werten aus dem Betrieb (rechts). Es zeigt sich eine sehr gute Übereinstimmung bei gleicher anzunehmender Nutzung des Südbüros (Bürogebäude OWP 11).

Abb. C3.7 Messung der vorhandenen Luftqualität nach Gebäudebezug

Luftqualität

Die Luftqualität ist im Wesentlichen von vier Faktoren abhängig: der Außenluftqualität, der Art und Größe der natürlichen oder mechanischen Lüftung, der Personenbelegung und der Emissionen der Materialien im Raum. Insbesondere der Gehalt an Schadstoffen in der Raumluft beeinflusst das gesundheitliche Wohlbefinden der Menschen, die sich in den geschlossenen Räumen von Wohnungen oder Büros aufhalten. Die Emissionen aus Baustoffen und auch eventuelle Verunreinigungen aus Lüftungsanlagen sind sehr häufig dafür verantwortlich, dass die Produktivität und die Gesundheit von Arbeitnehmern beeinträchtigt werden und Krankmeldungen und Allergien zunehmen.

Da in modernen Dienstleistungsgesellschaften die Leistungsfähigkeit der Arbeitnehmer ein ausschlaggebendes wirtschaftliches Kriterium ist, sind viele Arbeitgeber dahingehend sensibilisiert, ihren Angestellten eine möglichst gesunde und leistungsfördernde Arbeitsumgebung bereitzustellen. Zu diesem Zweck ist es unumgänglich, bei der Planung und beim Bau von Gebäuden darauf zu achten, dass der Eintrag von Schadstoffen aus der Möblierung und aus Bau- bzw. Ausbaumaterialien so weit wie möglich vermieden wird. Besonderes Augenmerk verdienen dabei flüchtige Kohlenwasserstoffverbindungen (VOC), Aldehyde und Faserpartikel. Seit der Nachkriegszeit bis heute wurden sowohl im Wohnungsbau als auch bei Büro-, Schul- und sonstigen Gebäuden teilweise erhebliche »Erblasten« mit eingebaut. Diese Gebäude müssen heute mit großem Aufwand saniert werden. Exemplarisch seien an dieser Stelle die vielfachen PCB- und Asbestsanierungen erwähnt, die nach wie vor den Umgang mit vorhandener Bausubstanz erschweren und verteuern.

Für den Neubau LBBW in Stuttgart wurde auf die richtige Verwendung emissionsarmer bzw. -freier Materialien und Verbundstoffe geachtet. Hierzu wurden frühzeitig einschlägige Planungsvorgaben erstellt, deren Umsetzung bei Ausschreibung und Durchführung der Baumaßnahmen kontrolliert wurde. Die Messungen der Luftqualität nach Fertigstellung der ersten Ausbaugewerke führten dann auch zu positiven Ergebnissen. Es erwies sich, dass der Gehalt an ökologisch bedenklichen Emissionen in der Raumluft verschwindend gering war und kaum höher als in der Außenluft.

Im Indoor Playmobil Funpark in Zirndorf werden bei voller Belegung 2 000 Besucher erwartet. Das Konzept sieht eine natürliche Fensterlüftung zur Belüftung und Entwärmung vor. Falls die Fensterklappen die Halle nicht ausreichend mit Frischluft versorgen können, ohne den thermischen Raumkomfort einzuschränken, wird eine mechanische Grundlüftung dazugeschaltet. Die Grundlüftung ist als Schichtlüftung von unten konzipiert. Damit werden die hygienische Frischluftzufuhr im nahen Personenbereich und die Schadstoffabfuhr bei wenig Energieaufwand optimiert. Das Monitoring während des Betriebs zeigt, dass maximale CO_2-Konzentrationen im Aufenthaltsbereich von 950 ppm erreicht werden. Erst vier bis fünf Stunden nach der Öffnungszeit muss die Lüftungsanlage eingeschaltet werden, sodass während dieser Zeit der Energiebedarf minimiert werden kann.

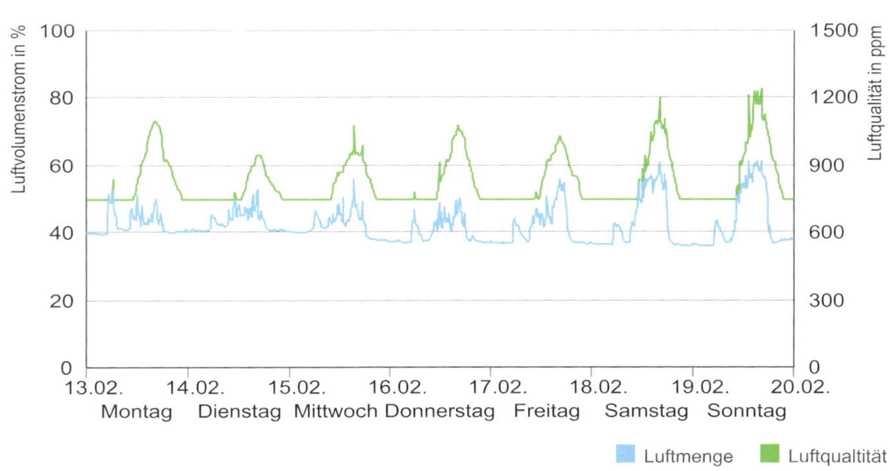

Abb. C3.8 Wochenverlauf der gemessenen Luftqualität und des Luftvolumenstroms der Lüftungsanlage. Als Kriterium für den Luftvolumenstrom dient unter anderem die Raumtemperatur.

Schallschutz und Schallabminderung

Abb. C3.9 Schallmessung im Fassadenzwischenraum und außen an einer doppelschaligen Fassade

Die Qualität des Arbeitsumfelds wird auch durch die Geräusch- und Lärmbelastung beeinflusst, der der Raumnutzer ausgesetzt ist. Die Konzentrationsfähigkeit hängt maßgeblich von der Ablenkung durch Störgeräusche und Gesprächsinhalte ab, die ans Ohr einer Person dringen. Da der Mensch sein Gehör nicht gegen Schall verschließen kann, ist es für Arbeitsplätze mit geistig konzentrierten Tätigkeiten wichtig, die akustischen Störeinflüsse weitestgehend zu reduzieren. Diese können aus gebäudetechnischen Anlagen, aus benachbarten Raumnutzungen und aus Außenlärm stammen.

Eine frühzeitige Überprüfung der akustischen Gegebenheiten am Bau ist sinnvoll. Um die weitere Bauausführung beeinflussen zu können, empfiehlt es sich, für Schallmessungen mehrere nebeneinander liegende Musterräume erstellen zu lassen, an denen sowohl der Schallschutz der Büro- und Flurtrennwände als auch der Schallschutz gegen Außenlärm gemessen werden kann.

Insbesondere bei Doppelfassaden, die auch bei natürlicher Raumlüftung über die Fenster eine deutliche Abminderung des Außenlärms bieten sollen, sind die akustischen Verhältnisse in einem Arbeitsbereich als Gesamtheit zu betrachten. Da der Außenlärmanteil bei Doppelfassaden unter Umständen einen geringeren Beitrag zum Gesamt-Raumschallpegel hat, kann es sein, dass die akustischen Einflüsse aus Nachbarräumen subjektiv stärker störend wahrgenommen werden. Am Bau sollte beizeiten eine Überprüfung der Ausführungsqualität in Bezug auf den Schallschutz stattfinden, da durch Ausführungsmängel schnell Abminderungen des Schalldämmmaßes von 5 dB und mehr auftreten. Insbesondere offene Fugen, wie sie meist an Schnittstellen unterschiedlicher Gewerke auftreten, sind prädestiniert dafür, die Schalldämmung zu schwächen.

Die genaue Berechnung der Schallabminderung in Doppelfassaden ist trotz vorhandener Simulationsmethoden noch immer nicht vollständig möglich.

Deshalb ist es wichtig, ein Musterfassadenelement bereits am Rohbau im Hinblick auf den Schallschutz überprüfen zu lassen. Auf diese Weise erhält der Bauherr frühzeitig eine Bestätigung über die Abminderung des Außenlärms.

Aus den zahlreichen Messungen der Autoren geht hervor, dass mit Doppelfassaden Abminderungswerte zwischen 3 und 10 dB zu erzielen sind. Die unterschiedlichen Ergebnisse sind im Wesentlichen durch verschieden große Doppelfassadenzwischenräume sowie durch die Größen und Anordnungen der Zu- und Abluftöffnungen bedingt. Welches Maß an Schallminderung durch eine Doppelfassade im eingebauten Zustand erreicht werden kann, steht in engem Zusammenhang mit dem notwendigen Schutz vor Überhitzung des Fassadenzwischenraums, da hiervon die Größe der Lüftungsquerschnitte abhängt.

Tageslichtqualität und Blendfreiheit

Die Tageslichtmenge im Raum wird vor allem durch die Qualität der Fassade bestimmt. Der Innenausbau, und dabei vor allem die Farbwahl, die Anordnung der Möbel und mobiler Wände, die Ausrichtung der Arbeitsplätze und die Platzierung von Tageslichtsensoren spielen jedoch auch eine große Rolle beim Reduzieren des Strombedarfs für die Beleuchtung. Des Weiteren muss die Automatik des Sonnenschutzes so eingestellt werden, dass er im Hinblick auf den Wärme- und Tageslichteintr ag optimal eingesetzt wird, wobei großer Wert auf eine hohe Nutzerzufriedenheit zu legen ist. Wenn die automatische Steuerung des Sonnenschutzes vom Nutzer nicht akzeptiert wird und er aus diesem Grunde immer dagegensteuert, kann kein optimales Ergebnis erzielt werden. Bei der Revitalisierung des Haupthauses der ZVK Wiesbaden wurde das Verhalten der Nutzer bei der Optimierung der Sonnenschutzsteuerung berücksichtigt. Dazu wurden zuerst für unterschiedliche Stellungen des außen liegenden, perforierten Lamellenraffstores Aufnahmen mithilfe einer Leuchtdichtekamera gemacht, um die Blendungserscheinungen für unterschiedliche Lamellenstellungen wissenschaftlich zu verifizieren. Des Weiteren wurden die Auswirkungen jeder Lamellenstellung auf die Helligkeit im Innenraum gemessen. Parallel dazu wurden die Nutzer zu ihrer favorisierten Lamellenstellung sowie zur Nutzung des innen liegenden vertikalen Vertisos befragt. Nur durch die Einbindung der Nutzer konnte das Steuerkonzept des Sonnenschutzes so angepasst werden, dass im Betrieb eine optimale Ausnutzung des Tageslichts tatsächlich möglich war.

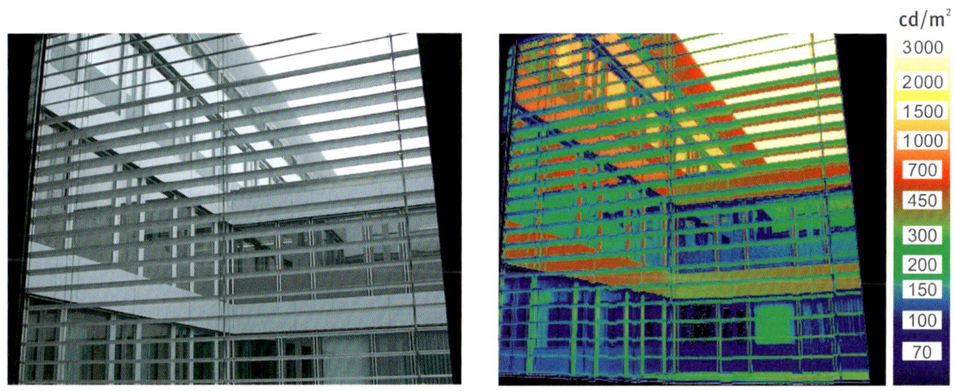

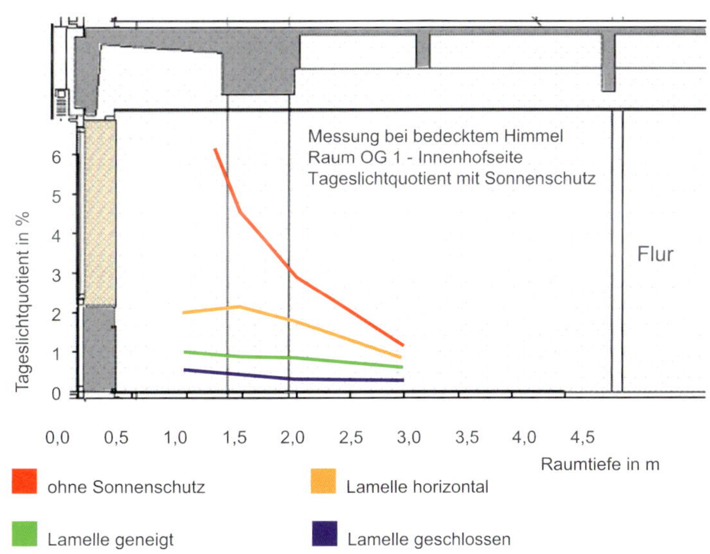

Abb. C3.10 Messung der Leuchtdichten und Beleuchtungsstärken für unterschiedliche Stellungen der Lamellen (außen liegender Sonnenschutz) und des Vertisos (innen liegender Blendschutz)

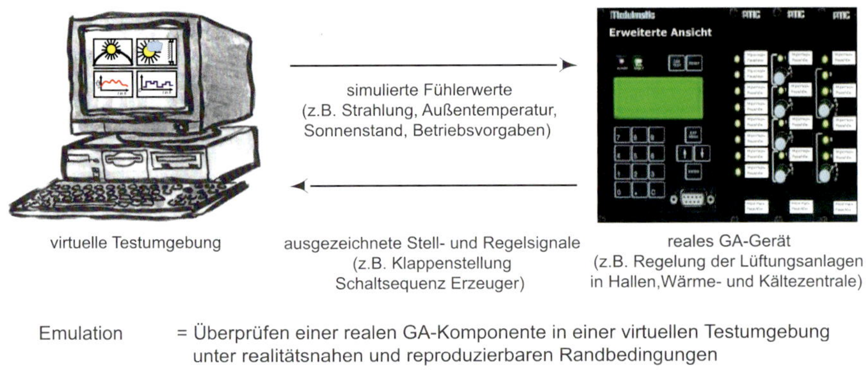

Abb. C3.11 Prinzip der Emulation als neues Qualitätssicherungsverfahren für die Baupraxis

Emulation

Wesentlich bei der Planung von Green Buildings sind Konzepte, mit denen der spätere Betrieb energie- und ressourcenschonend geführt werden kann. Die konzeptionellen und technischen Möglichkeiten hierzu sind vielfältig. Sie reichen von einem intelligenten, effektiven außen liegenden Sonnenschutz, bei dem auch der Einfluss von Fremd- und Eigenverschattung berücksichtigt wird, über Konzepte zur natürlichen Lüftung mit dem gezieltem Öffnen und Schließen von Klappen bis hin zu innovativen, regenerativen und energiesparenden Heiz-, Kühl- und Belichtungskonzepten.

Den meisten Konzepten ist gemeinsam, dass sie ganzheitlich gewerkeübergreifend geplant und umgesetzt werden müssen. So hat z. B. bei der natürlichen Lüftung von Atrien der Fachplaner die gestalterischen Ideen des Architekten in Bezug auf die Fassade und die Fassadenklappen ebenso zu berücksichtigen wie die technischen Anforderungen an die Entrauchung und den Brandschutz. Zugleich ist sicherzustellen, dass die Teilsysteme zueinander kompatibel und vor allem genehmigungsfähig sind. Aufgrund des Gewerkeübergangs zwischen Lüftung, Fassade, Entrauchung und Brandschutz ist für die Regelung und Steuerung ein übergeordnetes Steuerungskonzept erforderlich, das nicht, wie früher üblich, nur einem Gewerk zugeordnet werden kann. Ähnliches gilt für die Regelungen und Steuerungen, die das Energiekonzept betreffen. Auch hier ist gewerkeübergreifendes Know-how unabdingbar. Die grundlegenden Parameter für die Steuerungs- und Regelungskonzepte werden bei Green Buildings während der Planungsphasen erarbeitet und festgelegt. Sie müssen für jedes Gebäude neu entwickelt werden. Obwohl hierfür mit den eingesetzten Simulationsrechnungen bereits in der Planungsphase »virtuelle Betriebserfahrungen« gesammelt werden können, bergen diese prototypischen Lösungen natürlich die Gefahr von Fehlern.

Für die Regelungs- und Steuerungsparameter wird zunehmend Software eingesetzt, die jedoch, ausgehend von Standardlösungen, an das jeweilige Projekt angepasst werden muss. In der Baupraxis stehen diese Parameter häufig nicht zur Verfügung, da in der MSR-Planung (Messen, Steuern, Regeln) die Betriebsführung in der Regel nur in schriftlicher Form beschrieben und mit Datenpunktlisten ergänzt wird. Daher wird im Rahmen des Energiekonzepts das Programmieren der Parameter für die Regelungs- und Steuerungsanlage der ausführenden Firma überlassen. In der Regel wird jedoch die gesamte Diskussion aus der Planungszeit über die Zusammenhänge des Energiekonzepts und eine energiesparende Betriebsführung nur unzureichend vermittelt. Zudem sind die Programmierer der Regelungs- und Steuerungsanlage in den wenigsten Fällen Energieexperten, die die thermischen, dynamischen und energetischen Vorgänge im Gebäude einschätzen können. Des Weiteren kommt hinzu, dass die Programmierung der Regelungs- und Steuerungsanlagen meistens zu spät im Bauablauf erarbeitet wird und so mit der hektischen Fertigstellungsphase des Gebäudes zusammenfällt. Die Ergebnisse in der aktuellen Baupraxis sind bekannt. Nahezu jedes Gebäude weist beim Übergang in den regulären Betrieb Mängel in der Regelungs- und Steuerungstechnik auf. Die Mängelbeseitigung wird dann meist auf dem Rücken der Gebäudenutzer ausgetragen und kostet allen Beteiligten viel Zeit und Geld. Green Buildings sind hiervon ganz besonders betroffen, da oftmals Konzepte realisiert werden, die so noch nicht verwendet wurden und daher hierfür auch kaum Erfahrungen vorliegen.

Erschwerend kommt hinzu, dass die vollständige und umfassende Inbetriebnahme, Qualitätssicherung und Abnahme der fertigen Regelung und Steuerung nur sehr schwer möglich ist. Dies betrifft z. B. auch die Überprüfung der Regelungs- und Steuerungsgeräte einer Sonnenschutzanlage unter allen kritischen Betriebsbedingungen. Ein Grund dafür ist, dass auf das Außenklima bei der Inbetriebnahme kein Einfluss genommen werden kann. Des Weiteren können die Parameter dieser Geräte nur schwer von »außen«, d. h. ohne Einblick in die eigentliche Programmierung kontrolliert werden.

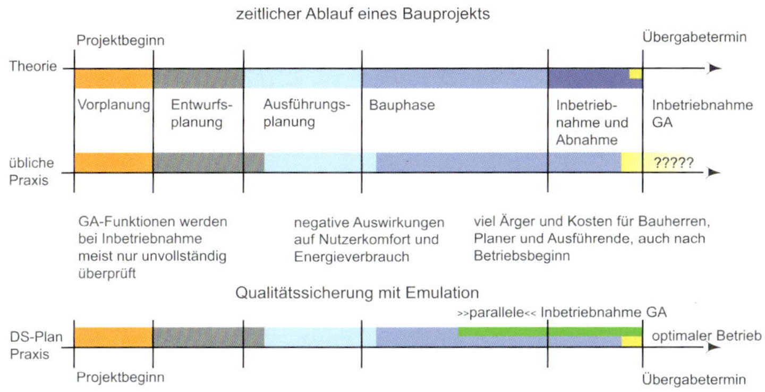

Abb. C3.12 Theorie, Baupraxis und neue Wege mit der Emulation für die Qualitätssicherung im Bereich der Regelungs- und Steuerungskonzepte (GA = Gebäudeautomation)

Ein Beispiel aus der Praxis

Ein Gebäude wird in Betrieb genommen und schon nach kurzer Zeit häufen sich die Klagen über die Sonnenschutzanlage. Die Beschwerden reichen von Blendung am Arbeitsplatz über eine zu starke Verdunkelung bis hin zu der Feststellung, dass die Jalousien ständig und nicht nachvollziehbar auf und abfahren. Dabei sollen solche Anlagen eigentlich den Nutzerkomfort erhöhen. Leider ist es heute fast schon Standard, dass nicht nur Sonnenschutzanlagen bei der Inbetriebnahme falsch bzw. unzureichend arbeiten. Meist werden die Anlagen bis weit nach Beginn des laufenden Betriebs einjustiert. Neben Unzufriedenheit und Ärger beim Bauherrn entstehen aufgrund der Mängel bei den Planungs- und Ausführungsbeteiligten zum Teil hohe Kosten. Auch auf Seiten des Bauherrn entstehen Einnahmeausfälle, beispielsweise durch Mietminderungen. Der Gewinn aller Beteiligten wird durch die erforderlichen Nachbesserungen geschmälert, wenn nicht gar komplett aufgezehrt.

Ähnliches gilt für die Qualitätssicherung der energiekonzeptrelevanten Komponenten. Da diese stark von der jeweiligen Nutzung und dem vorherrschenden Außenklima beeinflusst werden, lassen sich viele Funktionen vor Nutzungsbeginn nicht ausreichend testen. Um diese Probleme zu vermeiden, müssen neue Wege gegangen werden.

Die Emulation ist ein Schritt in die richtige Richtung. Dieses Verfahren ermöglicht es, die Regel- und Steueralgorithmen, z. B. der Sonnenschutzanlagen oder der Energiekonzepte, bereits vor deren Inbetriebnahme bzw. sogar vor deren Installation im Gebäude zu überprüfen, und zwar unabhängig vom Stand der Arbeiten auf der Baustelle. Bei der Emulation werden die Steuerungs- und Regelungsgeräte in eine virtuelle Testumgebung eingebunden. Die Testumgebung, die im Wesentlichen aus einem Computer sowie Messwerterfassungs- und -ausgabegeräten sowie bei Bedarf aus einer Anbindung an Bussysteme, z. B. LON besteht, »gaukelt« der jeweiligen Steuerung vor, dass sie sich in einem realen Gebäude befindet. Auf dem Computer werden ein normaler Bürobetrieb sowie beliebige kritische Betriebsbedingungen simuliert. Hierbei werden insbesondere Randbedingungen des Außenklimas wie Sonnenstand, Solareinstrahlung, Außentemperatur, Windgeschwindigkeit, aber auch Eigen- und Fremdverschattung oder wechselnde Bewölkung sowie unterschiedliche Nutzungsszenarien durchgespielt. Auf diese Weise können Fehlfunktionen der Regelungs- und Steuerungskomponenten bereits vor dem Einbau in das Gebäude und vor der Inbetriebnahme erkannt und beseitigt werden. Dies ist besonders bei Green Buildings wichtig, da gerade hier die Inbetriebnahme höchste Aufmerksamkeit erfordert.

Mit der Emulation erhöht sich die Qualität der Gebäude, was Vorteile für alle Beteiligten mit sich bringt. Bauherren und Mieter bzw. Nutzer bekommen von Beginn an funktionierende Gebäude. Der Architekt und die Planer der technischen Gebäudeausrüstung können die Regel- und Steuerfunktionen von Anlagen unter verschiedenen Randbedingungen vor der Inbetriebnahme überprüfen und erhalten so die Gewissheit, dass Gebäude und Anlagen nicht nur zu den bei Inbetriebnahme vorherrschenden Randbedingungen funktionieren. Die Emulation hilft somit allen Beteiligten, den gewünschten Qualitätsstandard zu erreichen und gleichzeitig den Honorar- und Kosteneinsatz zu minimieren.

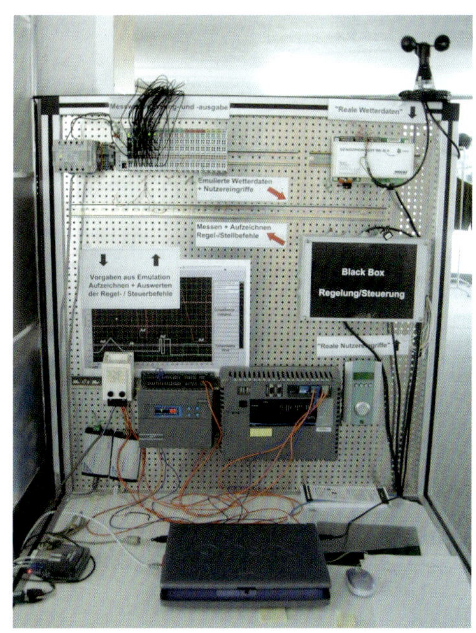

Abb. C3.13 Aufbau des Emulators als virtuelle Testumgebung für reale Regelungs- und Steuerungskomponenten

Betriebsbegleitendes Energiemanagement

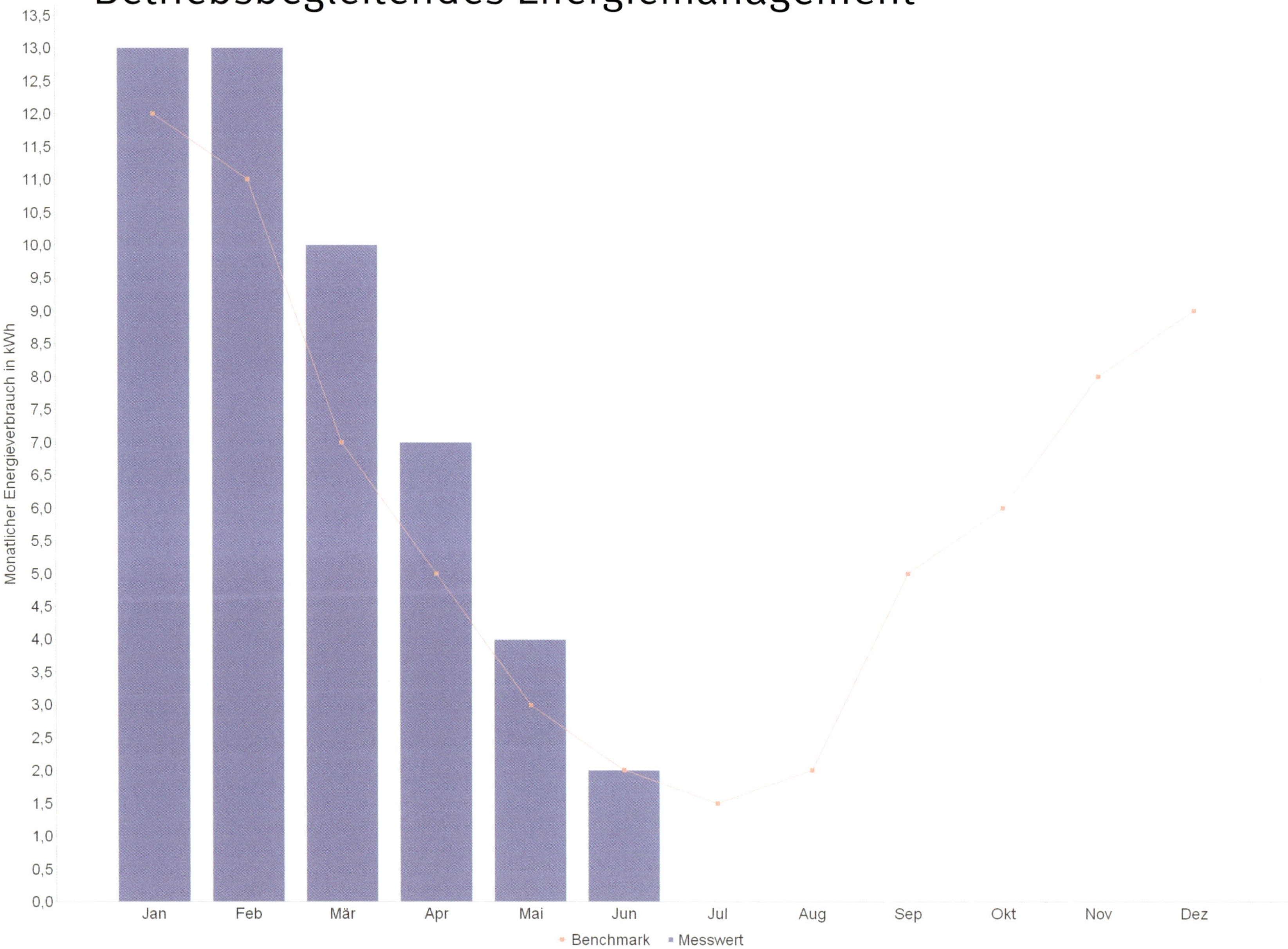

Green Buildings zeichnen sich durch einen minimierten Gebäudeenergiebedarf und durch eine optimierte Anlagentechnik mit geringstem Energieaufwand aus. Die Systeme sind hierbei so aufeinander abgestimmt, dass falsche Betriebsparameter zu einem ineffizienten Betrieb und damit zu höheren Energieaufwendungen führen können. Leider bleibt oftmals die in der Planung durch Simulationsrechnungen ausgewiesene energetische Güte im späteren Betrieb hinter den Erwartungen zurück. Man könnte sogar sagen, dass eine Überprüfung der energetischen Güte im Betrieb nur in Ausnahmefällen vorgenommen wird. In den allermeisten Fällen wissen Nutzer und Betreiber nicht, wie viel Energie ihr Haus zum »Leben« braucht, um den Raumkomfort sicherzustellen, und ob die Versprechen aus der Planungszeit eingehalten werden. Interessanterweise weiß man diese Zahlen bei seinem und des Nachbars Auto meistens auf die Nachkommastelle genau, ist es doch fast von öffentlichem Interesse zu zeigen, wie sparsam das eigene Auto trotz großvolumigen Hubraums ist.

Insgesamt kann man sagen, dass der Gebäudebetrieb aufgrund fehlender oder unzureichender Instrumentierung eher auf zufriedene Nutzer/Mieter des Gebäudes als auf geringen Energieverbrauch ausgerichtet ist. Was so betrachtet kein Fehler ist, sondern nur nicht weitreichend genug ist. Ein strategisches Energiemanagement mit dem langfristigen Ziel, die Zufriedenheit der Nutzer/Mieter mit dem geringstmöglichen Energie- und Kosteneinsatz zu erreichen, wäre der wünschenswerte Ansatz, der jedoch nur in den seltensten Fällen durchgeführt wird. Üblicherweise beschränkt man sich auf eine Kontrolle der monatlichen oder jährlichen Energiekostenabrechnung auf Plausibilität oder durch einen Vergleich mit der Abrechnung des Vormonats bzw. Vorjahrs.

Leider ist dieser Missstand auf die standardmäßige, unzureichende Instrumentierung der Anlagen und den zur Verfügung stehenden Werkzeugen zurückzuführen. Die Instrumentierung ist weniger auf die Analyse und Optimierung des Energieverbrauchs ausgerichtet, sondern vielmehr nur auf das Funktionieren der Einzelkomponenten. Werkzeuge für ein gezieltes Analysieren und Auswerten sind meist wenig nutzerfreundlich und werden deshalb nicht oder nur kaum angewendet.

Ob das Gebäude und die Anlage nun energieeffizient betrieben werden oder ob der Mehrverbrauch zum letzten Abrechnungszeitraum durch eine andere Nutzung, ein anderes Klima oder durch andere beeinflussende Faktoren ausgelöst wurde, kann in den meisten Fällen nicht oder nur mit sehr großem Aufwand analysiert werden. Wenn man bedenkt, dass zum Heizen, Kühlen, Lüften und Beleuchten von Gebäuden mehr als 40 % der Endenergie in Deutschland verbraucht werden, so ist es nicht nachvollziehbar, dass in diesem Bereich so wenige Methoden und Werkzeuge zur Verfügung stehen.

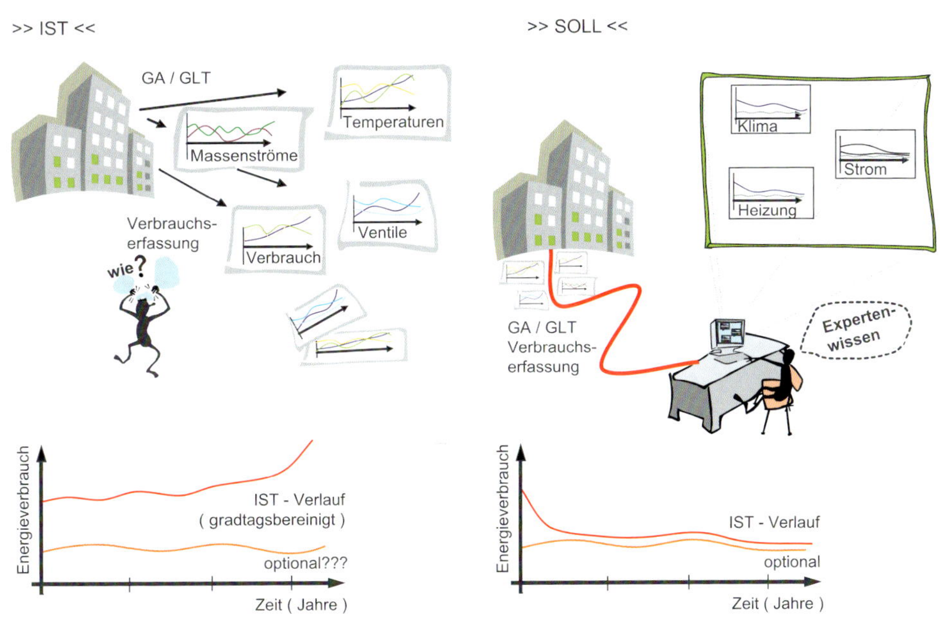

Abb. C 4.1 Aktuelle Situation bei der Betriebsoptimierung im Vergleich mit zukünftigen automatisierten Betriebsoptimierungsmethoden

Neben den nicht vorhandenen Werkzeugen und der unzureichenden messtechnischen Ausstattung gibt es noch einen weiteren Grund dafür, dass bei der Betriebsführung nicht alle Potenziale ausgenutzt werden, die in der Planung zum Senken des Energieaufwands angedacht waren: Das Wissen aus der Planung geht sehr oft verloren, da zwischen der Planung, dem Bau und dem Betrieb oftmals mehrere Jahre vergehen und die beteiligten Personen wechseln. In *Abb. C4.1* ist die aktuelle Situation bei der Betriebsoptimierung im Vergleich mit einer neu entwickelten Lösung dargestellt.

Bei den meisten Gebäuden werden heutzutage zwar Betriebsparameter aufgezeichnet, sie werden in der Regel jedoch nicht so ausgewertet, dass herausgefunden werden kann, ob die Gebäude optimal betrieben werden. Man beschränkt sich in den meisten Fällen auf einen Vergleich der Energieverbräuche mit den Energieverbräuchen des vorigen Abrechnungszeitraums. Hierdurch werden vorhandene Potenziale nicht ausgeschöpft.

Bei Green Buildings ist daher ein anderer Ansatz zu verfolgen. Die in der Planung aufgebauten und eingesetzten Simulationsmodelle beschreiben das thermische Verhalten des Gebäudes und dienen quasi als Referenz zur Analyse der realen, gemessenen Energieverbräuche des Gebäudes. Die Simulationsmodelle können parallel zum Betrieb den theoretisch erreichbaren Energieaufwand aufzeigen. Durch einen Vergleich des gemessenen Energieverbrauchs mit dem bei gleichen Randbedingungen – also gleichem Klima und vergleichbarer Nutzung – berechneten Energieaufwand kann daher auf Energieeinsparpotenziale im Betrieb geschlossen werden.

Für ein gezieltes, strategisches Betriebs- und Energiemanagement ist die Instrumentalisierung der Anlagentechnik so zu erweitern, dass Energieströme, Raumtemperaturen, Anlagenparameter usw. in möglichst kleinen, diskreten Zeitschritten erfasst und aufgezeichnet werden können. Man spricht dann von einem Messwerterfassungskonzept. Wird dies geschickt gemacht, halten sich die Mehrkosten in Grenzen und die durch ein Energiemanagement eingesparten Energiekosten übersteigen bei Weitem die Aufwendungen für ein detailliertes Messwerterfassungssystem.

Das Messwerterfassungskonzept ist so aufgebaut, dass Energiebilanzen möglichst geschlossen gemessen und analysiert werden können. Hierbei ist Sorge dafür zu tragen, dass die Messgenauigkeit und Fehlertoleranzen an die Messwerte angepasst werden. So ist z. B. bei der Temperaturmessung von thermisch aktiven Bauteilen aufgrund einer Temperaturdifferenz von ca. 2 K zwischen Vor- und Rücklauf eine höhere Messgenauigkeit erforderlich als bei einer Heizkörperheizung mit einer Temperaturdifferenz von 20 °C zwischen Vor- und Rücklauf. Des Weiteren ist auf den richtigen Einbauort für die Messstellen

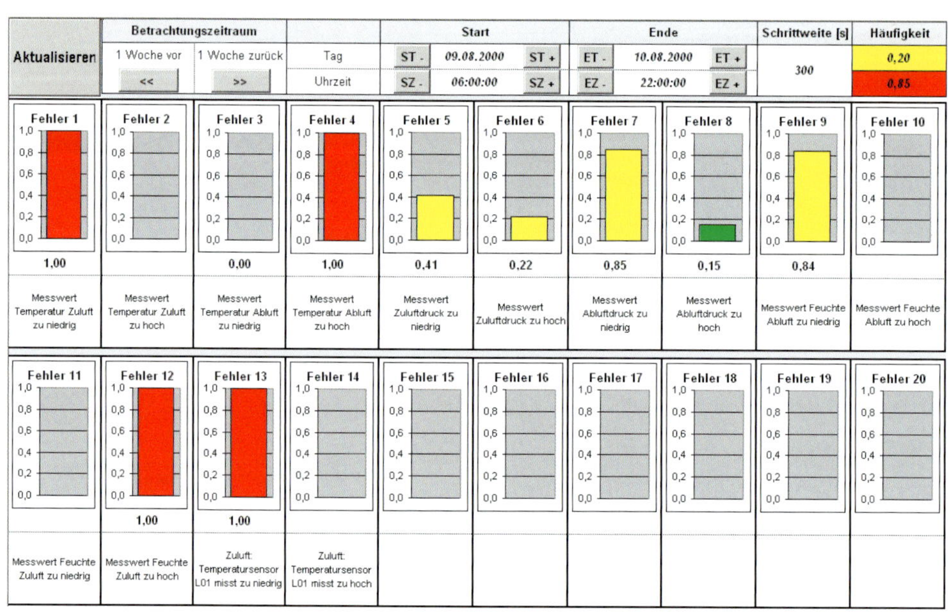

Abb. C4.2 System zur automatischen Fehlererkennung, Fehlerdiagnose und zur Betriebsoptimierung von Anlagensystemen

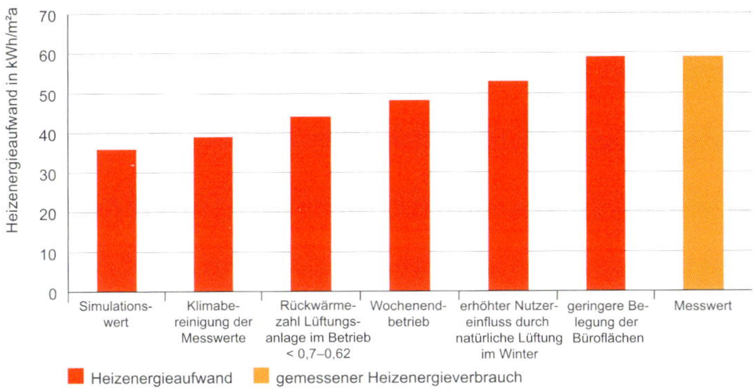

Abb. C4.3 Analyse des Heizenergieverbrauchs mittels Simulation für das Gebäude OWP 11

zu achten. Ein fehlerhafter Einbau führt schnell zu Messungenauigkeiten von bis zu 30 %. Neben dem Energietechnik-Wissen ist daher auch Messtechnik-Know-how erforderlich.

Der Vergleich von gemessenen und berechneten Daten kann natürlich weiter detailliert werden, sodass neben dem Energieverbrauch und dem Energieaufwand auch Betriebsparameter und einzelne anlagentechnische Zustandsgrößen gemessen, berechnet und verglichen werden können. So können Veränderungen im Betriebsverhalten, z. B. durch Verschmutzung von Anlagenkomponenten, früher erkannt werden. Ineffizienz und Betriebsausfällen kann so präventiv entgegengewirkt werden.

Die Analyse der vielen Daten geschieht jedoch nicht durch das bloße Anschauen der Messwerte. Daher wird der Vergleich von Messwerten und berechneten Werten automatisiert. Man spricht dann von einer so genannten automatischen Fehlererkennung, Fehlerdiagnose und Betriebsoptimierung. *Abbildung C4.2* zeigt ein derartiges System. Die Ampeldarstellung soll dem Betreiber verdeutlichen, in welchen Anlagenbereichen der Betrieb noch im »grünen«, optimalen Bereich läuft. Bei den Anlagen mit gelber Kennzeichnung ist jetzt bereits ein ineffizienter Betrieb erreicht, der ggf. noch zunehmen wird. Hier sollte sofort detaillierter analysiert werden. Bei den rot gekennzeichneten Bereichen ist eine Verbesserung der Anlagenparameter dringend erforderlich, um Ineffizienz, Betriebsfehler und höhere Energiekosten zu vermeiden.

Mit den aufgezeigten Werkzeugen kann ein strategisches Betriebs- und Energiemanagement aufgebaut werden. Durch die gezielte Auswertung und Analyse der Betriebsdaten ist dann auch ein energieeffizienter Betrieb möglich.

Projektbeispiel – Nachweis der Gesamtenergieeffizienz

Der Nachweis der Gesamtenergieeffizienz kann frühestens nach einem Jahr Betriebszeit geführt werden. Bei der Energiebilanzierung sollten die wesentlichen Einflussgrößen wie Klima, Nutzung und Anlagenbetrieb mit aufgeführt werden, da die Energiekennzahlen aus der Planung nur für die dort zugrunde liegenden Parameter als Zielwerte gültig sind. Aus diesem Grunde ist die transparente Nachweisführung sehr aufwändig, besonders bei stark differierenden Randbedingungen im Betrieb gegenüber der Planung. In diesen Fällen bietet es sich an, die Kennzahlen entsprechend den Verhältnissen aus dem Betrieb anzupassen. Dazu ist ein »robustes Simulationsmodell« erforderlich, das die Wechselwirkungen zwischen Klima, Nutzung, Gebäude und Anlagenbetrieb berücksichtigt. Oftmals existieren solche Modelle bereits aus der Planung, eine Mehrfachnutzung ist damit möglich. Das Vorgehen ist in *Abbildung C4.3* beispielhaft am Gebäude OWP 11 dargestellt: Der in der Planung errechnete Heizenergieaufwand für das Gebäude OWP 11 beträgt 37 kWh/m²a. Die Messergebnisse des ersten Betriebsjahrs sind um 50 % höher. Durch schrittweise Anpassung der Betriebsparameter im Simulationsmodell konnten die höheren Heizenergieverbräuche nachvollzogen werden. Es stellte sich heraus, dass die in der Planung angesetzten inneren Wärmequellen im Betrieb noch nicht erreicht wurden, da noch nicht alle Bürobereiche komplett mit Arbeitsplätzen verdichtet sind. Die »fehlenden« inneren Wärmequellen führten zu einem höheren Heizenergieverbrauch.

Mit dem auf den Gebäudebetrieb angepassten robusten Simulationsmodell ist dann auf einfache Weise das Potenzial von möglichen Energieeinsparmaßnahmen zu errechnen.

A
B

Nachgefragt – Green Buildings im Detail

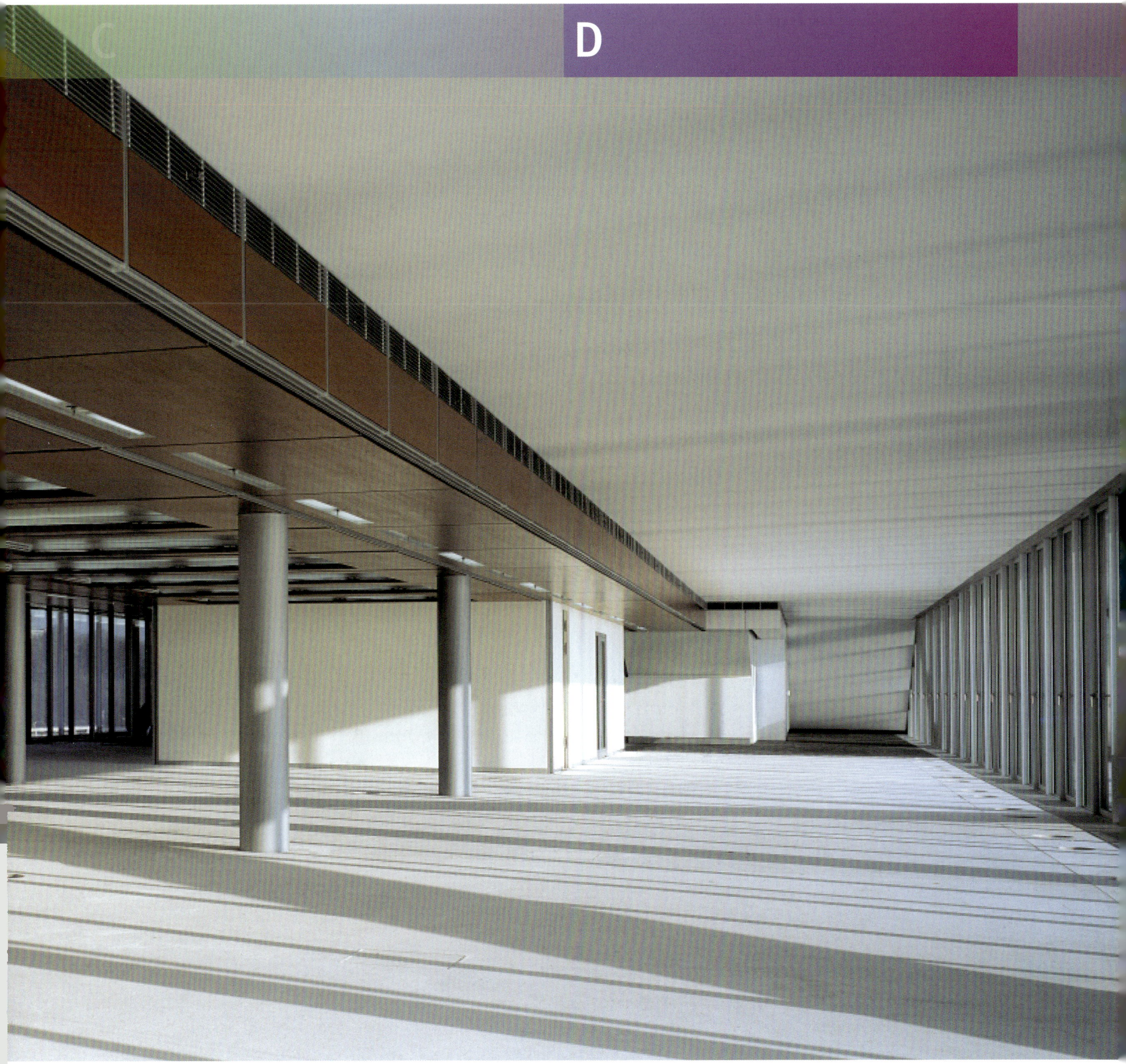

D 1

Dockland in Hamburg

Interview mit dem Architekten Hadi Teherani von BRT-Architekten, Hamburg

1. Welches sind nach Ihrer Ansicht die maßgeblichen Kriterien für erfolgreiche Gebäude?
Das entscheidende architektonische Qualitätsmerkmal ist der Raum, das Volumen, der Ausblick, eine Dynamik der Überschneidungen und Beziehungen. Technische Errungenschaften können ein neues Raumkonzept beflügeln, aber nicht auslösen. Überzeugende Architektur ist Form gewordene Sinnlichkeit, Kultur, Moral, Botschaft. Identität stiftende Gebäude verlangen eine eindeutig definierte, anschauliche Architektur mit funktionalen Vorteilen, vor allem aber emotionaler Ausstrahlung.

2. Welche Rolle spielt die Nachhaltigkeit für Ihre Gebäude-Entwürfe?
Die Schönheit eines Gebäudes basiert auf seiner Logik und Effizienz, nicht auf Dekor und Zeitgeist. Der Architekt muss ganzheitliche Lösungen finden. Clevere Bauherren vermeiden es, zu viel Geld auszugeben. Kluge wissen, dass es viel gefährlicher ist, zu wenig zu investieren. Bezahlt man zu viel, verliert man zwar einen Teil des Geldes. Investiert man aber zu wenig, verliert man alles, weil die Investition ihren langfristigen Zweck nicht erfüllt. Errechnen lässt sich der Erfolg einer Immobilie nur über ihre gesamte Lebensdauer.

3. Welche Ziele verfolgt BRT, Bothe Richter Teherani Architekten im Gebäudesektor »Green Buildings«? Wie sehen Ihre Visionen aus?

Abb. D1.1 Bürogebäude Dockland in Hamburg

Die Betriebskosten auf ein Minimum zu reduzieren ist eines unserer wesentlichen Ziele.

Ohne intelligente Lösungen im Umgang mit Energie gibt es keinen ökonomischen Spielraum für Architektur. Die langfristigen Energiekosten eines Gebäudes sind gegenüber den oft und gerne diskutierten Baukosten in ihrem Einsparpotenzial viel dynamischer. Die Sehnsüchte der Menschen aufzugreifen und dabei dennoch den wirtschaftlichen Rahmen nicht zu sprengen macht den Architekten, falls ihm der Spagat gelingt, unersetzlich. Darum ist meine These: Es reicht nicht aus, einzelne Probleme des Bauens oder der Stadt zu lösen, es müssen alle Probleme gleichzeitig gelöst werden.

4. Wie entstand die Zusammenarbeit mit DS-Plan? Welches sind die wesentlichen Eckpfeiler Ihrer langjährigen Arbeitsbeziehung?
Wir nutzen selbstverständlich moderne Technik in unseren Gebäuden, jedoch unter ökologischen und ökonomischen Aspekten. Dies bedeutet letztendlich in vielen Fällen, wenig Technik einzusetzen. Wir setzen dort, wo es sinnvoll ist, auf Lowtech anstelle von Hightech und bedienen uns der effektiveren Möglichkeiten der Natur. Der Verzicht auf die Klimaanlage und eine elektrisch betriebene Lüftung bewirkt in der Regel ein Maximieren der Arbeits- und Lebensqualität. Wir können von der Vergangenheit lernen und eine Rückbesinnung auf regionale Bautraditionen und klimatische Gegebenheiten ökonomisch und ökologisch sinnvoll nutzen. Technischer Minimalismus bei BRT bedeutet nicht, Technik zu ignorieren, sondern der Ehrgeiz des Ingenieurs sollte darauf ausgerichtet sein, den Energieverbrauch eines Gebäudes zu minimieren und dabei gleichzeitig dessen Funktionen durch Intelligenz und Erfahrung zu optimieren. Das Ziel muss sein, durch innovative Konzepte gesteigerte Aufenthaltsqualität in den Objekten zu schaffen und gleichzeitig Ressourcen zu schonen.

Diese breit angelegte gedankliche Basis ist bei DS-Plan in vergleichbarer Form angelegt. Insofern müssen wir über unterschiedliche Zielvorstellungen gar nicht diskutieren.

5. Welche Eigenschaften muss ein Planungsteam besitzen, um anspruchsvolle und nachhaltige Gebäude konzipieren und bauen zu können?
Schon vor zwölf Jahren, als wir die Kühldecke bei unserer Erweiterung der Sparkasse in Kiel zum ersten Mal einsetzten, wurde uns bewusst, wie wichtig es ist, an die Grenzen der Machbarkeit zu gehen und dabei die Industrie herauszufordern und innovativ zu sein. Wir müssen an Alternativen arbeiten, denn in nicht allzu ferner Zukunft wird die Energie so knapp oder so stark besteuert, dass wir keine Zeit zu verlieren haben, um neue Lösungen zu entwickeln. Allerdings muss auch der Nutzer an diesen Mechanismen interessiert sein und diese unterstützen. Technik ist in dem Moment falsch, in dem diese den Nutzer stresst und keine Erleichterung, sondern einen höheren Zeit- und Kostenaufwand bedeutet. Technik muss sich den Bedürfnissen des Menschen anpassen, nicht umgekehrt.

6. Wie entstand die Idee für den Entwurf des Gebäudes »Dockland«?
Ihre Internationalität und Unverwechselbarkeit gewinnt diese Weltstadt aus der urbanen Kraft des Wassers. Wie Helmut Schmidt es ausdrückte, ist Hamburg die großartige Synthese aus Atlantik und Alster. Wenn das so ist, dann muss das auch eine architektonische Entsprechung finden. Es geht uns dabei nicht um das Wiederherstellen von Geschichte, sondern um das Erzählen von neuen, faszinierenden Geschichten mit zeitgenössischen Mitteln. Nur so setzt sich Stadtgeschichte fort. Der Kunstgriff des Gebäudes mit eigenem Schiffsanleger besteht darin, seinen entfernten Nachbarn, den Fährterminal von William Alsop aus den 90er Jahren, dessen Dynamik nach dem Wettbewerb leider gezähmt wurde, in ein Dampfermotiv mit weit auskragender Bugspitze einzubeziehen, um wasserseitig ein markantes Stadttor mit frei zugänglicher Aussichtsplattform zu etablieren. Der ideale Standort, um den Schiffsverkehr des Hafen- und Fährbetriebs zu beobachten.

7. Welche Ziele haben Sie bei diesem Entwurf verfolgt?
Nach meinem Verständnis sollte Architektur Identität vermitteln, sie darf sogar Emotionen wecken. Sachlichkeit ist nicht mit Sterilität zu verwechseln. Ein Unternehmen, das sich baulich neu manifestiert, gewinnt viel, nach innen wie nach außen, wenn es sich architektonisch markant und eigenständig positioniert. Wer in Zukunft hoch qualifizierte und hoch motivierte Mitarbeiter beschäftigen will, muss nicht nur Arbeitsplätze schaffen, egal wie und wo, sondern eine Arbeitskultur, die Kollektivität und Individualität vereint.

8. Welche außerordentlichen Qualitäten bietet dieses Gebäude – dem Bauherrn und den Mietern?
Mit dem Sitz einer Firma oder Behörde wird nach außen eine klar ablesbare Haltung demonstriert, deren Ausstrahlung weit über den Standort des Gebäudes hinausgeht. Noch entscheidender aber ist die Ausstrahlung des Gebäudes nach innen. Unser Ziel, mit dem wir uns sehr intensiv auseinandersetzen, besteht darin, die höchstmögliche organisatorische und räumliche Individualität des einzelnen Arbeitsplatzes mit einer ebenso spezifischen wie kommunikativen Auslegung des Gebäudeentwurfs zu verknüpfen, ohne dabei die strukturelle Ordnung der Stadt infrage zu stellen. In dieser besonderen Situation im Wasser, umgeben von Schiffsbewegungen, hat man sogar das Gefühl, dass man mit diesem dynamischen Gebäude wirklich unterwegs ist.

Interview mit dem Bauherrn – Christian Feck von Robert Vogel GmbH & Co. KG

1. Welches sind nach Ihrer Ansicht die maßgeblichen Kriterien für erfolgreiche Gebäude?
Standortqualität, Anspruch und dessen Umsetzung, gute Architektur, wirtschaftlicher Betrieb, Identifikation der Nutzer mit dem Objekt, so wenig Technik wie möglich – soviel wie nötig, geringe Nebenkosten, einfacher Betrieb, minimaler energetischer Einsatz, Ressourcen schonen, gute Vermarktungsmöglichkeit auch zukünftig, Langlebigkeit.

2. Was bedeutet es für Sie, in Gebäuden zu leben? Was entscheidet maßgeblich darüber, ob Sie sich wohl fühlen?
Standort, Umgebung, Räume, Architektur, Ausblicke, Einblicke, harmonische Proportionen, Wärme, Kälte, unkomplizierte Handhabung, Verständnis.

3. Welche Rolle spielt die Nachhaltigkeit, die Life-Cycle-Betrachtung für Ihre Gebäudevorgaben?
Wir entwickeln, bauen und betreiben unsere Gebäude. Aus diesem Grunde spielt die Lebenszyklusbetrachtung bei uns eine große Rolle. Neben der großen, auch ethischen Verantwortung (gegenüber den zukünftigen Generationen) stehen hinter der Nachhaltigkeit auch eindeutig wirtschaftliche Aspekte – zukünftig wird der verantwortungsvolle Umgang insbesonders mit nachwachsenden Ressourcen vor dem Hintergrund der Nebenkosten extrem wichtig werden. Hohe Nebenkosten bedeuten eine niedrige Kaltmiete. Weiterhin werden zukünftig auch Unternehmen mit hohem Image eindeutige Marktvorteile haben. Der Bestandshalter wird immer mehr auf Qualität achten als der »einfache« Investor.

4. Sie erleben den Prozess von der Entwicklung bis in den Betrieb. Wo sehen Sie die größten Verbesserungspotenziale: im Prozess, in der Ideenfindung, planerischen Umsetzung, Bauausführung oder dem Betriebsverhalten?
Schlanke Teams, Vertrauen. Im Findungsprozess müssen noch mehr Aspekte wie einfache Handhabung, Bezug zum Nutzer, geringe Betriebskosten, nachhaltiger Umgang mit Energien und der Umwelt Beachtung finden.

Ich persönlich bin der Auffassung, dass die Planungsprozesse durch häufig zu viele am Planungs- und Bauprozeß Beteiligte gestört werden. Zu viele Fachleute für alles, Projektsteuerer, Sondergutachter, Berater usw. verlängern häufig die Planungsphase unnötig und es wird Geld verschwendet, welches dann häufig bei der eigentlichen Ausführung wieder reingeholt werden muss. Hier wird dann gespart und darunter leidet die Qualität. Sicherlich werden die Projekte anspruchsvoller, aber häufig wachsen die Entscheider (auch auf Bauherrenseite) nicht mit.

Meines Erachtens ist aber auch das Bauen selbst noch nicht sehr fortschrittlich – es wird geplant und geplant und dann ausgeschrieben und dann kommen erst die Firmen hinzu – hier sollte viel früher die Industrie, sollten die Firmen ins Boot geholt werden, um Synergien für alle zu erzielen.

Der Planung sollte vor allem in den ersten Entwurfsphasen ein höherer Stellenwert zukommen (wie z. B. manchmal im Schiffsbau), um die Grundlagen und Konzepte detaillierter klären und hinterfragen zu können. Die ersten beiden HOAI-Phasen – Grundlagenermittlung und Vorplanung – werden oftmals zu schnell übergangen.

5. Welche Eigenschaften muss ein Planungsteam besitzen, um anspruchsvolle und nachhaltige Gebäude konzipieren und bauen zu können?
Fachwissen, Erfahrung, Engagement, Leidenschaft, Herzblut – kam das nicht von DS-Plan? –, Leidensfähigkeit, um permanent alles zu hinterfragen, Spaß, Verantwortungsbewusstsein.

Die Planer sollten nicht nur ihren originären Verantwortungsbereich überblicken können, sondern auch über den Tellerrand hinausschauen.

6. Welche außerordentlichen Qualitäten bietet dieses Gebäude – dem Bauherrn und den Mietern?
Einmalige Lage, außerordentliche Architektur, hohe Qualität, maximale Flexibilität, zeitgemäße Technik, alles was ein modernes und innovatives Gebäude benötigt, um auch mindestens die nächsten 20 Jahre am Markt bestehen zu können. Es ist eines der neuen Wahrzeichen Hamburgs.

Hoch transparent und dennoch energieeffizient

Abb. D1.2 Blick durch die geneigte Fassade auf die Elbe

Im Fischereihafen von Hamburg steht seit Ende vergangenen Jahres ein neues, außergewöhnliches Gebäude, das formal an ein Kreuzfahrtschiff erinnert. Bauherr ist die Robert Vogel GmbH & Co. KG. Geplant wurde das Gebäude von den Architekten BRT Bothe Richter Teherani aus Hamburg. Bei dem Projekt legte der Bauherr von Beginn an Wert auf nachhaltige Lösungen mit niedrigen Lebenszykluskosten, da er das Gebäude auch nach Fertigstellung in Besitz behält und betreibt. Gleichzeitig waren flexible Lösungen gefordert, um bei der Vermietung maßgeschneiderte Einheiten anbieten zu können. Es versteht sich von selbst, dass ein derartiges Gebäude auch einen sehr hohen thermischen Komfort bieten muss, der keine Wünsche offen lässt und trotzdem energieeffizient erreicht werden kann.

Diese Ziele konnten nur durch ganzheitliche Lösungen erreicht werden. Gemeinsam mit den Architekten wurde daher von der Firma DS-Plan in den ersten beiden Planungsphasen eine gewerkeübergreifende Systemplanung erarbeitet – ausgehend vom Baukörper und der Fassade über die Raumklimatechnik bis hin zu den gebäudetechnischen Anlagen einschließlich dem Facility Management für den späteren Betrieb. Die Ergebnisse wurden komplett in die Ausführungsplanung übernommen. Hierzu wurde der integrale Planungsprozess durch moderne Planungswerkzeuge unterstützt (Simulation des thermischen Gebäudeverhaltens und tageslichttechnische Analysen), um bereits sehr früh den erreichbaren thermischen Komfort und die voraussichtlichen Betriebskosten bewerten zu können.

Das Gebäude ist als Bürogebäude konzipiert und auf einer Kaianlage erstellt *(Abb. D1.1)*. Aufgrund der schiffsähnlichen Silhouette scheint es, als ob das Gebäude längsseitig wie ein Kreuzfahrtschiff am Kai angelegt hat. Der »Bug« kragt ca. 40 m über die Elbe aus, das »Heck« und das Dach sind über eine Treppenanlage öffentlich

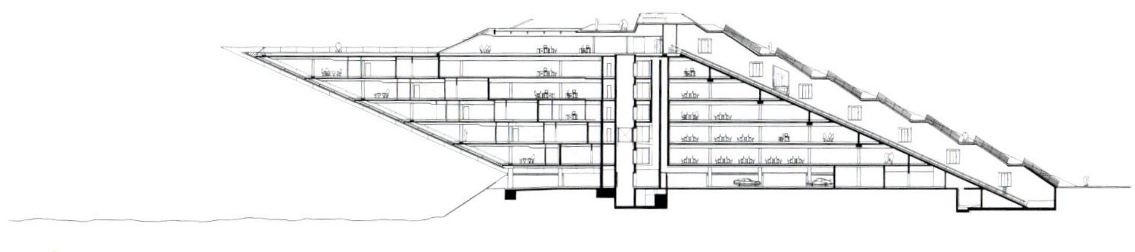

Abb. D1.3 Schnitt durch das Dockland-Gebäude

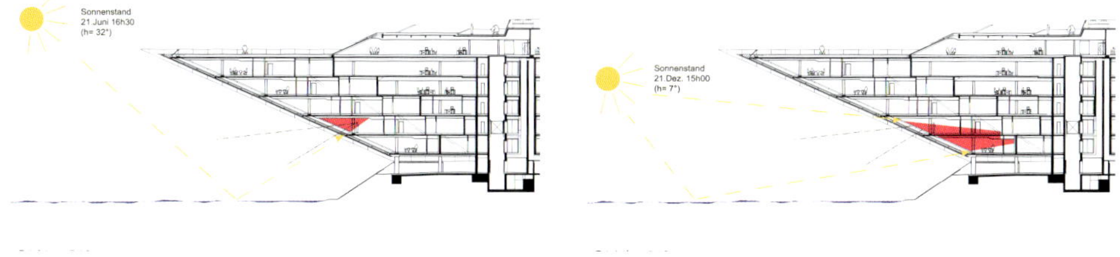

Abb. D1.4 Strahlungsgang für verschiedene Tages- und Jahreszeiten für die geneigte Westfassade

zugänglich. Mit der Forderung, dass das »Schiff« die gute Sicht vom nahe liegenden »Altonaer Balkon« nicht versperren durfte, musste die Gebäudehülle möglichst transparent gestaltet werden. Aus diesem Grund war ein Raumklima- und Fassadenkonzept zu entwickeln, das bei einem hohen Grad an Transparenz der Gebäudehülle und bei höchstem Komfortanspruch einen energieeffizienten Betrieb sicherstellt.

Bei großzügig verglasten Bürogebäuden ist ein optimaler winterlicher und sommerlicher Wärmeschutz wichtig. Zudem sollte das Gebäude über eine möglichst lange Zeitspanne über Öffnungsflügel natürlich belüftet werden können. Aufgrund der windreichen Lage im Hamburger Hafenbecken wurde eine doppelschalige Fassade entwickelt, die die Vorteile eines außen liegenden Sonnenschutzes auch bei hohen Windgeschwindigkeiten bietet. Hierdurch wird bei maximaler Fassadentransparenz die Kühllast in den Büroräumen im Vergleich zu einem innen liegenden Sonnenschutz nahezu halbiert und die thermische Behaglichkeit deutlich gesteigert. In die doppelschalige Fassade wurde zudem die Tragstruktur integriert, wodurch auch diese vor den extremen Witterungsbedingungen geschützt ist. Die äußere Fassadenhaut setzt sich aus raumhohen, absturzsicheren und linienförmig gelagerten VSG-Scheiben zusammen und ist permanent hinterlüftet. Die innere, ebenfalls raumhohe Verglasung enthält zusätzlich einfache, schmale und raumhohe Drehflügel, über die nahezu zugluftarm natürlich gelüftet werden kann. Die versetzt angeordneten Zu- und Abluftöffnungen in der Außenfassade sind bündig zur Oberkante des Fertigfußbodens und zur Unterkante der Decke angeordnet. Um den winterlichen Wärmeschutz zu gewährleisten, wurde eine wirtschaftlich sinnvolle Zweifach-Wärmeschutzisolierverglasung gewählt.

Mit dieser Fassade konnten die Weichen für eine energieeffiziente Raumklimatechnik mit sehr gutem thermischem und visuellem Komfort bei hoher Transparenz des Gebäudes gestellt werden. Die geringen Kühllasten können optimal durch energieeffiziente Systeme, wie das der Bauteiltemperierung, abgeführt werden. Die Bauteiltemperierung wird dabei aufgrund der großen wärmeübertragenden Fläche mit »hohen« Kühltemperaturen von über 18 °C betrieben. Hierbei wird die Masse der Decken und Wände genutzt, um die tagsüber aufgenommene Wärme nachts ohne viel Aufwand über einen Rückkühler an die kühlere Außenluft abzugeben. Damit kann über einen Großteil des Jahres auf eine maschinelle Kühlung verzichtet werden.

Die Bauteiltemperierung wird im Winter als Grundlastheizung eingesetzt, sodass über angenehme Oberflächentemperaturen ein optimaler Komfort erreicht wird. Hierbei wird die Oberflächentemperatur der Bauteile nahe der Raumtemperatur gehalten, wodurch ein gewisser Selbstregeleffekt genutzt werden kann. Dieser Selbstregeleffekt ist jedoch aufgrund der unterschiedlichen Nutzung der einzelnen Räume nicht ausreichend,

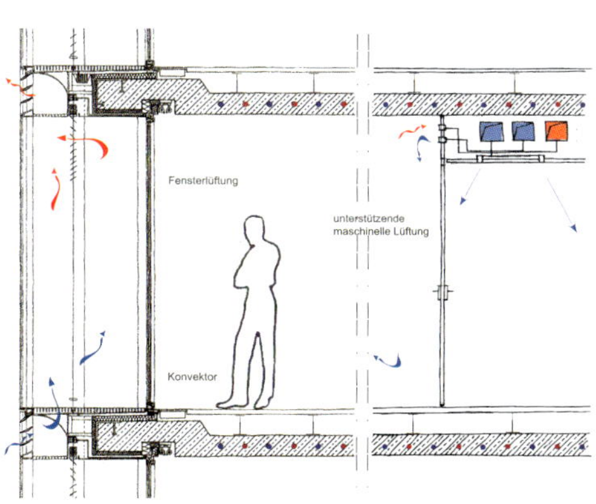

Abb. D1.5 Schnitt durch das Büro und die doppelschalige Fassade

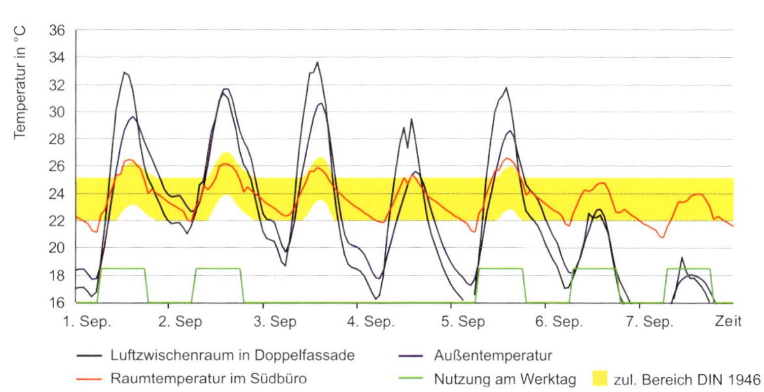

Abb. D1.6 Wochenverlauf der empfundenen Raumtemperatur, berechnet mithilfe einer Simulationsrechnung in der Vorplanung

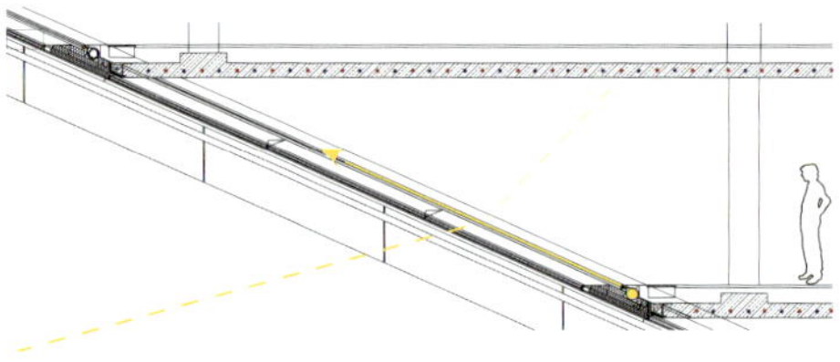

Abb. D1.7 Schnitt durch die Westfassade. Der Blendschutz wird von unten nach oben gezogen.

Abb. D1.8 Rückkühler als »Schornstein des Schiffes«

sodass ergänzend zur Bauteiltemperierung stets eine individuelle Raumregelung für die Heizung erforderlich wird. Beim Dockland-Gebäude lassen sich die Raumtemperaturen über Unterflurkonvektoren regeln, die aufgrund der ausschließlich konvektiven Wärmeabgabe den Kaltluftabfall in direkter Fensternähe kompensieren. Somit wird auch während der Heizperiode mit niedrigen Betriebstemperaturen bei der Bauteiltemperierung eine optimale Behaglichkeit erreicht. Aufgrund der unterschiedlichen Möglichkeiten, die Trennwände aufzustellen, wird die Raumtemperatur über mobile »Raumthermostate«, die am Arbeitsplatz zum individuellen Eingriff aufgestellt werden, geregelt.

Die unterstützende maschinelle Lüftung ist nur während der extremen Winter- und Sommerperioden erforderlich. Während der Übergangszeit lassen sich die Fenster hervorragend zur Belüftung der Räume nutzen, da durch die doppelschalige Fassade ein Regeneintrag vermieden wird und die Windturbulenzen abgebaut werden. So lässt sich das ganze Jahr über ein behagliches Raumklima in den Büroräumen herstellen – dies war auch während der lang anhaltenden Hitzeperiode im Juni 2006 der Fall.

Auf der zum Wasser geneigten Westseite wurde eine einschalige Fassade vorgesehen, da Besonnungsberechnungen gezeigt haben, dass in den warmen Sommermonaten eine direkte Besonnung der Innenräume aufgrund der Fassadenneigung ausgeschlossen werden kann. Vielmehr muss darauf geachtet werden, dass eine Direktblendung im Winter durch die tief stehende Sonne und eine Reflexblendung über Spiegeleffekte durch die Elbe im Sommer vermieden werden. Dazu wird der innen angebrachte Blendschutz von unten nach oben gefahren, sodass Blendfreiheit und ausreichend Tageslicht für visuelles Wohlbefinden sorgen *(Abb. D1.2)*. Bei einer Führung des Blendschutzes von oben nach unten wären sehr häufig die gesamte Fassade und somit die Büroräume abgedunkelt gewesen.

Da Technikflächen für weitere Kältevorhaltungen nur begrenzt vorhanden waren, wurde der erforderliche Wassertank für die Sprinkleranlage auch als Kaltwasserspeicher genutzt. Er kann nachts aufgeladen werden und bietet ein zusätzliches Kältereservoir zur Senkung von hohen Raumtemperaturen. Damit wurde auch für die Kälteerzeugung eine energieeffiziente Lösung gefunden *(Abb. D1.9)*.

Abschließend noch eine nettes Detail zum Thema integrale Lösungen. Die Rückkühlwerke, die für die freie Nachtkühlung bei der Bauteilaktivierung und für die Rückkühlung der Kältemaschine erforderlich sind, konnten im Einklang mit den Architekten so angeordnet und verkleidet werden, dass sie wie Schiffsschornsteine aussehen *(Abb. D1.8)*. Bei bestimmten Witterungszuständen erzeugen die Rückkühlwerke sogar Dampfschwaden, was aus der Entfernung wie qualmende Schiffsschornsteine aussieht.

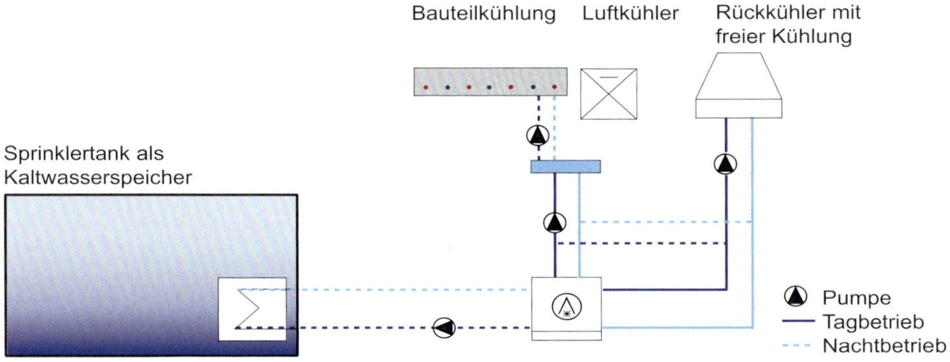

Abb. D1.9 Kältekonzept für das Dockland-Gebäude: Die Rückkühler werden zur Direktkühlung verwendet, der Sprinklertank wird als Kältereservoir genutzt

Abb. D1.10 Blick vom Dach des Dockland-Gebäudes

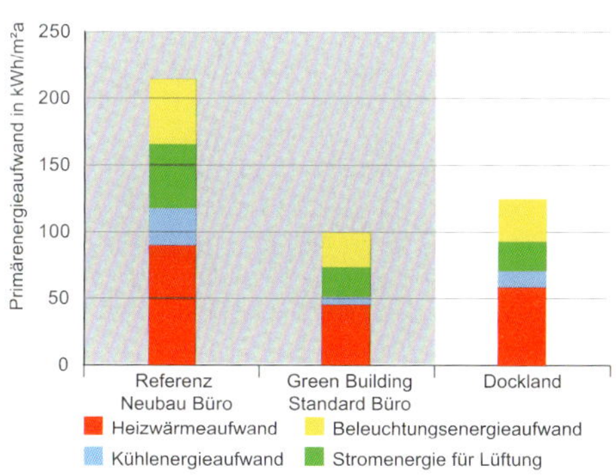

Abb. D1.11 Primärenergiebilanz der Anlagen zur Raumkonditionierung

D 2

SOKA-BAU in Wiesbaden

Auszüge aus dem Buch »SOKA-BAU« von Prof. Thomas Herzog und Hanns Jörg Schrade von Herzog und Partner, München

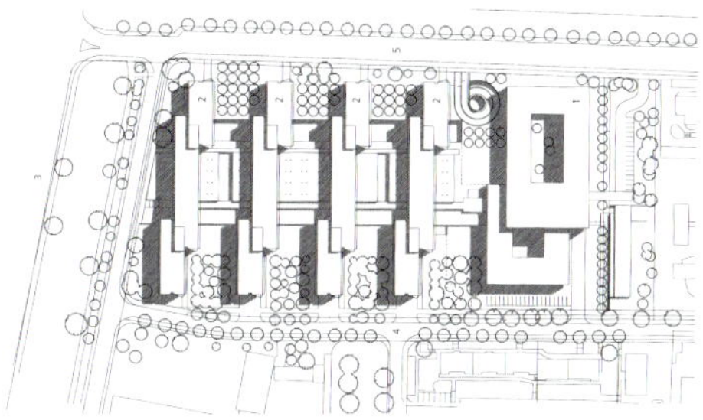

Abb. D2.1 Lageplan des Gesamtareals

Neue Herangehensweisen. Wenn es darum geht, die angesprochenen Änderungen im Energiehaushalt beim Betrieb von Gebäuden zu erreichen, so muss alles, was dafür, bezogen auf den Einzelfall, von Relevanz ist, neu durchdacht werden. Hierbei spielen die lokalen Gegebenheiten (Klima, Kultur, Umwelt, Topologie, Gesetzgebung, geothermische Gegebenheiten u. v. a.) eine grundsätzliche Rolle. Wetterdaten mit Extrem- und Durchschnittswerten müssen vorliegen, um Nutzungschancen und Risiken erkennen zu können. Was die richtige Konditionierung in thermischer Hinsicht angeht, so muss das Gebäude vor allem von Architekten als den dafür Hauptverantwortlichen als ein thermodynamisches Gesamtsystem erfasst und gedanklich durchdrungen sein. Hier geht es um eine grundlegende Notwendigkeit zur weitgehenden Umorientierung bzw. Ausweitung von fachlichen Kompetenzen. Es genügt nicht mehr, Gebäude als wie auch immer gestaltete Volumina zu verstehen, deren Hülle den Innenraum vor der Unbill der Witterung schützt, mit zusätzlich implantierten Heiz- und Kühl-, gegebenenfalls Lüftungs- oder Vollklimaanlagen als von energieabhängigen und aufwendigen Zusatzsystemen, deren Leistungsanforderungen sich nach den Gegebenheiten der baulichen Form und Konstruktion zu richten haben: dem Zuschnitt der Räume, den bauphysikalischen Eigenschaften der Wände, Decken und Böden, nach Art, Größe und Lage von Fenstern und dergleichen mehr! Vielmehr ist es nötig, sobald die städtebaulichen Grunddispositionen in Relation zum Umfeld geklärt sind, die Fülle von Parametern in den Blick zu nehmen, die in ihrer Wechselwirkung letztlich das Raumklima bestimmen. Durch das Variieren von physikalischen Merkmalen wie Wärmeleitfähigkeit, Speicherfähigkeit, Absorption und Reflexion von Strahlung aus dem langweiligen Bereich durch die Art der Farbgebung und Rauhigkeit von Oberflächen, Lenkung über Mehrfachreflexion von Licht, dessen Konzentration oder Streuung und viele andere Parameter lässt sich sukzessive ein energetisches Gesamtoptimum der baulichen Konstruktion erzielen. (...) Spätestens dann, wenn die betreffenden Bauteile oder baulichen Subsysteme überhaupt erst neu entwickelt werden müssen, ist die überkommene Einbindung von »Sonderfachleuten«, deren historisch erster der für die Berechnung des Tragwerks verantwortliche Ingenieur war, zu dem in den letzten Jahrzehnten der für den technischen Ausbau zuständige Fachingenieur hinzu kam, unverzichtbare Bedingung. So wurden für die Designprozesse die Windkanalversuche und die rechnerische Erfassung durch die Gebäudeaerodynamik für die natürliche Durchlüftung der Baukörper maßgeblich, ebenso wie die Experimente zur Innenraumdurchströmung über neuartige Lüftungssysteme in Fassaden. Des Weiteren bringen erst umfangreiche Simulationen und der Bau von Modellen im Maßstab 1 : 1 aus unterschiedlichen Materialien, die bei Versuchen und Belastungstests auf Funktionalität, optische Wirkung, Vibrationsgefahr bei maximaler Windbelastung und Resistenz gegen Hagel am einschlägigen Prüfstand eingesetzt werden, wie sie heutzutage bereits an etlichen Instituten in Europa existieren, die nötige Sicherheit für die Planungsentscheidungen.

Abb. D2.2 Bürogebäude ZVK, Wiesbaden, Außenansicht und Innenraum

Interview mit dem projektverantwortlichen Mitglied des Vorstands der SOKA-BAU, Herrn Peter Kippenberg

1. Welches sind nach Ihrer Ansicht die maßgeblichen Kriterien für erfolgreiche Gebäude?
Gebäude sind Gebrauchsgegenstände, die die Ansprüche der Nutzer erfüllen und zugleich auch schön sein sollten. Wichtig ist für mich das Licht, und zwar sowohl das Tages- als auch das Kunstlicht. Eine gute Raumorganisation sollte selbstverständlich sein, eine praktische Erschließung und möglichst kurze Wege. Dann sollten Bürogebäude auch leicht und kostengünstig umbaubar sein, da sich die Organisation einer Firma oder auch einer Verwaltung schon aufgrund des technologischen Fortschritts ständig verändert. Im Zeitalter von Ressourcenverknappung und steigenden Energiepreisen gewinnen energiesparende Konzepte immer mehr an Bedeutung.

2. Was bedeutet es für Sie, in Gebäuden zu leben? Was entscheidet maßgeblich darüber, ob Sie sich wohl fühlen?
Wie ich schon zur ersten Frage sagte, sind für mich die Lichtverhältnisse sehr wichtig, ein Gefühl der Freizügigkeit und Großzügigkeit. Auch wenn konventionelle Zellenbüros eingerichtet werden, sollte man wie bei einem Kombibüro teilweise auch Glasflächen zwischen Zimmer und Flur einplanen, sodass der Einzelne sich am Arbeitsplatz weniger isoliert fühlt. Wichtig sind nicht nur angenehme Raumtemperaturen im Winter und im Sommer, sondern auch ein günstiges Strahlungsmilieu. Darauf wird viel zu wenig geachtet. Im Zeitalter der Computer-Arbeitsplätze müssen die Mitarbeiter blendfrei und mit geringen Leuchtdichtekontrasten arbeiten können, damit die Augen im Wechsel zwischen der dunklen Bildschirmoberfläche und der hellen Umgebung im Raum nicht allzu sehr strapaziert werden.

3. Welche Rolle spielt die Nachhaltigkeit, die Life-Cycle-Betrachtung für Ihre Gebäudevorgaben?
Wir haben sie von vornherein in unserer Planung berücksichtigt. Ein Beispiel: Unsere Architekten wollten das Konzept der thermoaktiven Decken in der Weise realisieren, dass wasserführende Leitungen in die Rohdecken eingegossen werden. Dem habe ich widersprochen, weil die Tragkonstruktion eines Gebäudes der Teil ist, der am längsten halten muss und weil niemand weiß, wie langlebig die heutzutage für Bauteilheizungen und -kühlungen verwendeten Plastikschläuche sind. Ich habe verlangt, dass die Wasserleitungen in den Estrich eingegossen werden. So sind Reparaturen leichter möglich. Meine Vorgabe hat seinerzeit wissenschaftliche Untersuchungen ausgelöst, in denen DS-Plan eine führende Rolle gespielt hat und selbst, so glaube ich wenigstens, auch eigenes neues Know-how erworben hat.

Die Nachhaltigkeit hat sich auch in anderen Bereichen ausgewirkt. So war eine der Vorgaben, dass das Gebäude für die verschiedenen möglichen Büroformen, die mit derselben Deckenhöhe auskommen, nutzbar sein muss wie dem Zellenbüro, dem Kombibüro und dem Gruppenbüro. Es ist deshalb möglich, die Büroräume den Organisationsformen der Zukunft flexibel anzupassen. Ein weiterer Vorteil besteht darin, dass die gesamte Elektroversorgung (Stark- und Schwachstrom, IT-Leitungen) in die Fassade verlegt wurde, sodass wir die durch Versetzen der Fertigtrennwände neu entstandenen Räume virtuell per Computer zusammenschalten können, ohne Elektroleitungen neu verlegen zu müssen. Virtuell erfassen wir die Räume über die Fensterraster, wodurch es ein Leichtes ist, Flächen für die Beleuchtung einer entsprechenden veränderten Raumorganisation anders zusammenzuschalten.

4. Sie erleben den Prozess von der Entwicklung bis in den Betrieb. Wo sehen Sie die größten Verbesserungspotenziale: im Prozess, in der Ideenfindung, planerischen Umsetzung, Bauausführung oder dem Betriebsverhalten?
Das Allerwichtigste nach meiner Erfahrung als Bauherr von sehr großen Bauprojekten ist, dass der Bauherr, ehe er Planungsaufträge erteilt, weiß, was er will. So habe ich seinerzeit vor Auslobung des Architektenwettbewerbs und auch vor Einschaltung des Projektsteuerungsbüros Drees & Sommer, mit dem wir übrigens sehr zufrieden waren, einen auf Nutzungsplanung spezialisierten Professor gebeten, ein Grundsatzgutachten über unser Grundstück

zu erstellen, aus dem sich ergibt, welche Möglichkeiten der Bebaubarkeit bestehen. Wir selbst haben geklärt, welche Büroorganisation in unserem Gebäude möglich sein soll, welche Nebennutzungen wir benötigen und welche Vorkehrungen für eine Vermietbarkeit getroffen werden müssen. Es sollte klar sein, in welchen Größen sich getrennt vermietbare Flächen aufteilen lassen. Dabei muss die vorhersehbare Nachfrage abgeschätzt werden. Am zweitwichtigsten ist eine vernünftige Gesamtplanung. Ich lehne es ab, einen Bau mit unfertiger Planung zu beginnen, wie es heutzutage üblich ist. Nur so kann man die kostenträchtigen Nachträge vermeiden. Die Bauausführung, die Qualität ist natürlich auch sehr wichtig. Die Steuerung des Hauses nach Übernahme sollte man nicht dem Zufall oder allein dem Engagement der Mitarbeiter überlassen. Oft fehlt es an klaren Definitionen für die Behaglichkeitskriterien, d. h. wie warm oder kalt soll es im Sommer und im Winter sein, wie wird der Sonnenschutz »gefahren«. Hier kann man viel Geld sparen, wenn man es richtig macht. Die größten Hebel für ein erfolgreiches Projekt sind aber ganz am Anfang zu bewegen, wenn der Bauherr selbst klärt, was er benötigt und welches Haus er in Auftrag gibt.

5. Welche Eigenschaften muss ein Planungsteam besitzen, um anspruchsvolle und nachhaltige Gebäude konzipieren und bauen zu können?

Diese Frage ist wohl generell nicht leicht zu beantworten. Natürlich benötigt man intelligente Menschen, wenn es sich um schwierige Gebäude handelt. Natürlich müssen die verschiedenen Fachdisziplinen in einem Team vertreten sein. Wichtig scheint mir zu sein, dass sich in einem solchen inhomogenen Team Menschen finden, die kreativ sind, auch wenn dies manchmal Chaos mit sich bringt. Wichtig ist auch, dass es die so genannten Organisatoren gibt, die Ordnung in die Ideen bringen können und Konzepte aufstellen, und schließlich noch, dass auch Detaillierer vorhanden sind, das sind diejenigen, die die hervorragende Qualität im Einzelnen sichern.

6. Welche außerordentlichen Qualitäten bietet dieses Gebäude – dem Bauherrn und den Mietern?

Unser Gebäude wird aus Sicht unserer Mitarbeiter und unserer Mieter immer wieder sehr positiv beurteilt. Die Luftqualität ist dank des neuartigen Klimatisierungskonzepts mit Bauteilheizung und kühlung und Frischluftversorgung ohne herkömmliche Klimaanlage außerordentlich angenehm und hygienisch unbedenklich. Die Temperaturen sind auch in heißesten Wiesbadener Sommern behaglich. Es zieht nicht im Gebäude, und die Lichtverhältnisse sind hervorragend. Schließlich ist unser Gebäude schön und wirkt nicht eng und bedrückend, obgleich die Verkehrsflächen weniger als 20 % der Gesamtfläche ausmachen. Das Haus macht insgesamt, auch im Eingangs- und in den Erschließungsbereichen einen großzügigen Eindruck. Schließlich waren die Baukosten mit 1 540 €/m² Nutzfläche zuzüglich MwSt. günstig, verglichen mit anderen Häusern vergleichbarer Qualität. Es zeigt sich mit zunehmender Betriebsdauer, dass die Energieverbräuche niedriger sind als im Planungsstadium seinerzeit vorausberechnet.

Abb. D2.3 Blick zwischen zwei Neubauriegel

Robust und energieeffizient

Ausgangspunkt der Planung für die vier Neubauriegel sowie die Sanierung des Haupthauses war das Ziel, Energieeffizienz, Komfort sowie niedrige Investitions- und Betriebskosten mit möglichst wenig Gebäudetechnik zu erreichen. Innovative Ansätze waren dabei seitens des Bauherrn ausdrücklich erwünscht. Mit dem Entwurf der Architekten wurde hierfür eine hervorragende Basis geschaffen.

Die Neubauriegel bestehen aus einem Unter- und Sockelgeschoss sowie vier bzw. fünf Obergeschossen. Das Sockelgeschoss dient als Erschließung der Riegel. Zudem sind dort Sondernutzungen wie Konferenzräume, Restaurant und Küche untergebracht. Im Untergeschoss befinden sich die Lager- und Technikräume sowie das zentrale Rechenzentrum der SOKA-BAU. Die Obergeschosse dienen ausschließlich als Büroräume. Die Riegel besitzen mit 13 m eine effiziente Tiefe für eine sehr gute natürliche Lüftung und Belichtung der Nutzflächen. Die Kernpunkte des energieeffizienten Bauens bei diesem Projekt sind:

- Intelligente, dezentrale Lüftungsfassade, integriert in die Fassade ohne Ventilatoren. Während des Winters stehen verschließbare Lüftungsspalte zur kontrollierten Lüftung zur Verfügung, die aufgrund ihres Abstands und ihrer Größe auf natürliche Weise den hygienischen Grundluftwechsel im Raum sicherstellen. Im Sommer lassen sich Drehflügel zur freien Fensterlüftung nach außen öffnen.
- Hoch wärmegedämmte Fassade aus einer Dreifachverglasung und hoch gedämmten Fassadenprofilen. Aufgrund der hohen Oberflächentemperaturen von über 15 °C kann auf einen Heizkörper zur Raumheizung verzichtet werden. Lediglich ein »Mini-Heizelement« ist in der Lüftungsfassade integriert.
- Niedertemperaturheizung und Hochtemperaturkühlung in Form einer geregelten, estrichintegrierten Bauteilkühlung. Der Neubau ist eines der ersten Gebäude mit großflächiger Verlegung von thermisch aktiven Bauteilen Mitte der 1990er Jahre in Deutschland.
- Effektiver und tageslichtlenkender Sonnenschutz, entwickelt von den Architekten und dem Büro Bartenbach. Für alle Himmelsrichtungen sind aktive Maßnahmen zur Weiterleitung des natürlichen Tages- und Sonnenlichts in die Raumtiefe vorhanden. Damit wird eine gleichmäßige Verteilung des Lichts bis in die Raumtiefe erzeugt.
- Energieversorgung mit Kraft-Wärme-Kälte-Kopplung und freier Nachtkühlung für die Bauteilkühlung. Kraft-Wärme-Kopplung oder Blockheizkraftwerk (BHKW) bezeichnet die Kopplung eines Verbrennungsmotors mit einem Generator zur Erzeugung von Strom und Wärme. Als Kraftstoff wird Erdgas verwendet. Im Gebäude kommen zwei BHKWs zum Einsatz, die bei Stromausfall gleichzeitig als Notstromversorgung dienen. Ein großer Teil des erzeugten Stroms findet direkt im Gebäude selbst Verwendung. Überschüssiger Strom wird in das Netz des Stromversorgungsunternehmens zurückgespeist. Die erzeugte Wärme wird sowohl für die Beheizung des Gebäudes als auch für die Kälteversorgung mittels einer Absorptionskältemaschine genutzt. Liegt der Wärmebedarf des Gebäudes über der erzeugten Wärmemenge, wird der fehlende Anteil über den bestehenden Fernwärmeanschluss ergänzt. Umgekehrt kann überschüssige Wärme in das Fernwärmenetz des örtlichen Versorgungsunternehmens eingespeist werden. Das Haupthaus ist in das Gesamtenergiekonzept integriert. Die Sanierung des Haupthauses umfasste die komplette Gebäudehülle und Gebäudetechnik. Dadurch konnte der Energiebedarf für Heizen um 65 % gegenüber den Vorjahren reduziert werden.

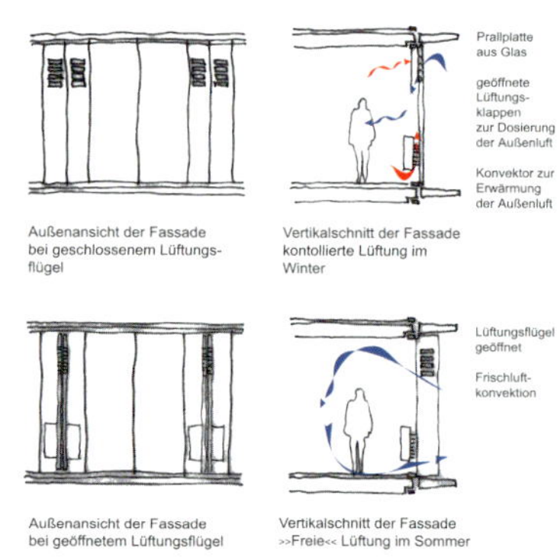

Abb. D2.4 Prinzip der natürlichen Lüftung der Büros

Interview mit Prof. Fritz Auer vom Architekturbüro Auer + Weber + Assoziierte

1. Welches sind nach Ihrer Ansicht die maßgeblichen Kriterien für erfolgreiche Gebäude?
Erfolgre ich, das muss man genauer definieren. Wir interpretieren es so, dass das Gebäude vom Bauherrn und von den Nutzern akzeptiert wird. Da gehört natürlich schon sehr viel dazu.

Im weitesten Sinn müssen alle Anforderungen, die an ein Gebäude bis hin zu den Kosten gestellt werden, gesehen werden. Diese sollten auch immer in Relation zum Erfolg betrachtet werden. Was kann das Gebäude für dieses Geld leisten? Die Angemessenheit der Mittel ist uns dabei wichtig.

2. Welche Rolle spielt die Nachhaltigkeit für Ihre Gebäude-Entwürfe?
Das ist bei uns eine Grundhaltung, dass die Gebäude nicht nur spektakuläre, sondern auch substanzielle Gebäude sind. Die Nutzbarkeit sehen wir dabei als eines der wichtigsten Kriterien.
Ich glaube, dass gerade Gebäude und letztlich deren Architektur von langer Lebensdauer sind und eine gewisse Kontinuität in unserer Kultur darstellen.

Die Grundvoraussetzung hierfür ist unter anderem die rein substanzielle Haltbarkeit. Also keine billigen schnelllebigen Materialien, sondern die Verwendung von Materialien, die in ihren Investitionskosten zwar höher, dafür aber qualitativ hochwertiger sind und somit länger halten. Für mich ist es ein wichtiges Kriterium, dass die Gebäude in Würde altern, ohne marode zu werden.

Abb. D3.1 Verwaltungsgebäude der Kreissparkasse Tübingen

3. Welche Ziele verfolgt das Büro Auer + Weber + Assoziierte im Gebäudesektor »Green Buildings«? Wie sehen Ihre Visionen aus?
Aus betriebswirtschaftlichen und energetischen Aspekten sollte die Nutzung natürlicher Energien im Vordergrund stehen.

Als weiterer Punkt ist auch der Einsatz von natürlichen Materialien, die zur Behaglichkeit beitragen, aber auch in technischer Hinsicht effektiv sind, zu berücksichtigen. Auch die Aspekte Städtebau, Architektur und Nachhaltigkeit stehen in Beziehung zueinander, die in Einklang zu bringen ist.

4. Wie ist die Zusammenarbeit mit DS-Plan, welches sind die wesentlichen Eckpfeiler für ihre langjährige Arbeitsbeziehung?
Es gab einmal eine kleine technische Handskizze von Herrn Lutz, die wir als Vorschlag zu einer Problemlösung erhalten haben. In dieser spiegelt sich die fachliche Kompetenz von DS-Plan wider. Für uns ist DS-Plan somit eine wesentliche Komponente geworden, die ganz konkret mit Lösungen aufwartet. Es ist uns wichtig, dass der fachlich Beteiligte am Puls der Zeit lebt, über den Tellerrand hinausguckt und auch mit uns neue Wege geht.

5. Welche Eigenschaften muss ein Planungsteam besitzen, um anspruchsvolle und nachhaltige Gebäude konzipieren und bauen zu können?
Es muss auf beiden oder besser gesagt mehreren Seiten eine Offenheit vorhanden sein. Alle Planungsbeteiligten müssen eine gemeinsame Zielsetzung haben. Dafür ist die Einbindung der unterschiedlichen Interessen wichtig.

Jedem fachlich Beteiligten sollte der entsprechende Spielraum und die Freiheit für die Entwicklung eingeräumt sein und nicht von einer Seite diktiert werden, auch wenn dies die Seite des Architekten sein sollte. Im idealen Fall sollte es so aussehen, dass Offenheit und Zusammenspiel der fachlich Beteiligten zu neuen Lösungsfindungen beitragen und aufeinander aufbauen. Nur dies kann letztlich nicht nur in technologischer, sondern auch in ästhetischer Hinsicht zu neuen Lösungen führen.

6. Wie entstand die Idee für den Entwurf des Gebäudes?

In dem vorhandenen Grundstück fungiert das Gebäude als Eckstein für das Gebiet des Mühlbachquartiers. In diesem fast schon eigenen Stadtteil finden sich Institutionen unterschiedlichster Art, die alle miteinander räumlich in Beziehung stehen. Deshalb durfte der Entwurf der Kreissparkassen-Zentrale nicht irgendwelche Fronten bzw. Längen aufbauen. Der quadratische Grundriss gibt dem Gebiet somit keine Richtung, sondern steht eigenständig für sich. So entstand ein geschlossener Kubus, der sich jedoch durch das offene abgehobene Erdgeschoss wiederum freier, leichter in die Landschaft integriert, die Durchlässigkeit der Freianlagen gewährleistet und dadurch mit den anderen Institutionen räumlich in Beziehung steht.
Ein weiterer Aspekt war die Entwicklung der Außenhaut des Gebäudes, die in voller Geschosshöhe verglast werden sollte, ohne dass dadurch wirtschaftliche Nachteile entstehen und ohne die Behaglichkeit innerhalb des Gebäudes zu beeinträchtigen. Dies wurde mittels einer hochwertigen Verglasung mit einer Verschattungsvorrichtung und einer Deckenkühlung realisiert.

Abb. D3.2 Die Dreifachverglasung für das Gebäude wurde neu entwickelt und die Rahmenelemente sehr gut wärmegedämmt

Abb. D3.3 Innenraumansicht mit hoch wärmedämmender Fassade

Transparent ökologisch

Im April 2006 bezog die Kreissparkasse Tübingen ihr neues Verwaltungsgebäude »Sparkassen-Carré« in Tübingen. Der Neubau ermöglicht es der Sparkasse, ihre Kapazitäten auszubauen und die Betriebsabläufe effizienter zu gestalten. Neben dem wirtschaftlichen Aspekt sollte das Gebäudekonzept vorbildhaft für ökologisches zukunftsorientiertes Bauen sein. Die Architekten Auer+Weber+Assoziierte entwickelten aus dieser Idee eine Konstruktion, deren Klarheit für zeitlose und wirtschaftliche Bauweise steht. Mit einem optimierten baulichen Wärmeschutz und einem nachhaltigen Energieversorgungskonzept wird der ökologische Anspruch unterstrichen. Über die 150 Bohrpfähle, die zur Gründung des Gebäudes notwendig waren, wird Erdwärme für das Heizen und Kühlen des Gebäudes bezogen. Die Pfähle sind effizient in ein Raumklimakonzept mit Niedertemperaturheizung und Hochtemperaturkühlung eingebunden.

Der bauliche Wärmeschutz wird durch eine neu entwickelte hocheffiziente Dreifachverglasung und eine hoch wärmedämmende Fassade gewährleistet. Eine Herausforderung für die Fassaden- und Klimaingenieure von DS-Plan war die Entwicklung von sehr gut wärmedämmenden Rahmenelementen, die auch den gestalterischen Ansprüchen des Architekten genügten. Hoch wärmedämmende Rahmenkonstruktionen waren bislang sehr breit und für eine solche transparente und filigrane Bauweise nicht geeignet. In Zusammenarbeit mit dem Passivhaus-Insitut in Darmstadt gelang es, den Wärmedämmwert einer 58 mm schmalen Rahmenkonstruktion um 50 % zu erhöhen und den Wärmeverlustkoeffizient U_R von 1,6 auf 0,9 W/m²K zu reduzieren.

Diese gut wärmedämmende Fassadenkonstruktion ist Vorraussetzung für das innovative Raumklimakonzept. Die Räume werden durch thermisch aktive Decken beheizt und gekühlt, ein zusätzliches Randstreifentemperaturelement ermöglicht die individuelle Regelung. Dies schafft die Voraussetzung für eine größtmögliche thermische Behaglichkeit, da die Oberflächentemperaturen von Boden und Decke den klimatischen Verhältnissen angepasst werden. Die Randstreifentemperaturelemente sind zudem mit Schalldämmmaterial belegt und verbessern die Akustik im Raum – ein Doppelnutzen, der die Wirtschaftlichkeit des Konzepts weiter erhöht. Auf Heizflächen an der Fassade konnte aufgrund der guten Wärmedämmung verzichtet werden, da die Innenoberflächentemperaturen immer über ca. 18 °C liegen. Die Lüftung wird nach dem hygienischen Luftwechsel ausgelegt, um Stromenergie für diesen Lufttransport einzusparen. Die Bodenquellluftdurchlässe werden vor den Öffnungsflügeln angeordnet und minimieren zusätzlich die Gefahr des Kaltluftabfalls infolge undichter Fugen an den Fensterflügeln. Mit der Schichtlüftung wird die Luft impulsfrei in den Raum eingeblasen, damit ist eine Behaglichkeitsminderung infolge von hohen Luftgeschwindigkeiten ausgeschlossen. Der Nachweis der Behaglichkeit wurde mit einer Strömungssimulation erbracht.

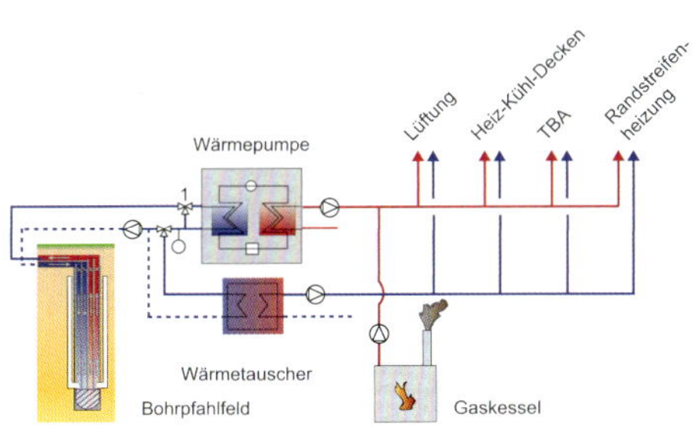

Abb. D3.4 Heiz- und Kühlschema mit geothermischer Nutzung

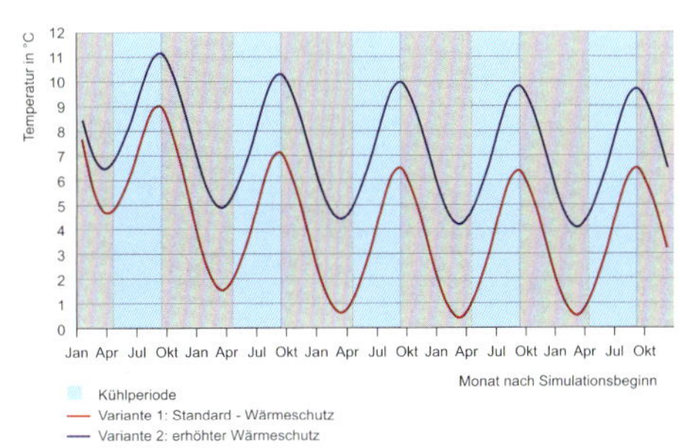

Abb. D3.5 Temperaturverlauf des Erdreichs über mehrere Jahre

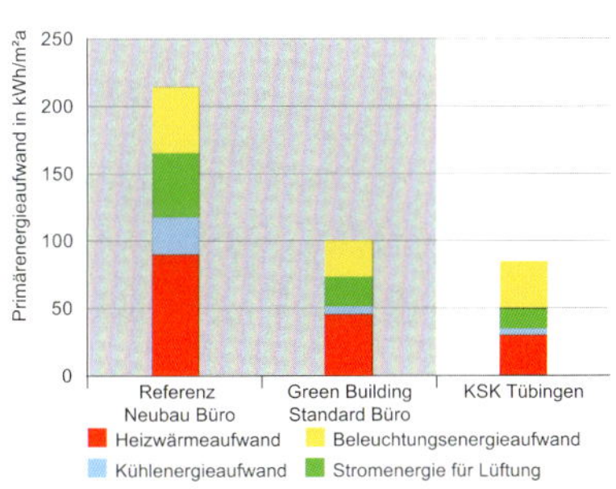

Abb. D3.6 Primärenergiebilanz der Anlagen zur Raumkonditionierung

Abb. D3.7 Konferenzraum

Auch für den Konferenzraum wurde ein Raumklimakonzept entwickelt, das sich in das ökologische Gesamtbild einfügte. Mit dem Einsatz eines Schichtlüftungskonzepts wird die Geruchs- und Wärmebelastung der Luft in der Aufenthaltszone im Vergleich zu konventionellen Konzepten wesentlich verbessert. Die Luft wird impulsarm über Quellluftauslässe in den Wänden eingeblasen und breitet sich gleichmäßig im Aufenthaltsbereich aus. Die geruchs- und wärmebelastete Luft steigt entlang der Personen nach oben und wird im Deckenbereich abgesaugt. Dabei werden Eindringtiefen von 15 m mit einseitiger Lüftung gut erreicht. Der notwendige Luftstrom kann so wie in den Bürobereichen nach dem hygienischen Luftwechsel ausgelegt werden und ist rund 30 % geringer als bei konventionellen Systemen. Dadurch wird der Energieaufwand reduziert und die Investitionskosten werden gesenkt. Die Auslegung des Lüftungskonzepts und der Nachweis der Luftqualität wurde mit einer Strömungssimulation erbracht.

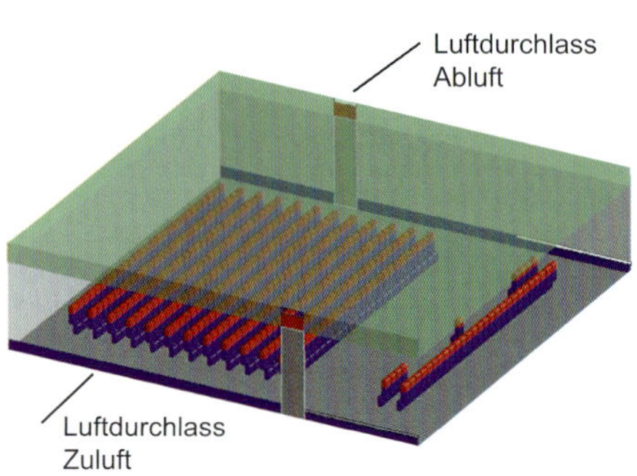

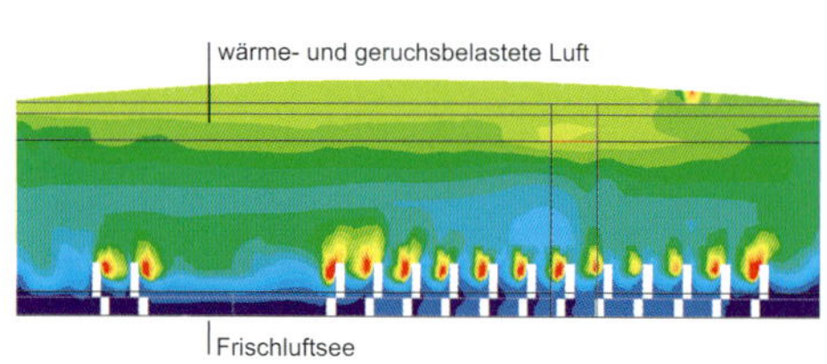

Abb. D3.8 Strömungssinmulation

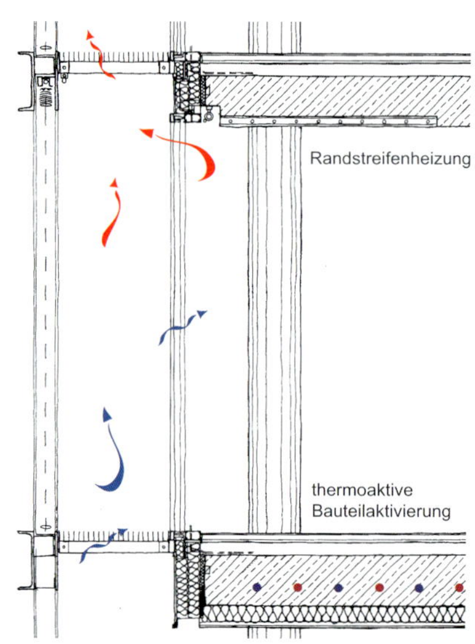

Abb. D3.9 Raumklimakonzept mit Bauteiltemperierung, Randstreifenelement und fassadenahen Quelluftdurchlässen

Das Konzept der geothermischen Nutzung wurde mithilfe einer Anlagensimulation entwickelt. Hierbei wurde das thermische Gebäudeverhalten im Zusammenspiel mit dem Wärmeentzug des Erdreichs im Winter und der Wärmeeinleitung im Sommer untersucht. Die Anlagensimulation zeigt, dass die geothermische Nutzung mit 150 Bohrpfählen in Verbindung mit einer Wärmepumpe mehr als 70 % des Energieaufwands des Gebäudes deckt. Der Kühlenergieaufwand kann dagegen ohne Einsatz der Wärmepumpe nahezu vollständig gedeckt werden. Voraussetzung dafür ist, dass das Bohrpfahlfeld ausreichend mit Grundwasser umspült wird. Ist dies nicht der Fall, kühlt das Erdreich langsamer aus. Deshalb muss bei der Planung auf eine über das Jahr ausgeglichene Energiebilanz geachtet werden, d. h. es darf nur die Wärme dem Erdreich entzogen werden, die im Sommer wieder zugeführt wird. Mit diesem Konzept wird eine Reduzierung des Primärenergiebedarfs der Anlagen zur Raumkonditionierung um 68 % prognostiziert. Die CO_2-Emissionen sinken um rund 177 t pro Jahr im Vergleich zu einer konventionellen Lösung mit Gaskessel und Kältemaschine.

Abb. D3.10 Ansicht der Fassade, verschattete und besonnte Seite

Abb. D3.11 Lüftungsleitungen für die Büros. Die Verteilung erfolgt innerhalb der Betondecke

D 4

LBBW Stuttgart

Interview mit dem Architekten Wolfram Wöhr von W. Wöhr – Jörg Mieslinger Architekten, München, Stuttgart

1. Welches sind nach Ihrer Ansicht die maßgeblichen Kriterien für erfolgreiche Gebäude?
Meiner Ansicht nach zeichnen sich erfolgreiche Gebäude durch ihre Nachhaltigkeit in Bezug auf ihre ästhetische Erscheinung als auch auf ihre technische Ausstattung aus. Moderne Bauten sollten dabei immer im Dialog mit dem Bestand stehen und auf die Umgebung reagieren. Dann garantieren sie eine optimale Nutzung.

2. Welche Rolle spielt die Nachhaltigkeit für Ihre Gebäude-Entwürfe?
Nicht nur die technische, auch die funktionale, städtebauliche und ästhetische Ausrüstung eines Gebäudes muss seiner Rolle, Teil eines gewachsenen Ganzen zu sein, gerecht werden. Die wachsende Weltbevölkerung und die Zunahme der städtischen Siedlungen bei gleichzeitiger Verödung der ländlichen Räume fordert die Gestalter heraus, auch für die nachkommenden Generationen Lebensräume zu schaffen, die diese Bezeichnung verdienen.

3. Welche Ziele verfolgt das Büro Wöhr und Mieslinger Architekten im Gebäudesektor »Green Buildings«? Wie sehen Ihre Visionen aus?
Ein Thema der Zukunft, das uns zunehmend beschäftigt, ist neben der steten Weiterentwicklung moderner Gebäudetechnologien und ihrer ästhetischen Erscheinung die Neubelebung vorhandener Bausubstanz. In verschiedenen Projekten haben wir bereits mehrfach Gebäudesanierungen realisiert, die einen Beitrag zur ökologisch sinnvollen, nachhaltigen Nutzung dieser Bausubstanz leisten.

4. Wie entstand die Zusammenarbeit mit DS-Plan? Welches sind die wesentlichen Eckpfeiler Ihrer langjährigen Arbeitsbeziehung?
Die Arbeitsbeziehung mit DS-Plan ist geprägt von Offenheit und ausgezeichnetem Teamwork. Hohe fachliche Kompetenz führt immer zur erfolgreichen Durchführung der Projekte.

5. Welche Eigenschaften muss ein Planungsteam besitzen, um anspruchsvolle und nachhaltige Gebäude konzipieren und bauen zu können?
Ein erfolgreiches Planungsteam muss über Fachwissen und Kreativität verfügen sowie ein hohes Maß an Team- und Kommunikationsfähigkeit besitzen.

6. Wie entstand die Idee für den Entwurf des Gebäudes »LBBW«?
Für den Entwurf der LBBW in Stuttgart waren zunächst die städtebaulichen Faktoren maßgeblich. Aus der besonderen Situation des Neubaus im Anschluss an die vorhandenen Gebäude der LBBW auf dem Brachgelände von Stuttgart 21 hat sich die Idee der platzgestaltenden Stadterweiterung ergeben. Es war mir wichtig, ein markantes Zeichen zu schaffen, das den Ort als solchen definiert und auszeichnet.

7. Welche Ziele haben Sie bei diesem Entwurf verfolgt?
Ziel meines Entwurfs war es, im Rahmen von Stuttgart 21 ein neues, belebtes und lebendiges Stadtquartier als funktionierenden Baustein der Innenstadt zu schaffen. Deshalb waren für mich die historischen städtebaulichen Vorgaben in Stuttgart, die Blockrandbebauung, ein unumstößlicher Rahmen für die Neubebauung. Auch die Materialien sollten an die alten Traditionen anknüpfen und mit dem Vorhandenen eine gewachsene Einheit bilden. Im nächsten Schritt habe ich mich auf die Optimierung der Arbeitsplatzqualität durch die Organisation und die innere Struktur der Gebäude konzentriert. Ein Thema, das mir dabei immer sehr am Herzen liegt, ist die Öffnung des Gebäudes zum Außenraum.

8. Welche außerordentlichen Qualitäten bietet das LBBW-Gebäude – dem Bauherrn und den Mietern?
Die akzentuierte Sprache des Gebäudes erfüllt sowohl repräsentative als auch identifikatorische Anforderungen. Die ausgezeichnete Arbeitsplatzqualität spiegelt sich in der Transparenz der Architektur wider. Mit den flexibel zu variierenden Grundrissen ist es möglich, auf wechselnde Bedürfnisse schnell zu reagieren und für die jeweils neue Nutzung ein immer wieder optimales Arbeitsumfeld zu schaffen.

Interview mit dem Bauherrn – Fred Gaugler, BWImmobilien GmbH

1. Welche sind nach Ihrer Ansicht die maßgeblichen Kriterien für erfolgreiche Gebäude?
Das erste Kriterium ist eine hohe Flexibilität. Deshalb sollten möglichst wenige nutzerspezifische Einbauten auf den Mietflächen erfolgen. Das zweite Kriterium ist ein wirtschaftlicher Grundriss. Die richtige Gebäudetiefe trägt insbesondere bei offenen Bürostrukturen zu einer wirtschaftlichen Ausnutzung bei. Der dritte Aspekt ist die Nutzungsqualität. Bei der heutigen dichten Belegung ist eine Kühlung der Nutzflächen unabdingbar. Diese Qualität sollte auch nicht Einsparungen zum Opfer fallen.

2. Was bedeutet es für Sie, in Gebäuden zu leben? Was entscheidet maßgeblich darüber, ob Sie sich wohl fühlen?
Hierzu gehören gut gewählte Farben an allen Oberflächen, warme Holztöne und überschaubare Raumgrößen. Diese Maßnahmen vermitteln den gewünschten Wohlfühlcharakter, den wir in Deutschland als Gemütlichkeit bezeichnen. Ein weiteres bedeutendes Kriterium ist die Möglichkeit der Kommunikation untereinander. So gibt es nichts Wichtigeres als die Teeküche oder den Kopierraum, so klein die Räume auch sein mögen. In offenen Bürostrukturen braucht man dagegen Zonen, in denen man sich trifft und auch mal Themen bespricht, die über den Tellerrand des eigenen Abteilungshorizonts hinausgehen. Bei der Planung muss man also die Nutzer fragen, was sie von den Räumen bezüglich der Ausstrahlung erwarten.

3. Welche Rolle spielt die Nachhaltigkeit, die Life-Cycle-Betrachtung für Ihre Gebäudevorgaben?
Diese Betrachtung ist natürlich so wichtig wie die Erstinvestition in das Gebäude selbst, da man mit beiden Faktoren leben muss. Die Entscheidung für die Erstinvestition ist meistens eine Sache von wenigen Minuten. Wenn jedoch die Betriebskosten aus dem Ruder laufen, ist der Schaden groß. So wollen wir mit jedem Gebäude, das wir erstellen oder betreiben, bei der Life-Cycle-Betrachtung besser werden. Wir prüfen deshalb bei der Planung und beim Betrieb jedes Bauteil und jede Anlage auf Nachhaltigkeit oder ob sie als Kostentreiber ausgemacht werden kann. Die Diskussion ist somit nicht mehr auf die Erstinvestition beschränkt.

4. Sie erleben den Prozess von der Entwicklung bis in den Betrieb. Wo sehen Sie die größten Verbesserungspotenziale: im Prozess, in der Ideenfindung, planerischen Umsetzung, Bauausführung oder dem Betriebsverhalten?
Bei all den genannten Punkten. Wir müssen uns rechtzeitig bewusst machen, so wie es DS-Plan ja auch bei der Projektbegleitung handhabt, dass man in der ersten Phase der Planung die richtigen Entscheidungen treffen muss. Bei der Bauausführung ist es wichtig, dass sich jemand von der Bauherrenseite bewusst um die Qualitätskontrolle kümmert. Bei den Betriebskosten versuchen wir neben nachhaltigen Planungsentscheidungen im Betrieb selbst die Energiekosten weiter zu senken, indem wir hierzu ein Betreiberteam bilden, das sich Einsparungsziele setzt und sich in der Anfangsphase auch beraten lässt.

5. Welche Eigenschaften muss ein Planungsteam besitzen, um anspruchsvolle und nachhaltige Gebäude konzipieren und bauen zu können?
Es muss vor allem kreativ sein und beharrlich seine Ziele verfolgen. Denn neben der Architektur und den Investitionskosten ist der Energieverbrauch von Gebäuden heute ein zentrales Thema.

6. Welche außerordentlichen Qualitäten bietet das LBBW-Gebäude dem Bauherrn und den Mietern?
Der Gebäudekomplex steht am Eingang zur City von Stuttgart und besticht durch seine Zeichenhaftigkeit im Hochhausbereich. Sehr gut gelungen finde ich das Erscheinungsbild der Gesamtanlage und die innere Qualität, die uns als Bauherren und den Nutzern gefällt. Auch den ökologischen Ansatz für den Betrieb der Anlage finde ich bemerkenswert. Schließlich ist Green Building eigentlich ein Synonym für Gebäude, die nicht nur ästhetisch anspruchsvoll sein wollen, sondern auch den energetischen Aspekt voll berücksichtigen und somit Eigentümer und Nutzer zufriedenstellen.

Hoch und effizient

Die neuen Häuser der Landesbank Baden-Württemberg bilden den Auftakt der städtebaulichen Entwicklungen für das Projekt Stuttgart 21. Auf ca. 58 000 m² haben rund 2 000 Mitarbeiter in direkter Nähe zum bestehenden LBBW-Gebäude ihren Arbeitsplatz. Ein wichtiges Ziel war hierbei nicht nur, den Jahresheizwärmebedarf der EnEV zu unterschreiten, sondern zugleich die ganzheitlichen Anforderungen des von der Stadt Stuttgart aufgelegten »Gütesiegels Energie« in der Planung, im Bau und im späteren Betrieb einzuhalten. Idee des Gütesiegels ist es, für Anstrengungen zur Energieeinsparung zu motivieren, die über das gesetzlich vorgeschriebene Maß hinausgehen. Bei einer Architektur, die für offene und transparente Arbeitswelten große Glasflächen und nur wenige kompakte Gebäudeteile vorsieht, ist dies eine spannende Aufgabe.

Das Gütesiegel Energie besteht aus zwei Teilen, dem »Gütesiegel Energie für Gebäudeplanung und Bau« und dem »Gütesiegel Energie für den Gebäudebetrieb«. Der Nutzen für die Teilnehmer ist einerseits ideell, andererseits auch ökonomisch. Ideell, als aktiver und sinnvoller Beitrag zur Schonung von Ressourcen und Umwelt. Ökonomisch, da die Umsetzung und Erfüllung der Kriterien für das Gütesiegel Energie eine aktive Qualitätssicherung in Planung, Bau und Betrieb der Gebäude sowie die Senkung der Betriebskosten mit sich bringt. Das Gütesiegel behandelt hier-

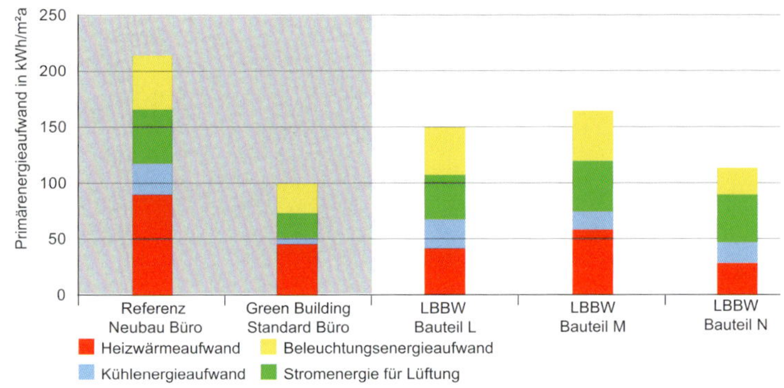

Abb. D4.1 Primärenergiebilanz für die Neubauten der LBBW für Anlagen zur Raumkonditionierung

bei ganzheitlich die Gebäudehülle, die Heizung, die Lüftung, die Kühlung und die Beleuchtung.

Aufbauend auf einer detaillierten Analyse der Nutzung und der Anforderungen an die Behaglichkeit konnte ein bedarfsorientiertes Raumklima- und Energiekonzept unter Berücksichtigung von Bauphysik und Fassade entwickelt werden. Mit Simulationsrechnungen wurden hierfür bereits in den frühen Planungsphasen die erreichbare thermische Behaglichkeit und der daraus resultierende Energieaufwand analysiert und in die Entscheidungsprozesse eingebracht. Die Simulationsmodelle wurden hierbei so angelegt, dass sie neben der Planung zusätzlich im späteren Betrieb zu einer nachvollziehbaren (strategischen) Betriebsoptimierung eingesetzt werden können, da die Überprüfung des Energieaufwands auch Inhalt des Gütesiegels Energie ist.

Durch ein Variantenstudie, die sowohl die Wärmedämmkonzepte als auch die Anlagentechnik berücksichtigte, konnten sowohl die wirtschaftlichen als auch die energetisch-/ökologischen Aspekte aufgezeigt werden. Das Wärmedämmkonzept mit dem besten Aufwand-Nutzen-Verhältnis liegt bei diesem Bauvorhaben bei einer Dämmstärke (WLG 040) von 14 cm in der nicht transparenten Fassade und von 20 cm auf dem Dach. Die Fenster sind mit einer Zweifach-Wärmeschutzverglasung ausgerüstet und haben einen Fensterflächenanteil von rund 70 %.

Die Untersuchungen zeigen deutlich, dass die Anforderungen des Gütesiegels bei vertretbarem wirtschaftlichem Aufwand nur mit Nutzung der Fernwärme zu erfüllen sind. Der Einsatz anderer ökologisch günstiger Energieversorgungsvarianten, wie eines Blockheizkraftwerks oder eines Biomassekessels, wären eine Alternative, sind jedoch aufgrund des städtebaulichen Vertrags ausgeschlossen.

Die umgesetzte Gesamtkonzeption sieht für die Flachbauten L und M das oben aufgeführte Wärmedämmkonzept mit Heizkörper und Kühldecken vor. Da das Hochhaus vollflächig verglast ist, wird hier eine Dreifach-Wärmeschutzverglasung und eine Doppelfassade eingesetzt. Vorteil dieses Wärmedämmkonzepts ist, dass die Kühldecke zusätzlich als Heizdecke ausgebildet werden kann und an der Fassade kein Heizkörper notwendig ist.

Die Behaglichkeit in den Räumen wurde mithilfe einer numerischen Strömungssimulation nachgewiesen. Im fassadennahen Bereich bis zu einem Abstand von 1 m werden geringe Behaglichkeitsdefizite durch Kaltluftabfall an den raumhohen Fensterflügeln verzeichnet. Im Bereich des Arbeitsplatzes können die Behaglichkeitsanforderungen jedoch eingehalten werden.

Die Flachbauten werden mit einem außen liegenden Sonnenschutz ausgestattet. Ein Pluspunkt der doppelschaligen Konstruktion des Hochhauses ist ein im Fassadenzwischenraum liegender effektiver Sonnenschutz, der auch bei höheren Windgeschwindigkeiten stabil ist, wodurch vor allem im Sommer ein optimaler Sonnenschutz gegeben ist. Die obersten Lamellen sind horizontal ausgerichtet und unterstützen die Tageslichtausleuchtung. Die Steuerung erfolgt raum- bzw. fassadenweise und berücksichtigt die Verschattung durch die umliegende Bebauung.

Der Luftwechsel der Büroräume ist an den hygienischen Luftwechsel angelehnt. Aufgrund der Großraumsituation wird ein zweifacher Luftwechsel angesetzt. Die Luftverteilung wird so konzipiert, dass Bürobereiche mit zu öffnenden Fenstern in den Übergangsjahreszeiten abgeschaltet werden können. Selbst im Hochhaus können die Räume aufgrund der doppelschaligen Konzep-

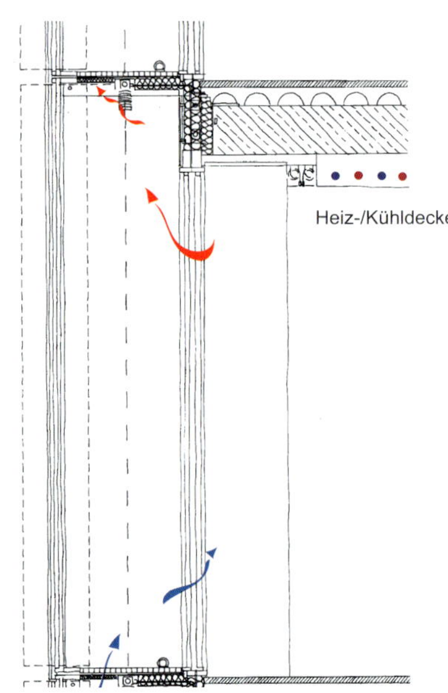

Abb. D4.2 Fassadenkonzept des Hochhauses der LBBW

	installierte Leistung [W/m²]		Energiebedarf [kWh/m²a]	
	Grenzwert	Zielwert	Grenzwert	Zielwert
Gruppenbüro 500 lx	15	11	22	13
Flur 100 lx	4,5	3,5	4,5	1,5
Bestandsauswertung				
	installierte Leistung [W/m²]		Energieverbrauch [kWh/m²a]	
Gruppenbüro	11,3		17,0	
interne Verkehrsflächen	5,0		4,0	
Flure	4,4		3,5	

Tab. D4.1 Zusammenfassung der Anfordungen des Gütesiegels an die Beleuchtung und Darstellung der Messergebnisse

tion bis zu 70 % des Jahres natürlich belüftet werden.

Die Gesamtkonzeption beinhaltet weiterhin eine thermische Solaranlage mit einer Kollektorfläche von 350 m², die für die Lufterwärmung und die Trinkwassererwärmung eingesetzt wird, sowie eine Nutzung des Regenwassers für die Außenanlagenbewässerung. Der jährliche Energieertrag der Solaranlage von Rund 135 MWh/a kann bei der Primärenergieaufwandsberechnung angerechnet werden.

Um den Anforderungen des Gütesiegels beim Bau und Betrieb gerecht zu werden, wurden diverse neue Werkzeuge entwickelt, mit denen die Qualitätssicherung in der Inbetriebnahme und im späteren Betrieb auf ein neues Niveau gehoben werden. Die Ausführungsqualität der Fassade wurde nach der Fertigstellung sowohl einer stichprobenartigen Luftdichtigkeitsüberprüfung wie auch einer vollständigen Infrarotthermografie unterzogen. Diese Kontrollen waren Teil der umfangreichen Abnahmen und der Inbetriebnahmeprozedur.

Die Simulationsmodelle aus der Planung können zur Überprüfung der Mess-, Steuer- und Regelungsfunktionen vor Einbau der DDC-Geräte auf der Baustelle eingesetzt werden. Man ist somit in der Lage, Fehlfunktionen zu erkennen, bevor sie im späteren Betrieb zu Ärger, mehr Energieverbrauch oder unbehaglichen Raumzuständen führen. In konsequenter Fortführung werden diese Simulationsmodelle als Referenz für die nachfolgende Betriebsoptimierung eingesetzt. Die Simulationsmodelle bilden hierbei eine Art Idealbetrieb ab. Durch den Vergleich des realen Betriebs mit dem Idealbetrieb lassen sich Optimierungspotenziale herausarbeiten, die bei den seither üblich verwendeten Systemen nicht möglich waren. Für das Gütesiegel Energie werden diese Werkzeuge aktuell eingesetzt, um den tatsächlichen Energieverbrauch und die daraus ableitbare Energieeffizienz zu bestimmen. In *Tabelle D4.1* sind die Anforderungen des Gütesiegels an die Beleuchtung und die Messergebnisse dargestellt. Die Ermittlung des jährlichen Energieaufwands wurde anhand einer Simulation durchgeführt, die mit Messergebnissen validiert wurde.

Die Messung des Wärme-, Kälte- und Stromverbrauchs wurde nach der gleichen Systematik durchgeführt. Der Primärenergieverbrauch liegt zwischen dem Aufwand des Referenzgebäudes und dem Zielwert des Green-Building-Standard-Büros. Das Hochhaus mit dem verbesserten Wärmeschutz erzielt den niedrigsten Primärenergieverbrauch und liegt rund 20 % über dem Zielwert. Die Ergebnisse der ersten beiden Betriebsjahre sind zufriedenstellend, zeigen jedoch auch Optimierungspotenziale auf, die durch ein betriebsbegleitendes Energiemanagement in den folgenden Betriebsjahren realisiert werden sollen.

Abb. D4.3 Stromaufnahme der Beleuchtung in einem Gruppenbüro

Kunstmuseum in Stuttgart

Interview mit den Architekten Prof. Rainer Hascher und Prof. Sebastian Jehle

1. Welches sind nach Ihrer Ansicht die maßgeblichen Kriterien für erfolgreiche Gebäude?
Die maßgeblichen Kriterien für ein erfolgreiches Gebäude sind unserer Ansicht nach von der jeweiligen Aufgabe und Nutzung abhängig. Ein Laborgebäude hat anderen Anforderungen zu genügen als ein Museum, ein Museum in einer gewachsenen städtischen Umgebung wird anders zu entwerfen sein als ein Museum an einer Autobahn, der Umbau eines denkmalgeschützten Gebäudes mit massiver Natursteinfassade aus dem 19. Jahrhundert kann nicht denselben energietechnischen Standards unterworfen werden wie ein Neubau usw. Maßgebliche Kriterien für ein erfolgreiches Gebäude und seine Errichtung sind aufgrund der Komplexität von Bauaufgaben zu Beginn jedes Planungsprozesses neu und spezifisch für die jeweilige Aufgabe zu definieren.

2. Welche Rolle spielt die Nachhaltigkeit für Ihre Gebäude-Entwürfe?
Der Bau und Betrieb von Gebäuden belastet grundsätzlich die Umwelt, denn es gibt dafür keine ökologischen Verfahren, sondern nur mehr oder weniger umweltbelastende Prozesse und Materialien. Auf jeder Stufe der Fertigung des Betriebs und der Entsorgung werden grundsätzlich Energieflüsse erforderlich, es kommt zu Umweltbelastungen durch Transportbewegungen, und es entstehen toxische Stoffe für den Menschen und die Natur.
Daher werden Diskussionen über die architektonische Konzeption zukünftig nicht mehr ohne die Komponente der Nachhaltigkeit geführt werden können. Der Begriff der »nachhaltigen Entwicklung« berührt nicht nur ökologische Aspekte; vielmehr gilt es, auch ökonomische, gesellschaftliche und kulturelle Werte in ein planerisches Konzept so zu integrieren, dass zukunftsfähige Gebäude entstehen.

3. Welche Ziele verfolgt das Büro Hascher Jehle Architektur im Gebäudesektor »Green Buildings«? Wie sehen Ihre Visionen aus?
Die Verbindung zwischen innen und außen hat für unsere Lebensgewohnheiten im gleichen Maße an Bedeutung gewonnen wie zuvor die Abgrenzung eines Gebäudes durch neue Materialien und Techniken gegenüber der Natur. Damit wird das Gebäude intensiver in die Umgebung eingebunden, die Übergänge im Bereich der Hülle werden sanfter – Licht kann z. B. geleitet, gefiltert, gedämpft, gebrochen und reflektiert werden – und Energieströme werden kontrollierbarer. Der psychologische Gewinn, den eine transparente Hülle bietet, das Sehen und Erleben von Tag und Nacht, von Wind und Wetter, von Sommer und Winter wurde im 20. Jahrhundert zu einem wichtigen Bestandteil einer offenen und erlebnisreichen Architektur. Diese Öffnung wird auch für die Entwicklung der Architektur im 21. Jahrhundert von großer Bedeutung sein. Unter diesem Gesichtspunkt ist es unser Ziel, energetisch sinnvolle Gebäudekonzepte nicht ausschließlich um ihrer selbst willen und zulasten von Raum- und Lebensqualitäten zu optimieren, sondern innovative und qualitativ hochwertige Nutzungskonzepte für Aufgaben des Alltags zu entwickeln, die neue Wege zur Energieeinsparung eröffnen. Im besten Fall werden so architektonische Lebensräume ganzheitlich entwickelt, die nicht nur von den greifbaren Elementen wie den Wänden, Decken und Böden, die den Raum zunächst definieren, abhängen, sondern auch von den nicht greifbaren und dennoch ganz konkreten Dimensionen wie Licht, Temperatur, Luftwechsel, Geruch und Akustik.

4. Wie entstand die Zusammenarbeit mit DS-Plan? Welches sind die wesentlichen Eckpfeiler Ihrer langjährigen Arbeitsbeziehung?
Wir wurden durch Zufall vor nunmehr 14 Jahren beim Planungsprozess für das nationale Terminal für den Flughafen Berlin-Schönefeld zusammengeführt und entwickelten bereits damals gemeinsam energiesparende Konzepte für Gebäudestrukturen. Der Eckpfeiler unserer langjährigen Arbeitsbeziehung ist das Vertrauen in die jeweiligen Personen – man kennt und schätzt sich.

5. Welche Eigenschaften muss ein Planungsteam besitzen, um anspruchsvolle und nachhaltige Gebäude konzipieren und bauen zu können?

Abb. D5.1 Das neue Kunstmuseum in Stuttgart

Um für die spezifische Aufgabe innovative und qualitätsvolle Arbeitsergebnisse zu erzielen, sollte ein differenziert abgestimmtes Team aus Fachingenieuren, spezialisierten Wissenschaftern, technischen Beratern, Bauleitern sowie Kosten- und Projektsteuerern zusammengestellt werden, das in seiner Gesamtheit über ein umfassendes Qualitätsprofil verfügt. Wir verstehen uns als Kopf dieses Teams, das für die jeweilige Aufgabe maßgerechte Lösungen erarbeitet. Innerhalb eines fachübergreifenden Gesamtkonzepts werden während des Planungsablaufs Teilaufgaben in Parallelprozessen von Spezialisten ausgearbeitet und durch den Architekten als dem Koordinator und »kreativen Kopf« des Teams synchronisiert und in die ganzheitliche Planung integriert. Diese simultane, fachübergreifende Methode entfaltet durch die kontinuierliche Zusammenarbeit mit den Fachplanern Synergieeffekte. Es entstehen so innovative ganzheitliche Problemlösungen, deren Qualität bei einer herkömmlichen Planung nicht denkbar ist. Der starre Planungsablauf wird durch parallele, interaktive Entwurfsprozesse ersetzt – so können neue architektonische Konzepte und Ideen verwirklicht werden.

6. Wie entstand die Idee für den Entwurf des Gebäudes?

Das unterirdische Autobahnkreuz unter dem Kleinen Schlossplatz von 1969 mit seinen fünf Straßentunnels und einer Straßenbahntrasse war bereits jahrelang in großen Teilen stillgelegt und nur noch von der Stuttgarter Sprayer- und Skater-Szene genutzt worden.

Ein Charakteristikum des Konzepts war die Einbindung dieser Verkehrsbrachen unter dem Kleinen Schlossplatz. Die schräg im Ensemble liegenden Tunnelröhren wurden für vier Fünftel der Ausstellungsflächen genutzt. Wir wollten die vorhandene Struktur nicht beseitigen, sie vielmehr konsequent durch das ganze Haus hindurchführen. Im Kubus entsteht dadurch eine leichte Störung, die in manchen Räumen eine besondere Spannung erzeugt. In der Moderne wurde unserer Auffassung nach der Fehler gemacht, sich nur auf sich selbst zu beziehen und geometrisch alles perfekt lösen zu wollen. Eine Stadt wie Rom berührt uns deshalb so besonders, weil das ursprünglich Dagewesene immer noch spürbar ist, obwohl es zum Teil mehrfach überbaut wurde. Der untere Ausstellungsbereich erhält durch seine besondere räumliche Situation einen unverwechselbaren Charakter.

7. Welche Ziele haben Sie bei diesem Entwurf verfolgt?

An dieser Stelle soll nicht nur ein öffentliches Gebäude den Raum besetzen, sondern ein Raum geschaffen werden – innen wie außen –, der sich den Bürgern und Besuchern der Stadt als Kommunikationsort anbietet. Das Museum und der umgebende Raum werden aktiver Bestandteil des städtischen Zentrums und des öffentlichen Lebens.

Während die Räume der Dauerausstellung völlig introvertiert sind, ist der Kubus der Wechselausstellung so organisiert, dass die Ausstellungsräume zwar abgeschlossen im Inneren liegen, die Erschließung sich aber außen um den Würfel legt. Dieser Zwischenraum wirkt wie ein Schaufenster der Kunst, er hat eine besondere Außenwirkung für das Museum und die Stadt. Die Transparenz des Glaswürfels ist integraler Bestandteil des Entwurfs.

Die Wirkung der Fassade wechselt dabei zwischen Tag und Nacht. Am Tage zeigt sich durch die Minimierung der tragenden Stahlkonstruktion, die horizontalen Streifen und das zurückgesetzte Erdgeschoss ein elegant zurückhaltendes Gebäude, abends aber kehrt sich die Wahrnehmung um: Die äußere Glashülle löst sich auf, der Steinkubus leuchtet in seiner Naturfarbe auf und stellt eine direkte Beziehung zum benachbarten Königsbau her.

8. Welche außerordentlichen Qualitäten bietet dieses Gebäude – dem Bauherrn und den Mietern?

Die Beantwortung dieser Frage möchten wir dem Bauherrn überlassen. Neben der Zufriedenheit des Bauherrn ist uns auch die Annahme des Museums durch die Bevölkerung wichtig – den Stuttgarter Bürgern scheint das Haus zu gefallen, denn sie haben ihm 2005 im Rahmen eines von der Stuttgarter Zeitung ausgelobten Wettbewerbs den Publikumspreis verliehen.

Glasklar

Das neue Stuttgarter Kunstmuseum besteht hauptsächlich aus Galerieräumen im Untergeschoss, der sichtbare Glaskubus setzt jedoch ein markantes Zeichen. Er beinhaltet vor allem die Eingangsbereiche und eine Dachebene mit Sondernutzungen wie Restaurant und Konferenz *(Abb. D5.1)*. Der eigentliche Ausstellungsbereich im oberirdischen Glaswürfel ist mittig angeordnet, um ihn herum führt – abgetrennt von einer mit Naturstein verkleideten Betonkonstruktion – der Erschließungsgang. Dieser ermöglicht durch die Glasfassade den Besuchern einen fantastischen Ausblick auf den Stuttgarter Schlossplatz. In den Abendstunden zieht die beleuchtete Natursteinfassade die Menschen auf den Kleinen Schlossplatz, der sich seit der Fertigstellung im Frühjahr 2005 zum zentralen Treffpunkt in der Stadt entwickelt hat. Oberhalb des inneren Kubus schließt ein Glasdach aus hochselektiver Sonnenschutzverglasung das Gebäude nach oben ab. Die Dachebene darunter wird als Veranstaltungsfläche und als Restaurant genutzt. Aufgabe der Planung war es, ganzjährig eine hohe thermische Behaglichkeit im Glaskubus und in den Ausstellungsbereichen zu gewährleisten – mit energiesparenden und ressourcenschonenden Konzepten.

Die Entwicklung der Raumklimakonzepte des Kunstmuseums Stuttgart stellte außergewöhnlich hohe Herausforderungen an die Zusammenarbeit von Architekten, Fachplanern und Klimaberatern. Unter Einsatz modernster Simulationswerkzeuge wurden im Verlauf der Entwurfsplanung die Klimakonzepte zur Umsetzungsreife entwickelt. In der Dachebene werden neben einer natürlichen Belüftung eigens für diesen Zweck entwickelte Multifunktionslamellen zur Heizung und Kühlung sowie als Sonnen- und Schallschutzsegel eingesetzt.

Konzept zur natürlichen Lüftung und Kühlung des Erschließungsgangs

Der Erschließungsgang ist ca. 2 m breit und umfasst den Glaskubus in allen Ebenen. Durch ihn gelangen die Besucher zu den öffentlichen Bereichen im Dachgeschoss und auch in die Ausstellungsräume des Museums. Ziel war es, die Aussicht von den Erschließungsgängen in die Stadt ganzjährig nicht einzuschränken. Aus diesem Grunde ist die Verglasung sowohl mit einer Sonnenschutzbeschichtung als auch mit einer zusätzlichen Bedruckung versehen, um die Sonneneinstrahlung so weit als möglich zu reduzieren. Die Bedruckungsanteile der Glasfassade entsprechen den energetischen Vorga-

Abb. D5.2 Natursteinwand im Erschließungsgang

Abb. D5.3 Wasserdurchflossene Rohrschlangen dienen der thermischen Aktivierung der Natursteinwand

ben, die Positionierung der bedruckten Felder war jedoch dem Architekten überlassen. Dieser wählte die Bedruckungsbereiche nach den Anforderungen der äußeren Gestaltung und der Durchsicht von innen.

Die primäre Idee beim Raumklimakonzept für den Erschließungsgang war es, die Potenziale der natürlichen Lüftung zu nutzen und durch Aktivierung von wärmespeichernden, massiven Bauteilen die Raumtemperaturspitzen zu senken. Klar ist, dass ein vollständig verglaster Gang mit geringer Tiefe nur dann ohne großen Energieaufwand konditioniert werden kann, wenn das sommerliche Raumklima nicht so komfortabel sein muss wie in den Ausstellungsräumen. Das Raumklima im Kunstmuseum ist somit als Kaskade zumindest für heiße Sommertage aufgebaut: Beim Betreten des Erschließungsgangs wird die Luft als kühler empfunden als draußen, sehr komfortabel ist das Raumklima dann in den Ausstellungsräumen, das wegen der ausgestellten Kunstwerke das ganze Jahr über konstant ist. Der Erschließungsgang wird durch regelbare, nahezu unsichtbare Lüftungsklappen im Bodenbereich des ersten Obergeschosses natürlich be- und entlüftet. Die Natursteinwand ist mit wasserdurchflossenen Rohrschlangen thermisch aktiviert. Diese dienen im Winter als Grundheizung und im Sommer zur Spitzenkühlung *(Abb. D5.2 und D5.3)*. In Verbindung mit den Glasbeschichtungen wird erreicht, dass die Temperaturen im Erschließungsgang im Sommer angenehmer als die Außentemperaturen empfunden werden. Mit den eingesetzten Simulationsverfahren konnte aufgezeigt werden, wie häufig sich welche Temperaturzustände ergeben. Größtenteils reicht die natürliche Lüftung und die kühle Natursteinwand aus, um die Anforderungen einzuhalten. Bei lang anhaltenden Schönwetterperioden kann noch ein Teil der maschinellen Lüftung des Museums für den Erschließungsgang mitgenutzt werden. Unter energetischen Aspekten ist dies nur dann tolerierbar, wenn es sich um einen kleinen Zeitraum im Jahr handelt – eben wie es über die Simulation vorausgesagt wurde.

Konzept der natürlichen Lüftung und Akustik in der Dachebene

Zur Vermeidung von Überhitzung und zur Einsparung von Kühlenergie werden Abluftöffnungen im Glasdach eingesetzt, die auch den Rauchabzug im Brandfall sicherstellen. Die Klappen werden in Abhängigkeit von der Wettersituation und der Innenraumtemperatur geöffnet. Die Zuluft gelangt über Klappen auf der Südwestfassade bzw. über das Treppenhaus auf der Nordfassade in das Gebäude. Zwischen dem Treppenhaus und dem Veranstaltungsraum in der Dachebene befinden sich weitere Lüftungsöffnungen, sodass die Luft unter Nutzung der Auftriebshöhe von ca. 20 m aufsteigen kann, was zur Durchströmung des Raums führt. Diese natürliche Lüftung bewirkt eine freie Kühlung der Dachebene und wird automatisch gesteuert. Bei sehr hohen Außenlufttemperaturen werden die Lüftungsklappen geschlossen und die maschinelle Lüftung aktiviert. So wird

Abb. D5.4 Im Glasdach sind Lüftungsklappen und nach oben reflektierende Lamellen angeordnet.

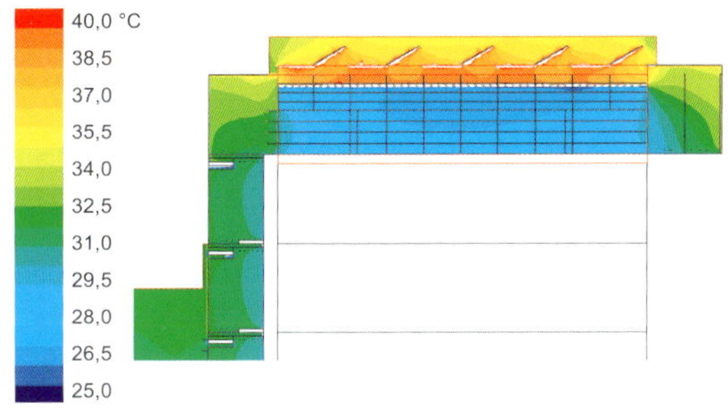

Abb. D5.5 Die Temperaturverteilung in der Dachebene, dargestellt mittels thermischer Gebäude- und Strömungssimulation

ein Aufheizen über die Behaglichkeitsgrenzen hinaus im Hochsommer vermieden. Zusätzlich werden die Lüftungsklappen zur Nachtauskühlung genutzt.

Vor allem in niedrigen Räumen mit Glasdächern besteht das Problem, dass sowohl raumakustische wie auch thermische Funktionen nicht vorhanden sind. Der Konferenzsaal des Kunstmuseums, der unter dem Glasdach platziert ist, soll Folgendes gewährleisten: Ausblick in den Himmel, geringe Nachhallzeiten und einen guten thermischen Raumkomfort. Des Weiteren soll durch die Nutzung der passiven Solargewinne über das Glasdach im Winter der Heizenergieaufwand verringert und durch die Konzeption eines effektiven Sonnenschutzes und Nutzung der natürlichen Lüftung der Kühlaufwand im Sommer minimiert werden. In einem ersten Schritt wurde die Dachverglasung so weit mit Bedruckungen und mineralischen Sonnenschutzschichten konzipiert, dass ein Optimum aus Transparenz und Sonnenschutz erreicht wird. Im zweiten Schritt wurde eine drehbare Lamelle, die sowohl absorptive, kühlende und zum warmen Glasdach wärmedämmende Funktionen aufweist, entwickelt. Die Lamellen sind von oben mit einer gut reflektierenden Oberfläche und einer Wärmedämmschicht versehen *(Abb. D5.4)*. Auf diese Weise wird die an den Lamellen absorbierte Strahlung weitestgehend nach oben abgegeben und erhöht nicht die Kühllast der Nutzungsbereiche. Die entstehende Wärme wird bei offenen Lüftungsklappen durch das Dach abgeführt. Weiterhin sind die Lamellen auf ihrer Unterseite mit wasserdurchströmten Heiz-/Kühlregistern versehen und dienen somit als Heiz- und als Kühldecke. Der zentrale Aufenthaltsbereich für die Gäste wird sowohl von unten über die Fußbodenheizung/-kühlung als auch von oben über die Multifunktionslamellen behaglich temperiert. Zusätzlich sind die Lamellen mit schallabsorbierenden Materialien belegt, die zur Dämpfung der Schallreflexionen und damit der Hintergrundgeräusche und des Nachhalls beitragen, was wiederum für Vorträge und Konzerte eine wichtige Voraussetzung ist.

Die Temperaturverteilung in der Dachebene wurde mithilfe von thermischen Gebäude- und Strömungssimulationen vorausberechnet. Es konnte gezeigt werden, dass trotz hoher Temperaturen unter dem Dach die thermische Behaglichkeit unterhalb der Lamellen akzeptabel ist *(Abb. D5.5)*. Nur in Extremfällen muss im Sommer zur Verbesserung der Raumklimawerte die maschinelle Lüftungsanlage genutzt werden. Die Betriebserfahrungen im Jahr 2005 bestätigen die in den Simulationen ermittelten Vorhersagen.

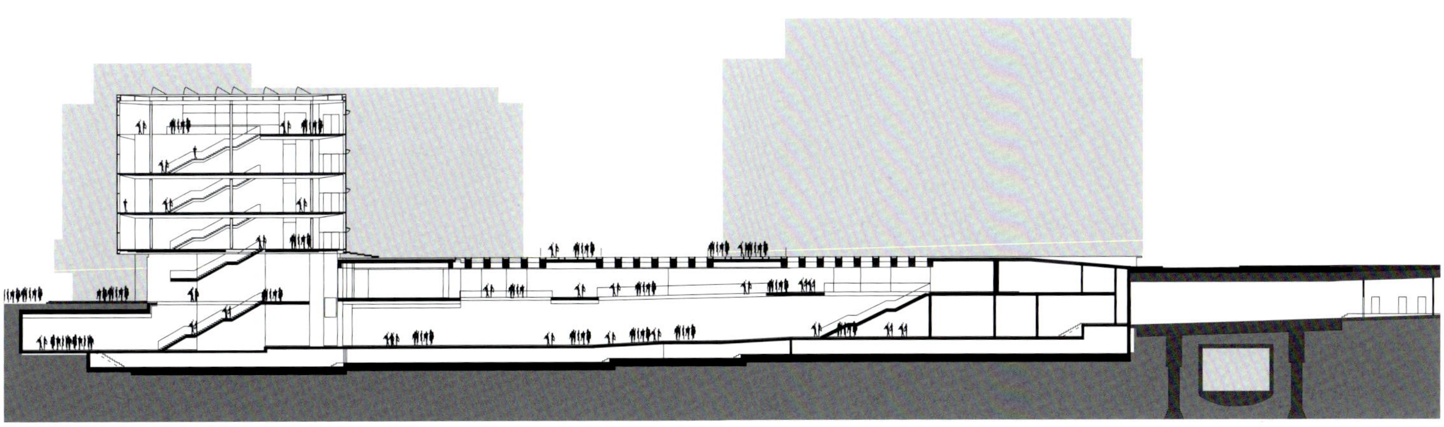

Abb. D5.6 Schnitt durch das Kunstmuseum

D 6

Neubau der European Investment Bank (EIB) in Luxemburg

Interview mit Christoph Ingenhoven vom Büro Ingenhoven Architekten

1. Welches sind nach Ihrer Ansicht die maßgeblichen Kriterien für erfolgreiche Gebäude?
Ein erfolgreiches Gebäude soll Menschen, die hier leben und arbeiten, glücklich machen, das Leben erleichtern und gesünder machen. Natürlich können Gebäude nicht das Leben ersetzen. Wir können das Wohlbefinden der Menschen nicht mit dem Gebäude erzeugen, aber wir können es ermöglichen.

2. Welche Rolle spielt die Nachhaltigkeit für Ihre Gebäude-Entwürfe?
Die Nachhaltigkeit spielt bei unseren Gebäuden eine entscheidende Rolle. Wir haben eine Vorstellung davon, nach welchen Kriterien oder welchen Ideen solche Gebäude zu entwickeln wären. Wir bemühen uns auch, den Energiebedarf auf jede nur erdenkliche Art und Weise zu reduzieren. Neben der Energieeinsparung haben wir auch Konzepte zur Bedienerfreundlichkeit. Ein Beispiel ist das Fensteröffnen. Das klingt jetzt einfach, aber wir wissen, wie schwierig es bei vielen Projekten letzten Endes dann sein kann, auf dieser Grundlage auch die Belüftung und die Temperierung eines Gebäudes sicherzustellen. Die Möglichkeit, Fenster und Türen zu öffnen oder auf Raumtemperaturen und eventuell auch auf den Sonnenschutz Einfluss zu nehmen, hat auch mit der Nachhaltigkeit eines Gebäudes zu tun. Denn Gebäude können nur erfolgreich sein, wenn sie »menschlich« sind, wenn den Menschen in ihnen nicht durch technische Anlagen mit perfektionierter Steuerung das Denken und Reagieren abgenommen wird.

3. Welche Ziele verfolgt das Büro Ingenhoven Architekten im Gebäudesektor »Green Building«? Wie sehen Ihre Visionen aus?
Wenn man das Thema des nachhaltigen oder grünen Bauens auf seine Fahne geschrieben hat, dann heißt das für mich nichts anderes, als dass man sich selbst als eine Art Speerspitze begreift, eine bestimmte Form von avantgardistischer Architektur zu machen. Avantgardistisch nicht im Sinne der Formgebung oder der äußeren Gestalt, sondern um Ressourcen zu sparen oder zu schonen. Wir würden uns wünschen, dass die Gebäude beispielsweise im Energiebereich mindestens eine ausgeglichene CO_2-Bilanz, wenn nicht sogar eine positive Bilanz hätten. Ein anderes Ziel könnte sein, dass man durch energieeffiziente Gebäudebewirtschaftung und Gebäudeplanung erreicht, dass erstens sehr, sehr wenig Energie überhaupt eingesetzt werden muss für die Gebäudeerrichtung und den Gebäudebetrieb, und dass aber darüber hinaus dieses bisschen Energie eben auch durch alternative regenerierbare Energiequellen – Sonne, Wind, Erdwärme, etc. – erzeugt wird. Mit einem eventuellen Überschuss in den jeweiligen Gebäuden könnte man anderen, nicht ganz so energieeffizienten Einrichtungen zu einer ausgeglichenen Bilanz verhelfen. Aber es gibt auch andere Ebenen des Ausgleichs, beispielsweise bei einem Hochhausprojekt in einer Stadt. Es müsste eigentlich gelingen, die Quadratmeter, die man auf der einen Seite in der überbauten Fläche verbraucht, in Form von Atrien, von Gärten, von Dachgärten, womöglich auch in mehreren Ebenen, den Menschen wieder zurückzugeben, sie so zu bepflanzen, dass das Mikroklima so wenig wie möglich gestört wird, oder mit so intelligenten Dachmaterialien zu arbeiten, dass beispielsweise Hitzeinseln vermieden werden und anfallendes Regenwasser über nicht kontaminierte Dachmaterialien wieder zusammengeführt und dem Erdreich möglichst an der gleichen Stelle oder über die Gärten dann gefiltert wieder zugeführt wird.

4. Wie entstand die Zusammenarbeit mit DS-Plan? Welches sind die wesentlichen Eckpfeiler Ihrer langjährigen Arbeitsbeziehung? Welche Eigenschaften muss ein Planungsteam besitzen, um anspruchvolle nachhaltige Gebäude konzipieren und umsetzen zu können?
Wir sind schon sehr lange auf der Suche nach Partnern gewesen. Aber es kam dann der Punkt, an dem die selbstgestellte Aufgabe, nämlich sich in der ökologischen Architektur sehr innovativ zu verhalten und dies womöglich auch immer weiter fortzuschreiben, mit den üblichen Beratern und Ingenieurbüros nicht so ohne Weiteres zu bewerkstelligen war. Wir versuchen immer uns, mit den Allerbesten zu umgeben und da

Abb. D6.1 Detailausschnitt Modellfoto

Abb. D6.2 Visualisierung des Atriums

auch langjährige Beziehungen zu pflegen. Ich empfinde das als Teil unserer Arbeit, diesen Teamgedanken zu pflegen. Dann kam der Zeitpunkt, an dem wir erkannten, dass in dem Bereich rund um die Haustechnik eine Neuausrichtung notwendig ist, hin zu einer umfassenden Verantwortung für das Thema Gebäudekomfort. So entstanden vor mittlerweile über 15 Jahren erste Arbeitsbeziehungen zu DS-Plan. Zunächst umfassten diese das Thema der Bauphysik, dann auch das der Verfahrenstechnik und der Verfahrenskonstruktion. Schließlich wurden sie um die Komponenten Haustechnik und Energiekonzepte ergänzt, weil es eben ohne dieses übergreifende Denken, das von der Bauphysik über die Fassade bis hin zu den haustechnischen Systemen der Steuerung und den Energiekonzepten alles miteinander verknüpft, nicht geht. Nach wie vor interessiert uns dieses integrative Konzept, und das hat, das kann man ehrlicherweise sagen, DS-Plan von Jahr zu Jahr immer mehr geliefert. So ist das Team von DS-Plan, wenn ich das richtig beobachtet habe, über die Jahre kontinuierlich zu einem, wie ich finde, guten Beratungsteam aufgebaut worden, was für die Architekten sehr komfortabel ist.

5. Wie entstand die Idee für den Entwurf des Gebäudes »European Investment Bank Luxemburg«? Welche Ziele haben Sie bei diesem Entwurf verfolgt?
Wir haben das städtebauliche Konzept der »Zitadelle« für das Kirchbergplateau verfolgt. Es stammt von einem Spanier und sieht vor, dass man zwischen den bestehenden Gebäuden Verdichtungen vornimmt. Unser Gebäude für die European Investment Bank ist die Erweiterung eines Gebäudes von Denys Lasdun aus den 1970er Jahren. Denys Lasdun ist ein bekannter englischer Architekt gewesen, der dort ein sehr schönes, außergewöhnliches, den heutigen Anforderungen nur noch teilweise gerecht werdendes Gebäude entwickelt hat. Dieses Gebäude war zu erweitern. Das alte wie das neue Gebäude liegen an der Hangkante des Kirchbergplateaus mit Blick auf die Altstadt Luxemburgs.

Das ökologische Konzept sieht eine liegende röhrenförmige Hülle vor, die sich als verglaste Haut über das gesamte Gebäude zieht, und eine möglichst kleine Oberfläche zum Austausch von Kälte und Wärme bietet. Im Inneren dieser Hülle befindet sich ein mäanderndes und große Oberflächen zwischen innen und außen produzierendes Innengebäude. Es steckt sozusagen in diesem Strumpf drin. Für die Menschen, die in dem Gebäude arbeiten, ist das wichtig, da man häufig im Hinblick auf Energieeinsparung, Fensterlüftung, Tageslichtnutzung usw. nur Gebäude bis zu einer begrenzten Tiefe sinnvoll richten kann. So gelingt es uns also, innerhalb dieser Hülle zum Tal hin so genannte Wintergärten und zur Straße so genannte Atrien zu platzieren. Die sind insofern unterschiedlich, als die zur Straße hin liegenden Atrien temperiert und die Wintergärten zum Tal hin nicht temperiert sind. Das hat damit zu tun, dass wir den zur Straße hin orientierten Atrien noch Nutzungen zugeordnet haben. Hier kommen wir ohne eine Mindesttemperierung nicht aus. Den rückwärtigen Teilen des Gebäudes zum Tal hin sind zwar auch Nutzungen wie Außen-, Sport- und Pausenbereiche zugeordnet. Diese können aber im Winter kälter werden und im Sommer ruhig auch ein bisschen wärmer. Und durch dieses Konzept haben wir zwischen außen und innen immer eine Pufferzone geschaltet und sind darüber in der Lage, Wärmeverluste im Winter weitestgehend zu eliminieren, zu kontrollieren. Es ist natürlich darüber hinaus notwendig, die Sonneneinstrahlung zu kontrollieren und zu minimieren, und zwar durch ein Außenkühlkonzept von Sonnenschutzanlagen und von Verschattungsanlagen sowie durch die Gebäudeausrichtung. Wir haben uns mit diesem Projekt dazu durchgerungen, dem Ziel eines CO_2-ausgeglichenen Gebäudes ein ganzes Stück näher zu kommen.

Nachhaltig komfortabel

Als Gewinner eines internationalen Wettbewerbs wurden Ingenhoven Architekten mit der Generalplanung für das neue Gebäude der European Investment Bank (EIB) beauftragt. Das Grundstück für den Neubau liegt im Europäischen Quartier auf dem Kirchbergplateau in Luxemburg in direkter Nachbarschaft zum bestehenden Gebäude der EIB aus dem Jahr 1980. Die EIB ist gleichzeitig Bauherr und Nutzer des neuen Gebäudes. DS-Plan unterstützte die Architekten bei der anspruchsvollen Planungsaufgabe mit den Leistungen Fassadenplanung, Raumklimakonzepte, Steuerungskonzept Fassadenklappen, Gebäudeaerodynamik, Bauphysik, thermische Gebäudesimulation und Strömungssimulation. Die Umsetzung eines ökologischen Gesamtkonzepts unter Berücksichtigung internationaler Green-Building-Standards, wie die »Building Research Establishment's Environmental Assessment Method« (BREEAM), ist das gemeinsame Ziel der Planer.

Der Entwurf der Architekten sieht eine zylindrische Glashülle vor, die sich über sieben mäanderförmig angeordnete Gebäuderiegel spannt. Dadurch entstehen zwischen den Riegeln große Atrien, die auf der Südseite als temperierte Bereiche und auf der Nordseite als unbeheizte, thermische Pufferzonen ausgebildet werden. Die Glashülle sorgt für eine kompakte Gebäudeform und ermöglicht die passive Nutzung der Sonnenenergie im Winter. Im Sommer werden die Atrien durch Öffnungen in der Glashülle natürlich belüftet und so die unerwünschten solaren Gewinne abgeführt. Die oberirdischen Abschnitte der Riegel werden als Büros genutzt und bieten Raum für rund 750 Büroarbeitsplätze. Ferner befinden sich Schulungs- und Konferenzbereiche, Restaurants und Cafeterias sowie eine mehrgeschossige Tiefgarage im Gebäude. Die Bruttogeschossfläche beträgt etwa 70 000 m². Mit den Bauarbeiten wurde im Jahr 2004 begonnen, im Jahr 2008 wird das Gebäude fertiggestellt.

Fassadentechnik

Die vier wesentlichen Konstruktionsgruppen der Fassade bestehen aus dem bogenförmig gekrümmten Glasdach und der Seilfassade der Atrien sowie aus der einschaligen Bürofassade zum Atrium und der doppelschaligen Bürofassade nach außen. Bei der EIB wurden adaptive Sonnenschutzmaßnahmen konsequent in den Bürofassaden angeordnet. Die Atriumfassaden sind ganzjährig gleichermaßen transparent. Dadurch ist eine gute Tageslichtversorgung der Büros gewährleistet und bei gutem sommerlichem und winterlichem Wärmeschutz ist die individuelle Eingriffsmöglichkeit auf Fensterlüftung, Sonnen- und Blendschutz gewährleistet.

Das gekrümmte Glasdach bildet den wesentlichen Teil der klimatischen Hülle der Atrien und wird deshalb als wärmegedämmte Aluminiumkonstruktion mit einer Zwei-Scheiben-Isolierverglasung ausgeführt – in den nördlichen Atrien als Wärmeschutzverglasung, in den horizontalen Abschnitten der südlichen

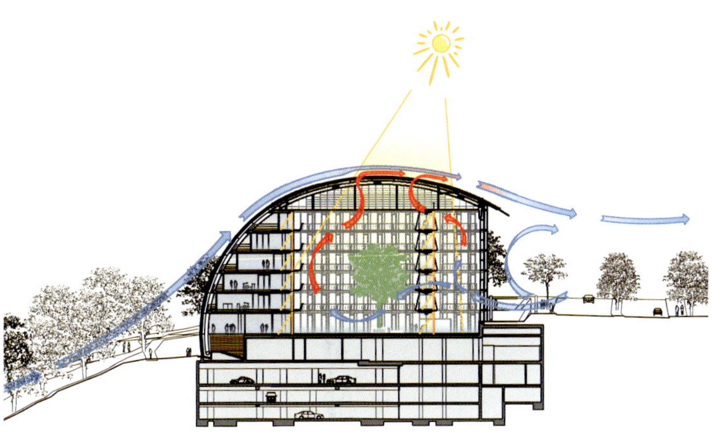

Abb. D6.3 Atrium im Sommer

Abb. D6.4 Atrium im Winter

Abb. D6.5 EIB in Luxemburg, Blick von oben auf das Modell

Atrien als neutrale Sonnenschutzverglasung. Die Sonnenschutzwirkung wird in Teilbereichen durch Lichtlenkspiegelraster im Scheibenzwischenraum weiter verbessert. Etwa 30 % der dreieckigen Glaselemente werden in einer neu entwickelten Sonderkonstruktion als elektromotorisch betätigte Klappen ausgebildet.

Das Tragwerk des Glasdachs besteht aus einem Stahlprimärtragwerk aus teilweise gebogenen Stahlträgern und einem Sekundärtragwerk aus den bereits erwähnten Aluminiumprofilen. Die dreieckigen Glasscheiben werden auf dem Sekundärtragwerk mit Alu-Klemmhaltern gehalten und mit Silikonfugen abgedichtet.

Die vertikale Fassade der Südatrien ist als Seilfassade geplant. Die Scheiben der Wärmeschutzverglasung werden mit Klemmtellern aus Aluminiumguss an den vertikalen Seilen gehalten und mit Silikonprofilen bzw. mit dauerelastischem Silikon abgedichtet. Der Anschluss der beweglichen Seilfassade an die starren Riegelfassaden erfolgt über gleitfähige Verbindungen mit speziell entwickelten Bürstendichtungen.

Die einschalige Bürofassade zum Atrium ist als voll elementierte Holzrahmenfassade mit außen liegendem, textilem Sonnenschutz konzipiert, die Außenfassade der Büroriegel wird doppelschalig ausgeführt. Diese konstruktiv und statisch minimierte Aluminiumfassade erhält eine Verglasung aus Verbundsicherheitsglas. Der Sonnenschutz ist hier als seilgeführter, elektromotorisch angetriebener Lamellenraffstore windgeschützt im permanent durchlüfteten Doppelfassadenraum angeordnet und wird zentral gesteuert. Eine individuelle Übersteuerung durch den Nutzer ist jederzeit möglich.

Raumklimakonzept Büros

Die Anordnung der Büroriegel und Atrien sowie die Qualität des Wärmeschutzes der Glashülle führen zu Lufttemperaturen, die in den unbeheizten Atrien im Winter kaum unter 5 °C fallen. Für die angrenzenden Büroriegel halbieren sich dadurch in etwa die Transmissionswärmeverluste. In Kombination mit den hocheffizienten Rotationswärmetauschern der Lüftungsanlagen ergibt sich ein deutlich reduzierter Heizenergiebedarf für die Büros. Alle Büros sind mit einem außen liegenden Sonnenschutz ausgestattet, der je nach Fassade entweder im Doppelfassadenraum oder im Atrium angeordnet ist und eine effektive Verschattung ermöglicht. Eine Optimierung der Gebäudehülle mit dem Ziel, die äußeren Einwirkungen sowohl im Heiz- als auch im Kühlfall zu minimieren, ist ein wesentlicher Schritt auf dem Weg zu einem nachhaltigen Gebäudekonzept.

Aufgrund der sehr gut isolierenden Gebäudehülle werden die Büroräume in den Riegeln nur mit Bauteilkühlung und maschineller Lüftung ausgestattet. Die maschinelle Lüftung liefert dabei die hygienisch erforderliche Luftmenge. Zusätzlich sind in den Büros Öffnungsflügel zur natürlichen Lüftung vorgesehen, die von den Nutzern individuell bedient werden. Bei normaler Büronutzung ist durch dieses Konzept bereits ein guter thermischer Komfort gewährleistet.

Zur individuellen Regelung der Raumkonditionen wurden Bodeninduktionsgeräte entlang der Fassade vorgesehen. Diese werden je nach Bedarf eingesetzt und ermöglichen als regelungstechnisch flinkes Element die wirksame Einflussnahme des Nutzers auf das Raumklima sowie die bedarfsgerechte Erweiterung der Kühlmöglichkeit bei Räumen mit erhöhter Kühllast. Insgesamt steht ein flexibles Konzept zur Raumkonditionierung zur Verfügung, das einen hochwertigen thermischen Komfort bietet. Als oberer Grenzwert für die sommerlichen Raumtemperaturen wird 25 °C angestrebt.

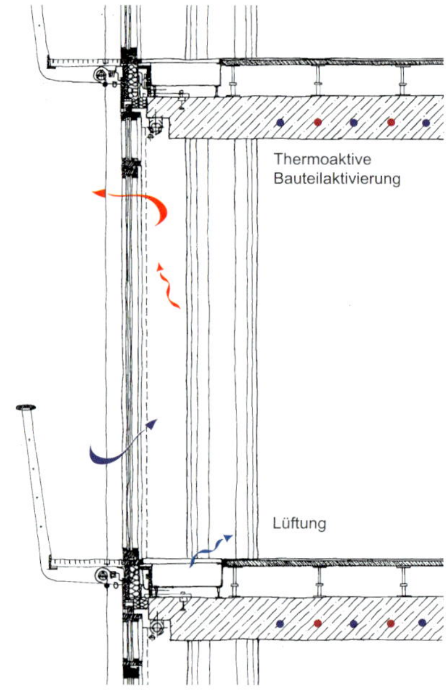

D6.6 Raum-Klimakonzept-Skizze

Im Rahmen der Konzeptentwicklung wurden auch Lösungen untersucht, bei denen das Atrium als Zu- oder Abluftatrium genutzt wird. Im Fall der EIB zeigt die Lösung mit zentraler Lüftungsanlage und hocheffizienter Wärmerückgewinnung klare Vorteile hinsichtlich Energieeffizienz, Wirtschaftlichkeit und Funktionalität.

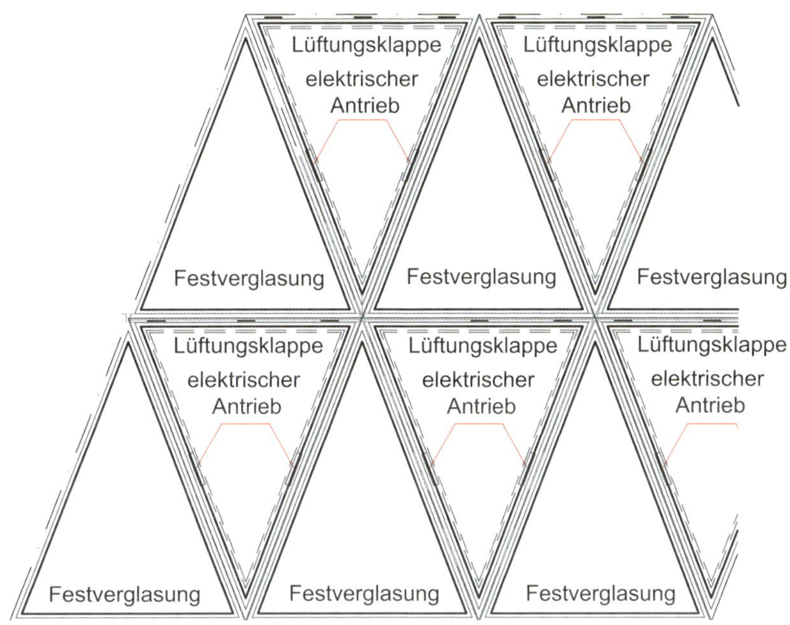

Abb. D6.7 Fassadentechnik: Detailausschnitt zur Beschreibung der Funktionalität

Raumklimakonzept Atrien

Die großen Lufträume im Neubau der EIB in Luxemburg sind als zwei unterschiedliche Typen konzipiert: nach Süden orientierte Atrien, die im Winter beheizt werden können, und nach Norden orientierte, unbeheizte Wintergärten.

Atrien und Wintergärten werden ganzjährig natürlich belüftet. Im Winter erfolgt dies nach dem Prinzip der Stoßlüftung. Innerhalb weniger Minuten wird dann das Luftvolumen erneuert. Im Sommer werden die Fassadenklappen großflächig und permanent geöffnet, um die unerwünschten solaren Gewinne aus den großen verglasten Lufträumen durch natürliche Lüftung abzuführen. Die Öffnungsquerschnitte für die natürliche Lüftung werden im Sommer und im Winter in Abhängigkeit von der Temperatur im Atrium, der Umgebungstemperatur und der Windgeschwindigkeit eingestellt.

Die Wintergärten dienen als thermische Pufferräume und werden weder aktiv beheizt noch gekühlt. Aufgrund des niedrigen Temperaturniveaus im Winter und der daraus resultierenden geringeren Temperaturdifferenzen der Luft im Atrium sind hier keine Maßnahmen gegen abfallende Kaltluft vorgesehen.

Die Temperierung der Südatrien erfolgt im Winter durch eine Fußbodenheizung. Diese wird im Sommer auch zur Kühlung eingesetzt. Zur Reduzierung der Komfortbeeinträchtigung durch Kaltluftabfall an der vertikalen Glasfassade wird die Scheibeninnentemperatur durch parallel zur Fassade angeordnete Strahlungsflächen angehoben. Diese sind in die Stege integriert, die die Büroriegel miteinander verbinden, und führen der Seilfassade langwellige Wärmestrahlung zu. Sie stellen gleichzeitig ein schnell zu regelndes Element zur Beheizung des Atriums dar. Eine Standardlösung mit beheizten Fassadenprofilen oder Konvektoren in unterschiedlichen Höhen ist aufgrund der filigranen Konstruktion als Seilfassade hier nicht möglich. Zusätzlich ist am Fuß der Fassade ein horizontales Umlenkschwert aus Glas in Verbindung mit Bodenkonvektoren entlang der Fassade vorgesehen. Durch das Maßnahmenpaket, das am virtuellen 3D-Modell des Atriums mittels einer Strömungssimulation entwickelt wurde, werden Komfortbeeinträchtigungen durch Kaltluftabfall deutlich reduziert und in der Eingangshalle ein vergleichsweise hohes Komfortniveau erreicht.

D 7

Altana Pharma in Konstanz

Interview mit Th. Pink von Petzinka Pink Technol. Architektur®, Düsseldorf

1. Welches sind nach Ihrer Ansicht die maßgeblichen Kriterien für erfolgreiche Gebäude?
Sie sind verantwortungsvoll geplant und gebaut worden.

2. Welche Rolle spielt die Nachhaltigkeit für Ihre Gebäude-Entwürfe?
Die größte.

3. Welche Ziele verfolgt Ihr Büro im Gebäudesektor »Green Buildings«? Wie sehen Ihre Visionen aus?
Know-how-Träger zu sein.

4. Wie entstand die Zusammenarbeit mit DS-Plan? Welches sind die wesentlichen Eckpfeiler Ihrer langjährigen Arbeitsbeziehung?
Respekt.

5. Welche Eigenschaften muss ein Planungsteam besitzen, um anspruchsvolle und nachhaltige Gebäude konzipieren und bauen zu können?
Leidenschaft, Progressivität, soziale Kompetenz, die Fähigkeit, Visionen zu entwickeln.

6. Welche Ziele haben Sie bei diesem Entwurf verfolgt?
Die bautechnische Aufgabe zu lösen, eine Zukunftsperspektive zu vermitteln.

7. Welche außerordentlichen Qualitäten bietet dieses Gebäude – dem Bauherrn und den Mietern?
Eine Zukunftsperspektive.

Interview mit dem Bauherrn – Prof. Franz Maier von Altana Pharma

1. Welches sind nach Ihrer Ansicht die maßgeblichen Kriterien für erfolgreiche Gebäude?
Ich möchte die Frage dahingehend beantworten, dass die Nutzer von Gebäuden mit ihrer Zufriedenheit, Begeisterung oder sogar Euphorie in erster Linie über erfolgreiche oder nicht erfolgreiche Gebäude entscheiden.

Deshalb war es uns ein sehr großes Anliegen, in der Vorplanungsphase in intensiven Nutzergesprächen und Workshops die Wünsche, Anregungen und Ideen der Mitarbeiter zu erkunden. Aber auch die Sorgen und Ängste zu berücksichtigen, die derartige moderne, transparente Gebäude für den einzelnen Mitarbeiter darstellen können.

Ziel war das »bestmögliche Bürogebäude« für die Nutzer mit ausgeprägtem ökologischen Profil, großer Wirtschaftlichkeit, Flexibilität, Zukunftsfähigkeit und ressourcenminimierendem Energieeinsatz (thermische Bauteilaktivierung, Dreifachverglasung und Pelletfeuerung) zu errichten. Daneben sollte in der Architektur die Innovationskraft des Unternehmens und die Core Values symbolisch wahrnehmbar sein.

2. Was bedeutet es für Sie, in Gebäuden zu leben? Was entscheidet maßgeblich darüber, ob Sie sich wohl fühlen?
In Gebäuden zu leben bedeutet für uns Geborgenheit, Sicherheit und ein gewisses Maß an selbstgewollter Individualität. Der Wohlfühleffekt hängt von verschiedenen Faktoren ab:

- Kann ich die Fenster und den Sonnenschutz selbst steuern?
- Wie individuell sind die Beleuchtung, Akustik und die Sichtverbindungen nach außen?
- Sind Farben und Pflanzen im Bürobereich möglich?
- Gelingt es, komfortable Raumtemperaturen zu erreichen?
- Sind hohe Tageslichtanteile und wenig akustische Störungen vorhanden?
- Habe ich genügend Treffpunkte, um mit den Kollegen/innen zu kommunizieren und mich auszutauschen?
- Lassen die Strukturen viel Gemeinsamkeiten, aber auch ausreichend Rückzugsmöglichkeiten zu?
- Gut gestaltete und nutzbare Freiräume für Pausen im Außenbereich?

All dies sind Bestandteile, die in unterschiedlicher Wertung die Akzeptanz und das Wohlfühlklima eines Mitarbeiters bestimmen.

3. Welche Rolle spielt die Nachhaltigkeit, die Life-Cycle-Betrachtung für Ihre Gebäudevorgaben?
Beim Errichten eines Gebäudes stehen die Investitionskosten im Vordergrund, während die Nutzungs- oder Betriebskosten über den gesamten Lebenszyklus eher unbeachtet bleiben. Dabei sind diese entscheidender und müssen in die Betrachtungsweise miteingebunden werden, weil bereits nach wenigen Jahren die Summe der Unterhaltskosten die Investitionskosten erreicht hat.

Wir versuchen in einem Life-Cycle- Konzept, neben der Optimierung der Betriebskosten, auch einen größtmöglichen »Synergieeffekt« zwischen allen am Bau vorhandenen Gewerken zu erreichen. Dieser wird von der Standardisierung der Einzelkomponenten und Systeme geprägt. Wir sind offen für alle nachhaltigen Innovationen, geben aber im Zweifelsfall den bewährten langlebigen Materialien und Systemen den Vorzug.

4. Sie erleben den Prozess von der Entwicklung bis in den Betrieb. Wo sehen Sie die größten Verbesserungspotenziale: im Prozess, in der Ideenfindung, planerischen Umsetzung, Bauausführung oder dem Betriebsverhalten?
Der Planungsprozess zwischen den Gewerken muss noch sehr viel stärker integriert und abgestimmt werden. Die Schnittstellen sind in ihrem Umfang und ihrer Komplexität zu reduzieren. Die gewerkeübergreifende Planung, Koordination und Integration der Systeme ist noch nicht optimal.

Die Planer sollten verstärkt für gute innovative Ideen belohnt werden und nicht für starre Verträge, die sich nur an den Baukosten orientieren. In der Bauausführung selbst ist ein funktionierendes Qualitätssicherungssystem auf der Baustelle unverzichtbar. Dabei ist es notwendig, dass alle Tätigkeiten auf der Baustelle über ein geeignetes, erprobtes und praxisbezogenes Qualitätshandbuch abgewickelt werden. Von den Plänen über die angelieferten Materialien zu den Einbauten und Montagen bis hin zur Abnahme ist der gesamte Prozess vollständig zu überwachen und zu kontrollieren. Richtige und vollständige Revisionspläne mit der qualifizierten Abnahme der Leistung beenden diesen Prozess. Entscheidend ist, dass Qualität in Planung und Bau permanent und konsequent gelebt und umgesetzt wird, dann bleiben uns auch lange Mängellisten, enorme Konflikte und Gerichtsverfahren erspart.

Beim Einfahren der Gebäude haben wir festgestellt, dass moderne Simulationsverfahren eine Hilfestellung sein können, der wirkliche Gebäudebetrieb nach dem Bezug über eine ganze Jahresdekade hin jedoch notwendig ist, um vor allem das Raumklima in eine stabile Betriebsphase zu bringen.

Um Nutzerkonflikte zu begrenzen und Toleranz zu fördern, geben wir diese Informationen zur Einfahrphase noch vor Bezug des Gebäudes an die entsprechenden Mitarbeiter weiter.

Alle Gebäude werden vor Bezug den Mitarbeitern durch das »Nutzerhandbuch«, das sehr einfach geschrieben ist und viele Illustrationen enthält, vorgestellt und erläutert.

5. Welche Eigenschaften muss ein Planungsteam besitzen, um anspruchsvolle und nachhaltige Gebäude konzipieren und bauen zu können?
Die Mitarbeiter in der Planung sollten immer davon ausgehen, dass sie ein Gebäude planen und entwerfen, in das sie später selber einziehen werden. Eine höhere Motivation und Verpflichtung, auch wenn sie nur virtuell erscheint, ist kaum vorstellbar. Ein ausgeprägtes Bewusstsein und Handeln für ökologische und ökonomische Verantwortung für ein Gebäude mit einer Standzeit von ca. 50 Jahren ist wichtig.

6. Wie sehen die modernen Bürokonzepte im Jahre 2050 aus?
Wir wissen es nicht, weil sie mit der heutigen Realität vielleicht nicht mehr kompatibel sind. Sind sie hochmobil, flexibel und emotional? Sind Farben, Düfte, Musik, Kunst und vergleichbare Elemente integriert in unsere Arbeitswelt, die immer mehr mit unserer privaten Wohnwelt vermischt wird? Gibt es noch eine Trennung zwischen Arbeit und Freizeit?

Auch diese prognostizierten Möglichkeiten und Alternativen sind im kreativen Planungsteam Diskussionsstoff und eine gute Voraussetzung für Gebäudeplanungen der Zukunft.

Es gilt, verstärkt eine positive, optimistische Denkweise zu erzeugen, die einhergeht mit dem Sprichwort:

»Immer muss das Alte und Bewährte unsere Welt so lange zusammenhalten, bis etwas Neues besser ist.«

Effizient integriert

In Konstanz entsteht zurzeit das neue Verwaltungsgebäude der Altana Pharma AG. Das Gebäude wird auf dem Werksgelände gebaut und hat eine Bruttogeschossfläche von rund 18 000 m². Neben typischen Büroräumen entstehen ein Konferenzbereich und ein Restaurant für die Mitarbeiter. Zentraler Treffpunkt wird das Atrium werden, das als leicht beheizter Außenraum das ganze Jahr über genutzt wird. Die Einbindung des Gebäudes in die bestehende Baustruktur des Geländes eröffnet Chancen, aber auch Zwänge bei der Energieversorgung des Gebäudes. Von Beginn des Wettbewerbs an war dem Bauherrn sowohl eine prägnante gestalterische Identität als auch ein hohe Qualität an energieeffizienten und flexiblen Konzepten sehr wichtig. Als energetische Zielsetzung wurde zu Beginn der Planung ein Primärenergiebedarf für die Anlagen zur Raumkonditionierung (Heizen, Kühlen, Strom für Lüften und Beleuchten) von maximal 100 kWh/m² NGF zwischen dem Bauherrn und dem Generalplaner Petzinka Pink Technologische Architektur vereinbart.

Für die Büroräume wurde ein modulares Raumklimakonzept entwickelt, das in seinem Basisausbau einen guten, den Anforderungen angepassten thermischen Raumkomfort bietet. Die Grundbeheizung und -kühlung erfolgt über thermisch aktivierte Böden und Decken. Durch die Dreifachverglasung mit hoch wärmegedämmten Pfosten sowie Außenwandpaneelen ist es aus Gründen der Behaglichkeit nicht erforderlich, den zusätzlichen Heizkörper vor das Fenster zu platzieren, da die raumseitige Oberflächentemperatur des Fensters nicht unter 16 bis 18 °C fällt. So enthält das Paneel ebenfalls den Heizkörper, der modular für höhere Anforderungen oder andere Raumnutzungen zu einem Umluftkühler oder sogar einem dezentralen Außenluft-Lüftungsgerät mit Wärmerückgewinnung erweiterbar ist. Eine Umnutzung der Räume zu einem späteren Zeitpunkt ist mit diesem Konzept somit auch jederzeit mit relativ geringem Aufwand möglich.

Der Sonnenschutz der Büroräume besteht aus vertikalen, drehbare Glaslamellen, die 1,35 m breit und 3,5 m hoch sind. Vorteil dieses Sonnenschutzes ist es, dass ein direkter Außenbezug zu nahezu allen Zeitpunkten am Tage vorhanden ist, da die Lamellen nur kurzzeitig parallel zu Fassade stehen *(Abb. D7.1)*. Neben der seitlichen Durchsicht wurden vom Planungsteam verschiedene Lösungen erarbeitet, die auch eine direkte Durchsicht durch die Lamellen erlauben, natürlich bei vorhandenem Sonnenschutz. Eine Variante bestand darin, die Scheiben mit einer selektiven Sonnenschutzbeschichtung (geringer Energieeintrag bei hohem Tageslichteintrag durch die Sonne) und zusätzlichen Bedruckung zu versehen. Mit dieser Lösung kann eine ausreichende Sonnenschutzwirkung erzielt werden, die direkte Durchsicht durch die Glaslamelle ist dann jedoch stark eingeschränkt. Die andere Variante sah vor, verschiedene Arten von Aluminiumstreckmetall zwischen die zwei Einzelscheiben der Glaslamelle einzulaminieren *(Abb. D7.2)*. Als Streckmetall wurden solche Profile ausgesucht, die eine leichte Neigung besaßen und somit den für die Sonnenschutzwirkung vorteilhaften »Schildmützeneffekt« ergaben. Aufgrund der nur geringen Dicke des Streckmetalls

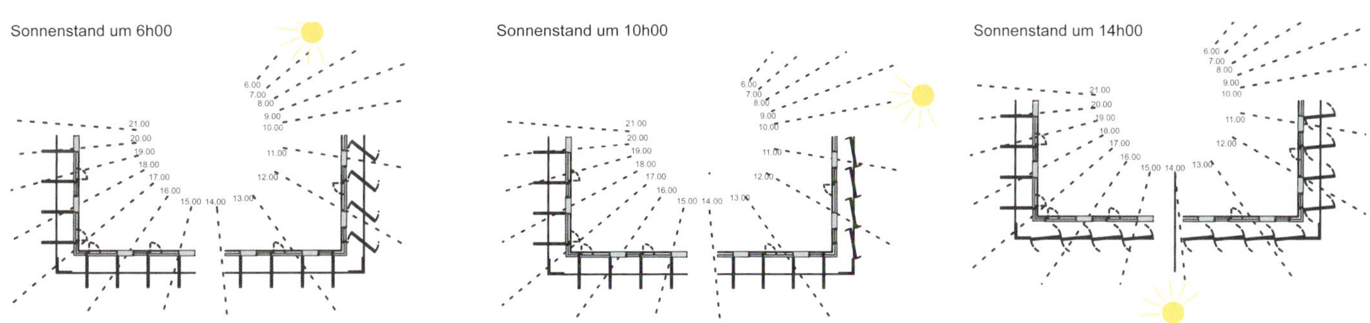

Abb. D7.1 Funktionsweise der Lamellenbewegung

von 1,5 mm war die Schildmütze auch nur 0,8 mm tief. Da ein derartiger Sonnenschutz eine Neuentwicklung ist, mussten im ersten Schritt sowohl die konstruktive Machbarkeit geprüft als auch eine erste Abschätzung der thermischen Wirkung durchgeführt werden. Geeignete Streckgitter wurden ausgewählt und mit dem Zielwert des Sonnenschutzabminderungsfaktors von 0,1 verglichen, denn der Sonnenschutz musste zum erarbeiteten Raumklimakonzept passen. Simulationsergebnisse hatten schließlich gezeigt, dass nur mit einem sehr effektiven Sonnenschutz das Basis-Raumklimakonzept eine ausreichende thermische Behaglichkeit im Raum bietet. Um eine endgültige Sicherheit über die ausgewählten Streckgitter zu erhalten, wurden im Labor die solare Transmission als auch die Leuchtdichteverteilung bei verschiedenen Höhenwinkeln der Sonne bestimmt. Die Ergebnisse haben die Zielwerte sogar noch übertroffen, bei gleichzeitig guter Durchsicht und Blendfreiheit ab einem Sonnenhöhenwinkel von 35°. Die konstruktiven Herausforderungen konnten ebenfalls parallel gelöst werden, in *Abbildung D7.4* sind einige der technischen Details dargestellt.

Die Energieversorgung wurde in Abhängigkeit von den bestehenden Gebäuden entwickelt, für die eine Nahwärmeversorgung vorhanden ist. Im Rahmen einer Gebäude- und An-

Abb. D7.2 Glaslamelle mit Streckmetall

lagensimulation für alle Verbraucher des Nahwärmesystems (hauptsächlich Laborgebäude) wurde das bestehende Heizlastprofil für die Nahwärmezentrale ermittelt. Es zeigte sich, dass aufgrund der erforderlichen Wärmeleistungen für das Warmwasser und die Nachheizung für die Lüftungsanlagen auch im Sommer eine hohe Heizleistung vorhanden ist. Aus den Berechnungen ergab sich, dass ein Pelletkessel mit einer Heizleistung von 1 000 kW über 7 000 Stunden im Jahr mit Volllast betrieben werden kann. Durch die geringeren Energiepreise von Pellets gegenüber Gas ist ein Return of Invest innerhalb von ein bis zwei Jahren gegeben, und gleichzeitig werden 1 750 t an CO_2-Emissionen jährlich eingespart. Dies entspricht umgerechnet den CO_2-Emissionen, die von 580 Einfamilienhäusern durch die Beheizung jährlich ausgestoßen werden. Die Kälte wird durch Kältemaschinen auf Hochtemperaturniveau (12/16 °C) und hybriden Rückkühlern mit Wasserbesprühung erzielt. Da die Bauteilkühlung nur nachts betrieben wird, können über 70 % der Kälte ausschließlich aus der kühlen Nachtluft erzeugt werden. In der Summe ergibt sich ein Energieaufwand für die Büroräume, der bei Weitem den Zielwert der Planung unterschreitet *(Abb. D7.5)*. Durch die hervorragende Architektur und die Flexibilität entsteht ein Gebäude, in dem sich die Betreiber und Nutzer wohlfühlen werden.

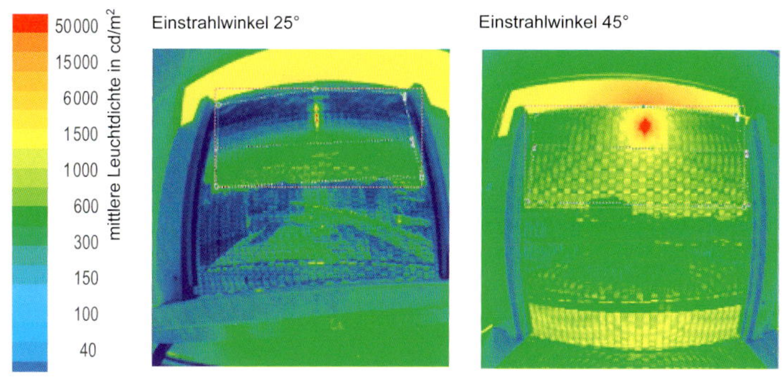

Abb. D7.3 Leuchtdichteaufnahmen für verschiedene Höhenwinkel

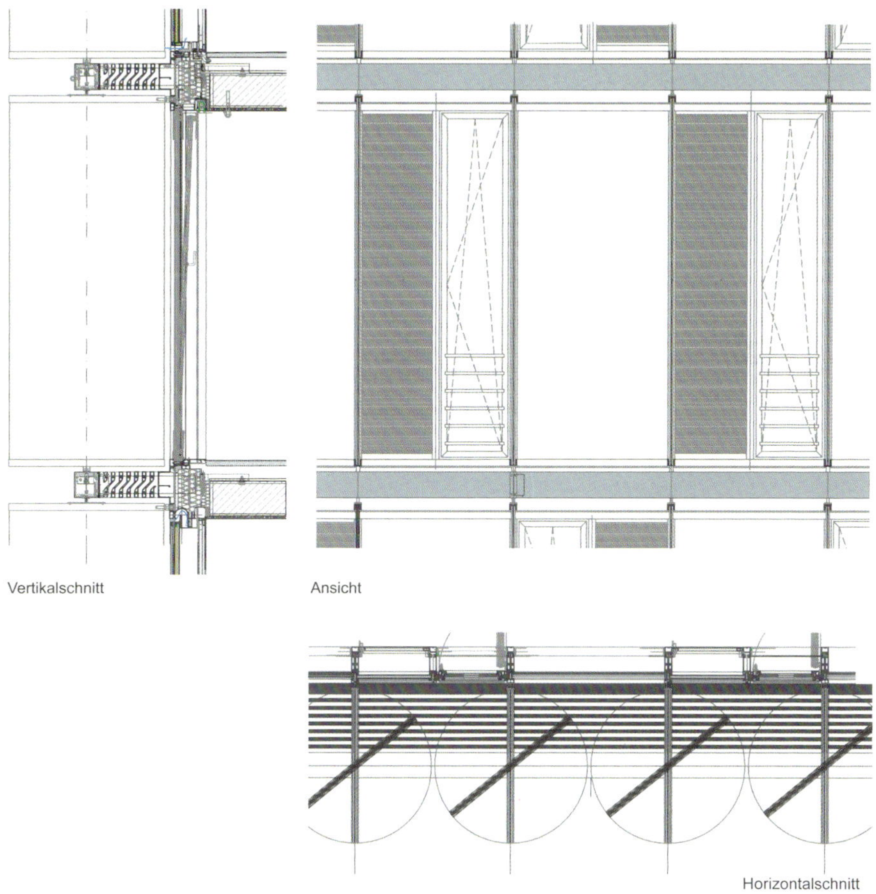

Abb. D7.4 Ansicht und Schnitte durch die Bürofassade

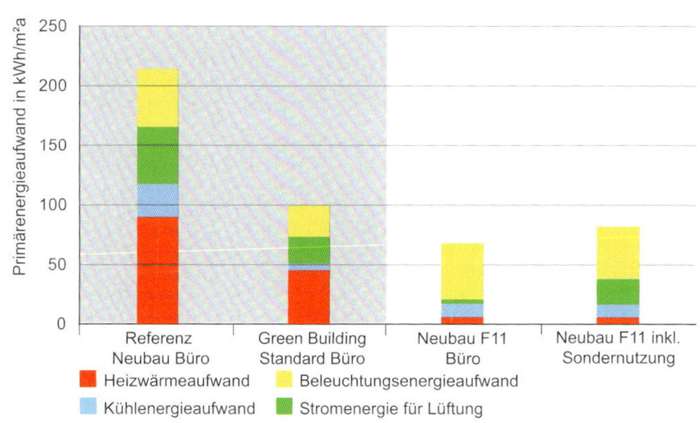

Abb. D7.5 Primärenergiebilanz des Gebäudes für die Anlagen zur Raumkonditionierung

DR Byen in Kopenhagen

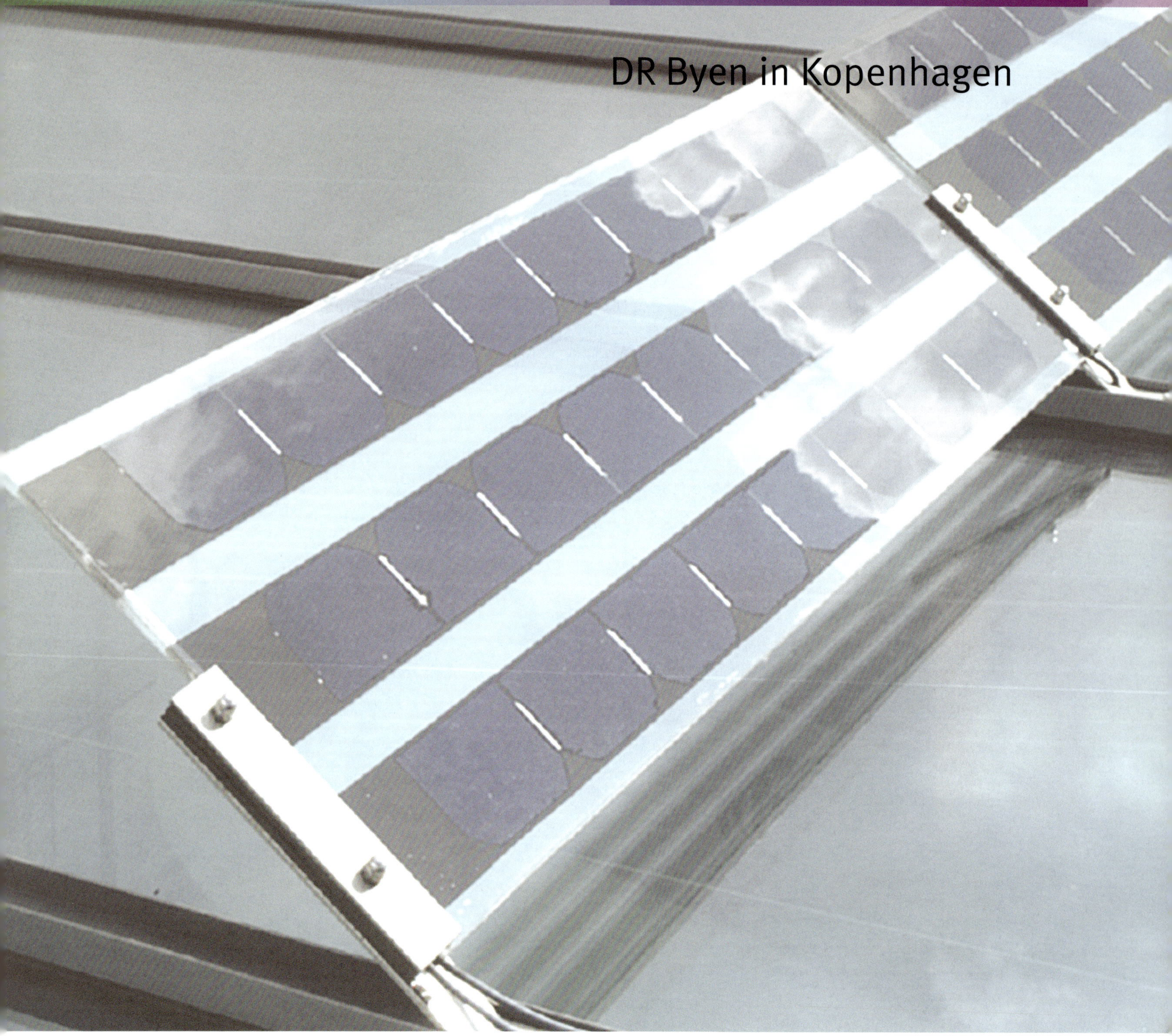

Interview mit dem Bauherrn – Kai Toft & Marianne Fox von DR Byen

1. Welches sind nach Ihrer Ansicht die maßgeblichen Kriterien für erfolgreiche Gebäude?
Die wichtigsten Kriterien sind eine optimale Organisation des Managements, klar formulierte Strategien und eine eindeutige Kommunikation auf allen Ebenen. Das betrifft auch die anschließenden Verfahren und Entscheidungen während des gesamten Planungs- und Bauprozesses.

2. Was bedeutet es für Sie, in Gebäuden zu leben? Was entscheidet maßgeblich darüber, ob Sie sich wohl fühlen?
An erster Stelle ist für die Mitarbeiter von Danmark Radio das Raumklima und der Grundriss des Gebäudes wichtig. Ein behagliches Raumklima wird für uns nicht nur durch physikalische Größen wie Temperatur, Luftqualität, Akustik und Belichtung bestimmt. Wichtig ist auch die Architektur, die Einbindung der Nutzerinteressen in den Entwurf sowie die Raumgestaltung.

3. Welche Rolle spielt die Nachhaltigkeit, die Life-Cycle-Betrachtung für Ihre Gebäudevorgaben?
Es wurde auf einen flexiblen Entwurf Wert gelegt, um die zukünftigen technologischen und organisatorischen Entwicklungen in der Multimediabranche berücksichtigen zu können und so eine lange Lebensdauer zu garantieren. Für viele Baumaterialien wurden Lebenszyklusbetrachtungen vorgenommen, sofern sie für den Entscheidungsprozess relvant waren. Während der Planung war der Fokus dann darauf gerichtet, den Verbrauch von Ressourcen während des Lebenszyklus des Gebäudes zu minimieren. Es wurde insbesondere auf die Reduzierung des Energieverbrauchs und gleichermaßen auf die Suche nach ökologischen Materialien geachtet.
Da Danmark Radio Eigentümer einer großen Liegenschaft ist, fühlten wir uns verpflichtet, mit neuen Technologien und Entwurfslösungen unter ökologischen Aspekten als Beispiel für andere dänische Immobilieneigentümer und -entwickler voranzugehen.

4. Sie erleben den Prozess von der Entwicklung bis in den Betrieb. Wo sehen Sie die größten Verbesserungspotenziale: im Prozess, in der Ideenfindung, planerischen Umsetzung, Bauausführung oder dem Betriebsverhalten?
Das Hauptaugenmerk muss immer auf Verbesserungen im Betrieb liegen, denn hier sind die Auswirkungen auf die Umwelt am größten. Aber die anfänglichen Planungsphasen beinhalten unserer Meinung nach das größte Verbesserungspotenzial, da hier die allgemeinen Rahmenbedingungen für den späteren Entwurf des Gebäudes definiert werden. In der Detailplanung und während der Bauphase müssen diese Vorgaben befolgt und unbedingt laufend überprüft werden. Im laufenden Betrieb sollte das ökologische Potenzial des Gebäudes ausgeschöpft werden. Auch dies bedarf einer ständigen Überprüfung.

5. Welche Eigenschaften muss ein Planungsteam besitzen, um anspruchsvolle und nachhaltige Gebäude konzipieren und bauen zu können?
Das Planungsteam sollte fundierte ökologische Fachkenntnisse besitzen – und zwar in allen Bereichen der Planung. Genauso wichtig ist es, dieses Fachwissen im interdisziplinären Teamwork einzubringen. Ökologisches Planen basiert meist auf einer ganzheitlichen Betrachtungsweise, die unter anderem Vision, Hingabe und Kooperation der Beteiligten zur Umsetzung der ökologischen Ziele erfordert.

6. Welche außerordentlichen Qualitäten bietet dieses Gebäude – dem Bauherrn und den Mietern?
Als großes, halböffentliches Unternehmen für den öffentlichen Dienst hatte es für Danmark Radio eine hohe Priorität, ein »gutes Beispiel« für die dänische Bauindustrie zu sein. Byens Vision von Danmark Radio ist »ein flexibler, offener Arbeitsplatz und eine lebendige Atmosphäre für kreatives Teamwork«. Das impliziert natürlich auch ein gutes Raumklima. Letztendlich konnten wir aufgrund der ökologischen Ausrichtung ein Gebäude mit relativ niedrigen Betriebskosten für den Verbrauch von Energie, Wasser und anderen Ressourcen, aber auch bei der Entsorgung realisieren.

Interview mit dem Architekt Stig Mikkelsen, Projektleiter und Partner bei Dissing + Weitling

1. Welches sind nach Ihrer Ansicht die maßgeblichen Kriterien für erfolgreiche Gebäude?
Erfolgreiche Gebäude basieren auf starken Konzepten und klaren Ideen. Diese Gebäude erzählen ihre Entstehungsgeschichte und bestechen gleichzeitig durch die Klarheit des Entwurfs. In den letzten Jahren sind Gebäude immer technischer und komplexer geworden. Dadurch sind beim Entwurf neue Herausforderungen entstanden. Meiner Meinung nach sind diejenigen Gebäude wegweisend, die aus einem ökologischen und technischen Verständnis heraus entstehen und dabei die komplexen Anforderungen berücksichtigen, sich zugleich aber durch ein einfaches und verständliches Architekturkonzept auszeichnen.

2. Welche Rolle spielt die Nachhaltigkeit für Ihre Gebäude-Entwürfe?
Der Entwurf des optimalen Arbeitsbereichs basiert auf dem grundlegenden Verständnis, wie Raum, Materialien, Ausblick, Tageslicht, Luftqualität und Raumakustik den Menschen beeinflussen. Neben messbaren Parametern, die die Qualität des Raumklimas beschreiben, signalisiert ein ökologischer Entwurf dem Nutzer des Gebäudes, dass dem Bauherrn neben der Umwelt auch das Wohl der Menschen in den Büros am Herzen liegt.

3. Welche Ziele verfolgt Dissing + Weitling im Gebäudesektor »Green Buildings«? Wie sehen Ihre Visionen aus?
Bei unseren Entwürfen streben wir immer nach Einfachheit und versuchen die Geschichte jedes einzelnen Projekts zu erzählen. Nachhaltigkeit spielt, wenn nicht die elementare, dann doch eine wichtige Rolle bei der Entwicklung unserer Konzepte. Früher wurden Gebäude eher traditionell entworfen oder nur aus künstlerischer und raumplanerischer Sicht. Moderne, komplexe Gebäudekonzepte bilden eine Einheit zwischen technischen Aspekten, ökologischen Anforderungen und architektonischen Ideen.

Wir Architekten von Dissing + Weitling sehen uns als ein Team, das sich innovative und zugleich ökologisch anspruchsvolle Entwürfe zum Ziel gesetzt hat. Wir haben in der Vergangenheit Gebäude mit einer »Ökostrategie« entworfen und werden uns auch in Zukunft auf diesem Gebiet stärker engagieren. Immer getreu unseres Mottos »vom Konzept zum Detail« favorisieren wir Entwürfe, bei denen sich die Aspekte Ökologie und Nachhaltigkeit auch in der Detailplanung zeigen. So entsteht ein fundiertes Gebäudekonzept.

4. Welche Eigenschaften muss ein Planungsteam besitzen, um anspruchsvolle und nachhaltige Gebäude konzipieren und bauen zu können?
Ein Projekt, das ökologischem Denken gerecht werden soll, erfordert einen ambitionierten Bauherrn, der gewillt ist, diesen Weg einzuschlagen. Um neue Ziele erreichen und die Herausforderung nachhaltiger Gebäude für die Zukunft annehmen zu können, muss das Entwurfsteam sowohl an der

Abb. D8.1 Luftaufnahme vom Gebäude DR Byen

Konzeption als auch an den Details geschlossen arbeiten. Wie auch sonst zwischen Architekten und Ingenieuren üblich müssen sich die Mitglieder des Teams gegenseitig respektieren. Aktuelles Fachwissen und die notwendige Erfahrung bei der Lösung der jeweiligen technischen Probleme sind unabdingbar. Viele so genannte Ökoentwürfe der letzten Jahre weisen ungeeignete technische Lösungen auf oder wurden ohne die notwendige Sorgfalt konzipiert. Dadurch haben sie den Bauherren und dem Ruf von ökologischen Entwürfen geschadet. Die Simulation von Fassaden oder anderen Gebäudeelementen im Entwurfsprozess ist ein wichtiges Mittel, um die passende Lösung zu finden. Dies bietet ein Mehr an Sicherheit, insofern man auf eigene Erfahrungswerte zurückgreifen kann.

5. Wie entstand die Idee für den Entwurf des Gebäudes Danmark Radio Segment 2? Welche außerordentlichen Qualitäten bietet dieses Gebäude – dem Bauherrn und den Mietern?

Das Projekt Danmark Radio Segment 2 verlangte einen besonderen Entwurf mit offenen Arbeitsbereichen, die sowohl Interaktionen der Mitarbeiter zwischen den einzelnen Ebenen ermöglichen als auch den Anforderungen einer Rundfunksendeanstalt gerecht werden. Es wurde uns freigestellt, die Räume natürlich zu belüften und PV-Paneele zu verwenden. Mit unserem Entwurf griffen wir die Vorteile der einzigartigen Lage und somit der Möglichkeit der Ausrichtung des Gebäudes auf. Die Südfassade begrenzt das Atrium, das die vier Bauabschnitte miteinander verbindet. Es hat aus Gründen des Feuerschutzes nur wenige Öffnungen. Das Gebäude wird daher überwiegend über die Nordseite belichtet. Dies bietet ein Maximum an Tageslicht bei minimalem Wärmeeintrag. Die Ost-und die Westfassade sind doppelschalig ausgebildet und ermöglichen so eine natürliche Belüftung bei maximalem Tageslichteintrag. Ein beweglicher Sonnenschutz schirmt gegen die tief stehende Sonne ab. Das Konzept sieht drei verschiedene Fassadentypen vor: eine Kombination aus organisch geformten Balkonen, eine Vorhangfassade aus Glas und eine doppelschalige Fassade. Die Nordfassade besteht aus großen, schlichten Glasplatten, die von davor angeordneten Stützen getragen werden. Bei der doppelschaligen Fassade strömt die Zuluft durch den Fassadenzwischenraum und über verstellbare Lüftungslamellen in der inneren Fassade in die Räume. Die nördliche Fassade wurde dagegen im unteren Bereich mit Lüftungsöffnungen für die Nachtauskühlung versehen. Das Glasdach des Atriums filtert das Tageslicht, wobei Lichtniveau und Wärmegewinn vom beweglichen Sonnenschutz gesteuert werden. Wir sind der festen Überzeugung, dass mit dem Projekt Danmark Radio ein Grad an ganzheitlicher Planung erreicht wurde, der neue Maßstäbe in Sachen Qualität und Komfort setzt.

Abb. D8.2 Ansicht des neuen Headquarters von Danmark Radio

Klima angepasst

In Kopenhagen entsteht zurzeit das neue Headquarter von Danmark Radio: Auf einer Fläche von 125 000 m² BGF entstehen neue Gebäude, die für die Verwaltung, Studio-Produktion sowie für ein Konzerthaus genutzt werden. DS-Plan war glücklicherweise in der Lage, schon bei der Erstellung der Auslobungsunterlagen für die Architekten und Fachplaner als Berater des Bauherrn im Hinblick auf wirtschaftliche, ökologische Konzepte zu fungieren. Dies resultierte darin, dass zum einen die Anforderungen an die Energieeffizienz der Gebäude im Auslobungstext definiert und detaillierter als gewöhnlicherweise beschrieben wurden. Parallel zur Auslobung wurde seitens DS-Plan ein Gesamtenergiekonzept entwickelt, dessen wesentliche Elemente zurzeit auf der Baustelle umgesetzt werden:

- Nutzung der natürlichen Gesteins-Aquifere des Untergrunds in Kopenhagen als Kältereservoir. Dabei wird der Erdspeicher im Winter über die kühle Außenluft beladen. Im Sommer wird das Reservoir im Erdreich angezapft, um die Gebäude zu kühlen. Dieser Prozess wiederholt sich im Jahresrhythmus *(Abb. D8.4)*.
- Verwendung von Hochtemperaturkühlsystemen in den Gebäuden. Normalerweise werden Kühlsysteme in Dänemark mit niedrigen Wassertemperaturen von 6 bzw. 12 °C ausgelegt. Um jedoch natürliche Kühlenergie aus dem Erdreich nutzen zu können, muss die Kaltwassertemperatur möglichst hoch sein. Die Wassertemperaturen für die Raumkühlung betragen 14 bzw. 20 °C, sie sind also fast doppelt so hoch wie normalerweise.
- Minimierung der Gebäudekühllast durch eine effiziente, windresistente Sonnenschutzkonstruktion bei gleichzeitig hohem Tageslichtanteil in Form von doppelschaligen Glasfassaden. Windreiche und gleichzeitig sonnige Tage kommen in Kopenhagen häufig vor, sodass auf einen ausreichenden Sonnenschutz bei jeder Wetterlage geachtet werden muss, um die Kühlleistung im Gebäude weitestgehend zu minimieren und dadurch den Anteil an regenerativer Kühlenergie über das Erdreich zu steigern. Zudem soll auch an diesem Standort die natürliche Lüftung während des Tags und in der Nacht (zur Sommernachtkühlung) unabhängig von der Windsituation genutzt werden können. Dazu sind geeignete Fassadensysteme und regelbare Lüftungsklappen in der Innenfassade entwickelt worden.
- Nutzung der Sonnenenergie zur Stromgewinnung. Mit dem Gebäudekomplex entsteht die größte gebäudeintegrierte Photovoltaikanlage in Dänemark. Mindestziel war es, den Strom für die Antriebe und Pumpen des Erdreichspeichers über die Sonnenenergie zu decken.
- Nutzung des Regenwassers zur Bewässerung der Außenanlagen und teilweise zur Toilettenspülung. Der Wasserspeicher dient als natürliches System zur Regenwasserrückhaltung und entlastet somit die Klärwerke der Stadt *(Abb. D8.3)*.

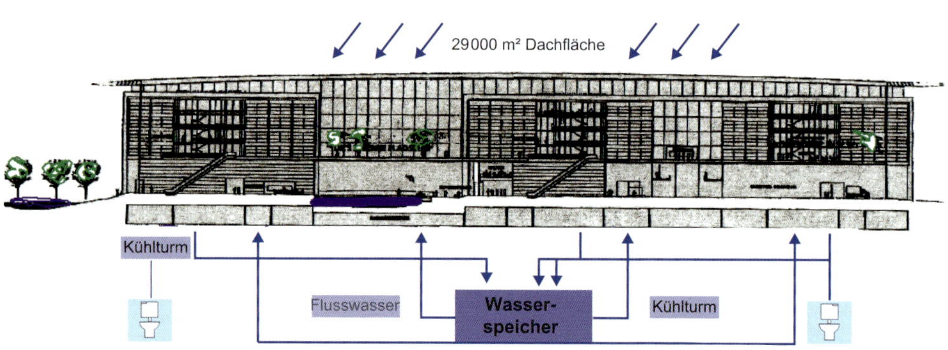

Abb. D8.3 Konzept zur Regenwassernutzung. Neben der Außenanlagenbewässerung wird das Wasser auch in vielen Bereichen zur Toilettenspülung genutzt.

Als sehr vorteilhaft hat es sich erwiesen, dass zu einem sehr frühen Zeitpunkt ein ganzheitliches Energiekonzept entwickelt worden ist, das vor der Auswahl der Planer mit dem Bauherrn, dem Projektmanagement und der Stadt diskutiert wurde. Damit ergab sich auch die Möglichkeit, einen erfolgreichen Förderantrag durch Danmark Radio, COWI, DS-Plan und Ecofys bei der EU zu stel-

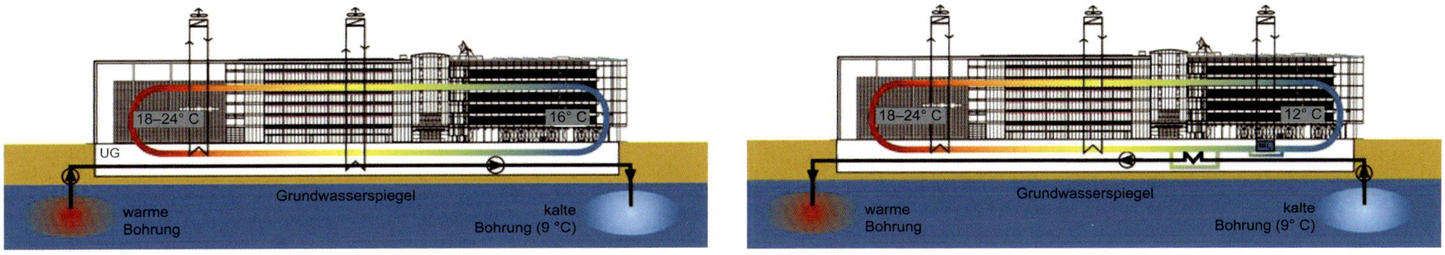

Abb. D8.4 Prinzip der regenerativen Kältenutzung für das Projekt. Im Winter wird der Aquiferspeicher über die kühle Außenluft beladen, im Sommer steht diese Energie der Gebäudekühlung zur Verfügung.

len. Das so entstandene Verbundprojekt »IT-ECO« soll beispielhafte Lösungsmöglichkeiten für die Raumklimakonzeption und Energieversorgung von Gebäuden mit hohen internen Wärmelasten in Nordeuropa aufzeigen. Drei der vier geplanten Gebäudeteile werden bis zum Frühjahr 2007 in Betrieb sein, die Musical Hall wird ein Jahr später dazukommen.

Konzeption des Aquiferspeichers

In Norddeutschland und Südskandinavien findet man in der Erde in unterschiedlichen Tiefenbereichen Aquifere, die als Wärme- oder Kälteresservoir dienen können. Die Wärmespeicher sind eher im tieferen Bereich um 1 300 bis 1 900 m anzuordnen, die Kältespeicher sind günstigerweise im oberflächennahen Umfeld bei 20 bis 105 m Tiefe zu finden, in denen zusätzlich Grundwasser vorhanden ist. Die wirtschaftliche Größe des Aquiferspeichers ist natürlich maßgeblich abhängig vom Kühlenergiebedarf der Gebäude. Aus diesem Grund wurden schon zum frühesten Zeitpunkt Simulationswerkzeuge eingesetzt, um den Kältebedarf über das ganze Jahr möglichst genau zu ermitteln. Dies war wichtig, da die Idee der natürlichen Kühlung nicht primär auf der niedrigen Temperatur des Grundwassers beruht, sondern wegen der geringen Grundwasserfließgeschwindigkeit auf einem Speichervorgang. Der Aquiferspeicher besitzt dabei zwei Seiten: eine wärmere und eine kühlere Seite. Zu Beginn des Sommers soll der Speicher voll sein, also die kühle Seite ausreichend kühl, um die gesamte Kälte an das Gebäude abgeben zu können. Im Winter muss der Speicher beladen werden, indem Wasser aus der warmen Bohrung über die kühlere Außenluft abgekühlt und in die kühlere Seite des Speichers gepumpt wird.

Die ersten Ergebnisse aus den Simulationsrechnungen zeigten, dass in Kopenhagen zwischen April und Oktober für die Sondernutzungen schon aktiv gekühlt werden muss. Damit steht theoretisch ein halbes Jahr zum Beladen des Speichers zur Verfügung. Dieser Vorgang kann jedoch nur erfolgen, wenn auch die Außenlufttemperatur dazu ausreichend kühl (‹ 5 °C) und damit geeignet ist, sodass sich der Zeitraum auf nahezu vier Monate beschränkt *(Abb. D8.5)*. Die während der Planungsphase detaillierten geothermischen Untersuchungen wurden von COWI durchgeführt. Probebohrungen haben ergeben, dass die Wasser-Ergiebigkeit den Vermutungen entsprochen hat (ca. 30 m^3/h pro Bohrung), es werden nunmehr acht warme und vier kalte Brunnen gebaut. Die Brunnen besitzen eine Tiefe von 30 m, um in die Lehmschicht zu gelangen. Mit der nunmehr installierten Gesamtkühlleistung von 1 MW aus dem Aquifer kann ein großer Teil des Kältebedarfs für das Gebäude aus natürlichen Quellen gedeckt werden.

Integration der Photovoltaik

In den unterschiedlichen Gebäudeteilen wird eine Photovoltaikanlage mit 120 kWp (ca. 1 200 m^2) installiert. Die schönste Integration in das Gebäudekonzept findet sich über dem Glasdach des zweiten Segments. In dieser Position stellt die eigens für das Projekt entwickelte Form zugleich Gestaltung, Sonnenschutz und Energiegewinnung dar. Den Architekten Dissing + Weitling ist es gelungen, die Transparenz des Dachs und damit den Ausblick zu erhalten und gleichzeitig die Solarzellen in das Konzept zu integrieren *(Abb. D8.6)*. Für diese Lösung wurde ihnen 2006 der dänische Solarpreis verliehen.

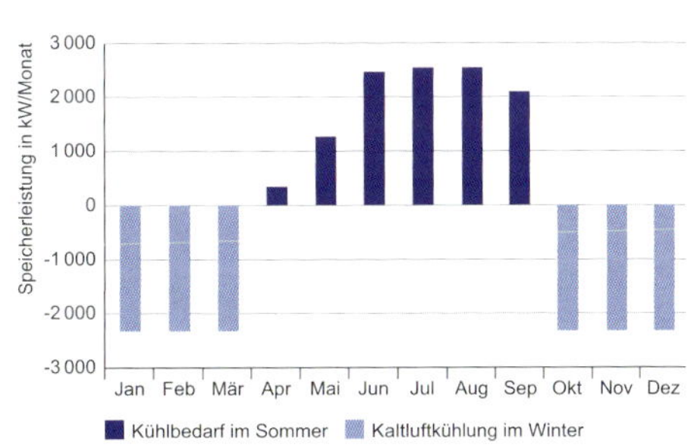

Abb. D8.5 Darstellung der Be- und Entladezeiten des Aquiferspeichers

Abb. D8.6 In das Glasdach wurde eine Photovoltaikanlage integriert.

D9

DS-Plan Gebäude
Obere Waldplätze 11, Stuttgart

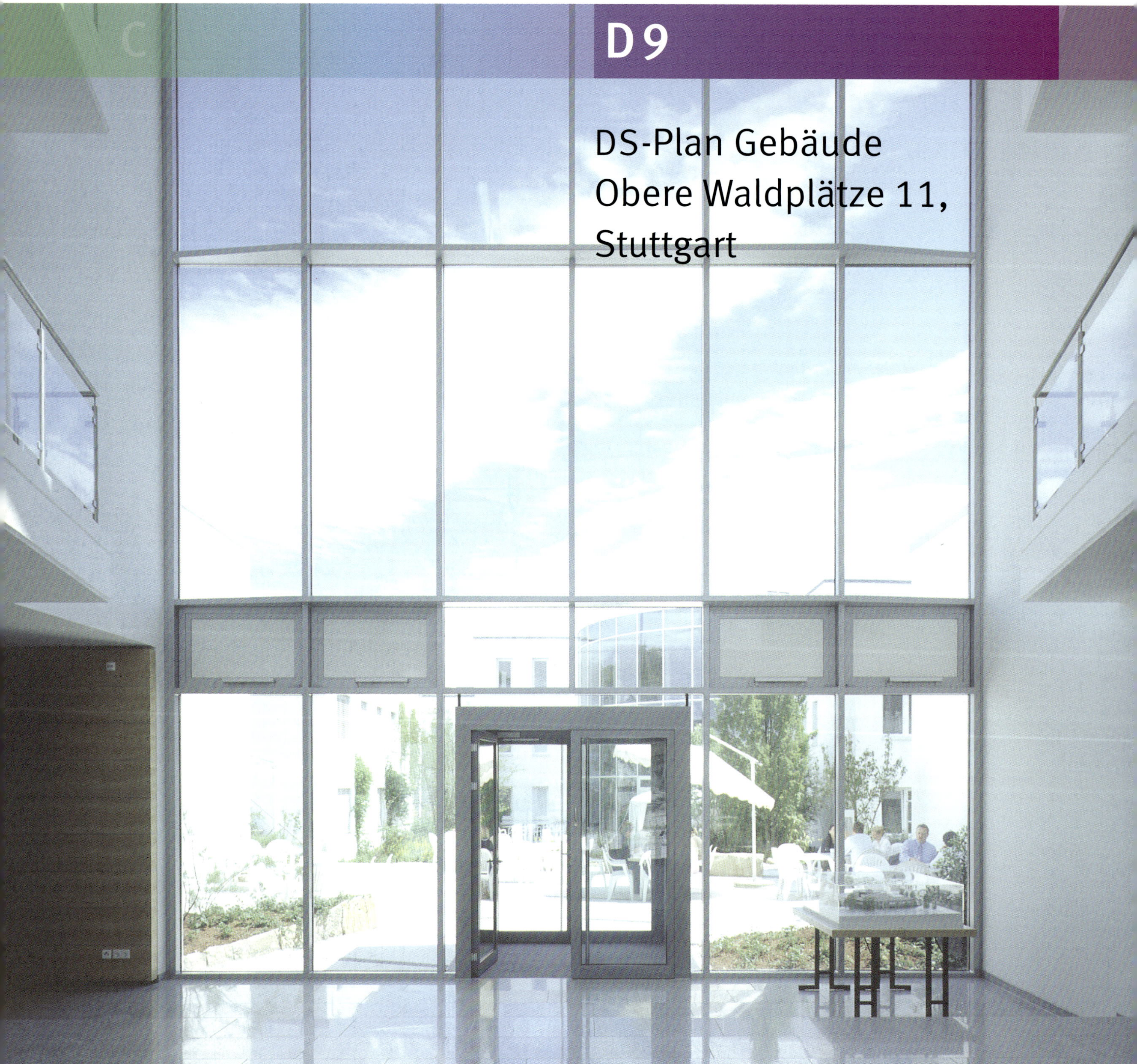

Prototyp Niedrigenergiegebäude

Wird eine optimale thermische Behaglichkeit bei geringstem Energieaufwand angestrebt, erfordert dies ein Gebäudekonzept unter ganzheitlicher Betrachtungsweise. Dies wird am Beispiel des Neubaus des Bürogebäudes »Obere Waldplätze 11« in Stuttgart-Vaihingen, das von DS-Plan im März 2002 bezogen wurde, dargestellt. Die Planung der Systeme zur Heizung und Kühlung des Gebäudes folgte hier dem Bedarf, ausgehend von der geplanten Nutzung und einem darauf abgestimmten winterlichen und sommerlichen Wärmeschutz und einer Fassadentechnik, die minimierte Heiz- und Kühllasten ermöglicht. Auf der Basis dieser Randbindungen konnten Niedrigtemperaturheiz- sowie Hochtemperaturkühlsysteme entwickelt werden, die eine optimale Nutzenübergabe mit bedarfsgerecht bemessenen Heiz- und Kühlleistungen gewährleisten. Die geringen Übertemperaturen fördern zudem den Einsatz von regenerativen Wärme- und Kälteerzeugungssystemen. Somit wurde für Heizen und Kühlen bei einem niedrigen Gebäudeenergiebedarf auch ein geringer Energieaufwand der Anlagentechnik sichergestellt. Zu den Anlagenfunktionen Heizen und Kühlen war noch das Lüften so zu entwickeln, dass mit minimalem Energieeinsatz der hygienisch erforderliche Außenluftstrom ohne Behaglichkeitseinschränkungen zum Arbeitsplatz geführt wird. Treffen die in der Planung erstellten Prognosen zu, handelt es sich um ein Bürogebäude mit niedrigstem Energiebedarf und -aufwand. Die Messwerte aus den letzten Jahren bestätigen die Aussagen aus der Planung überaus deutlich.

Die ganzheitliche Betrachtungsweise erfolgte bei diesem Projekt durch eine enge Zusammenarbeit aller Projektbeteiligten. Hervorzuheben ist, dass im Rahmen eines Kooperationsmodells die ausführende Firma für die technischen Gewerke bereits nach der Vorentwurfsplanung über eine funktionale Ausschreibung in das Projekt eingebunden wurde. Nur so konnten die verschiedenen bautechnischen Neuentwicklungen gemeinsam mit der ausführenden Firma entwickelt und direkt in die Ausführungsplanung integriert werden.

Grundlagenermittlung und Vorgehensweise

Basis einer ganzheitlichen Betrachtungsweise ist eine fundierte Grundlagenermittlung, bei der mit dem Bauherrn und dem Nutzer die Anforderungen an die einzelnen Aufenthaltsbereiche besprochen und festgelegt werden. Neben den Raumtemperaturen sind hier durchaus auch lokale Behaglichkeitsanforderungen, z. B. für fensternah angeordnete Arbeitsplätze, abzufragen. Anforderungen an den visuellen Komfort, die Luftqualität und die Akustik ergänzen den Katalog. Zudem sind neben den raumklimatischen Anforderungen auch diejenigen, die den Gewerken Sanitär und Elektro zugeordnet sind, zu prüfen.

Im Planungsteam werden diese Anforderungen im Hinblick auf die Bauphysik analysiert, wobei stets die Folgen für die Raumklimatechnik und Auswirkungen auf die Wärme- und Kälteversorgung mitbetrachtet und bewertet werden. Die Optimierung dieses Gesamtsystems Nutzung, Klima, Bauphysik, Fassade, Raumklimasystem und Erzeugungssystem kann nach verschiedenen Bewertungskriterien vorgenommen werden. Vorrangig sind meist wirtschaftliche Interessen, die mittels Lebenszyklusbetrachtungen mehrerer Varianten ganzheitlich analysiert werden.

Neben den Nutzungsanforderungen können auch andere Randbedingungen die Konzeptfindung beeinflussen und den wirtschaftlichen Rahmen von Gesamtkonzepten verändern. Im konkreten Projekt wurde im Rahmen eines städtebaulichen Vertrags eine 30 %ige Unterschreitung des Wärmeschutzes nach der damals gültigen Wärmeschutzverordnung von 1995 gefordert. Dies war sicherlich einer der wesentlichen Kriterien für die Entscheidung, nicht nur die Anforderungen an den erhöhten Wärmeschutz zu erfüllen, sondern ein Green Building mit Niedrigstenergieverbrauch zu konzipieren. Die Dämmschichtdicken und Wärmedurchgangskoeffizienten der Gebäudehülle sind in *Tab. D9.1* zusammengestellt.

Bauteile	Dämmschicht-dicke in cm	U- Wert in W/m²K
Wandflächen	16 / 18	0,21
Verglasungen	3-fach	0,80
Dach	25	0,15
Decke an Tiefgarage	15	0,23
auskragende Decken	16	0,22

Tab. D9.1 Wärmedämmstandards für die wesentlichen Bauteile in der Hüllfläche des Gebäudes

Raumklima- und Fassadenkonzept

Die Optimierung der Gebäudehülle hinsichtlich niedriger Heiz- und Kühllasten, passiver Solarenergienutzung, weitgehender natürlicher Be- und Entlüftung und die darauf abgestimmten Konzepte der Raumklimatechnik sowie der Wärme- und Kälteerzeugung wurden im Planungsprozess über gekoppelte Gebäude- und Anlagensimulationen berechnet, analysiert und optimiert. Mit den sehr guten U-Werten liegen bei Außenlufttemperaturen von −12 °C die Untertemperaturen der Innenoberflächen der Außenwände bei ca. 1 bis 2 K und der Fenster- und Fassadenbereich bei ca. 3 bis 4 K. Für Arbeitsplätze im fensternahen Bereich bedeutet dies, dass der richtungsbezogene Wärmeentzug durch die kühlere Fensterfläche unter der Empfindungsschwelle liegt. Um die solaren Lasten zu reduzieren, wurden die Fassadenbereiche mit einer Brüstung ausgeführt. Der entlang der kühleren Fensterflächen entstehende Kaltluftabfall liegt mit maximalen Luftgeschwindigkeiten von unter 0,1 m/s ebenfalls unterhalb der Empfindungsschwelle, sodass ohne Einbußen bei der thermischen Behaglichkeit auf einen Heizkörper unter den Fensterbereichen verzichtet werden konnte.

Für eine optimale thermische Behaglichkeit war es erforderlich, die Wärmeabstrahlung im gleichen Halbraum zu kompensieren. Dies wurde durch eine so genannte Randstreifentemperierung sichergestellt, die mit maximalen Vorlauftemperaturen von ca. 33 °C betrieben wird. Als Grundlastsystem dient eine thermische Bauteiltemperierung, die aufgrund der großen Flächen mit minimalen Übertemperaturen betrieben werden kann. Der für die Lufthygiene erforderliche Mindestaußenluftstrom wird über eine Lüftungsanlage mit Wärmerückgewinnung erwärmt und isotherm über neu entwickelte Schlitzluftdurchlässe im Boden in den Raum eingebracht. Für eine optimale Nutzenübergabe ist neben der Behaglichkeit zudem die Reaktionsgeschwindigkeit des Nutzenübergabesystems zu berücksichtigen. Dies erfordert neben einer schnellen Regelung niedrige Betriebstemperaturen sowie eine geringe Speicherkapazität des zu regelnden Raumheizsystems. Parallel hierzu ist bei ganzheitlicher Betrachtungsweise jedoch auch der Fall, dass gekühlt werden muss, zu berücksichtigen. Hier sind durchaus Speicherkapazitäten gewünscht, es ist aber auch eine bedarfsgerechte Regelung der Kühlleistung für eine optimale Nutzenübergabe in Kombination mit möglichst hohen Betriebstemperaturen anzustreben. Auf der Basis dieser Überlegungen wurde das Nutzenübergabesystem für Heizen und Kühlen als Kombination aufgebaut, und zwar aus einem speicherbehafteten Grundlastsystem als thermische Bauteiltemperierung und einem mit wenig Speichermasse schnell reagierenden, oberflächennahen Randstreifenelement. Die hierbei möglichen großen Flächen führen zu geringen Übertemperaturen beim Heizen bzw. geringen Untertemperaturen beim Kühlen. Die *Abbildungen D9.1* und *D9.2* zeigen die beschriebenen Systeme für die Bürobereiche als Fotos im Verlauf des Baufortschritts.

Beim Heizen und Kühlen dient die thermische Betonkerntemperierung als Grundlastsystem und die Randstreifentemperierung wird über Einzelraumfühler so gesteuert, dass die Heiz- und Kühlleistungen bedarfsgerecht abgegeben werden. In der Übergangszeit wird

Abb. D9.1 Randstreifenelement als Fertigbauelement

Abb. D9.2 Thermoaktive Bauteile und Lüftungsrohre, integriert in den Betondecken

Wärme- und Kälteerzeugung mit Erdwärmenutzung

im Wesentlichen nur die Randstreifentemperierung für Heiz- und Kühlzwecke eingesetzt. Dies bedeutet, dass sowohl im Winter als auch in der Übergangszeit die Randstreifentemperierung den Energieaufwand für die Nutzenübergabe beeinflusst. Die in der thermischen Gebäudesimulation ermittelten Raumtemperaturen steigen bei Außentemperaturen von 32 °C nicht über 25 bis 26 °C an. In den Kühlleistungstagesprofilen ist zu erkennen, dass die thermische Bauteiltemperierung (TBA) nachts beladen wird. Tagsüber steht der Kälteerzeuger für die Randstreifentemperierung in den Büros (TBA2), die Kühldecken in den Besprechungsräumen (KD) und die Luftkühlung zur Verfügung. Durch diese Konzeption wird die maximal zu erbringende Leistung der Wärme- und Kälteerzeugung deutlich reduziert.

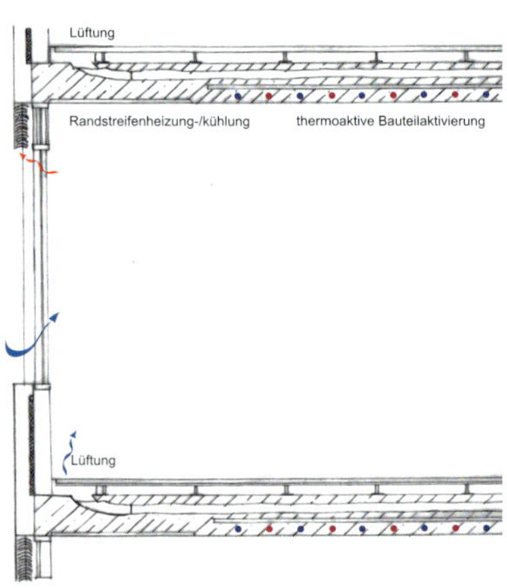

Abb. D9.3 Schnitt zum Raumklimakonzept Büro

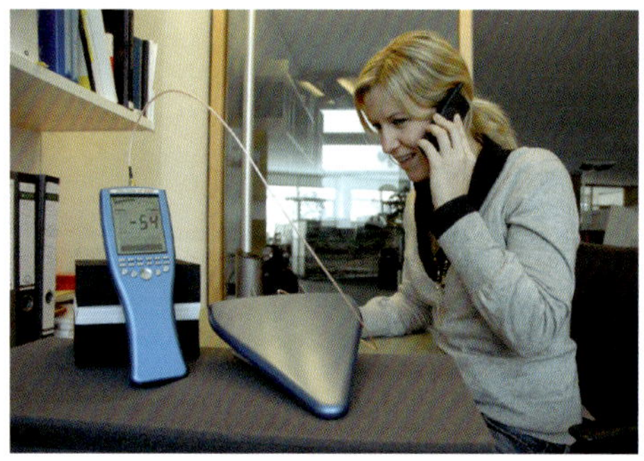

Abb. D9.4 Messung der elektromagnetischen Strahlung am Arbeitsplatz

Auch bei der Wärme- und Kälteerzeugung wird angestrebt, dieselbe Anlagentechnik im Sommer für den Kühlbetrieb und im Winter für den Heizbetrieb einzusetzen. Das hier vorgestellte Heiz- und Kühlkonzept ermöglicht die Kälteerzeugung ohne zusätzlichen Primärenergieeinsatz. Die dadurch erzielbaren Betriebskosteneinsparungen bieten Raum für mehr Investitionen in eine innovative und energiesparende Gebäudetechnik. Die durch das moderne Raumklimasystem erreichbaren niedrigen Betriebstemperaturen von maximal 33 °C bilden eine optimale Grundlage für den Einsatz von Anlagen zur regenerativen Wärme- und Kälteerzeugung, z. B. der Erdwärmenutzung.

Das Erdreich hat in unseren Breitengraden nahe der Oberfläche in einer Tiefe zwischen ca. 10 und ca. 100 m eine fast gleichbleibende Temperatur von 10 bis 12 °C. Geologische Untersuchungen mit einer Testbohrung am Standort zeigen, dass die Wärmeleitfähigkeit des Untergrunds aufgrund verschiedener Grundwasservorkommen bis in eine Tiefe von 60 m mit $\lambda = 3{,}8\ W/m^2K$ sehr günstig für die Nutzung von Erdwärmesonden ist. Die Leistungsfähigkeit des Erdreichs wurde im Vorfeld mit einem so genannten Thermal Response Test mithilfe einer Testsonde ermittelt. Hierzu wird ein konstanter Wasserstrom mit konstanter Vorlauftemperatur in die Testsonde gefördert und die Antwortfunktion, also die Temperaturdifferenz zwischen Vor- und Rücklauf, gemessen.

Aufgrund der günstigen geologischen Bedingungen am Standort fiel die Entscheidung zugunsten eines Systems, das aus einer monovalenten, geothermisch gestützten Wärmepumpe für die Heizung und einem Wärmetauscher für die direkte Kühlung über das Erdsondenfeld besteht. Die Komponenten einschließlich aller hydraulischen Umschaltungen wurden in einer geothermischen Energiezentrale zusammengefasst und vorgefertigt auf die Baustelle geliefert. Gegenüber einer handelsüblichen Wärmepumpe wurden die Übertragungsleistungen der Wärmetauscher verbessert und die hydraulischen Widerstände stark reduziert.

Im Heizbetrieb wird die dem Erdreich entziehbare Wärme mit der Wärmepumpe auf Betriebstemperatur gebracht, wobei die maximale Betriebstemperatur von 33 °C eine Arbeitszahl von ca. 4,5 ermöglicht (Erzeugung von 4,5 Teilen Wärme mit einem Teil Strom). Im Kühlbetrieb wird die dem Gebäude entzogene Wärme über einen Wärmetauscher

Abb. D9.5 Primärenergiebilanz des Gebäudes für die Anlagen zur Raumkonditionierung

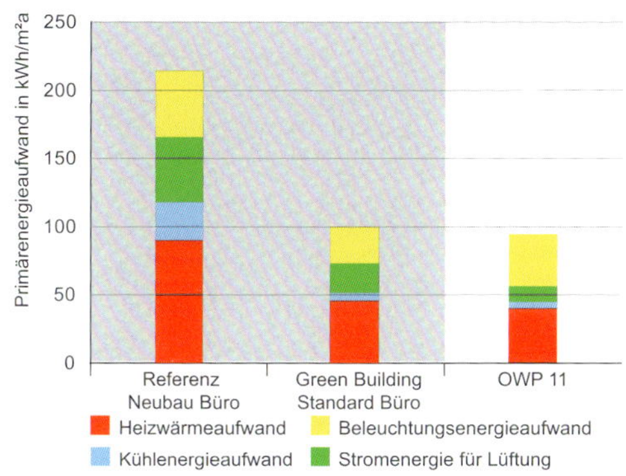

dem Erdsondenfeld zugeführt. Neben dem Vorteil einer Kühlung ohne Kältemaschine hat die Rückführung von Wärme in das Erdreich im Sommer zudem den Vorteil, dass der im Winter durch den Wärmeentzug abgekühlte Boden wieder verstärkt regeneriert wird. Somit kann eine Langzeitveränderung der Erdreichtemperaturen im Bereich des Erdsondenfelds vermieden werden, was wiederum Ziel einer nachhaltigen Nutzung von regenerativen Energiequellen sein sollte. Zum Decken der erforderlichen Heizleistung wurden insgesamt 18 Erdsonden mit einer Tiefe von jeweils 55 m eingesetzt.

Bauausführung

Vor allem bei der Ausschreibung der Innenausbaumaterialien und der verwendeten Hilfsstoffe (wie Klebstoffe) wurde sehr großer Wert auf möglichst wenig luftbelastende Emissionen gelegt. Geringe und energiesparende Luftwechselraten werden nur dann vom Nutzer akzeptiert, wenn die Innenluft nicht durch Materialien zusätzlich belastet wird. Während der Bauausführung wurden die eingesetzten Materialien daraufhin mithilfe eines zuvor erarbeiteten Bauleiterhandbuchs kontrolliert.

Monitoring und Betriebsoptimierung

Das Monitoring und die Betriebsoptimierung wurden durch DS-Plan und die Universität Stuttgart durchgeführt. Die Planungswerte haben sich im Betrieb bestätigt. Der gemessene, gradtagsbereinigte Primärenergieverbrauch für die Anlagen zur Raumkonditionierung liegt nur ca. 5 bis 10 % über dem simulierten Bedarf. Es hat sich während der 1,5-jährigen Betriebsbegleitung gezeigt, dass das Simulationsmodell auch sehr gut in der Betriebsoptimierung genutzt werden kann, um Veränderungen vor allem aus der Gebäudenutzung und des Außenklimas auf den Energieverbrauch darzustellen. Neben der Optimierung der Energieeffizienz und des thermischen Raumkomforts wurde im Betrieb auch die elektromagnetische Verträglichkeit am Arbeitsplatz (DECT-Telefon) gemessen. Die Messergebnisse zeigen, dass zwar die gesetzlichen Grenzwerte in Deutschland weit unterschritten werden, Vorsorgewerte oder empfohlene Grenzwerte aus anderen Ländern jedoch teilweise erreicht werden. Insofern ist eine Überprüfung der elektromagnetischen Verträglichkeit im Zeitalter der steigenden Anzahl von kabellosen Funkmedien von hoher Bedeutung.

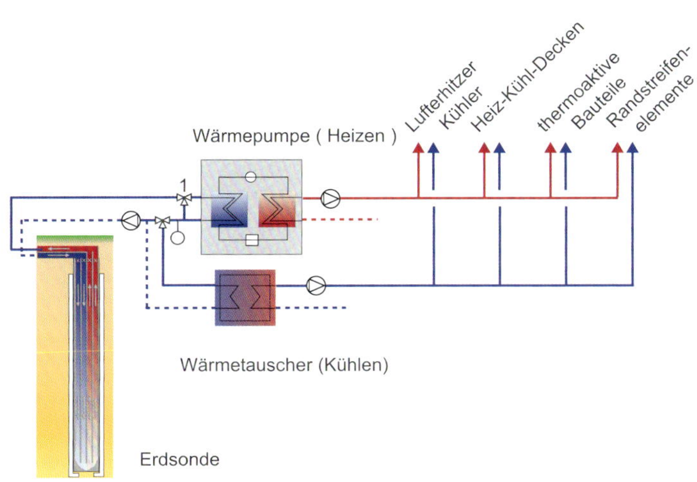

Abb. D9.6 Geothermisches Energieerzeugungskonzept zum Heizen und Kühlen

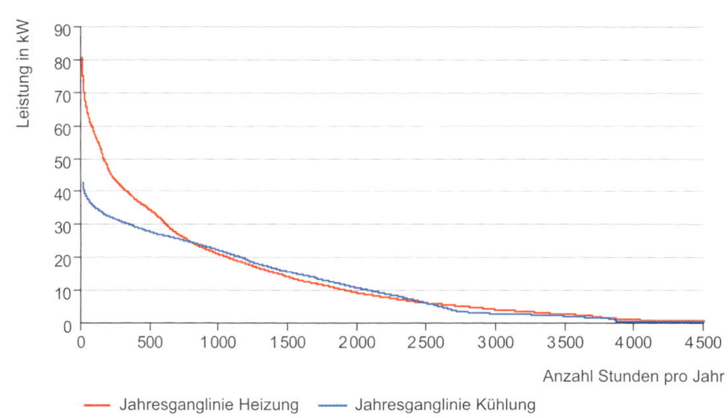

Abb. D9.7 Jahresganglinien für Heizen und Kühlen

Anhang

Stichwortverzeichnis

Quellenverzeichnis

Kapitel A

Bauer, M., Schwarz, M.: Gütesiegel »Energieeffizienz« für die Gebäudeplaung und den Betrieb, Deutsches Architektenblatt, 10/05

GEFMA 200, Kostenrechnung im Facility Management, Teil Nutzungskosten von Gebäuden und Dienstleistungen, Stand: Juli 2004, Deutscher Verband für Facility Management

BMVBW, Leitfaden Nachhaltiges Bauen, Bundesministerium für Verkehr-, Bau- und Wohnungswesen, 1. Nachdruck, Stand: Januar 2001, Berlin

International Energy Agency 2003 (IEA) – CO_2 Emissions from Fuel Combustion, 1971–2001, Paris 2003

Umweltbundesamt (Hrsg.), Deutsches Treibhausgasinventar 1990–2003, Nationaler Inventarbericht 2005

BP Statistical Review of World Energy, Juli 2005

IPCC Plenary XVIII, Climate Change 2001 Synthesis Report

Große wetterbedingte Naturkatastrophen 1950 bis 2002, GeoRisikoforschung, Münchner Rück, 2003

Evolution of the crude oil price, BP 2005

Protokoll von Kyoto zum Rahmenübereinkommen der Vereinten Nationen über Klimaänderungen, in Kraft getreten seit 16.02.2005

Richtlinie 2004/101/EG des Europäischen Parlaments und des Rates vom 27.10. 2004 zur Änderung der Richtlinie 2003/87/EG über ein System für den Handel mit Treibhausgasemissionszertifikaten in der Gemeinschaft im Sinne der projektbezogenen Mechanismen des Kyoto-Protokolls

VDI 2067: Wirtschaftlichkeit gebäudetechnischer Anlagen, September 2000

DIN 18960: Nutzungskosten im Hochbau, Berlin 1999

www.eurostat.com

www.gvst.de/site/steinkohle/herausforderung_klimaschutz.htm

www.env-it.de/umweltdaten/

www.umweltbundesamt.de

www.dehst.de

Leadership in Energy and Environmental Design (LEED), www. usgbc.org

BRE Environmental Assessment Method (BREEAM), www.breeam.org

Kapitel B1

Leitfaden Nachhaltiges Bauen, Richtwerte für Innenraumluft, Deutsches Bundesministerium für Verkehr, Bau und Wohnungswesen, Berlin, Januar 2001

Neufert, P.u. C., Neff, L., Franken, C.: Neufert Bauentwurfslehre. Braunschweig/Wiesbaden 2002, 37. Auflage

Recknagel, H., Sprenger, E., Schramek, R.: Taschenbuch für Heizung und Klima 03/04, München 2003

von Kardorff, G., Schwarz, M.: Raumluftqualität und Baustoffauswahl, Baumeister, 09/1999

Mayer, E.: Tagesgang für thermisches Behaglichkeitsempfinden. Gesundheitsingenieur – gi 107, 1986, H. 3, S. 173–176

Mayer, E.: Ist die bisherige Zuordnung von PMV und PPD noch richtig? Kl Luft- und Kältetechnik 34, 1998, H. 12, S. 575–577

CEN-Bericht CR1752: Auslegungskriterien für Innenräume. Europäisches Komitee für Normung, Zentralsekretariat Brüssel, Dezember 1998

Witthauer, Horn, Bischof: Raumluftqualität: Belastung, Bewertung, Beeinflussung, Karlsruhe 1993

Bericht der Bundesregierung über die Forschungsergebnisse in Bezug auf Emissionsminderungsmöglichkeiten der gesamten Mobilfunktechnologie und in Bezug auf gesundheitliche Auswirkungen, Drucksache 15/4604, 27.12.2004

Deutschland, Elektrosmogverordnung (26. BImSchV)

Diss. F. Sick: Einfluss elementarer architektonischer Maßnahmen auf die Tageslichtqualität in Innenräumen, Fraunhofer IRB Verlag, 2003

Verbundprojekt Licht in Büroräumen – Sonnenschutz, Abschlussbericht 2004, Universität Dortmund und Fachhochschule Aachen 2004

Voss, K., Löhnert, G., Herkel, S., Wagner, A., Wambsganß, M. (Hrsg.): Bürogebäude mit Zukunft, TÜV Verlag, 2005

Urteil mit enormer Tragweite – Im Büro gilt die 26 °C-Grenze, CCI-Print, Heft 7, 2003

DIN EN 13779: Lüftung von Nichtwohngebäuden – Allgemeine Grundlagen und Anforderungen an Lüftungs- und Klimaanlagen; Deutsche Fassung EN 13779:2004

DIN EN ISO 13732/2: Ergonomics of the thermal environment – Methods for the assessment of human responses to contact with surfaces – Part 2: Human contact with surfaces at moderate temperature, März 2001

DIN EN ISO 13732/3: Ergonomie der thermischen Umgebung – Bewertungsmethoden für Reaktionen des Menschen bei Kontakt mit Oberflächen – Teil 3: Kalte Oberflächen, März 2005

DIN EN 15251 (Entwurf): Bewertungskriterien für den Innenraum einschließlich Temperatur, Raumluftqualität, Licht und Lärm, Juli 2005
DIN 1946: Teil 2 Raumlufttechnik, Berlin 1994
DIN 4109: Schallschutz im Hochbau, Berlin 1989
DIN 5034: Teil 1 Tageslicht in Innenräumen. Allg. Anforderungen, Berlin 1999
DIN 5034: Teil 2 Tageslicht in Innenräumen – Grundlagen, Berlin 1985
DIN 18041: Hörsamkeit in kleinen bis mittelgroßen Räumen, Berlin 2001
DIN EN 12646-1: Beleuchtung von Arbeitsstätten, Brüssel 2002
DIN EN 12464-2: Beleuchtung von Arbeitsstätten, Berlin 2003
DIN EN 12665: Grundlegende Begriffe und Kriterien für die Festlegung von Anforderungen an die Beleuchtung, Berlin 2002
DIN EN ISO 7730: Analytische Bestimmung und Interpretation der thermischen Behaglichkeit durch Berechnung des PMV– und des PPO-Indexes und der lokalen thermischen Behaglichkeit. Berlin 2003
Arbeitsstättenrichtlinien (ASR 5) Lüftung
Arbeitsstättenrichtlinien (ASR 5) 6/1 u. 3 Raumtemperaturen
Arbeitsstättenrichtlinien (ASR 5) 7/1 Sichtverbindungen nach außen
Arbeitsstättenrichtlinien (ASR 5) 7/3 Künstliche Beleuchtung
VDI 3787/2 Umweltmeteorologie – Methoden zur human-biometeorologischen Bewertung von Klima und Lufthygiene für die Stadt- und Regionalplanung, Januar 1998
International Commission on Non-Ionizing Radiaton Protection (ICNIRP), www.icnirp.de

Kapitel B2

Treiber, M.: IKE Stuttgart, interner Bericht
Wilkins, C., Hosni, M. H.: Heat Gain From Office Equipment. ASHRE Journal 2000
Ulm, Tobias: Primärenenergiebilanz für Bürogebäude, (Diplomarbeit), Universität Karlsruhe, 2003
Eyerer, P., Reinhardt, H.-W.: Ökologische Bilanzierung von Baustoffen und Gebäuden, Wege zu einer ganzheitlichen Bilanzierung, Basel 2000
Voss, K., Löhnert, G., Herkel, S., Wagner, A., Wambsganß, M. (Hrsg.): Bürogebäude mit Zukunft, TÜV Verlag, 2005
Testreferenzjahre für Deutschland für mittlere und extreme Klimaverhältnissse (TRY), Deutscher Wetterdienst, 2004, verfügbar im Internet unter: www.dwd.de/TRY
Stromsparcheck für Gebäude – Ein Arbeitsdokument für Planer und Investoren, Seminardokumentation, IMPULS-Programm Hessen
Referentenentwurf: Verordnung über energiesparenden Wärmeschutz und energiesparende Anlagentechnik bei Gebäuden (Energieeinsparverordnung EnEV), November 2006
Directive 2002/91/EC on the Energy Performance of Buildings of 16. 12. 2002, Official Journal of the European Communities, 01/2003
Energie im Hochbau SIA 380/4, Schweizer Ingenieur- und Architektenverein, Zürich, 1995, verfügbar im Internet unter: www.380-4.ch
GEMIS 4.14 (2002): Globales Emissionsmodell Integrierter Systeme, Ergebnistabellen, Öko-Institut Freiburg, www.oeko.de/service/gemis
Leitfaden Energie im Hochbau, Hessisches Ministerium Umwelt, Energie, Jugend, Familie und Gesundheit, Wiesbaden, Neufassung 2000
Produktkatalog Grauwassernutzung, Pontos GmbH, Carl-Zeiss-Str. 3, 77656 Offenburg
DIN 18599: Energetische Bewertung von Gebäuden – Berechnung des Nutz-, End- und Primärenergiebedarfs für Heizung, Kühlung, Lüftung, Trinkwarmwasser und Beleuchtung Teile 1 bis 10, Februar 2007
VDI 4600 Kumulierter Energieaufwand, Juni 1997
DIN 4701 Teil 10: Energetische Bewertung Heiz- und raumlufttechnischer Anlagen, Berlin 2001
VDI 3807: Energieverbrauchskennwerte für Gebäude, Blatt 1, 1994, Blatt 2, 1997, Berlin
www.blauer-engel.de
www.energielabel.de
http://epp.eurostat.ec.europa.eu
www.meteotest.ch

Kapitel C1

Daniels, K.: Technologie des ökologischen Bauens. Grundlagen und Maßnahmen, Beispiele und Ideen. Basel/Boston/Berlin 1995
DIN 277: Grundflächen und Rauminhalte von Bauwerken im Hochbau, Berlin 2000

Behling, S. u. S.: Sol Power. Müchen/Berlin/London/New York 1997

Oesterle, E., Lutz, M., Lieb, R.-D., Heusler, W.: Doppelschalige Fassaden. Ganzheitliche Planung. Konstruktion, Bauphysik, Aerophysik, Raumkonditionierung, Wirtschaftlichkeit. München 1999

Mösle, P.: Zwischen den Schalen. Die Auswirkungen der Gestaltung und Konzeption mehrschaliger Fassaden auf die Raumkonditionierung, db deutsche bauzeitung, 01/2001

Fischer, C., Einck, J.: Hochschalldämmende Fensterkonstruktionen, Intelligente Architektur, 7–9/2005

Bauer, M.: Alte Montagehalle für neuen Kunstgenuss, Liegenschaft aktuell, 06/2006

Lutz, M.: Sanierung von Fassaden und Gebäuden: Wenn der Denkmalschutz mitspielt, Liegenschaften aktuell, 01/2007

Stahl, W., Goetzberger, A., Voss K.: Das energieautarke Solarhaus – Mit der Sonne wohnen, Heidelberg 1997

EnEV: Verordungen über energiesparenden Wärmeschutz und energiesparende Anlagentechnik bei Gebäuden – Energiesparverordnung, 2004, www.enev-online.info

Hauser, G., Siegel, H.: Wärmebrückenatlas für den Mauerwerksbau, Wiesbaden/Berlin 1996

Zukunftsorientiertes Energiekonzept für das Projekt Stuttgart 21, Planungsgebiet A1, Arbeitsgemeinschaft Stuttgart 21, Prof. Dr.-Ing. Eberhard Oesterle et altera, Fachzeitung Untersuchungen zur Umwelt, 11/1998

Evacuated Glazing – State of the Art and Potential, Dr. Weinläder, ZAE Bayern, Glastec 2006

Neue Baumaterialien der Zukunft, Behling Braun, Jahrbuch 2004

Schweizer Ingenieur- und Architektenverein (SIA) 180: Wärme- und Feuchteschutz im Hochbau, Januar 2000

DIN 4109: Schallschutz im Hochbau, November 1989

DIN 4108: Wärmeschutz im Hochbau Teil 1–3, August 1981, Juli 2001, Juli 2003

DIN EN 14501: Abschlüsse – Thermischer und visueller Komfort – Leistungsanforderungen und Klassifizierung, Januar 2006

DIN 18599/5: Energetische Bewertung von Gebäuden – Berechnung des Nutz-, End- und Primärenergiebedarfs für Heizung, Kühlung, Lüftung, Trinkwarmwasser und Beleuchtung, Februar 2007

DIN ISO 12207: Fenster und Türen – Luftdurchlässigkeit, Klassifizierung, Juni 2000

ISO 15099: Thermal performance of windows, doors and shading devices – Detailed calculations, November 2003

DIN EN 13363/1/2: Sonnenschutzeinrichtungen in Kombination mit Verglasungen – Berechnung der Solarstrahlung und des Lichttransmissionsgrades, Januar/April 2007

VDI 2569 Schallschutz und akustische Gestaltung im Büro, Januar 1990

www.ecoinvent.org

Kapitel C2

Fischer, C.: Es ist fast alles machbar. Mobile Akustik als Zukunftsaufgabe im flexiblen Büro, Mensch & Büro, 06/2003

Bauer, M.: Flächenheizungen II. Baustein eines ganzheitlichen Konzeptes. Im Winter heizen, im Sommer kühlen. Deutsches Architektenblatt, 12/04

Schwarz, M.: Sonne, Erde, Luft: Das Konzept der NRW-Vertretung, HLH, Nr. 6/2004

Bauer, M.: Regenerative Energiesyteme in der Gebäudetechnik – sorptionsgestützte Kühlung, industrieBAU, 05/2005

Bauer, M.: Das Raumklima und Energiekonzept der Landesmesse Stuttgart: Energetische Spitzenleistung für variable Spitzenzeiten, industrieBau Spezial ENERGIE, 01/2007

Lutz, M., Schaal, G.: Dezentrale Raumluftkonditionierung. Gestaltungsfreiheit für die Architekten und hohe Flexibilität für die Nutzer, TAB, 12/2006

Schmidt, M., Treiber, M.: Entwicklung eines innovativen Gesamtkonzeptes mit energiesparender Raumklimatechnik für die regenerative Wärme- und Kälteerzeugung, gefördert durch die Deutsche Bundesstiftung Umwelt, Abschlussbericht, Universität Stuttgart, Lehrstuhl für Heiz- und Raumlufttechnik, Juli 2005

Oesterle, E., Mösle, P.: Träge und doch aktiv. Heizen und Kühlen mit Betonteilen, db deutsche bauzeitung, 04/2001

Recknagel, H., Sprenger, E. u. Schramek, E.: Taschenbuch für Heizung- + Klimatechnik, Oldenbourg Verlag 97/98

Schoofs, S. u. Lang J.: Kraft-Wärme-Kopplung mit Brennstoffzellen, Fachinforma-

tionszentrum Karlsruhe 2000
Schoofs, S. u. J. Lang: PEM-Brennstoffzellen, Fachinformationszentrum Karlsruhe 1998
Dehli, M.: Möglichkeiten der dezentralen Erzeugung von Strom und Wärme, FHT Esslingen 2005
Milles, U.: Windenergie, Fachinformationszentrum Karlsruhe 2003
Röben: Sorptionsgestützte Entfeuchtung mit verschiedenen wässrigen Salzlösungen. Dissertation am Institut für Angewandte Thermodynamik und Klimatechnik, Universität Essen, Aachen 1997
Gottschau, T. und Fuchs, O.: Biogas, Fachinformationszentrum Karlsruhe 2003
Levermann, E.-M. und Milles, U.: Biogas, Fachinformationszentrum Karlsruhe 2002
WAREMA Sonnenschutztechnik, Produktkatalog
ZAE Bayern: Bayerisches Zentrum für Angewandte Energieforschung e. V., Walther-Meißner-Str. 6, 85748 Garching bei München
Arbeitskreis Schulinformation Energie: Lehrerinformation: Brennstoffzellen, Frankfurt/Main, August 1998
Infozentrale der Elektrizitätswirtschaft e. V.: Strombasiswissen: Brennstoffzellen, Frankfurt/Main, Januar 1999
BINE Informationsdienst, Basis Energie 3: Photovoltaik. Fachinformationszentrum Karlsruhe 2003
BINE Informationsdienst, Basis Energie 4: Thermische Nutzung der Solarenergie. Fachinformationszentrum Karlsruhe 2003
BINE Informationsdienst, Basis Energie 13: Holz-Energie aus Biomasse. Fachinformationszentrum Karlsruhe 2002
BINE Informationsdienst, Basis Energie 16: Biogas. Fachinformationszentrum Karlsruhe 2003
BINE Informationsdienst, Projektinfo 05/2000. Kraft-Wärme-Kopplung mit Brennstoffzellen. Fachinformationszentrum Karlsruhe 2000
VDI 6030: Auslegung von freien Raumheizflächen – Grundlagen und Auslegung von Raumheizkörpern. Berlin 2002
ASUE: Mikro-KWK Motoren, Turbinen und Brennstoffzellen, www.asue.de/2001
www.bine.info
www.zbt-duisburg.de
www.diebrennstoffzelle.de
www.energieberatung.ibs-hlk.de
www.cooretec.de
www.isi.fraunhofer.de
www.carmen-ev.de

Kapitel C3 und C4

Mösle, P., Bauer, M.: Behagliche Temperaturen im Glashaus, Deutsches Architektenblatt, 05/2006
Grob, R., Bauer, M.: Emulation. Computergestütze Vorabinbetriebnahme von Regel- und Steuerungsanlagen, TAB, 10/2004
von Kardorff, G.: Ökomanagement am Potsdamer Platz. Kostendruck schließt den Umweltschutz nicht aus, leonardo-online, 03/1999

Kapitel D

Herzog, Th (Hrsg.).: SOKA-Bau. Nutzung Effizienz Nachhaltigkeit, München 2006
Bauer, M., Mösle, P.: Raumklima- und Fassadenkonzept »Dockland« Hamburg, AIT, 10/2006
Oesterle, E.: Bürogebäude mit innovativem Energiekonzept – Heizen und Kühlen mit Erdwärme, EB Energieeffizientes Bauen, 01/2003
Bauer, M., Niewienda, A., Koch, H.P.: Alles Gute kommt von unten – Mit geringem Energiebedarf zu geringem Energieaufwand, HLH, 11/2001
Niewienda, A.: Entwicklung der Klimakonzepte für das Kunstmuseum Stuttgart, Bauphysik, Heft 2/2005
www.drbyen.dk

Autorenverzeichnis

Michael Bauer
03.05.1966
Dr.-Ing. Maschinenwesen, Universität Stuttgart
Vorstand DS-Plan AG

Peter Mösle
19.09.1969
Dipl.-Ing. Energietechnik, Universität Stuttgart
Teamleitung Energiedesign, DS-Plan AG

Michael Schwarz
21.02.1961
Dr.-Ing. Maschinenwesen, Universität Stuttgart
Teamleitung Energiemanagement, DS-Plan AG

Ralf Buchholz
03.07.1968
Dipl.-Ing. (FH) Bauphysik, FH Stuttgart
Teamleitung Bauphysik, DS-Plan AG

Karoline Klar
21.05.1977
Dipl.-Ing. (FH) Architektin i. P.
Erstellung der Grafiken

Andreas Niewienda
19.08.1964
Dipl.-Physiker, Universität Freiburg; Consultant
Energiedesign/-management, DS-Plan AG

Michael Jurenka
12.11.1968
Dipl.-Ing. Maschinenwesen, Universität Stuttgart
Consultant Energiedesign, DS-Plan AG

Ralf Wagner
15.05.1965
Dipl.-Ing. (FH) Elektrische Energietechnik
Consultant Gebäudetechnik, DS-Plan AG

Herwig Barf
23.11.1963
Dipl.-Ing. Architekt
Teamleitung Fassadentechnik, DS-Plan AG

Christian Fischer
02.04.1951
Dr.-Ing., öbuv Sachverständiger
Bauphysik DS-Plan AG

Hans-Peter Schelkle
30.06.1970
Dr.-Ing. Bauingenieurwesen, Universität Stuttgart
Consultant Facility Management DS-Plan AG

Matthias Baldauf M.A.
13.11.1976
PR-Referent, DS-Plan AG

Ulrike Fischer
20.06.1964
Assistentin Geschäftsleitung, DS-Plan AG

Anne Dittrich
12.03.1983
Dekordesignerin
Ideenfindung Grafiken

Julia Hahn
29.01.1980
Studentin FH-Drucktechnik, Stuttgart
Erstellung der Grafiken

Dank

Unser besonderer Dank gilt allen Architekten, Bauherren und Firmen, die uns Bildmaterial und Zeichnungen bereitgestellt haben und für die Projektinterviews zur Verfügung standen. Damit haben sie entscheidend zum Entstehen des Buches beigetragen.

Bothe Richter Teherani, Hamburg
Robert Vogel GmbH & Co. KG, Hamburg
Herzog und Partner, München
Soka-Bau, Wiesbaden
Auer + Weber + Assoziierte, Stuttgart
Kreissparkasse Tübingen
LBBW, Stuttgart
Wöhr Mieslinger Architekten, Stuttgart
Petzinka Pink Technologische Architektur®, Düsseldorf
Altana Pharma AG, Konstanz
Ingenhoven Architekten, Düsseldorf
Architekturbüro Hascher und Jehle, Berlin
COWI, Kopenhagen
DR Byen, Kopenhagen
Drees & Sommer, Stuttgart
Glaser FMB GmbH & Co. KG, Beverungen
va-Q-tec AG, Würzburg
Kajima Design, Tokio
Institut für Industrieaerodynamik, Aachen
Gerber Architekten International, Dortmund
Maier Neuberger Architekten, München
Colt International GmbH, Eltingen
Rasbach Architekten, Oberhausen
MEAG, München
Bartels und Graffenberger Architekten, Düsseldorf
Steelcase Werndl AG, Rosenheim
Warema Renkhoff GmbH, Marktheidenfeld
Purratio AG, Neuhausen a.d.Fildern
Stefan Behling, Fosters + Partners, London
Prof.-Dr. Ing. Koenigsdorff, FH Biberach
Spengler Architekten, Nürnberg
Playmobil geobra Brandstätter GmbH & Co. KG, Zirndorf
VHV-Gruppe, Hannover
Architekten BKSP, Hannover
Professor Bernhard Winking Architekten, Hamburg
Architekten Wulff und Partner, Stuttgart
Projektgesellschaft Neue Messe GmbH & Co. KG, Stuttgart
Pontos GmbH, Offenburg
Dittrich-Planungs-GmbH, Wunsiedel

Des Weiteren bedanken wir uns bei unseren Fachkollegen im Hause DS-Plan aus den verschiedenen Teams:
Life-Cycle-Engineering
Energiedesign und -management
Technische Gebäudeausrüstung
Fassadentechnik
Bauphysik, Bauökologie
Facility Management

Ganz herzlichen bedanken möchten wir uns auch bei:
Bettina Rühm, unserer Lektorin, für die hervorragende Zusammenarbeit. Ihren vielfältigen Anregungen und Korrekturvorschlägen verdanken wir die stilistische Einheitlichkeit und gute Verständlichkeit der Buchbeiträge.
Dem Callwey Verlag, im Besonderen bei Frau Dr. Marcella Baur-Callwey und Frau Tina Freitag, die das Buchprojekt »Green Building« von Beginn an in allen technischen und inhaltlichen Aspekten gefördert und tatkräftig unterstützt haben, Herrn Jörg Mahlstedt in Hamburg für seine kompetente Layout-Beratung und die grafische Gestaltung.

Bildnachweis

Die Autoren und der Verlag bedanken sich bei allen, die durch Überlassung ihrer Bildvorlagen, durch Erteilung der Reproduktionserlaubnis und durch Auskünfte am Zustandekommen dieses Buches mitgeholfen haben. Sämtliche Zeichnungen in diesem Werk sind eigens angefertigt. Fotos, zu denen kein Fotograf genannt ist, stammen aus dem Archiv von DS-Plan.

Vorwort

Dietmar Strauß, Besigheim S. 6

Kapitel A

Jörg Hempel, Aachen S. 11 oben
pixelio.de S. 8–9 und S. 12 unten

Kapitel B

Jörg Hempel, Aachen S. 26 unten
pixelio.de S. 38 und S. 43

Kapitel C

Architekten BKSP S. 108 oben
Architekten Bartels und Graffenberger S. 83
artur / Tomas Riehle S. 96
BioKoN Saarbrücken S. 95 rechts unten
Firma Colt International GmbH, Elchingen S. 80
Firma Warema Renkhoff GmbH S. 94 rechts unten
Geobra Brandstätter GmbH & Co. KG, Zirndorf S. 100 rechts unten
Gerber Architekten International GmbH, Fotograf: Hans-Jürgen Landes S. 76
Glaser FMB GmbH & Co. KG S. 94 links unten
H. G. Esch, Hennef S. 62, S. 90, S. 91, S. 107 oben rechts
Jörg Hempel, Aachen S. 60
Kajima Design, Tokio S. 98 oben rechts, S. 99
Mackevision Medien Design GmbH S. 112, S. 113
Martin Lutz S. 67
Petzinka Pink Technologisch Architektur® S. 71, S. 72, S. 110
pixelio.de S. 104, S. 122, S. 125, S. 127
Professor Werner Nachtigall S. 94
Taufik Kenan, Berlin, für Petzinka Pink Technologische Architektur® S. 89 links oben und rechts oben
wodtke GmbH S. 124

Kapitel D

COWI Beratende Ingenieure S. 168–191
Hans-Georg Esch, Hennef S. 162–167
Roland Halbe, Stuttgart S. 156–161 und S. 168–173
Herzog + Partner S. 150–155
Ingenhoven Architekten, Düsseldorf S. 177
ISE Freiburg S. 185 oben
Jörg Hempel, Aachen für Robert Vogel GmbH & Co. KG, Hamburg S. 140–149
Modellfotos: Holger Knauf, Düsseldorf Fotografie: H. G. Esch, Hennef S. 174, S. 176 links oben, S. 178 oben
Petzinka Pink Technologische Architektur® S. 180–185
Peter Wels, Hamburg S. 176 rechts oben

Umschlag

Hans-Georg Esch, Hennef hinten links unten
Jörg Hempel für Robert Vogel GmbH & Co. KG, Hamburg Coverabbildung
Ingenhoven Architekten, Düsseldorf hinten links oben
Taufik Kenan, Berlin, für Petzinka Pink Technologische Architektur® hinten rechts oben